마이크로스트레러지 **데이터 시각화 안내서**

추천의 말

대부분의 업무에서 데이터 기반 의사결정의 중요성을 이해하고 있지만 실제로 데이터 분석을 진행하려고 하면 어디서부터 시작해야 할지 어려움을 느끼게 됩니다. 자칫 난해하고 추상적으로 여겨지는 데이터 분석을 처음 시도하는 분들에게 이 책을 추천합니다.

마이크로스트레티지라는 효과적인 데이터 분석/시각화 도구를 이용하면 일상에서 흔히 지나칠 수 있는 작은 데이터에서도 의외의 흥미로운 인사이트를 찾을 수 있다는 것을 경험하게 될 것입니다. 이 책을 통해 데이터 분석이 더이상 어려운 숙제가 아닌 즐거운 발견의 과정임을 알게 되리라 믿습니다.

권영옥 / 숙명여대 경영학부 교수

데이터 분석 결과를 시각화로 표현하는 것은 정보계에서 필수적인 요구사항이 되었습니다. ROLAP 분석 도구의 최강자인 마이크로스트레티지를 오래전부터 데이터 분석 도구로 이용해 방대한 데이터를 효과적으로 사용자들이 활용할 수 있도록 했습니다. 그러나 새롭게 업데이트된 시각화 대시보드의 기능에 대해서는 아직 낯선 부분이 있었습니다.

이 책은 마이크로스트레티지의 셀프 서비스 데이터 시각화 기능을 자세하게 설명하고 있습니다. 실습을 통해 사용자들이 쉽게 따라하면서 기능을 배울 수 있는 점도 매우 좋습니다. 마이크로스트레티지가 OLAP 솔루션이라고만 생각하셨던 많은 분들은 아마 새로운 데이터 시각화 기능을 보면서 신선한 충격을 느끼실 것이라고 생각합니다.

김남석 / GS 리테일 데이터엔지니어링 부문장

마이크로스트레티지는 데이터 분석 및 시각화 분야에서 30년 이상을 연구 개발해 온 탄탄하고 내공 있는 아키텍처로 빅 데이터 시대에 물밀듯이 쌓이고 있는 다양하고 수많은 데이터들을 분석하고 미려한 시각화로 표현하여 인사이트 발견을 도와주는 BI 솔루션입니다.

데이터분석과 시각화 두 마리의 토끼를 잡은 마이크로스트레티지의 기능을 자세히 설명하고 있는 이 책은 데이터 기반의 명확하고 적극적인 의사 결정이 필요한 조직을 위해 필요한 미래형 BI 동반자가 될 입문서로 손색이 없습니다.

정효종 / 마이크로스트레티지 코리아 이사

국내외 많은 고객사에 BI와 데이터 분석 전문 컨설팅 업체를 운영하고 있지만 데이터 활용과 분석은 언제나 새로운 도전 과제입니다. 많은 고객사들이 어떻게 하면 데이터 분석 환경을 더 많은 사용자들에게 확장하고 기업의 분석 문화를 확립하고 발전시킬 수 있을지 고민하고 있습니다.

그동안 한글로 된 마이크로스트레티지 활용서가 없어 아쉬웠던 많은 사용자와 개발자들에게 도움이 될 책이 드디어 나오게 되어 기쁘게 생각합니다. 이 책은 데이터 분석 환경을 계속 발전시키고 싶은 여러 고객들이 데이터 시각화를 활용하여 모던 BI로 한 걸음 더 나아가는데 꼭 필요한 안내서라고 확신합니다.

강문식 / 모코코 대표이사

이 책에 대해

데이터 분석은 조직과 개인의 역량 강화를 위해 꼭 필요한 활동입니다. 과거 OLAP 과 DW 로 대표되는 정보계 영역은 기업의 핵심 시스템 중 하나로 자리매김해 왔습니다. 최근 들어 데이터 분석 영역은 빅데이터로 인한 양적 팽창에 이어 고급 통계 분석, 머신 러닝, 인공 지능 등으로 더욱 깊어지고 있습니다. 데이터를 사용자들이 직접 접근하여 산출하고 이해하기 쉬운 형태의 시각화로 표현하는 셀프 서비스 데이터 시각화의 중요성도 계속 커지고 있습니다.

마이크로스트레티지(MicoStrategy)는 예전부터 정보계의 핵심 BI 솔루션으로 사랑받아왔고 이제는 지속적인 제품 개발과 혁신으로 셀프 서비스 BI 기능까지 하나의 플랫폼으로 지원하고 있는 BI 솔루션입니다.

마이크로스트레티지의 많은 기능들 중에서도 데이터 시각화를 위한 **도씨에(Dossier)**는 웹 브라우저만 있으면 쉽게 접근할 수 있으며 일반 사용자도 쉬운 UI 로 드래그 앤 드롭과 마우스 클릭만으로 쉽게 시각화를 만들고 공유할 수 있는 셀프 서비스 시각화 도구입니다. 이 책은 마이크로스트레티지 도씨에의 기본적인 사용법부터 데이터 접근과 모델링, 대시보드 디자인까지 각 기능을 단계별로 상세하게 설명합니다.

기존 마이크로스트레티지를 사용해 봤던 사용자라면 이 책을 통해 새로 업그레이드된 시각화 대시보드 기능을 배울 수 있을 것입니다. 정형, 비정형 리포트에서는 제공하지 못했던 시각화 차트 표현과 여러 리포트를 하나로 통합하는 기능은 분석에 매우 유용하게 활용할 수 있습니다. 처음 접하는 사용자들도 시각화 대시보드 기능을 분석 입문 첫 단계로 삼아 다양한 분석 데이터를 차트로 표현하고 분석해 보면 어려웠던 데이터 분석 작업이 재미있게 느껴질 것입니다. 아무쪼록 이 책이 마이크로스트레티지 시각화 대시보드를 직접 활용하고자 하는 사용자분들께 많은 도움이 되었으면 합니다.

책의 구성

자세한 기능 설명과 함께 실습을 통해 직접 시각화를 작성하면서 기능을 익힐 수 있도록 했습니다. 실습을 하지 못하는 환경이라도 편하게 읽으면서 익힐 수 있게 자세한 설명과 더불어 이미지를 포함했습니다.

챕터 1 마이크로스트레티지 소개에서는 마이크로스트레티지 개요와 구성요소들에 대해서 소개합니다. 기본적인 데이터 시각화를 소개하고 시각화의 목적은 무엇인지 설명합니다.

챕터 2 시각화 대시보드 기초에서는 도씨에 작성 UI 를 소개합니다. 실습으로 첫 시각화 대시보드를 만들어 보겠습니다.

챕터 3 위젯 포맷과 편집기에서는 시각화 대시보드 작성을 위한 구성요소들에 적용되는 공통 포맷 옵션과 편집기 기능들을 살펴봅니다.

챕터 4 그래프 매트릭스 시각화는 시각화 위젯의 가장 기본인 매트릭스 시각화에 대해 설명합니다. 여러 유형의 차트들을 그래프 매트릭스로 만들어 보겠습니다.

챕터 5 그리드 시각화는 데이터 값을 표시하기 위한 그리드 시각화를 다룹니다. 단순한 표 이상의 다양한 분석 기능을 가지고 있습니다.

챕터 6 데이터 가져오기는 필요한 데이터를 가져오는 여러 방식에 대해서 설명합니다. 외부에서 가져온 데이터를 정제하고 기존 데이터와 조합하여 사용하는 법을 배울 수 있습니다.

챕터 7 파생 개체들은 분석 개체들을 활용하여 새로운 분석 개체를 만들어 분석하는 법에 대해서 설명합니다. 새로운 관점과 지표는 분석 활동에 핵심적인 역할을 합니다.

챕터 8 필터는 시각화와 데이터에 필터를 적용하여 많은 양의 데이터를 더 정교하게 분석하는 법을 설명합니다.

챕터 9 다양한 시각화 위젯 활용하기는 여러 유형의 시각화 위젯들을 이용하여 분석 목적에 맞는 차트를 구성하는 방법을 설명합니다.

챕터 10 맵 시각화는 지도 기반의 데이터 분석을 설명합니다.

챕터 11 도씨에 디자인은 시각적으로 뛰어난 대시보드를 만들 수 있는 여러 디자인 요소들에 대해서 설명합니다.

이 책에서 사용한 데이터는 마이크로스트레티지의 샘플 데이터와 국내외 공공 데이터를 활용하였습니다. 가급적 환경을 생각할 수 있는 데이터들을 사용하려고 했습니다.

감사의 말

책의 내용과 구성에 대해 조언과 협력을 아끼지 않은 마이크로스트레티지 코리아의 이진형 수석과 이상엽 선임에게 깊은 감사를 표합니다.

CONTENTS

CONTENTS

1. 마이크로스트레티지 소개

데이터 분석 솔루션 마이크로스트레티지에 대해서 소개합니다. 다양한 분석 기능들 중에서 가장 핵심적인 기능들에 대해 간략하게 설명하고 데이터 분석을 위해 사용되는 기본 구성 요소들은 어떤 것들이 있는지 알아보겠습니다.

마이크로스트레티지는

마이크로스트레티지(MicroStrategy)는 1989 년 미국에서 창립한 이후 지속적으로 BI 제품을 개발, 공급하고 있는 분석 솔루션 전문 개발 업체입니다. 회사명과 제품명을 동일하게 마이크로스트레티지로 사용하고 있습니다.

초창기에는 정보계 데이터 분석을 위한 OLAP(On-Line Analytic Processing) 제품 중에서도 데이터 베이스에 동적인 쿼리를 생성하여 분석하는 **관계형 OLAP(Relational OLAP)**으로 시작하였습니다. 그 후 현재까지 지속적인 기능 개선과 더불어 시각화 분석 기능을 비롯한 새로운 BI 기능들을 솔루션에 반영하고 있습니다.

회사 이름을 줄인 미국 나스닥의 상장 코드인 MSTR 이란 약어로도 많이 부르고 있습니다. 국내에서는 2000 년도 지사 설립 이후로 지속적으로 제조, 금융, 유통, 공공 등의 다양한 분야에 제품을 공급하고 있습니다.

마이크로스트레티지에 대한 최신 소식은 홈페이지 https://www.microstrategy.com/ko 에서 찾아볼 수 있습니다. 홈페이지에서는 다양한 고객 사례와 제품 도움말 및 제품 다운로드를 비롯한 고객 커뮤니티를 지원하고 있습니다.

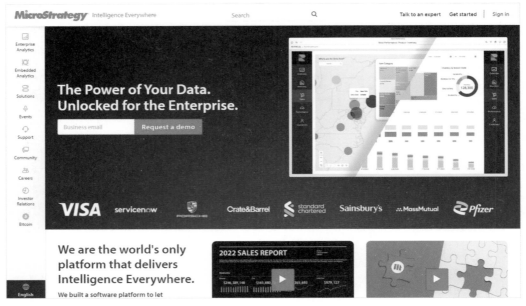

▲ 마이크로스트레티지 홈페이지

분석 기능 개요

분석 기능은 분석 제품 기능, 분석 프로세스, 사용자 계층과 같이 여러가지 영역으로 구성되어 있습니다. 분석에 참여하는 사용자 계층을 기준으로 하면 조회 위주로 사용하는 **일반 사용자**와 리포트와 대시보드를 작성할 수 있는 **파워사용자**, 그리고 환경 관리와 운영을 하는 **IT 엔지니어**로 나눌 수 있습니다. 분석 데이터를 조회하는 기능을 기준으로 했을 때는 원하는 유형의 항목들을 데이터 원본에서 추출하는 **리포트**형식과 여러 리포트를 조합하여 시각적으로 표현하는 **시각화 대시보드**로 나눌 수 있습니다. 여러 사용자 계층이 제품 기능을 활용하여 정보를 생산하고 소비하는 단계들은 **분석 프로세스**로 정의합니다.

시각화 대시보드 기능을 배우기 전에 우선 제품 구성 요소와 기능들을 간략히 살펴보면서 용어와 분석 프로세스에 친숙해지도록 하겠습니다.

마이크로스트레티지 제품 구성 요소

다양한 사용자 계층의 분석 환경 지원을 위해 마이크로스트레티지는 여러 기능들로 이루어져 있습니다. 전체적으로는 단일 솔루션이지만 편의상 서버 제품군과 클라이언트 제품군으로 나누도록 하겠습니다.

서버 제품군은 엔진 역할을 하는 **마이크로스트레티지 서버**와 웹 브라우저 접속을 지원하는 **웹 서버**로 나눠집니다. PC에 설치하는 도구는 개발과 관리를 위한 **디벨로퍼(Developer)**와 개발 관리 기능과 함께 시각화 대시보드 기능을 포함한 **워크스테이션(WorkStation)**이 있습니다. 클라이언트 영역에는 브라우저에서 일반 사용자와 파워 사용자가 리포트 및 대시보드 조회와 작성을 위한 웹과 모바일로 리포트와 대시보드를 조회할 수 있는 **모바일 라이브러리 앱**을 제공합니다. 다음은 개략적인 제품 구성도입니다.

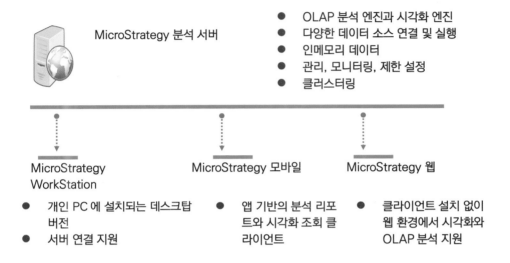

▲ 마이크로스트레티지 서버와 클라이언트 구성 요소

📊 **마이크로스트레티지 분석 서버** – 데이터 쿼리, 사용자 접속, 분석 결과 공유 등의 기능을 가진 서버 엔진과 웹서버를 통해 사용자가 조회할 수 있는 웹 서버 어플리케이션으로 구성됩니다. 분석 서버는 사용자 인증, 쿼리 엔진을 통한 다양한 데이터 소스에 대한 쿼리를 수행하고 In-Memory 분석 엔진, 서버 클러스터링 기능 및 플랫폼 관리를 위한 설정과 모니터링 기능을 제공합니다. 서버가 사용하는 모든 정보들은 메타 데이터에 저장됩니다.

📊 **마이크로스트레티지 Workstation** – 개인 PC에 설치되는 데스크탑 버전으로 사용자 PC에서 웹 환경과 동일한 시각화 대시보드 작성 기능과 데이터 가져오기 기능을 사용할 수 있습니다. 또한 서버 연결을 통해서 OLAP 데이터 세트를 활용하거나 시각화 대시보드 파일을 업로드하고 다운로드하는 기능을 가지고 있습니다.

📊 **마이크로스트레티지 웹** – 웹 브라우저를 이용하여 OLAP 리포트 조회와 편집 작업을 할 수 있고 시각화 대시보드를 만들 수 있습니다. 대부분의 기업 고객 사용자들은 웹을 이용하여 데이터 분석을 수행합니다.

📊 **마이크로스트레티지 모바일** – 모바일 단말에서 서버에 접속하여 활용할 수 있는 어플리케이션을 제공합니다. 어플리케이션은 OLAP 리포트와 다큐먼트를 조회할 수 있는 **모바일 앱**과 시각화 대시보드를 조회하는데 사용되는 최신 **라이브러리 앱** 두가지가 있습니다.

위 구성 요소들 중에 서버연결을 필요로 하는 서버, 웹, 모바일은 유료 라이센스가 필요합니다. 보통 기업 고객들은 라이센스를 구매하고 내부에 서버환경을 구성해서 사용합니다. 사용자 PC 에서 구동하는 워크스테이션은 무료로 사용할 수 있으므로 자유롭게 사용할 수 있습니다. 그러나 워크스테이션에서 서버에 연결할 때는 로그인을 위한 사용자 라이센스가 필요합니다.

비즈니스 인텔리전스(BI)

보통 분석용 소프트웨어나 시스템을 **비즈니스 인텔리전스**(BI, Business Intelligence)라고 합니다. BI 는 데이터를 기반으로 한 현황 파악과 의사결정을 위한 분석 환경과 업무들, 데이터 분석과 데이터 관리를 위한 전략과 기술을 뜻합니다.

일반적으로 조직내의 IT 시스템은 크게 회원 가입, 주문 처리, 생산 시스템, 회계 처리와 같이 운영 처리를 위한 **운영계 시스템**과 회원수의 증감분석, 총 매출 분석, 생산 불량률 분석, 사이트 방문자 추이와 같이 데이터를 수집하여 통계적인 분석을 수행하는 **정보계 시스템** 두가지로 나눌 수 있습니다.

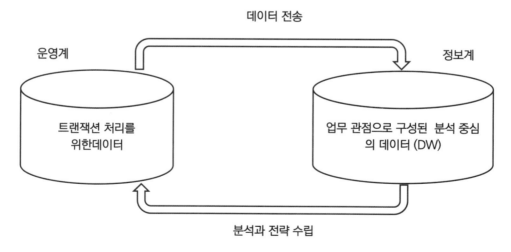

▲ 분석계와 운영계의 데이터 흐름

최근에는 빅데이터 분석, 실시간 데이터 처리, 데이터 레이크 확산으로 인해서 운영과 분석 활동의 경계가 모호해지고 있습니다. BI 에서 데이터 분석을 통해 찾아낸 가치와 전략이 조직의 운영에 영향을 미치고 조직의 경쟁력까지 영향을 미치게 된 만큼 BI 의 중요성이 점점 더 부각되고 있습니다.

BI 에는 데이터 수집, 데이터 정제와 관리, 데이터 이관과 변환, 데이터 웨어하우스, 데이터 마트, 데이터 레이크, OLAP, 시각화 대시보드, 통계 분석, 예측 분석과 같이 굉장히 다양한 분야를 포함할 수도 있고 분석 사용자와 일반 사용자들이 가장 많이 접하게 되는 분석 리포트 작성과 활용 분야만을 뜻할 수도 있습니다. 이 책에서 다루는 시각화 기능은 BI 영역중에서 리 포트와 대시보드에 해당합니다.

분석 데이터 플로우

일반적인 데이터 분석 플로우는 다음과 같은 과정을 통해 이루어집니다.

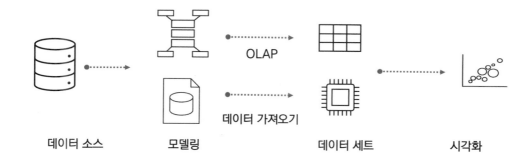

▲ 분석 데이터 플로우

📊 **데이터 소스** – 데이터가 저장된 영역입니다. 일반적인 데이터 베이스, 통계 데이터 및 빅 데이터 소스들과 사용자 개인 데이터가 있습니다.

📊 **모델링** – 데이터 소스에 연결하여 사용자들이 분석하기 쉬운 형태로 데이터를 매핑하고 연결 관계들을 구성하는 작업입니다.

📊 **데이터 세트** – 데이터 분석 개체를 이용하여 구성한 결과 데이터입니다. 데이터 세트는 시 각화로 표현하기 위해 활용됩니다.

📊 **시각화** – 데이터 세트를 활용해 차트와 표, 여러 페이지로 구성된 시각화와 대시보드를 구 성하게 됩니다. 보통 파워 사용자들이 시각화와 대시보드를 생성하고 일반 사용자들은 조회 위주로 사용하게 됩니다.

각 데이터 분석 플로우에 대해서 좀 더 상세하게 살펴보겠습니다.

데이터 소스

보통 기업내 데이터는 BI 관리자가 분석 목적에 맞게 데이터들을 수집하고 관리하여 데이터 베이스에 저장하여 사용합니다. 보통 데이터 베이스에 접근할 수 있는 데이터 소스 유형은 미리 BI 관리자가 구성해서 사용자에게 제공하게 됩니다. 권한이 있는 사용자는 직접 데이터 소스를 추가하여 사용할 수도 있습니다. 이때는 사용자가 연결 정보를 입력해야 합니다. 그 외에도 엑셀 데이터나 텍스트와 같이 사용자가 개인 데이터들을 업로드하여 사용할 수 있습니다.

모델링

모델링은 데이터 소스에서 가져온 데이터들을 활용하기 위해 데이터 간의 관계와 기준이 되는 컬럼, 함수를 적용하여 구성하고 사용자가 알기 쉬운 형태와 용어로 분석 개체를 매핑하는 작업입니다. 모델링도 전사에서 관리하고 공유되는 **시맨틱 레이어(Semantic Layer)** 영역과 개인이 관리하는 개인 데이터 모델링이 있습니다. 다음은 개인 데이터를 가져온 후에 모델링을 하는 UI 의 예시입니다.

▲ 데이터 모델링 UI

모델링 결과는 분석 개체로 표현됩니다. 이 분석 개체들은 데이터 세트를 작성하거나 시각화를 구성할 때 사용됩니다.

분석 개체들

데이터 세트가 실행되면 그 결과 데이터는 모델링에 의해 분석 개체로 사용자에게 보여집니다. 이 분석 개체들은 애트리뷰트와 메트릭으로 나뉩니다. **애트리뷰트(Attribute – 속성)**는 데이터의 의미와 관점을 나타냅니다. **메트릭(Metric – 지표)**은 보통 데이터 수치 값입니다. 예를 들어 A 상품의 매출액 이란 데이터가 있다면 여기서 상품은 애트리뷰트에 해당하고 매출은 메트릭에 해당합니다. 데이터가 유용한 의미를 가지기 위해서는 이 두 가지가 같이 있어야 하는 경우가 대부분입니다. 이 두 개체가 분석 데이터를 나누는 가장 기본적인 개체입니다.

◆ 연령 범위	◆ 월	◆ 하위 범주	📄 비용	📄 수익	📄 이익	📄 주문 건수
24세 이하	2016 11월	드라마	24.07	26	1.93	2
24세 이하	2016 1		12.035		0.965	1
24세 이하	2016 1	애트리뷰트	36.105	메트릭	2.895	3
24세 이하	2016 1		14.442		2.558	1

▲ 애트리뷰트와 메트릭으로 구성된 데이터 예시

그 외에도 조건으로 사용되는 **필터** 개체도 있습니다. 각 개체 유형을 자세히 살펴보겠습니다.

애트리뷰트

애트리뷰트는 데이터의 속성과 의미를 나타냅니다. 예를 들어 매출보고서를 만들었을 때 보고서 안에 지역, 상품, 연도, 매출액 분석 개체가 있다면 지역, 상품, 연도는 매출액의 속성을 표현하는 개체들에 해당합니다.

애트리뷰트는 유형에 따라서 다음과 같이 다른 종류의 아이콘이 이름 앞에 사용됩니다. 주로 녹색으로 표시되는 아이콘을 사용합니다.

◆ 상품, 고객, 조직과 같은 **일반 애트리뷰트**를 나타냅니다.

📍 국가, 지역, 위도, 경도 등을 나타내는 **지리적 애트리뷰트**입니다.

🕐 **날짜와 시간 유형**의 애트리뷰트입니다. 시계 모양의 아이콘을 사용합니다.

⬦ 기존 분석 개체를 기반으로 만들어진 **파생 애트리뷰트**입니다. 함수를 뜻하는 fx 가 붙어 있습니다.

하나의 애트리뷰트에는 여러 필드가 있을 수 있습니다. 예를 들어 고객 애트리뷰트는 고객 ID, 고객명, 고객 이메일, 고객 주소의 필드를 포함할 수 있습니다. 각각의 항목별로 애트리뷰트를 만들 수도 있지만 하나의 고객이라는 애트리뷰트로 통합하면 편집이나 표시에 편리한 경우가 많습니다. 애트리뷰트를 구성하는 이런 필드들을 **애트리뷰트 폼**이라고 합니다. 아래 표는 고객 애트리뷰트의 여러 폼들(고객 성, 이름, ID, 주소, 이메일) 이 표로 표시된 예입니다.

고객 리스트				
Customer Customer Id	Customer Cust Last Name	Customer Cust First Name	Customer Email	Customer Address
1	Aaronson	Maxwell	maaronson93@aol.demo	9865 Marion Place Apt.
2	Abarca	Hugh	habarca60@hotmail.demo	1660 Park Ave.
3	Abelson	Hazel	habelson98@hotmail.demo	1882 St. Johns
4	Abern	Brooks	babern40@hotmail.demo	245 Eastwood
5	Abram	Ross	rabram59@hotmail.demo	45 South Deer Creek Drive
6	Abrams	Wylie	wabrams1@aol.demo	5628 Orwenstensia
7	Addison	Don	daddison3@univ.demo	9433 Burton Ave.
8	Adess	Merrell	madess39@yahoo.demo	310 Marquette Rd.

▲ 고객 리스트 그리드

애트리뷰트 폼에는 키 역할을 하는 ID 와 이름 역할을 하는 DESC 가 있습니다. 예를 들어 고객 ID 와 고객명 컬럼이 있을 때 고객 ID 는 고객의 키 값에 해당하므로 ID 폼으로, 고객명은 고객을 설명해주는 DESC(Description 의 약어)폼으로 구성합니다.

이렇게 하면 내부적으로 고객 항목들 관리나 테이블 조인을 위한 키에는 ID 폼을 이용하고, 데이터를 표시할 때는 고객명으로 할 수 있습니다. 또한 데이터 표시는 고객명으로 하더라도 데이터 정렬에는 ID 를 이용할 수도 있습니다.

메트릭

메트릭은 보통 수치항목을 나타냅니다. 리포트 결과에 매출액이 1 억원, 고객수는 1 만명이 표시되어 있다면 매출액과 고객수가 각각 메트릭에 해당이 됩니다. 메트릭을 정의할 때는 계산을 위한 함수와 적용할 조건을 같이 사용할 수 있습니다. 예를 들어 매출이라는 컬럼에 Sum, Avg, Max 등의 집계 함수를 적용하면 합계 매출액, 평균 매출액, 최대 매출액 등의 메트릭을 만들 수 있고, 여기에 특정 지역만을 대상으로 하는 조건도 적용할 수 있습니다.

메트릭은 수치 컬럼 이외에 애트리뷰트를 이용해서 만들 수도 있습니다. 예를 들어 고객 애트리뷰트를 이용하여 Count(고객) 과 같은 고객수를 세는 메트릭을 만들 수 있습니다.

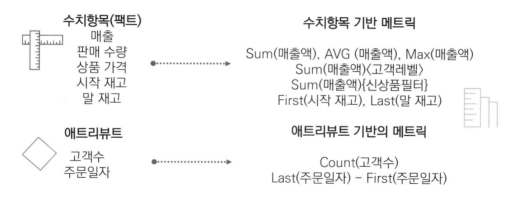

수치항목(팩트)	수치항목 기반 메트릭

<table>
<tr><td>수치항목(팩트)
매출
판매 수량
상품 가격
시작 재고
말 재고</td><td>수치항목 기반 메트릭
Sum(매출액), AVG (매출액), Max(매출액)
Sum(매출액)〈고객레벨〉
Sum(매출액){신상품필터}
First(시작 재고), Last(말 재고)</td></tr>
<tr><td>애트리뷰트
고객수
주문일자</td><td>애트리뷰트 기반의 메트릭
Count(고객수)
Last(주문일자) – First(주문일자)</td></tr>
</table>

▲ 팩트와 애트리뷰트로 만들어 지는 메트릭 예시

메트릭에는 기본 메트릭과 파생 메트릭 두 종류가 있습니다. 다음과 같이 메트릭에는 측정한다는 의미로 자 모양 아이콘이 개체 이름 앞에 붙어 있습니다.

기본 메트릭을 나타내는 아이콘입니다.

기존 분석 개체를 기반으로 만들어진 **파생 메트릭**을 뜻합니다. 함수를 뜻하는 **fx** 가 붙어 있습니다.

여기서 사용한 팩트는 보통 데이터의 수치 값 컬럼을 뜻합니다. 분석 리포트에서 팩트를 사용하기 위해서는 반드시 메트릭을 적용하고 사용해야 합니다. 앞서 본 매출처럼 하나의 팩트도 함수와 조건에 따라서 여러 개의 분석 개체로 정의될 수 있기 때문입니다. 또한 물리적인 테이블 컬럼의 정의가 바뀌어도 팩트만 바꾸면 메트릭은 바꾸지 않아도 되는 장점도 있습니다. 마이크로스트레티지는 개체 간의 계층적인 정의와 관리를 위해서 팩트와 메트릭을 분리해 놓았습니다.

필터

필터는 리포트나 메트릭에 조건을 지정할 때 사용하는 조건 개체입니다. 예를 들어 전자제품 매출 막대 차트, 남성 주문 건수를 가진 12 월 매출 대시보드가 있습니다. 이 보고서는 [월=12월]인 필터를 사용하는 데이터 세트이며, [상품 분류 = 전자제품]이란 필터를 사용해 전자제품 매출 막대 차트를 표시합니다. 또한 [고객 성별=남자인 경우의 주문건수] 조건을 가진 남성 고객수 메트릭을 사용합니다. 이렇게 필터를 이용하여 대시보드의 여러 부분에 조건을 적용할 수 있습니다.

▲ 필터를 가진 대시보드 예

필터 개체를 나타내는 아이콘은 주로 깔때기 ▼모양이 붙어 있습니다.

OLAP 데이터세트

시맨틱 레이어(OLAP 메타 영역)는 사용자들이 쉽게 데이터 베이스의 데이터를 분석할 수 있도록 전사 데이터 소스를 분석 개체로 구성해 놓은 공용 모델링 영역입니다. 보통 BI 관리자가 구성과 관리를 하게 됩니다.

시맨틱 레이어는 [데이터 소스] -> [분석 개체]-> [데이터 세트] 순으로 연결되어 있어 만약 다른 개체에 변경 사항이 생기면 관련 개체들도 바로 변경 사항이 반영되고, 미리 테이블간 연결과 매핑이 정의되어 있기 때문에 수동으로 쿼리를 작성할 필요도 없습니다. **쿼리를 모르는 일반 사용자도 시맨틱 레이어를 이용하면 용이하게 데이터를 산출하고 분석할 수 있는 장점**이 있습니다.

OLAP 리포트는 이 시맨틱 레이어를 기반으로 하는 데이터 세트입니다. OLAP 리포트는 웹 브라우저 환경에서 조회와 편집이 가능합니다. 리포트 편집 UI 는 분석 개체들이 표시되는 템플릿 영역과 그리고 조건 지정을 위한 필터 영역으로 나누어져 있습니다. 왼쪽 모든 개체 부문에는 시맨틱 레이어의 분석 개체들이 표시됩니다. 이 개체들을 디자인 영역으로 가져와 데이터 세트를 구성하고 필터 조건을 지정하면 OLAP 데이터 세트를 작성할 수 있습니다.

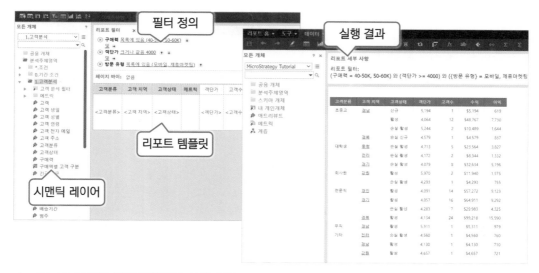

▲ OLAP 리포트 디자인화면과 실행 결과

디자인한 OLAP 데이터 세트를 실행하면 마이크로스트레티지 분석 엔진에서 자동으로 SQL 쿼리를 생성하고 실행하여 결과를 사용자에게 보여주게 됩니다. 만약 데이터 세트에 애트리뷰트나 메트릭을 새로 추가하면 분석 엔진은 그에 맞는 SQL 을 다시 생성하여 실행합니다.

결과 조회 화면에는 OLAP 분석 엔진을 이용하여 축을 변경하여 분석하는 피봇팅, 동적 메트릭 연산, 다른 애트리뷰트 항목이나 세부 데이터로 연결하기 위한 드릴다운 기능과 같은 분석 기능이 있습니다.

예전에 마이크로스트레티지를 경험해본 사용자라면 OLAP 리포트로 데이터를 산출할 때 많이 사용해봤을 것입니다. 이 책에서는 OLAP 리포트 기능에 대해 자세한 설명을 하진 않지만 마이크로스트레티지의 핵심 기능 중 하나입니다.

외부 데이터 세트

마이크로스트레티지는 사용자가 OLAP 리포트 뿐만 아니라 직접 SQL 쿼리 결과 데이터, 파일 데이터, 응용 프로그램 데이터, 빅데이터 기반 데이터를 가져올 수 있는 **데이터 가져오기** 기능을 지원합니다. 가져온 데이터는 OLAP 리포트와 같이 시각화 대시보드의 데이터 세트로 활용할 수 있습니다.

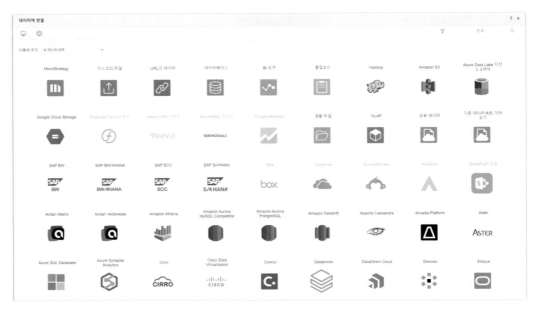

▲ 데이터 가져오기에서 지원하는 데이터 소스들

미리 모델링되어 있는 시맨틱 레이어와 달리 사용자가 직접 데이터를 가져오면 데이터 구조를 분석 개체인 애트리뷰트와 메트릭으로 구성해주는 모델링 작업을 해줘야 합니다.

시각화와 대시보드

OLAP 데이터와 외부데이터를 가져왔다면 이 데이터들을 시각화를 이용하여 데이터의 분포, 이상 데이터, 데이터 추이를 쉽게 분석할 수 있습니다. 마이크로스트레티지는 사용자들이 직접 Self-Service 방식으로 쉽게 시각화를 구성하고 대시보드를 작성할 수 있는 기능을 제공합니다.

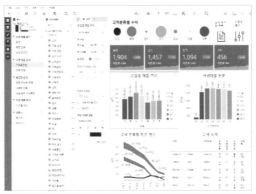

▲ 시각화 대시보드 편집화면과 조회화면 예

마이크로스트레티지 시각화에는 다음과 같은 특징이 있습니다.

- **웹 기반의 저작 기능** - 별도의 클라이언트 프로그램 설치 없이도 바로 웹 브라우저를 이용하여 시각화 대시보드를 작성하고 편집할 수 있습니다.

- **WISYWIG 방식의 디자인** - 데이터를 조회하며 차트와 표를 생성하고 직관적인 UI 로 시각화 차트들을 배치하여 사용할 수 있습니다. 한 화면안에 바로 여러 컨텐츠들을 구성할 수 있어 여러 화면을 이동하지 않고 작성과 편집이 가능합니다. 모든 작업은 코딩이나 스크립트 작성없이 가능합니다.

- **쉬운 사용성** - 차트 생성과 데이터 항목 배치는 모두 드래그 앤 드롭과 마우스 클릭으로 가능합니다. 차트의 옵션과 속성도 속성창에서 다양하게 지정할 수 있습니다.

- **자유로운 디자인** - 자동으로 컨텐츠가 배치되는 반응형 방식과 자유롭게 구성할 수 있는 자유 형식 레이아웃 방식을 모두 지원합니다. 디자인을 위한 도형, 텍스트, 이미지, 패널 스택과 같은 디자인을 위한 개체들도 제공됩니다. 또한 모바일 뷰를 미리 보기로 확인할 수 있고 모바일을 위한 보기 설정도 가능합니다.

- **자유로운 데이터 사용** - OLAP 데이터 소스와 데이터 가져오기로 가져온 데이터들을 모두 시각화 대시보드의 데이터 세트로 사용할 수 있습니다.

- **관리되는 데이터(Governed Data)** - 시맨틱 레이어를 기반으로 한 메타 데이터는 데이터 보안이 자동으로 적용되고 데이터 소스의 분석 개체의 변경이 있을 경우 자동으로 변경사항이 반영됩니다. 또한 추가되는 분석 개체들 역시 자유롭게 데이터 세트에 추가할 수 있어 반복적인 데이터 소스 작업 없이 시각화 대시보드를 작성할 수 있습니다. 자칫 파편화되기 쉬운 시각화 대시보드 데이터를 효율적으로 관리할 수 있습니다.

데이터 시각화 소개

데이터 시각화는 데이터의 빠른 파악과 효과적 정보 전달을 위해 사용되는 수단입니다. 또 시각화로 데이터 전체 윤곽에 친숙해지면 상세한 텍스트와 숫자에 대해서도 쉽게 이해할 수 있는 효과가 있습니다. 우리 주변에서도 미디어들이 새로운 정보들을 전달할 때 차트, 숫자, 이미지를 포괄적으로 사용한 **인포그래픽(InfoGraphic)**을 사용하는 것을 많이 볼 수 있습니다. 단순 숫자의 나열보다 시각적인 정보를 사람들이 더 빠르게 받아들이기 때문입니다.

사람은 새로운 정보를 볼 때 텍스트와 숫자의 나열보다 시각적인 이미지를 보았을 때 훨씬 빠르게 정보를 판단할 수 있습니다. 정글에서 호랑이를 만난 선조들 중 수풀 사이에서 호랑이 무늬를 빠르게 분간하고 도망간 선조들이 생존에 더 유리했습니다. 이렇게 시각정보를 통해 상황을 파악하는 능력에 비하면 텍스트나 숫자로 통해 인지하는 능력은 수천 년 밖에 되지 않았습니다. 시각 데이터가 메시지 전달에 더 우월한 이유입니다.

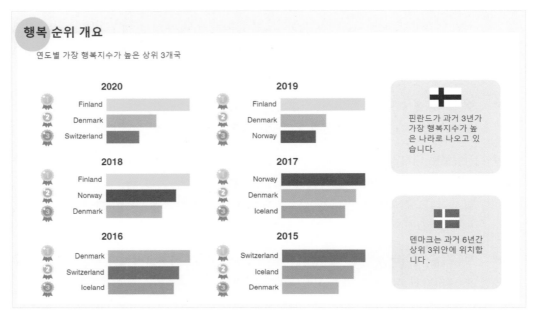

▲ 6년간 국가 행복 순위 상위 3개 국가 시각화

Country	Year	Happiness Score	Happiness Rank	Economy (GDP per Capita)	Freedom to make life choices	Generosity	Healthy life expectancy	Perceptions of corruption	Social support (Family)
Denmark	2018	7.56	3	1.35	0.68	0.284	0.87	0.41	1.59
	2019	7.60	2	1.38	0.59	0.252	1.00	0.41	1.57
	2020	7.65	2	1.33	0.67	0.242793396	0.98	0.50	1.50
Finland	2018	7.63	1	1.31	0.68	0.202	0.87	0.39	1.59
	2019	7.77	1	1.34	0.60	0.153	0.99	0.39	1.59
	2020	7.81	1	1.29	0.66	0.159670442	0.96	0.48	1.50
Norway	2018	7.59	2	1.46	0.69	0.286	0.86	0.34	1.58
	2019	7.55	3	1.49	0.60	0.271	1.03	0.34	1.58
Switzerland	2020	7.56	3	1.39	0.63	0.269055754	1.04	0.41	1.47

▲ 6년간 국가 행복 순위 상위 3개 국가 데이터

위 두개의 차트와 표는 동일한 데이터입니다. 어느 쪽에 더 시선이 가고 이해하기 쉬워 보이나요? 동일한 데이터지만 시각화로 표현한 쪽이 더 눈길을 끌고 전체를 파악하기 용이합니다. 단순한 데이터에서도 모양과 색상이 적용되면 더 빨리 데이터를 찾을 수 있습니다.

▲ 왼쪽과 오른쪽 표에서 □을 찾아보세요

데이터 시각화 활용 사례

데이터 시각화는 과거부터 메시지 전달에 많이 이용되었습니다. 효과적으로 활용한 사례를 살펴보겠습니다.

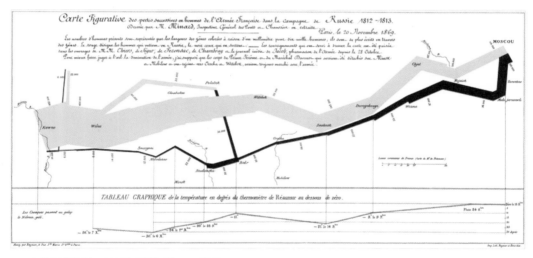

▲ 나폴레옹의 러시아 전쟁 인포그래픽

위 그림은 찰스 조셉 미나르라는 프랑스의 토목 엔지니어이자 통계학자가 그린 나폴레옹의 1812 년~1813 년 러시아 전쟁에 대한 인포그래픽입니다. 데이터 시각화의 굉장히 좋은 예로 여러 곳에서 인용되고 있어 소개합니다.

이 그림은 프랑스 군의 병사 수, 군대의 이동 거리, 위치 정보(군대 이동 경로의 위도와 경도), 이동 날짜, 날짜의 기온 데이터를 사용해서 전쟁 상황을 표현하고 있습니다. 먼저 프랑스 군 병사 수는 선 두께로 표현되어 있습니다. 가장 왼쪽은 폴란드-러시아 국경에서 출발할 당시의 병사수를 나타냅니다. 군대가 이동한 위치와 날짜별로 선이 그려져 있습니다. 가장 오른쪽 모스크바에 도착했을 때 선 두께가 얇아진 걸 보면 병사수가 상당히 줄어 든 것을 알 수 있습니다. 모스크바에서 10월에 후퇴한 프랑스 군의 행군은 다른 색을 사용하여 검은 색으로 표시되어 있습니다. 후퇴를 시작한 이후 계속해서 기온이 하강한 것을 아래 선 그래프에서 볼 수 있습니다. 프랑스 군대의 숫자도 계속 감소하여 결국 40만명으로 출발했던 군대가 다시 출발점으로 돌아왔을 때는 불과 1만명으로 줄어 들었습니다. 위 이미지만 보아도 프랑스군의 괴멸적인 패배가 느껴집니다. 이렇듯 데이터 시각화를 이용하면 전달하고 싶은 정보를 더 극적이고 효과적으로 표현할 수 있습니다.

또 다른 사례를 보겠습니다. 다음 그림은 백의의 천사 나이팅게일이 러시아와 영국사이에 벌어진 크림전쟁 당시 군대내의 위생 환경 개선을 위해 의회에 건의했을 때 사용한 차트입니다.

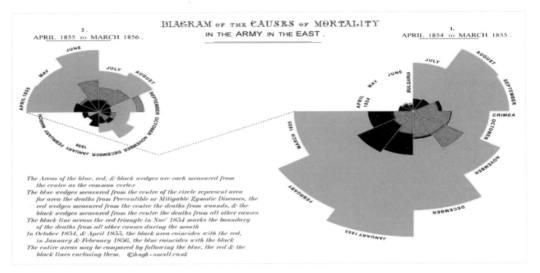

▲ 나이팅게일의 크림 전쟁의 사망자 분포 차트

이 차트에는 사망 원인별로 다른 색상이 사용되었습니다. 붉은 색은 전투에서, 파란 색은 질병으로 인한 사망입니다. 한 눈에도 파란색이 훨씬 많아 보입니다. 시계 방향으로 각각의 파이를 시간별로 배치하였습니다. 파란색이 차지하는 비율이 더 커지는 것처럼 보입니다. 이 차트를 보면 전투에서 사망한 병사보다도 비위생적인 환경에서 제대로 된 치료를 받지 못해 사망한 병사들이 더 많다는 것을 바로 파악할 수 있습니다.

긴 보고서를 읽을 시간이 없는 사람들도 이 차트를 보면 그 심각성을 쉽게 이해할 수 있었고 결과적으로 군대내 위생 개선과 의무대에 대한 예산 지원에 공감하게 되었습니다. 간호사가 되기 전에 통계를 공부했던 나이팅게일은 시각화를 활용하여 효과적으로 원하는 바를 전달했습니다. 이 공적을 인정받아 나중에 왕립통계학회의 첫 여성 회원이 됩니다. 이러한 차트 유형을 이후로도 나이팅게일 차트라고 부릅니다.

데이터 시각화의 핵심 요소

앞서 예처럼 시각화를 이용하면 데이터를 빠르게 파악하여 의사결정에 활용하기 쉽게 표시할 수 있습니다. 그러나 시각화를 잘못 사용하면 사용자가 이해하기 어렵거나 데이터를 오해할 가능성도 있습니다.

데이터 시각화를 할 때 흔히 저지르기 쉬운 실수가 디자인이나 화려한 효과만을 고려하여 데이터 가시성이 떨어지게 구성하거나 이해하기 어려운 시각화를 사용하는 것입니다. 데이터 시각화를 효과적으로 활용하려면 다음과 같은 핵심 요소들을 항상 생각해봐야 합니다.

- 데이터를 보여준다.
- 기술이나 그래프의 디자인, 만드는 기술 보다는 데이터를 보는 사용자가 데이터의 본질에 대해서 생각할 수 있도록 유도해야 한다.
- 데이터가 말하고자 하는 바를 비틀지 않는다.
- 적은 공간에서 많은 숫자들을 보여준다.
- 많은 데이터들에 대해서 일관성 있게 만들어야 한다.
- 데이터의 다른 부분들을 한 눈에 비교할 수 있어야 한다.
- 전체 개요에서 상세 데이터에 이르기까지 여러 단계의 데이터를 보여 줘야 한다.
- 명확한 목적을 가지고 데이터를 설명할 수 있는 표와 차트를 이용해야 한다.
- 데이터의 통계 정보와 설명이 밀접하게 연관되어야 한다.

출처 – The Visual Display of Quantitative Information, Edward Tufte

위의 원칙을 요약해 보면 사용자가 일관성을 가지고 인지하기 쉬운 형태로 데이터 본질을 표현하기 위해 데이터 시각화를 사용해야 한다는 것입니다. 이러한 요소들은 우리가 대시보드와 데이터를 기반으로 한 보고자료를 작성할 때도 지켜야 할 가장 기본적인 원칙입니다.

목적에 따른 시각화 차트의 선택

데이터 시각화에는 막대, 선, 파이 와 같은 평소에 많이 본 유형의 차트들과 데이터 표현 목적에 따라 **워드 클라우드, 네트워크, 스캐터 차트** 같이 평소에는 보기 힘들었던 유형의 차트들도 많이 사용됩니다. 차트를 사용할 때는 먼저 데이터의 성격과 표현하려는 목적을 생각해서 차트를 선택해야 합니다. 효과적인 차트 선정에 대한 몇 가지 원칙을 소개하고자 합니다.

▣ 데이터의 트렌드와 추이를 분석할 때 – 시계열 분석으로 시간 관련 데이터를 사용하는 경우는 **수평 막대 차트**와 **선 차트**를 사용하는 게 좋습니다.

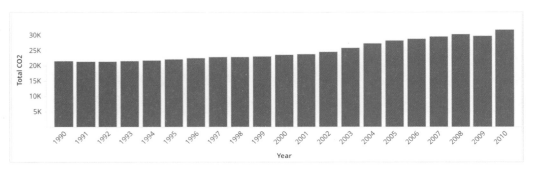

▲ 연도별 탄소 배출량

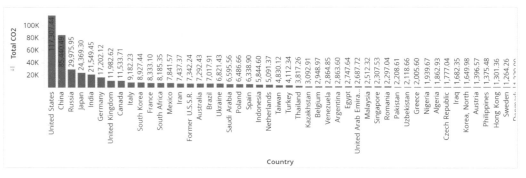

▲ 국가별 탄소 배출량

그러나 수평 막대 차트에서 주의할 점이 있습니다. 첫 번째 차트에서는 시간이 흐름에 따라 탄소 배출량이 늘어나고 있는 걸 인지할 수 있습니다. 그러나 그 다음 국가별 배출량 차트는 해석에 따라 탄소 배출이 줄어 드는 추세인 것처럼 보이기도 합니다. 일반적으로 사람들은 왼쪽에서 오른쪽 진행 방향에 대해서 시간의 흐름이나 트렌드와 같이 추세라고 인지하는 경향이 있습니다. 첫 번째 예시는 시간 축을 사용했기 때문에 가로 막대 차트를 사용하기 적합했지만, 가로축에 국가를 사용한 것은 적합하지 않았습니다. 이것을 선 차트로 만든다면 작성자의 의도가 무엇인지 이해하기 더욱 어렵습니다. 항목끼리 데이터를 비교하는 목적이라면 다른 차트를 사용하는 게 좋습니다.

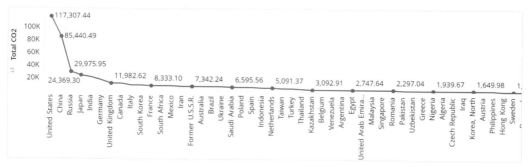

▲ 국가별 배출량 선 그래프 - 나쁜 예

📊 **데이터 항목간 비교** – 보통 위에서 아래로 이어지는 데이터에 대해서는 순서라고 인지하는 경향이 강합니다. 아래 두개의 그래프의 예를 보면 첫번째 세로 막대에서는 가장 위에 항목이 더 크다고 인식하게 되지만 오른쪽 수평 막대에서는 갈수록 값들이 작아지고 있다는 것을 먼저 인지하기 쉽습니다. 어느 쪽 차트가 각 지역을 비교하는데 적합하게 보이나요? 데이터 항목을 서로 비교할 때는 **세로 막대 차트**가 적합합니다.

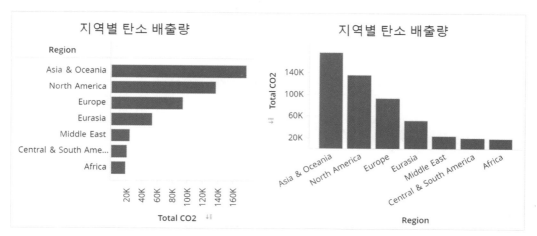

▲ 세로 막대와 가로 막대

📊 **연관성 분석** – 탄소 배출량과 인구수는 상관이 있을까요? GDP 와 비교했을 때는 어떨까요? 이처럼 데이터 항목 간에 상관 관계가 있는지에 대한 것을 차트로 표시할 때는 가로 축과 세로 축의 메트릭을 기준으로 항목들이 표시되는 분포 차트가 적합합니다.

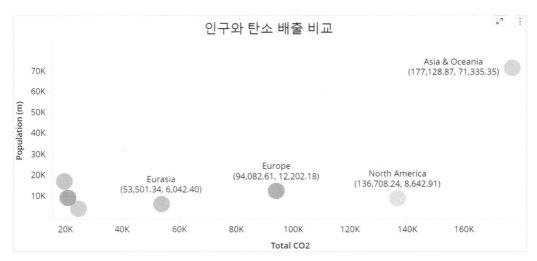

▲ 인구와 탄소 배출량 지역별 분포

또 한가지 다른 유형의 상관 관계 분석은 이중 축 차트로 서로 다른 지표 값을 비교하는 방법이 있습니다. 다음 차트는 왼쪽 축(Y1)은 탄소 배출량이 오른쪽 축(Y2)에는 인구수가 사용되었습니다. 인구수 증가와 탄소 배출량 증가는 서로 관계가 있어 보이나요?

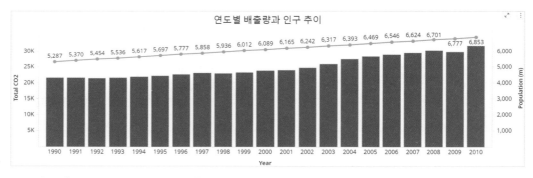

▲ 이중 축 차트로 인구와 탄소 배출 비교

📊 **전체 대비 비율** – 비율을 표시할 때에는 흔히 파이 차트를 이용하여 표시합니다. 그러나 항목들이 많을 때는 아래 오른쪽 그림처럼 데이터 항목을 구별하기 어렵습니다.

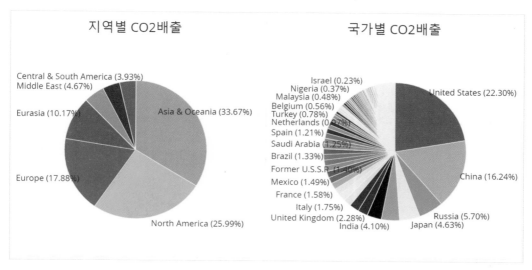

▲ 파이 차트 구성 예

그래서 더 많은 항목들을 비교하고자 할 때에는 **열지도(트리맵)** 와 같이 데이터 비율을 효과적으로 표현할 수 있는 다른 유형의 차트들을 이용합니다. 다음 예시를 보면 아시아 지역과 북미 지역의 탄소 배출량이 다른 지역보다 많다는 것을 알 수 있습니다. 또한 아프리카 지역은 전체 차지하는 비율이 적고 국가 수도 많지 않습니다.

▲ 열지도로 지역별 배출 분포 표시

프레젠테이션 문서나 보고서에 어떤 차트가 가장 많이 사용되었는지를 조사한 자료에 따르면 사용된 차트의 약 50%는 추세 분석을 위한 선, 막대 차트 형식이었고 25% 정도가 순위를 표시하기 위한 세로 막대 차트, 나머지 10%는 상관 관계를 표시하기 위한 분포 차트, 5% 정도가 비율 분석을 위한 파이 차트 형식이었다고 합니다. 차트는 데이터를 잘 표현하기 위한 수

단입니다. 시각화 대시보드를 만들 때 굳이 복잡한 유형의 차트를 사용하지 않더라도 기본 차트만으로 충분하지 않았는지 생각해 볼 필요가 있습니다.

실습 환경 구성

사용자 환경에 적합한 실습 환경들과 버전에 따른 차이에 대해서 설명합니다.

실습 환경 종류

실습은 웹 브라우저를 통해 서버에 접속하여 수행하는 방법과 마이크로스트레티지 **워크스테이션(WorkStation)**을 이용하여 로컬 PC에서 수행하는 방법이 있습니다. 시각화 작성기능은 웹과 워크스테이션 환경이 동일하므로 사용자의 환경에 따라서 원하는 방식으로 이용하면 됩니다.

본 책에서 소개하는 데이터 시각화 기능 외에 서버에서는 더 많은 기능을 사용할 수 있습니다. 웹의 경우 OLAP 리포트 전용 UI, 대시보드 구독, 분석 개체 작성, 협업 등이 가능합니다. 워크스테이션에서는 BI 환경 개발과 관리 기능들을 서버에 접속했을 때 사용할 수 있습니다.

웹 환경 접속하기

조직내에 마이크로스트레티지 서버 환경이 구성된 경우는 웹을 이용할 수 있습니다. 다음은 웹 환경의 구성도입니다.

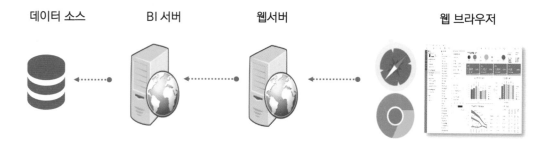

데이터 소스   BI 서버   웹서버   웹 브라우저

▲ 웹 환경 연결 구성도

웹 환경에서 실습시에 필요한 정보들입니다.

- **접속 웹 서버 URL 정보** – 웹에 접속할 수 있는 URL 을 알고 있어야 합니다. 예를 들어 http://yourWebServer:8080/MicroStrategy/servlet/mstrWeb 와 같은 URL 을 사용합니다.

- **로그인 정보** – 마이크로스트레티지의 파워 사용자 권한을 가진 사용자 ID 와 패스워드가 필요합니다.

- **최신 웹 브라우저** – 가급적 최신의 HTML5 를 지원하는 웹 브라우저를 사용하세요. 크롬 최신 버전, 엣지(Edge) 브라우저 최신 버전 혹은 사파리나 파이어폭스 브라우저의 최신 버전이 좋습니다.

- **테스트 하기** – 제공받은 접속 정보로 마이크로스트레티지 웹에 연결해 봅니다. 문제가 없다면 로그인 페이지나 프로젝트 선택 페이지가 나타납니다.

로그인에 성공하면 웹 기본 화면으로 연결됩니다.

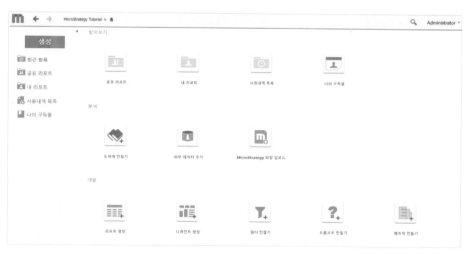

▲ 웹 접속 완료 후 초기 페이지

워크스테이션 접속하기

워크스테이션은 서버 접속 없이도 로컬 환경에서 시각화 대시보드를 작성할 수 있는 클라이언트 도구입니다. 사용자 PC 에 설치파일로 설치해서 사용합니다. 워크스테이션은 라이브러리 웹 서버를 통해 서버와 연결하여 사용하거나 로컬 PC 에서 작업하는 두 가지 방식을 지원합니다.

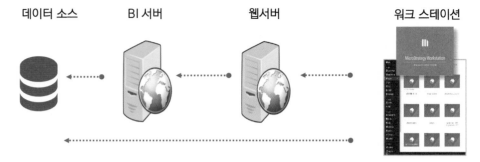

| 데이터 소스 | BI 서버 | 웹서버 | 워크 스테이션 |

▲ 워크스테이션 환경 구성도

- **로컬 환경 이용** – 로컬 PC 환경에서 시각화를 작성합니다. 이 때 사용하는 데이터는 데이터 가져오기에서 지원하는 데이터로 제한됩니다. 작성한 시각화 대시보드는 마이크로스트레티지 확장자를 가진 .mstr 파일로 로컬 PC 에 저장됩니다.

- **서버 환경 이용** – 마이크로스트레티지의 라이브러리 웹을 통해서 접속하게 되면 서버에 있는 데이터를 사용할 수 있고 서버에서 시각화를 작성하거나 편집할 수 있습니다.

- **시각화 대시보드 다운로드 및 업로드** – 로컬 PC 로 서버의 시각화 대시보드를 마이크로스트레티지 파일 형식으로 다운로드 하거나, 반대로 서버에 연결하여 로컬 PC 의 마이크로스트레티지 파일을 업로드 할 수 있습니다. 개인 PC 에서 작업한 결과를 서로 공유할 수 있습니다.

워크스테이션 설치하기

워크스테이션으로 실습하는 사용자를 위해 설치 방식을 안내합니다. 설치 파일은 마이크로스트레티지 Community 사이트 https://community.microstrategy.com 에 접속하여 설치 파일을 다운로드 할 수 있습니다. 만약 등록된 계정이 없으면 신규 사용자등록을 하시고 진행해 주세요. 워크스테이션으로 로컬 PC 에서 도씨에를 만드는 것은 무료로 사용할 수 있습니다.

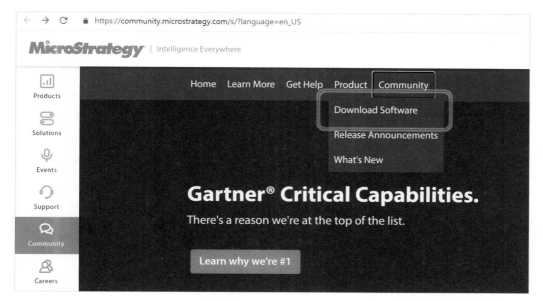

▲ Community 사이트의 다운로드 경로

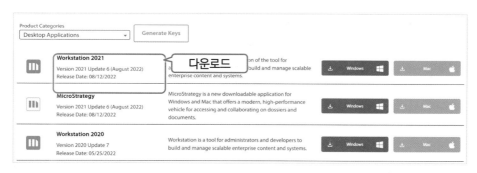

▲ OS 환경에 맞는 Workstation 다운로드 선택

다음은 워크스테이션 설치 방법입니다.

❶ Product Category 에서 Desktop Applications 를 선택하고 WorkStation 의 최신 버전을 OS 버전에 맞게 선택하여 다운로드 합니다.

❷ 다운로드한 파일의 압축을 해제합니다. 파일을 압축 해제 시, 압축 해제 소프트웨어는 압축된 파일의 폴더 구조를 유지합니다. 대부분의 압축 해제 소프트웨어는 기본적으로 폴더 구조를 유지합니다.

❸ 압축을 푼 폴더에서 WorkstationSetup.exe 파일을 실행합니다.

❹ 마이크로스트레티지 Workstation 응용 프로그램이 컴퓨터를 변경하는 것을 허용할 것인지 묻는 메시지가 표시됩니다.

❺ [Yes(예)]를 클릭합니다. InstallShield 마법사가 로드 됩니다.

❻ 기본 설치 위치를 변경하거나 바로가기를 선택하여 설치 도중에 생성하려면 [Show Advanced(고급 표시)]를 클릭합니다.

❼ License Agreement(라이센스 계약)를 클릭하여 라이센스 계약 내용을 검토합니다. [사용권 계약 내용에 동의합니다] 확인란을 선택하고 설치를 클릭합니다.

❽ 설치 프로그램이 마이크로스트레티지 Workstation 을 바로 실행하게 할지 선택합니다.

❾ 설치가 완료되면 닫기를 클릭합니다.

마이크로스트레티지 버전에 따른 차이

이 책은 마이크로스트레티지의 2022 년 6 월에 출시한 **MicroStrategy 2021 Update 6** 버전을 기준으로 하고 있습니다. 워크스테이션을 다운로드 받는 경우에는 가장 최신버전으로 사용하게 되므로 큰 이슈가 없지만, 사내에서 사용하는 경우 접속한 서버의 버전에 따른 차이가 있을 수 있습니다. 다음은 버전별로 교재와 차이점이 있는 사항들입니다.

📊 **2021 Update 4 이후 버전 –** 책에서 설명하는 대부분의 실습과 시각화 기능을 사용할 수 있습니다.

📊 **2021 Update 3 –** 위젯의 포맷 옵션이 탭 형식으로 바뀐 버전입니다. 시각화 차트 중에 **그리드(최신)**가 포함되어 있지 않습니다. 패널 스택은 있지만 정보 창은 없습니다.

📊 **2021 ~ 2021 Update2 –** 시각화 포맷 옵션의 구성이 다릅니다. Update2 이전은 상단에서 옵션 그룹을 선택하면 그 아래에 옵션들이 계속 나열되어 있는 형식이었습니다.

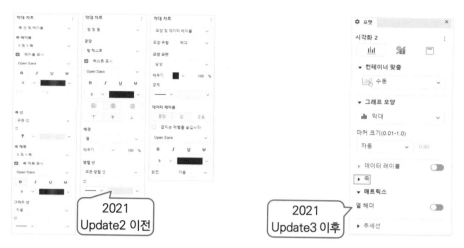

▲ 2021 Update 3 이후와 이전의 포맷 옵션 차이 예시

그러나 Update3 이후 버전은 옵션들을 탭으로 재배치하고 폴더 형식으로 바뀐 것이므로 용어가 약간 다른 경우가 있지만 대부분 옵션을 그대로 사용할 수 있습니다.

📊 **2020 버전 –** 다른 유형의 KPI 위젯은 없는 버전입니다.

📊 **2019 버전 –** 자유 형식 레이아웃과 도형을 지원하지 않습니다.

기본적으로 2021 Update3 이후는 실습에 문제가 없습니다. 2020 버전부터 2021Update2 까지는 위젯의 편집기와 포맷 UI 가 달라 교재에서 설명하는 옵션의 위치를 찾기가 어려울 수 있습니다. 웹 환경에서 마이크로스트레티지 버전확인은 로그인 후, 전체 프로젝트 리스트가 보이는 선택 페이지의 하단의 [MicroStrategy Intelligent Enterprise™ Platform 에 대하여] 에서 확인할 수 있습니다.

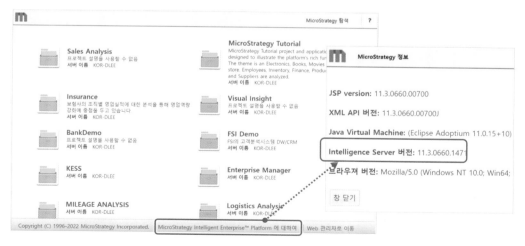

▲ 웹 환경에서 마이크로스트레티지 빌드 번호 확인

여기에는 제품 빌드 번호로 표시됩니다. 가장 앞이 제일 큰 빌드 번호, 중간은 연도명이 바뀌는 번호, 마지막은 업데이트 번호입니다. 2021 버전은 11.3.0 버전이고, 2021 Update6 은 11.3.6 입니다. 다른 버전들과 빌드 번호는 다음처럼 매칭됩니다.

- **2021 버전 : 11.3.0,**   2021 update1 ~ update6 : 11.3.1 ~ 11.3.6
- **2020 버전 : 11.2.0,**   2020 update1 ~ : 11.2.1~
- **2019 버전 : 11.1.0,**   2019 update1 ~ : 11.1.0 ~

보통 업데이트는 3 개월에 한 번, 연도명이 바뀌는 버전은 2~3 년, 가장 앞 빌드 번호는 4~6 년 정도 주기로 바뀌어 출시됩니다.

만약 내부 웹 환경이 이전 버전이라면 최신 버전의 워크스테이션으로 실습하시기 바랍니다. 단, 사용하는 워크스테이션 버전이 서버 웹 버전보다 높다면 마이크로스트레티지 서버로 대시보드 파일을 업로드 할 수는 없습니다.

자료 파일 다운받기

본 교재에서 사용하는 데이터 파일과 필요한 자료들은 다음 URL 에 접속하여 다운로드 받을 수 있습니다. https://mstrdh.github.io/mstrguide/

요약

지금까지 데이터 분석에 연관된 마이크로스트레티지 제품군과 데이터 분석 플로우, 분석 개체, 데이터 세트와 시각화에 대한 개념들을 살펴보았습니다. 데이터 시각화를 효율적으로 활용하기 위해서는 시각화의 효용과 목적에 따라 사용할 차트를 적절하게 선택할 수 있어야 합니다.

마이크로스트레티지 데이터 시각화를 배우고 실습하기 위한 환경을 확인해 보고 필요한 파일들을 설치하는 법도 설명했습니다. 사용하는 버전에 따라 약간의 차이가 있을 수 있지만 기본 개념을 익히고 실습을 하는 데는 충분합니다.

다음 챕터에서는 마이크로스트레티지 시각화의 기초적인 기능을 설명하겠습니다.

2. 시각화 대시보드 기초

데이터 시각화를 위한 대시보드 기능을 마이크로스트레티지는 도씨에라고 부르고 있습니다. 이번 파트에서는 도씨에 구성 개요를 설명하고, 기본 UI 에 친숙해질 수 있게 데이터를 가져와 시각화 차트로 표현해서 대시보드를 만들어 보는 실습을 해보겠습니다.

도씨에(Dossier) 개요

데이터 분석을 위해 시각화 대시보드를 사용할 때 하나의 차트나 표만 사용하는 경우는 별로 없습니다. 분석 지표와 관점에 따라서 사용자들이 여러가지 차트들을 이용하여 다각도로 데이터를 표현하게 됩니다. 예를 들어 회사 매출 대시보드는 매출을 바라보는 여러 관점에 대한  시각화로 구성됩니다. 전체 매출액, 시간대별 고객 방문수, 고객 유형별 분포, 지역별 이익 추세와 전년 대비 성장률 같은 다양한 시각화 차트들이 대시보드를 이루게 됩니다.

마이크로스트레티지 도씨에는 이렇게 여러가지 관점과 지표의 시각화 차트들이 내용과 주제에 따라 컨텐츠들이 배치되어 사용자들의 의사결정을 지원하게 됩니다. 이런 데이터와 시각화 차트들이 모여 있는 점이 여러 서류들을 업무에 활용하는 것과 유사한 부분이 있어 영어로 서류철이란 뜻을 가진 **도씨에(Dossier)** 를 시각화 대시보드를 나타내는 이름으로 명명하였습니다.

도씨에 컨텐츠는 크게 **챕터(장)**와 **페이지**로 구성됩니다. 일반적인 책 구성을 생각해보면 챕터는 각각 하나의 주제를 표현합니다. 챕터를 구성하고 있는 페이지에는 구체적인 내용이 있습니다. 도씨에도 책과 마찬가지로 주제영역을 챕터로 나누고 챕터의 페이지에 각각의 상세한 데이터와 시각화들을 구성하게 됩니다.

예를 들어 다음 도씨에는 요약 정보를 보여주는 표지 챕터와 표지 페이지, 종합 매출 분석 챕터와 그 안의 여러 페이지들이 표시되어 있습니다. 사용자들은 왼쪽 목차에 표시된 챕터와 페이지 링크를 이용하여 도씨에를 탐색할 수 있습니다.

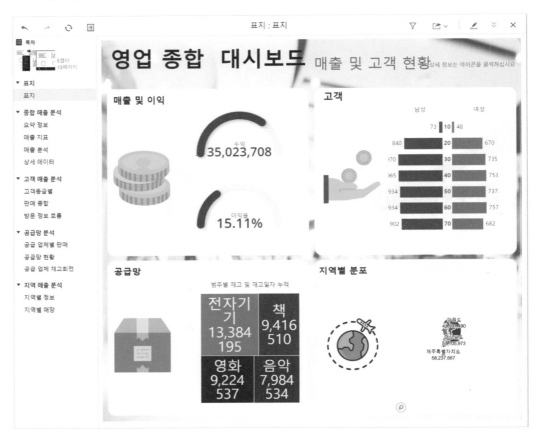

▲ 도씨에 챕터와 페이지 구성 예

우선 도씨에 UI 구성과 사용할 수 있는 메뉴, 툴바에 대해 설명하겠습니다.

도씨에 UI 구성

도씨에의 기본 작성 화면은 시각화가 표현되는 **캔버스** 영역과 시각화 작성에 필요한 **상단 메뉴**와 **툴바**, **목차**와 **데이터세트** 및 **시각화 속성 편집기**가 있는 영역으로 구성되어 있습니다.

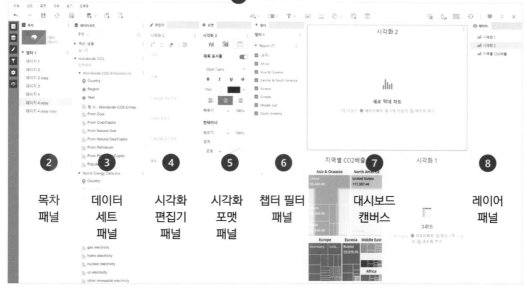

① 메뉴 및 툴바

▲ 도씨에 작성 UI 구성

❶ 메뉴 및 툴바 - 도씨에 저장과 속성 지정을 위한 메뉴 부분과 시각화 및 위젯 추가와 보기 모드 변경 등의 컨트롤 툴바가 있습니다.

❷ 목차 패널 - 챕터와 페이지 목록이 표시되고 각각 추가, 삭제, 복사, 이동작업을 할 수 있습니다.

❸ 데이터 세트 패널- 도씨에에서 사용하는 여러 데이터 세트들의 항목들을 표시합니다.

❹ 시각화 편집기 패널 - 시각화에 어떤 데이터 항목들을 구성할 것인지를 지정할 수 있습니다. 데이터 세트에서 분석 개체를 드래그 앤 드롭으로 가져와 배치할 수 있습니다.

❺ 시각화 포맷 패널 - 시각화 유형에 맞추어 시각화 옵션과 색상, 글꼴, 포맷을 설정할 수 있습니다.

❻ 챕터 필터 패널- 챕터 내에서 공유되는 필터들을 표시합니다.

❼ 대시보드 캔버스 - 시각화, 필터, 텍스트, 이미지 등의 대시보드 컨텐츠들이 표시됩니다.

❽ 레이어 패널- 현재 페이지의 캔버스에 있는 시각화 개체와 위젯들을 표시합니다. 선택시에 해당 개체의 옵션들이 포맷 패널에 표시됩니다. 마우스 우 클릭 메뉴에서 시각화를 제어할 수 있습니다. 자유 형식 레이아웃에서 주로 사용합니다.

도씨에 패널

도씨에는 앞서 본 UI 영역들을 **패널**이라는 단위로 나누어 관리합니다. 패널은 필요에 따라 표시하거나 감출 수 있어 화면을 효율적으로 사용하게 해줍니다. 도씨에 화면 구성 요소 중에 대시보드 캔버스와 메뉴 및 툴바를 제외한 나머지 영역들이 모두 패널 단위로 관리됩니다.

패널들은 도씨에 상단 보기 메뉴에서 표시 여부를 선택할 수 있습니다. 설명할 패널이 화면에 보이지 않는 경우 보기 메뉴에서 패널 표시가 체크되었는지 확인해 보시기 바랍니다.

▲ 도씨에 패널 유형 보이기 감추기

편집기, 필터, 포맷 패널은 탭 형태로 겹쳐서 표시되어 있습니다. 마우스로 각 탭 이름을 클릭하여 드래그 해보시기 바랍니다. 원하는 위치로 탭을 분리하고 표시 순서도 변경할 수 있습니다.

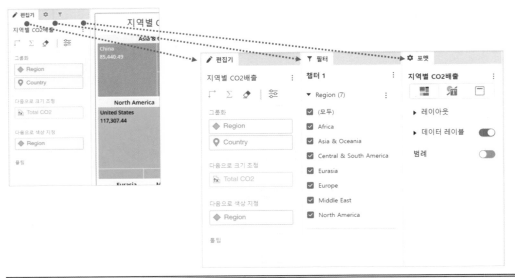

도씨에 메뉴

아래 그림은 가장 왼쪽 상단의 기본 메뉴 항목과 항목을 클릭했을 때 나타나는 서브 메뉴들입니다. 주로 도씨에 저장, 데이터 추가, 관리 기능을 사용할 수 있습니다.

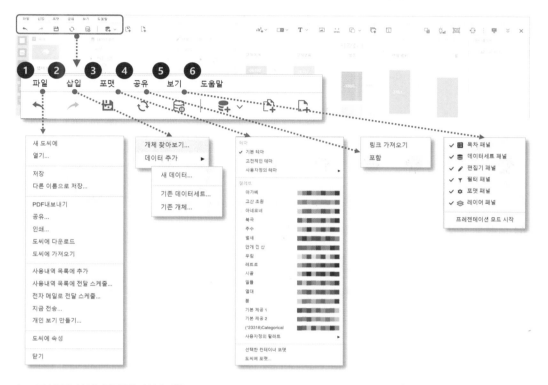

▲ 도씨에 상단 툴바와 서브 메뉴

❶ **파일** – 저장 및 열기 기능과 도씨에를 내보내기 하거나 다운로드 하는 컨트롤 기능, 스케줄을 지정하여 이메일이나 사용내역 목록으로 리포트를 보내는 스케줄링 기능이 있습니다. 또한 기본 도씨에의 속성 역시 파일 메뉴에서 조정할 수 있습니다.

❷ **삽입** – 도씨에에 새로운 OLAP 데이터나 데이터 가져오기로 새 데이터를 추가할 수 있습니다.

❸ **포맷** – 도씨에의 기본 테마를 변경합니다. 기본 색상 팔레트를 변경하여 전체 도씨에의 색상을 변경할 수 있습니다. 또한 도씨에 시각화들의 기본 포맷을 변경할 수 있습니다.

❹ **공유** – 현재 도씨에를 다른 사용자에게 전달하기 위한 링크를 확인할 수 있으며 사용자별로 접근 권한을 설정할 수 있습니다.

❺ **보기** – 왼쪽 툴바처럼 현재 디자인 화면에서 어떤 패널을 표시할 지 선택할 수 있습니다.

가장 하단의 **프로젠테이션 모드 시작**은 저작 화면에서 보기 모드로 도씨에를 전환합니다.

❻ **도움말** – 서브 메뉴는 없습니다. 마이크로스트레티지 Community 의 온라인 도움말 페이지로 이동합니다.

도씨에 왼쪽 툴바

메뉴 바로 아래에는 자주 사용하는 도씨에 기능들에 대한 바로가기 툴바가 있습니다.

❶ **실행 취소와 재실행** – 최근 실행했던 작업을 취소하거나 재실행합니다.

❷ **저장** – 작업중인 도씨에를 저장합니다.

❸ **새로 고침** – 현재 도씨에 데이터를 재실행합니다. 데이터 세트가 변경된 경우는 데이터를 다시 표시합니다.

❹ **데이터 검색 일시 중지 / 실행** – 도씨에 실행을 일시 중지하거나 다시 실행합니다. 중지 상태에서는 시각화에 데이터가 표시되지 않고 필터와 항목 선택 같은 상호 작용 기능도 중지됩니다. 시각화를 그리지 않고 개체만 표시하므로 빠르게 시각화를 배치하고 디자인하려고 할 때 유용합니다.

❺ **데이터 추가** – 새로운 데이터를 도씨에에 추가합니다. OLAP 데이터를 가져오거나 개인 데이터를 업로드할 수 있습니다.

❻ **챕터 추가** – 새로운 챕터를 추가합니다. 추가한 챕터는 목차 영역에 표시됩니다.

❼ **페이지 추가** – 현재 챕터 내에 새로운 페이지를 추가합니다.

도씨에 가운데 툴바

시각화와 필터, 이미지, 도형과 같은 분석과 디자인을 위한 위젯들을 추가할 수 있는 바로 가기가 모여 있습니다.

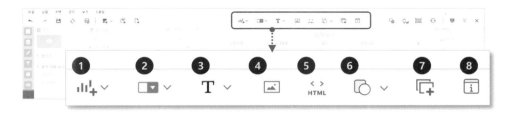

❶ **시각화** – 페이지 내에 새로운 시각화를 추가합니다. 선택 대화창에서 그리드, 막대, 선 시각화 그룹에서 세부 차트를 선택할 수 있습니다. 시각화를 추가할 때 이 아이콘을 사용하므로 자주 사용하게 됩니다.

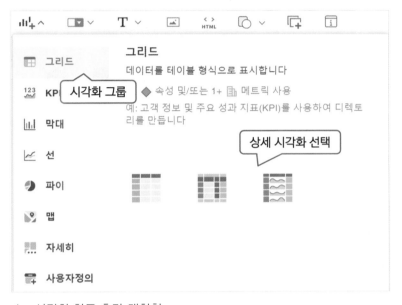

▲ 시각화 차트 추가 대화창

❷ **필터** – 페이지에 새로운 필터 위젯을 추가합니다. 요소/값 필터선택기, 속성/메트릭 선택기/ 패널 선택기를 선택할 수 있습니다.

❸ **텍스트** – 타이틀이나 설명을 위한 텍스트 개체를 추가합니다.

❹ **이미지** – 이미지요소를 추가합니다. 이미지는 URL 형식으로 사용하거나 업로드할 수 있습니다.

❺ **HTML** – HTML 텍스트나 iFrame 을 이용하여 도씨에 내에 웹 컨텐츠를 표시할 때 사용합니다.

❻ **모양** – 선, 사각형, 삼각형, 원 등의 도형을 추가합니다. 도씨에에 디자인 요소를 적용할 때 사용합니다.

❼ **패널 스택** – 새로운 패널 스택을 추가합니다. 패널 스택은 페이지내에서 컨텐츠들을 패널로 모으고 선택하여 볼 때 사용합니다.

❽ **정보 창** – 팝업으로 사용할 수 있는 패널 스택 개체인 정보 창을 추가합니다.

도씨에 오른쪽 툴바

가장 오른쪽 툴바에는 도씨에의 디자인 방식을 변경하거나 프레젠테이션 뷰로 도씨에를 표시하는 등의 보기 속성과 관련된 바로가기가 위치합니다.

❶ **자유형식 레이아웃으로 변환** – 자동 배치형 페이지에서 자유 형식 레이아웃 페이지로 변환합니다. 이 모드를 활성화하면 자유롭게 시각화나 디자인 개체들을 배치할 수 있습니다.

❷ **자연어 쿼리** – 도씨에 데이터항목에 대해 문장 형식으로 질의할 수 있는 기능입니다.

❸ **반응형 보기 편집기** – 모바일 폰과 같이 화면 사이즈가 달라지는 단말기인 경우에 시각화들끼리 같이 표시될 수 있도록 그룹으로 묶을 수 있습니다.

❹ **모바일 보기** – 모바일 폰 기기에서 도씨에를 조회할 때 어떤 형식으로 표시될 것인지 미리 확인해 볼 수 있습니다.

❺ **프레젠테이션 모드** – 저작 기능을 위한 패널과 툴바 등의 영역을 표시하지 않고 전체 화면으로 대시보드를 조회하는 조회 전용 모드로 전환합니다.

❻ **탐색 모음 표시** – 현재 도씨에가 저장되어 있는 폴더 경로를 확인할 수 있는 네비게이션 바가 나타납니다.

❼ **닫기** – 지금 보고 있는 도씨에를 닫습니다.

메뉴와 툴바에 대해 살펴보았습니다. 각 메뉴와 바로가기에 대한 상세 설명은 뒷부분에서 시각화 샘플 대시보드를 만들어 보면서 다시 설명하겠습니다.

챕터와 페이지

도씨에는 서류철이나 책과 비슷한 방식으로 컨텐츠를 나누어 표시할 수 있습니다. 도씨에를 이용하여 책을 구성하듯이 각 주제영역을 챕터로 구분하고, 주제영역내의 세부 내용들은 페이지로 구성할 수 있습니다. 챕터와 페이지는 목차에서 추가하거나 삭제, 복사할 수 있습니다. 도씨에 왼쪽의 목차에서 챕터와 페이지 중 선택한 항목에 따라 약간 다른 메뉴가 표시됩니다. 챕터에서는 컨트롤 메뉴 ⋮ 아이콘을 클릭하면 챕터를 제어하는 메뉴가 표시되고 페이지 에서는 페이지 이름을 우 클릭하면 그 페이지를 제어하는 컨트롤 메뉴가 나타납니다.

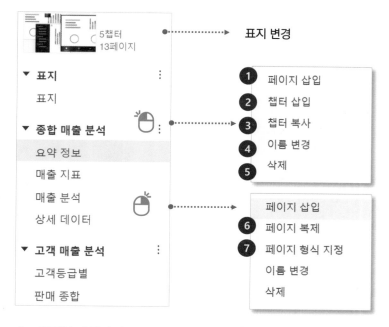

▲ 챕터와 페이지의 목차 조작 메뉴

❶ **페이지 삽입** – 새로운 페이지를 챕터에 추가합니다.

❷ **챕터 삽입** – 새로운 챕터를 삽입합니다.

❸ **챕터 복사** – 기존 챕터를 그대로 복제하여 새로운 챕터를 추가합니다.

❹ **이름 변경** – 챕터나 페이지의 이름을 수정합니다. 메뉴를 사용하지 않고도 목차에서 이름 부분을 더블 클릭하면 바로 바꿀 수 있습니다.

❺ **삭제** – 챕터나 페이지를 삭제합니다.

❻ **페이지 복제** – 페이지의 내용을 그대로 복제하여 새로운 페이지를 추가합니다.

❼ **페이지 형식 지정** – 페이지의 세로 스크롤 사이즈를 지정할 수 있습니다.

챕터와 페이지의 목록 순서를 변경하고자 할 때는 챕터나 페이지를 마우스로 클릭하여 선택한 상태에서 위나 아래쪽으로 드래그하면 간단하게 목록을 정리할 수 있습니다.

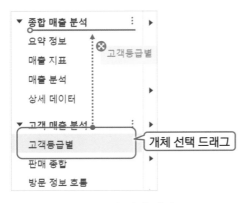

▲ 페이지와 챕터의 위치 변경

목차의 위치는 왼쪽에 목록 형태로 표시하거나 스프레드시트 형식처럼 상단이나 하단에 탭형식으로 표시할 수 있습니다. 목차 옆의 아이콘을 클릭하면 목차 탭을 위나 아래로 변경할수 있습니다.

▲ 목차 표시 방법 변경

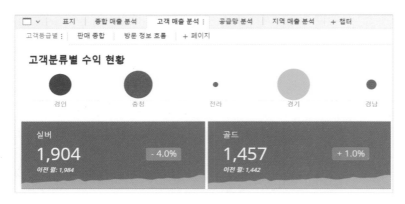

▲ 탭으로 상단에 표시한 경우

추가로 목차에서 도씨에 표지를 설정할 수 있습니다. 목차가 **목록 보기** 형식으로 표시된 상태에서 가장 상단에 표지 이미지가 있습니다. 이 표지 이미지를 클릭하면 변경할 수 있는 대화창이 나타납니다. 사용할 수 있는 이미지 중에 선택하거나 이미지 URL을 입력하여 표지를 설정할 수 있습니다.

▲ 마이크로스트레티지 샘플 표지

설정한 표지는 라이브러리 웹이나 워크스테이션에서 도씨에 표지 이미지 역할을 하게 됩니다.

▲ 라이브러리에 표시된 도씨에 화면

도씨에 위젯

도씨에 캔버스에 배치하고 사용하는 시각화 차트, 텍스트, 이미지와 같은 개체들을 통틀어 **위 젯**이라고 합니다. 간단히 어떤 종류의 위젯이 있는지 살펴보겠습니다.

시각화 위젯 – 차트 위젯입니다. 애트리뷰트와 메트릭 개체 데이터를 차트로 표시합니다. 툴바에서 시각화 아이콘을 클릭하면 선, 막대, 파이, 분포 등의 다양한 시각화 차트를 선택할 수 있습니다.

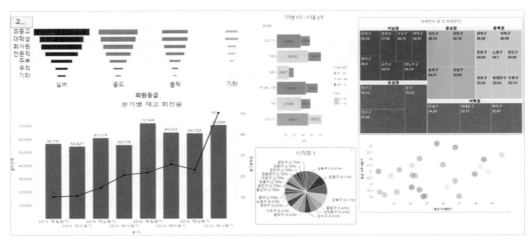

▲ 여러 시각화 차트들로 구성된 도씨에 페이지

필터와 선택기- 데이터 항목 값을 선택하는 **요소/값 필터**, 애트리뷰트와 메트릭 개체를 선 택할 수 있는 **개체 선택기**, 패널 스택을 선택할 수 있는 **패널 선택기**가 있습니다. 상단의 필터 입력 아이콘을 클릭하여 추가할 수 있습니다. 버튼, 체크박스, 라디오 버튼, 슬라이더와 같은 다양한 포맷을 지원합니다.

▲ 여러 가지 필터 유형

텍스트 상자 – 도씨에에 텍스트를 추가할 수 있습니다. 텍스트 입력 아이콘을 클릭하여 추 가할 수 있습니다.

매출 종합 현황 최근 1년간의 상세 고객 매출 및 이익율에 대한 정보를 제공합니다. (단위 : 백만 , %)

▲ 표시 텍스트의 예

텍스트 상자의 글꼴은 고정 사이즈방식과 화면 사이즈에 따라 자동 맞춤 하는 동적 사이즈를 지원합니다. 또한 애트리뷰트와 메트릭 값을 텍스트에 넣어 표시하는 것도 가능합니다.

📊 **HTML 컨테이너** – iFrame 형식으로 다른 웹 페이지를 표시하거나 HTML 태그를 넣어서 사용할 수 있습니다. 상단 툴바 HTML 아이콘을 선택하여 추가합니다. 예를 들어 다음 그림처럼 HTML 텍스트를 입력하면 페이지내에는 태그의 실행 결과가 나타납니다. 텍스트 박스로 표현이 어려운 효과가 필요할 때 HTML 컨테이너를 사용할 수 있습니다.

 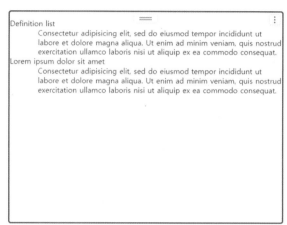

▲ HTML 텍스트 입력창과 표시 결과

📊 **이미지** – 배경 화면이나 아이콘 등의 이미지를 사용할 수 있습니다. 이미지는 URL 경로 혹은 도씨에 내부에 내장하는 것을 모두 지원합니다. 상단 툴바의 이미지 아이콘을 이용하여 추가합니다. 텍스트 상자와 이미지에서는 링크 기능을 제공합니다. 링크 대상은 URL 경로 혹은 도씨에 내의 다른 페이지를 선택할 수 있습니다.

📊 **도형** – 도씨에 디자인을 할 때 선, 사각형, 원 등의 도형을 추가하여 사용할 수 있습니다. 툴바에서 도형 아이콘을 선택하면 추가할 수 있는 도형들이 나타나게 됩니다.

▲ 도형과 이미지 활용 예시

📊 패널 스택 – 패널로 대시보드 컨텐츠를 나누어 표시합니다. 여러 시각화를 한 영역안에 같이 표시할 때 유용하게 사용할 수 있습니다. 아래 그림처럼 각 패널별로 다른 시각화를 넣어 구성하고 사용자가 패널을 선택해서 조회할 수 있습니다.

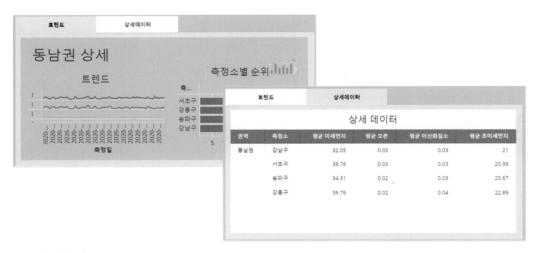

▲ 패널의 예

첫 시각화 만들어 보기 실습

도씨에서 제공하는 위젯들에 대해서 살펴봤습니다. 이제 샘플 데이터를 활용하여 시각화 대시보드를 만들어 보면서 시각화 대시보드의 기능과 작성 방법을 익혀보겠습니다.

실습 예시 그림에서 🖱️아이콘은 **마우스 클릭**을 , 🖱️아이콘은 **마우스 우 클릭**(오른쪽 버튼 클릭)을 나타냅니다.

도씨에 화면 열기

웹 환경인 경우 [생성]을 클릭하고 [새 도씨에]를 선택합니다. 워크스테이션인 경우에는 왼쪽
트리 메뉴에서 도씨에 항목 옆의 ⊕ 아이콘을 선택합니다. 빈 도씨에 편집화면이 나타납니다.

▲ 웹에서 도씨에 새 도씨에 열기

▲ 워크스테이션에서 도씨에 화면 열기

도씨에 편집 화면이 열리면 왼쪽 목록에 빈 [페이지 1]과 [챕터 1]이 표시됩니다. 시각화 캔버
스에는 빈 그리드 시각화가 기본으로 표시됩니다. 이 상태가 기본 도씨에 편집 화면입니다.
여기에 데이터를 추가하고 시각화 위젯을 구성하면서 도씨에를 만들게 됩니다.

▲ 기본 도씨에 빈 페이지

샘플 데이터 추가하기

01. 메뉴에서 [데이터 추가] 🥤 아이콘을 선택하거나 데이터 추가 밑의 [새 데이터]를 선택하면 데이터 선택 팝업창이 나타납니다. 그 다음, 데이터 유형을 선택합니다.

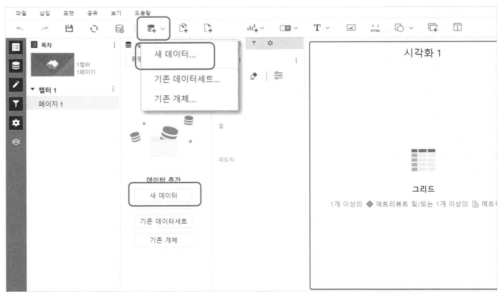

▲ 새 데이터 추가

02. 데이터 유형 중에 [샘플 파일]을 선택하면 여러 샘플 파일들이 나타납니다. 이중에 [전세계 CO2 배출량]을 선택합니다. 이 데이터는 1990년도부터 2010년까지 국가별 연도별 이산화 탄소의 배출량 데이터입니다. 데이터 세트의 완료 버튼을 클릭하여 선택합니다.

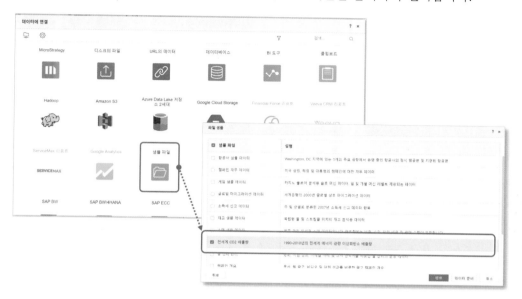

만약 인터넷이 안되는 환경이면 샘플 데이터도 접근할 수 없습니다. 다운 받은 데이터 파일중에 [Worldwide-CO2-Emissions.xls]를 [디스크의 파일] 로 가져와 사용하세요.

03. [완료]를 클릭하면 데이터를 도씨에로 가져옵니다. 도씨에 화면의 [데이터 세트] 영역에 선택한 데이터 세트 항목들이 보이게 됩니다. 도씨에 데이터 세트 패널을 보면 샘플 파일의 데이터들이 자동으로 애트리뷰트와 메트릭으로 나눠진 것을 볼 수 있습니다.

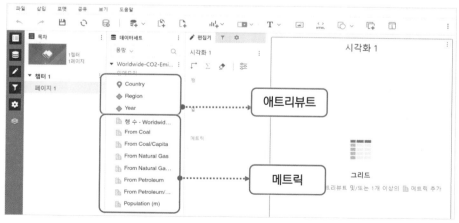

▲ 가져온 데이터 세트의 애트리뷰트와 메트릭 구분

시각화 차트 추가하기

이제 화면에 시각화 차트를 추가하겠습니다. 다음 순서로 막대 차트를 추가합니다.

04. 상단 툴바 가운데의 차트 추가 모양 ![icon] 아이콘을 선택하면 시각화 선택 창이 나타납니다. 시각화 아이콘에 마우스를 올리면 시각화 유형에 따라서 시각화에 필요한 최소 개체 수와 활용 예에 대한 설명이 표시됩니다.

05. 왼쪽 시각화 그룹에서 [막대]를 선택하고 오른쪽 세부 차트 유형에서 [세로 막대 차트]를 선택합니다.

▲ 시각화 추가와 선택 창

06. 기본 설정되어 있던 그리드 옆에 세로 막대 차트가 추가된 것을 확인할 수 있습니다.

시각화에 데이터 추가하기

이제 가져온 데이터셋의 항목들을 방금 전 추가한 막대 그래프에 넣어 보도록 하겠습니다. 더블 클릭 혹은 시각화 편집기 영역으로 개체 항목들을 드래그 앤 드롭 하는 등 여러 방법으로 시각화에 애트리뷰트와 메트릭을 배치할 수 있습니다.

07. 연도별로 석탄에서 배출된 이산화탄소를 세로 막대 차트에 추가하여 시각화를 만들어 보겠습니다. [Year] 항목을 드래그하여 막대 그래프의 하단 쪽으로 가져갑니다. 항목이 이동

할 때 시각화 영역의 하단 부분의 선이 파란색으로 하이라이트가 되면 배치가 가능하다는 의미입니다.

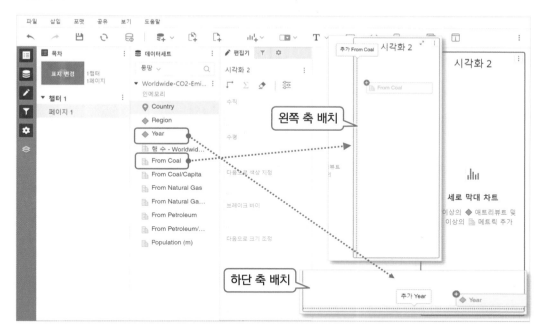

▲ 개체 드래그& 드롭 배치 예시. 배치될 때 축 영역이 하이라이트

08. [Year] 애트리뷰트가 차트 축에 배치되면 먼저 동일한 크기의 막대들이 그려집니다. 이번에는 [From Coal] 항목을 드래그하여 세로 막대 차트의 왼쪽 선으로 배치합니다. 마찬가지로 배치가 가능한 부분으로 이동하면 파란 점선으로 축이 하이라이트 됩니다. 마우스 버튼을 떼면 [From Coal] 값에 따라 막대의 높이가 달라지는 것을 볼 수 있습니다.

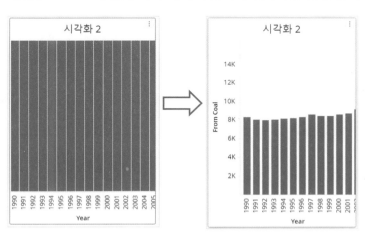

▲ 왼쪽 Year 배치 시, 오른쪽 : From Coal 메트릭 배치시

09. 시각화 제목 부분을 드래그하면 다른 위치로 배치할 수 있습니다. 위젯의 제목 부분에 마우스를 올리면 이동할 수 있는 뜻의 십자가 모양 커서로 변경됩니다. [시각화 2]의 제목 영역을 클릭한 상태로 왼쪽으로 드래그 하여 위치를 바꾸어 봅니다.

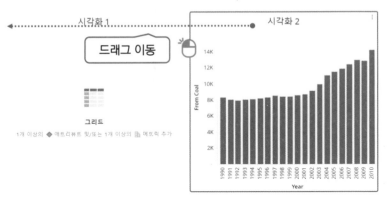

▲ 마우스로 제목 줄 클릭하여 드래그 하기

10. 작은 사각형 박스에 이동하려는 시각화의 이름이 나타나고 마우스를 움직이면 배치될 부분에 파란색 선이 나타납니다. 이동후에 마우스를 떼면 그 위치에 시각화가 배치됩니다.

11. 시각화 사이의 간격을 조절해 봅니다. [시각화 1]과 [시각화 2]의 사이에 마우스를 올리면 마우스 아이콘이 양쪽 화살표 모양으로 바뀌게 됩니다. 클릭한 상태로 마우스를 이동하면 두 개 시각화의 수평 사이즈를 조절할 수 있습니다. 만약 세로로 배치되었다면 세로 사이즈도 비슷하게 조절할 수 있습니다.

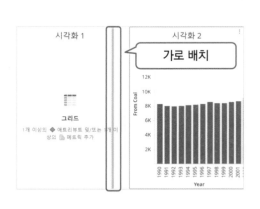
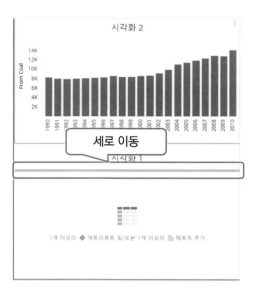

▲ 시각화 배치 및 사이즈 조정

시각화 차트에는 분석에 사용할 메트릭 개체들을 더 추가할 수 있습니다. 만들어진 시각화에 다른 애트리뷰트와 메트릭을 추가해보겠습니다.

12. 데이터 세트에서 [From Natural Gas]와 [From Petroleum]을 컨트롤 키를 누른 상태로 클릭하여 여러 개를 선택합니다. 편집기의 수직 항목으로 드래그 하여 [From Coal] 메트릭 밑으로 배치합니다. 차트에 총 3 개의 메트릭 데이터가 수평으로 표시됩니다.

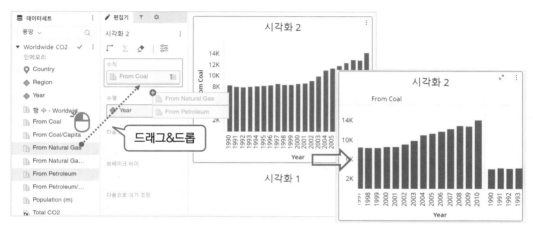

▲ 시각화에 다른 메트릭들을 추가한 결과

13. 수평으로 배치된 메트릭들을 수직으로 바꾸어 봅니다. 수평 축 Year 위에 있는 [메트릭 이름] 개체를 수평에서 수직으로 드래그하여 이동시킵니다. 지표 값이 수직으로 배치됩니다.

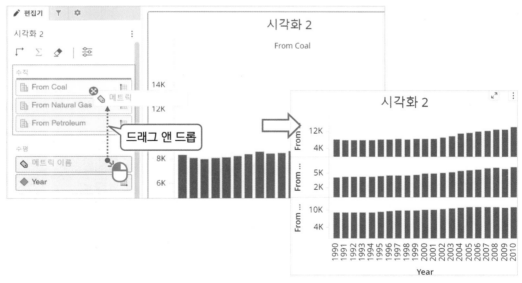

▲ 메트릭이름을 수직으로 이동하여 모든 메트릭들을 수직으로 배치

앞서 시각화 이동에 사용한 **메트릭 이름**은 시각화 내의 메트릭 개체들을 묶어 놓은 단위를 나

타냅니다. 메트릭들을 한꺼번에 이동시키거나 삭제하는 컨트롤 작업에 사용합니다. 위 예제처럼 메트릭 이름의 위치에 따라서 3개의 메트릭이 수평이나 수직으로 표시됩니다. 색상, 데이터 구분을 메트릭 개체들을 기준으로 하고 싶은 경우에도 메트릭 이름 개체를 사용합니다. 표 형식의 그리드 시각화에서는 메트릭들을 한 번에 행과 열로 배치하고 이동할 때도 사용합니다.

14. 이번에는 [메트릭 이름] 개체를 [수직] 영역에서 아래쪽의 [다음으로 색상 지정] 영역으로 이동합니다. 이동이 되면 아래 그림처럼 각 메트릭들이 다른 색상으로 구별되어 표시됩니다. 색상만 추가로 지정되기 때문에 이 영역으로 이동해도 수직 영역에서 [메트릭 이름] 개체가 사라지지 않고 표시된 상태를 유지합니다.

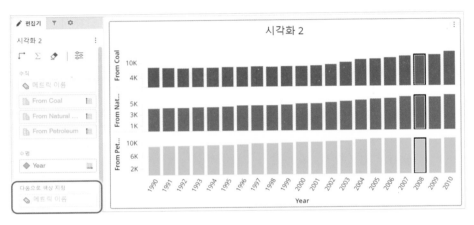

▲ 색상 지정에 메트릭을 배치

15. 각 대륙별로 배출량을 비교해 보려고 합니다. 데이터 세트에서 [Region]을 시각화 차트 상단의 제목 바로 아래로 드래그합니다. 배치가 가능해지면 상단 줄이 하이라이트 되고 [추가 Region]이라는 텍스트가 나타납니다.

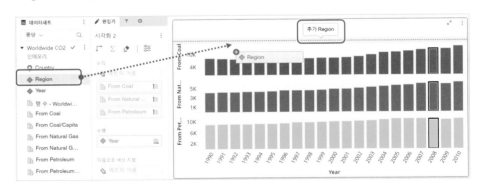

▲ 수평 상단에 새 애트리뷰트 추가

16. 마우스 버튼을 떼면 [수평] 영역에 Region 이 표시되고 차트는 각 대륙별로 열이 나뉘어 표시됩니다. 데이터 항목들이 많기 때문에 차트를 스크롤하여 볼 수 있도록 스크롤 바가 나타납니다. 배치할 때 편집기 탭의 수평 영역으로 바로 Region 개체를 드래그해서 배치해도 됩니다.

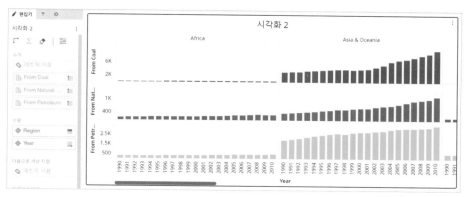

▲ 수평에 Region 배치 후 모습

17. 다음으로는 인구 항목도 차트에 추가하겠습니다. 인구 항목은 다른 지표와 연계하여 분석하기 위해서 수직이나 수평으로 배치하지 않고 막대 항목의 사이즈를 조정하는 데 사용하도록 하겠습니다. 데이터 세트에서 [Population (m)]개체를 시각화 편집기의 [다음으로 크기 조정] 영역으로 드래그합니다. 배치되면 차트의 막대 사이즈가 인구수에 따라 달라지게 됩니다. 아시아 지역이 인구도 많고 탄소 배출도 많습니다.

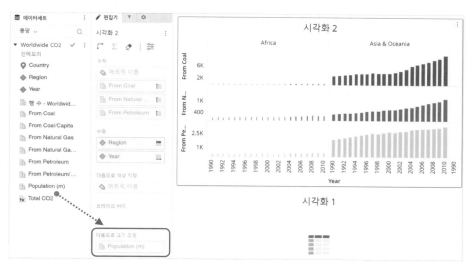

▲ 인구수로 막대 차트 항목의 크기가 조정됨

18. 앞서 만든 차트에서는 탄소배출에 관련된 메트릭들이 각각 표시되어 있습니다. 총 배출

량을 합쳐서 연도별 총 CO_2 배출량을 분석해 보고 싶습니다. 막대에 메트릭 3 개가 같이 표시되도록 조정해 보겠습니다. 시각화 편집기에서 현재 수직 축에 있는 [메트릭 이름]을 드래그하여 아래에 있는 [브레이크 바이] 영역으로 배치합니다.

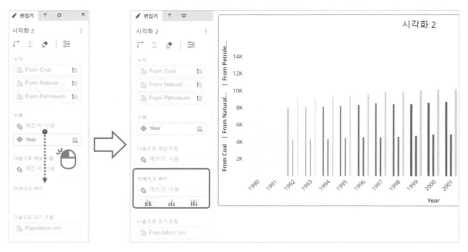

▲ 브레이크 바이에 매트릭 이름을 배치된 경우

19. 배치가 완료되면 메트릭 3 개가 수평으로 같이 표시됩니다. 세 개의 메트릭을 합산한 형태로 표시하기 위해서는 [브레이크 바이]의 속성을 바꿔줘야 합니다.

20. CO_2 합산 데이터를 표시하기 위해 [브레이크 바이] 바로 아래의 막대 모양 아이콘 중에 가운데 [스택] ▮▮ 아이콘을 클릭합니다. 배출량 데이터가 누적으로 쌓여서 표시됩니다.

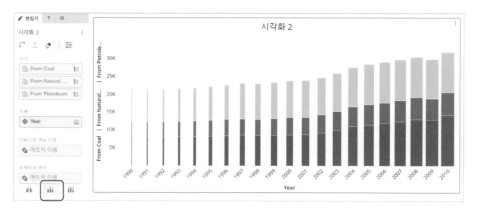

▲ 탄소 배출 메트릭들이 누적 막대로 표시

브레이크 바이는 데이터 항목을 나누어 보는 단위와 기준을 지정하는 역할을 합니다.

여러 시각화 배치하기

앞서 기본 시각화 차트를 하나 만들어 보았습니다. 일반적으로 대시보드에는 여러 개의 시각화들이 활용됩니다. 다른 시각화를 더 만들어 추가하도록 하겠습니다. 처음 도씨에를 열었을 때 있었던 그리드 시각화를 선택하여 시작해봅니다.

01. [시각화 1] 제목 표시줄을 우 클릭합니다. 표시된 메뉴에서 [시각화 변경]을 선택합니다.

02. 시각화 선택 창에서 왼쪽의 자세히 탭을 선택하고 [열 지도] 시각화를 선택합니다.

▲ 열 지도 시각화로 변경

03. 선택한 그리드 시각화가 빈 열 지도 시각화로 변경되고 편집기 항목들도 열 지도 시각화에 맞게 변경됩니다.

▲ 열 지도 시각화의 편집기와 차트

열 지도 시각화는 차트를 사각형크기와 색상 두가지를 이용하여 표시합니다. 많은 항목들의 구성비를 표시할 때는 파이 차트보다 유리합니다. 자세한 내용은 뒷부분 **다양한 시각화 위젯 활용하기**에서 설명합니다.

04. 시각화 편집기의 [그룹화] 영역에 데이터셋의 [Region] 개체를 드래그 앤 드롭으로 끌어옵니다. 열 지도에 Region 항목별로 사각형들이 배치됩니다.

05. [다음으로 크기 조정] 부분에 드래그 앤 드롭으로 메트릭을 끌어옵니다. 여기서는 [From Coal] 항목을 가져옵니다. 메트릭 값에 따라서 사각형의 사이즈가 달라집니다.

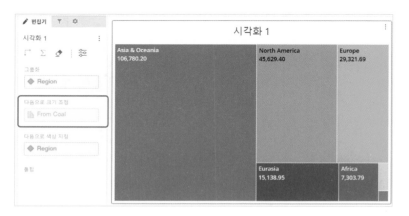

06. [다음으로 색상 지정] 부분에 현재 Region 이 있습니다. 드래그 앤 드롭으로 [Population (m)] 메트릭을 데이터 세트에서 가져옵니다. Region 애트리뷰트가 바뀌고 사용한 메트릭 값에 따라 색상이 변경됩니다.

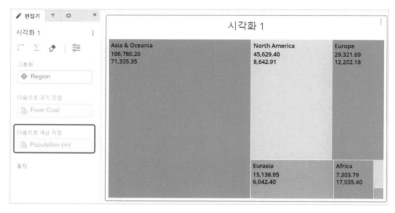

▲ 열 지도 완성 모습

07. 두 시각화의 제목을 더블 클릭하면 이름을 변경할 수 있습니다. 열지도 시각화는 [지역

별 CO 배출 분포] 로 막대 시각화는 [연도별 배출 추이]로 변경합니다.

두개 이상의 시각화가 도씨에에 있을 때 각 시각화를 서로 연계하여 분석할 수 있습니다. 예를 들어 지역별 차트에서 특정 지역을 선택했을 때 다른 시각화에 그 지역만의 상세 데이터를 표시할 수 있습니다. 이러한 기능을 시각화 필터라고 합니다.

08. 앞서 만든 열 지도 시각화에서 제목 줄 옆에 있는 시각화 컨트롤 ⋮ 아이콘을 클릭합니다. 표시된 메뉴에서 [대상 시각화 편집]을 클릭합니다.

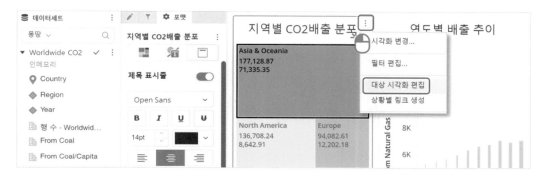

09. 필터의 대상이 될 시각화를 선택하는 화면으로 전환됩니다. 여기서 대상으로 삼을 시각화를 선택하면 원본과 대상 아이콘이 표시됩니다. 아래처럼 열지도에서 막대 차트를 선택하도록 합니다.

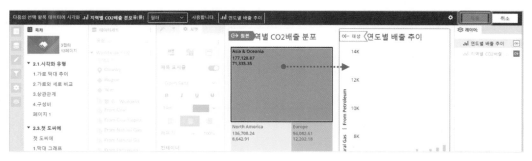

▲ 대상 시각화 선택 화면

10. 대상 시각화가 선택되면 상단에 [적용]버튼이 활성화됩니다. 적용을 클릭하여 시각화 선택을 완료합니다.

11. 이제 열 지도 시각화에서 항목을 클릭하면 오른쪽 막대 그래프에는 선택한 지역의 데이

터만 나타나게 됩니다. 열 지도에서 항목을 선택하면 다른 차트가 업데이트 되는 것을 확인할 수 있습니다.

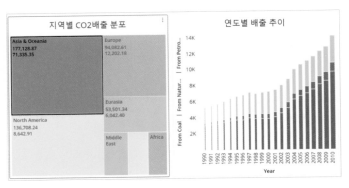

▲ Asia & Oceania 선택시 변경되는 차트

시각화에서 다른 시각화를 선택하는 기능에 대해서는 뒷부분 **필터**의 시각화 필터에서 자세히 설명합니다.

시각화에 필터 추가하기

현재 열 지도 시각화에서는 연도에 관계없이 데이터를 합산하여 표시하고 있기 때문에 20 년간 이산화 탄소 배출량 합계가 표시되고 있습니다. 여기에 연도별 필터를 추가하여 열 지도에서 연도를 사용자가 선택할 수 있도록 하겠습니다.

01. 상단 가운데 툴바에서 필터 추가 아이콘을 선택하고 [요소/값 필터]를 선택합니다. 화면에 필터 항목이 추가됩니다.

02. 왼쪽의 데이터 세트에서 [Year]항목을 드래그하여 새로 추가된 필터 위로 드롭합니다. 연도 항목 값이 필터 위젯에 표시됩니다.

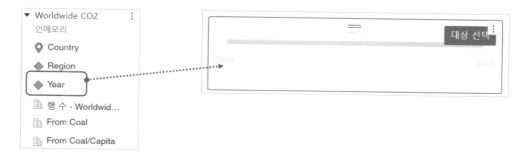

03. [대상 선택]을 클릭하여 필터에서 대상이 될 열 지도 시각화를 선택합니다. 선택 후 활성화되는 상단의 [적용] 버튼을 클릭하여 완료합니다.

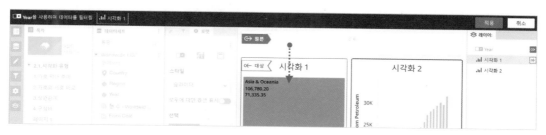

▲ 필터에서 열지도 시각화를 대상으로 선택

이제 연도를 바꾸어서 선택할 수 있습니다. 데이터 유형이나 항목 수에 따라서 자동으로 필터의 유형이 처음 선택됩니다. 연도를 사용한 위 예에서는 슬라이더 형태가 기본으로 설정되었습니다. 연도를 하나씩 선택할 수 있도록 다른 유형으로 바꾸도록 하겠습니다.

04. 필터 위젯을 클릭하여 선택합니다. 오른쪽의 포맷 탭이 필터 위젯의 포맷 속성으로 표시됩니다. 필터 표시 스타일, 텍스트 포맷, 제목 창 표시를 설정할 수 있습니다. 첫번째 선택기 옵션 탭에서 스타일을 변경합니다.

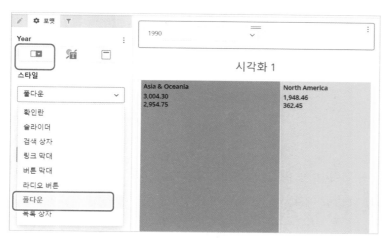

▲ 필터의 포맷 탭

05. 스타일에서 드롭 다운을 선택하면 사용할 수 있는 필터 스타일들이 나타납니다. 스타일을 [풀다운]으로 변경합니다. 필터의 스타일에 따라 추가적으로 설정할 수 있는 옵션들이 바뀝니다. 풀다운의 경우에는 선택에 대한 옵션이 나타납니다.

06. 스타일 선택 창 바로 아래의 [모두에 대한 옵션 표시] 옵션을 끕니다.그 아래 [선택] 부분에서 [여러 항목 선택 허용]의 체크 박스 역시 체크를 제거합니다.

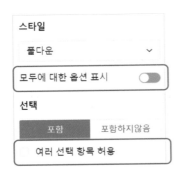

▲ 풀 다운 필터 옵션

이제 필터는 다음처럼 하나씩 연도를 선택할 수 있는 모양으로 표시됩니다. 연도를 선택하면 대상 시각화에는 해당 연도의 데이터만 표시됩니다.

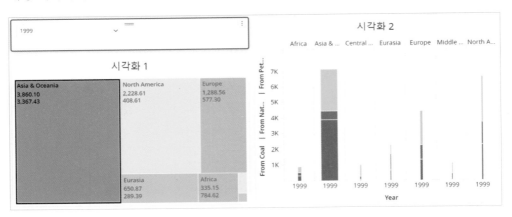

▲ 연도 필터가 적용된 시각화 대시보드

메트릭 계산하기

사용한 데이터 세트에는 석탄, 천연 가스, 석유별로 CO_2 배출량이 나누어져 있습니다. 이 메트릭 세 개를 더해서 총 CO_2 배출량 메트릭을 만들어 보겠습니다.

01. 데이터 세트에서 [From Coal], [From Natural Gas], [From Petroleum] 메트릭을 키보

드의 Ctrl 키를 누른 상태에서 선택합니다. 세 개의 메트릭이 하이라이트 됩니다.

02. 선택된 개체들 중 하나를 우 클릭합니다. 팝업 메뉴가 나타나게 됩니다. 메뉴에서 [계산]을 선택합니다.

▲ 메트릭 합산 메뉴

03. 다시 나타난 서브 메뉴에서 [추가]를 선택하면 데이터 세트 안에 이 세개의 메트릭을 합산한 새로운 계산 메트릭이 생겨납니다. 새로운 메트릭의 기본 이름은 수식을 담고 있는 이름으로 (메트릭 1+메트릭 2+메트릭 3) 이 자동 생성됩니다. 이대로는 사용하기 불편하니 변경하도록 하겠습니다.

04. 변경할 메트릭을 우 클릭하고 표시된 메뉴에서 [이름 변경]을 선택합니다.

05. 이제 메트릭 이름 부분이 하이라이트 됩니다. 여기서 기존 텍스트를 지우고 전체 이산화 탄소 배출량을 뜻하는 [Total CO2] 라고 입력합니다.

06. 앞서 생성한 열지도 시각화의 [다음으로 크기 조정]에서 [From Coal] 메트릭 대신에 새로 만든 전체 배출량 메트릭을 사용하도록 하겠습니다. 먼저 열지도 시각화를 클릭하여 선택합니다. 시각화 편집기 부분이 열지도의 개체 항목으로 변경되었는지 확인합니다.

07. 데이터 세트 쪽에서 새로 만든 메트릭을 선택하고 기존 [From Coal] 메트릭 위로 드래그하면 메트릭이 교체됩니다.

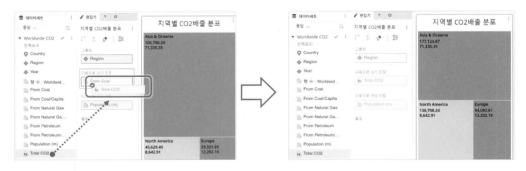

▲ 열 지도 시각화의 메트릭 교체

드래그 앤 드롭으로 개체를 교체할 때 교체가 가능한 경우 드래그하는 개체 옆에 푸른 색 교체 마크 🔵 아이콘이 표시됩니다. 교체가 불가능한 경우는 붉은 색 🔴 마크가 표시됩니다. 아래 왼쪽은 교체가 가능한 경우이고 오른쪽은 교체가 안되는 경우입니다.

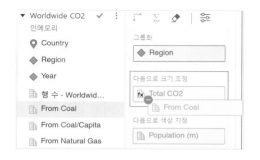 

데이터 세트나 시각화 편집기에서 새로운 계산 메트릭을 우 클릭하고 [편집]을 선택하면 이 메트릭에 사용된 계산식을 확인하고 변경할 수 있습니다.

▲ 메트릭 수식 편집기

다른 개체를 기반으로 만들어진 개체들을 파생 개체라고 합니다. 방금 만든 [Total CO2] 메트릭은 파생 메트릭에 속합니다. 파생 개체에 대한 내용은 뒷부분에 **파생 개체** 챕터에서 자세히 설명합니다.

여기까지 시각화의 모습은 다음과 같습니다. 상단에는 연도를 선택할 수 있는 드롭 다운 필터가 있습니다. 연도를 선택하면 열지도에 해당 연도의 배출량이 표시됩니다. 열지도에서 지역을 선택하면 오른쪽에 해당 지역의 연도별 배출량 막대 그래프가 보입니다. 이 배출 추이 막대 그래프는 Co2 배출 원인(석탄, 천연가스, 석유)별로 구분되어 표시되었습니다. 또한 막대의 폭은 인구수에 따라 다르게 표시됩니다. 시간이 흐름에 따라 막대 폭이 굵어진 것은 해당 지역의 인구가 증가하였기 때문입니다.

아시아 지역을 선택한 경우와 유럽 지역을 선택했을 때 연도별 배출 추이 차트를 비교해 보면 두개 지역의 차이를 확인해 볼 수 있습니다. 열 지도를 보면 아시아 지역이 탄소 배출량과 인구수 모두 가장 많은 것을 알 수 있습니다.

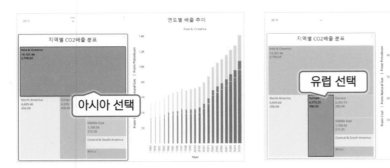

▲ 아시아 지역과 유럽 지역 탄소 배출량 추이 비교

유럽 지역 배출량은 90년대 이후로 큰 변화가 없고 오히려 2008년 이후로는 감소추세를 보입니다. 이에 비해 아시아 지역은 급격히 탄소 배출량이 늘어나고 있는 것을 볼 수 있습니다. 그런데 인구수가 많은 지역이 당연히 탄소 배출이 많지 않을까요? 다른 지표 하나를 추가하여 분석해 보겠습니다. 이산화 탄소 배출량을 인구수로 나눈 값을 지역별로 비교해보면 어떨까요?

08. 데이터 세트에서 [Total CO2]와 [Population (m)]을 컨트롤 키를 누른 상태로 선택합니다. 우 클릭 메뉴에서 [계산] -> [(Total CO2/Population (m))]을 선택하면 새로운 계산된 메트릭이 데이터 세트에 추가됩니다.

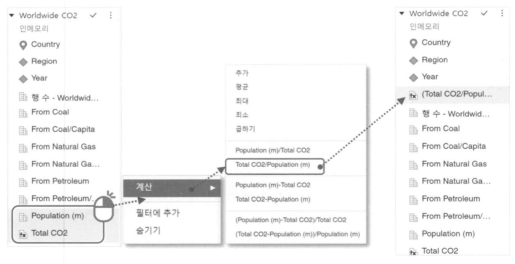

▲ 이산화 탄소 배출량을 인구수로 나눈 메트릭 추가

09. 계산된 메트릭은 수식을 포함한 이름이라 보기 불편하니 이름 변경으로 [백만명당 CO2 배출량]으로 바꾸어 줍니다. 바꾼 메트릭을 드래그하여 열 지도 시각화의 [Total CO2] 위로 드롭하여 메트릭을 교체합니다.

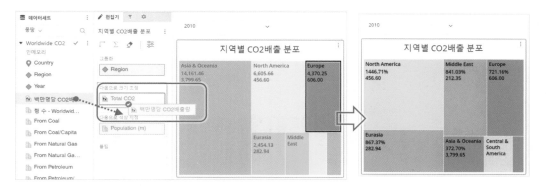

10. 변경 전/후의 각 지역 비율을 비교해 봅시다. 원래 가장 많은 크기를 차지했던 아시아 지역이 작아지고 북미, 중동, 유럽지역이 커진 것을 볼 수 있습니다. 인구당 배출량은 사뭇 다른 모습입니다. 이 메트릭에 대해 막대 차트에서 추이를 파악하고 싶습니다.

11. 연도별 배출 추이 막대 차트 제목 줄 오른쪽 컨트롤 메뉴 ⋮ 아이콘을 클릭합니다. 메뉴에서 복제를 선택하여 시각화를 복제합니다. 동일한 시각화 차트가 나타납니다. 복사한 시각화의 이름은 기존 시각화 이름에 COPY 를 자동으로 붙인 이름으로 정해집니다. [연도별 인구당 배출 CO2]로 시각화 제목을 바꿔 줍니다.

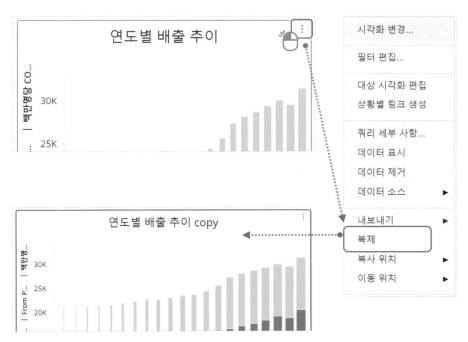

▲ 시각화 복제

12. 복사한 시각화에서 모든 메트릭을 제거하고 [백만명당 CO2 배출량] 만 수직 축에 배치합니다. 축을 보면 숫자 포맷이 %로 표시되어 있습니다. 축의 메트릭을 우 클릭하여 메뉴에서

[숫자 포맷]을 선택하고 [%]에서 [고정]으로 변경합니다.

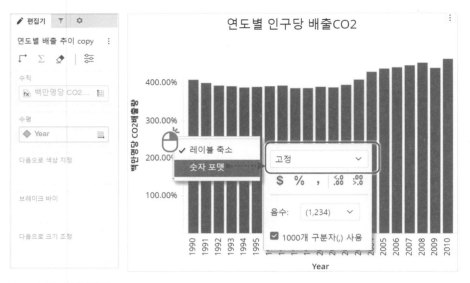

▲ 숫자 포맷 변경

13. 복제한 시각화에도 열 지도의 시각화 필터가 같이 작동합니다. 북미 지역과 아시아 지역을 각각 선택하여 비교해 봅시다.

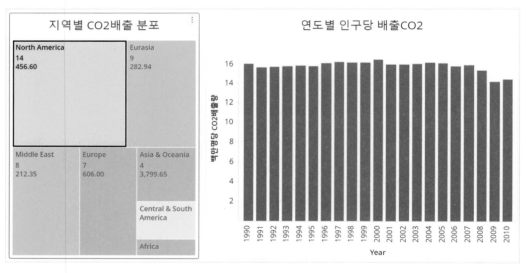

▲ 북미 지역 (North America) 선택시

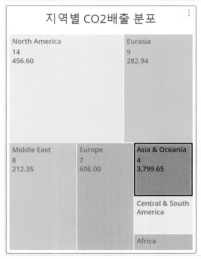
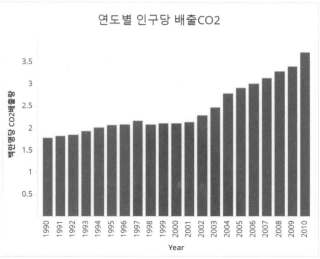

▲ 아시아 지역 (Asia & Oceania) 선택시

북미와 아시아 두 지역을 비교해 보면 아직까지 절대적인 인구당 배출량은 북미가 아시아 지역보다 높지만 점차 배출량이 감소하고 있고 아시아 지역은 절대값은 작아도 인구당 배출량이 지속적으로 증가하고 있습니다.

데이터 비교를 위해 수치 값을 서로 나누어 분석하는 방법을 **표준화 (Normalization)** 라고 합니다.

프레젠테이션 뷰 보기

도씨에 편집 모드에는 데이터 세트와 편집기 메뉴가 시각화 화면과 같이 표시됩니다. 상단 툴바의 프레젠테이션 뷰 보기를 클릭하면 시각화 캔버스 영역과 목차, 필터만 표시됩니다. 작성한 도씨에를 프레젠테이션 뷰로 조회해 봅니다.

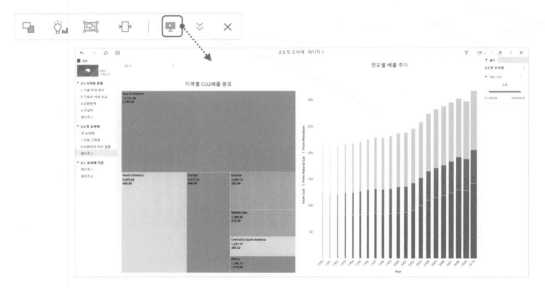

▲ 프레젠테이션 뷰

목차와 캔버스 역시 상단 툴바에서 아이콘을 선택해서 감출 수 있습니다. 편집 아이콘을 클릭하면 다시 편집 모드로 진입합니다.

▲ 프레젠테이션 뷰 컨트롤 아이콘

저장하기

작업한 도씨에를 나중에 다시 사용하기 위해서는 저장해야 합니다. 웹 환경은 도씨에 상단 메뉴의 [파일] -> [저장]으로 도씨에를 저장할 수 있습니다. 이 경우 서버의 공용 폴더나 개인 폴더인 [내 리포트]에 도씨에가 저장됩니다.

▲ 서버의 [내 리포트]에 저장

워크 스테이션에서 서버에 연결된 경우에는 서버 폴더가 보이고 원하는 폴더에 저장하면 됩니다. 폴더 목록 아래의 [찾아보기]를 선택하면 로컬 PC 폴더에 도씨에를 .mstr 확장자를 가진 파일로 저장할 수 있습니다. 대시보드 파일은 나중에 서버와 연결하여 업로드와 다운로드할 때 사용할 수 있습니다.

▲ 워크스테이션 저장 메뉴와 mstr 파일

요약

이번 챕터에서는 도씨에의 기본 UI 를 배웠습니다. 누구나 처음 툴을 접하게 되면 낯설고 어렵게 느껴집니다. 툴을 배우고 익히는 가장 빠른 방법은 계속 사용하면서 친숙해지는 것입니다. 여러 가지 데이터를 다양하게 시각화로 표현하면서 연습해 보시기 바랍니다.

간단하게 실습을 통해 데이터를 가져오고 차트를 추가하여 분석하는 과정을 경험했습니다. 이제 어느 정도 마이크로스트레티지에서 시각화 차트를 작성하는 법과 도씨에 대시보드의 구조에 대해서 감이 오셨을 것 같습니다.

다음 챕터에서는 위젯의 기본 기능과 포맷에 대해 배우겠습니다.

3. 위젯 편집기와 포맷

도씨에는 위젯이란 개체들로 구성되어 있습니다. 위젯은 시각화와 텍스트, 필터 등 캔버스에서 사용할 수 있는 모든 개체들을 의미합니다. 이번 챕터에서는 위젯의 종류에는 어떤 것이 있는지 와 위젯의 기본 사용법 및 포맷 옵션에 대해 배우겠습니다. 그리고 도씨에 전체에 포맷을 적용하는 방법도 설명하겠습니다.

위젯 편집기

앞서 실습에서 사용해본 시각화와 필터들이 위젯입니다. 도씨에 대시보드를 만드는 과정은 위젯을 추가하고 분석 개체를 배치한 후 옵션과 포맷을 조정하는 방식으로 진행됩니다. 위젯들은 제목 표시줄, 컨테이너 표시 영역, 위치, 사이즈와 같이 공통으로 공유하고 있는 속성들이 있어 한 유형에 익숙해지면 다른 위젯을 사용하기 편해집니다. 그 외에 각 위젯에 따라 설정할 수 있는 개별 옵션들이 있습니다. 위젯은 크게 다음 유형으로 나눌 수 있습니다.

시각화 차트 유형 – 선, 막대, 파이 등의 그래프 매트릭스 차트와 다양한 유형의 그래프들입니다. 편집기에 애트리뷰트와 메트릭과 같은 분석 개체를 배치하여 사용할 수 있습니다. 그래프 모양, X 축 Y 축 포맷, 축 표시 설정, 항목의 데이터 레이블 표시 옵션 등 차트에 관련된 옵션을 사용할 수 있습니다.

필터와 선택기 – 데이터 필터, 애트리뷰트와 메트릭 선택기, 필터 패널 선택기처럼 데이터와 화면을 조작하는 개체들입니다. 드롭 다운, 라디오 버튼, 체크 박스, 검색 창과 같은 선택기 유형 변경, 텍스트와 배경에 대한 포맷 옵션을 설정할 수 있습니다.

디자인 개체 – 텍스트개체, 도형, 이미지, HTML 컨테이너와 같은 디자인을 위한 개체들입니다. 텍스트의 글꼴 설정, 도형의 경우 색상, 이미지의 채움 옵션과 같이 각 위젯에 맞는 옵션들을 설정할 수 있습니다.

■ **패널 스택 , 정보 창** – 여러 시각화를 패널 단위로 묶어서 표시하고 필요에 따라 패널을 선택해 볼 수 있는 개체입니다. 패널 스택 전체에 대한 포맷과 스택 내의 패널에 대한 포맷을 설정할 수 있습니다.

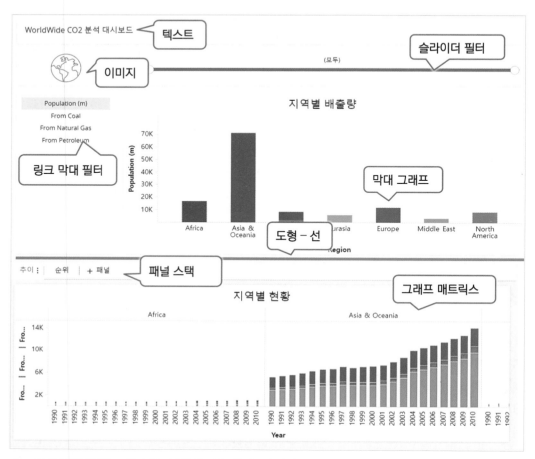

▲ 여러 위젯의 예 – 텍스트, 이미지, 선, 필터, 선택기, 그래프 매트릭스 차트 등의 여러 위젯이 하나의 도씨에 페이지를 구성

위젯 메뉴와 편집기

위젯은 편집기 패널, 포맷 패널, 컨트롤 메뉴를 사용하여 구성하고 편집할 수 있습니다.

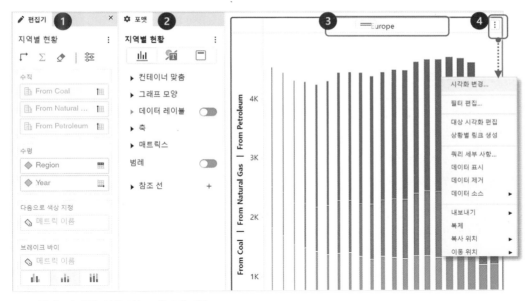

▲ 위젯 편집에 사용되는 패널과 메뉴

❶ **편집기 패널**에는 차트가 사용할 분석 개체들이 배치됩니다. 그렇기 때문에 시각화 유형 위젯에만 존재합니다. 편집기 패널에는 차트 유형에 따라 달라지는 애트리뷰트와 메트릭을 배치할 수 있는 **드롭 존**들이 있습니다. 시각화 위젯을 잘 사용하려면 각 위젯이 사용하는 드롭 존과 각 드롭 존에 애트리뷰트와 메트릭을 배치했을 때 차트가 어떻게 표시되는지에 대해 잘 이해해야 합니다.

❷ **포맷 패널**은 위젯 옵션, 글꼴, 그리드 선, 컨테이너 색상을 설정할 수 있습니다. 구분은 포맷으로 되어 있지만 위젯 옵션도 지정할 수 있습니다. 예를 들어 축의 배율 옵션을 변경하거나 차트 항목 사이즈 최대, 최소 옵션을 설정할 수 있습니다. 편집기와 마찬가지로 위젯별로 다른 옵션이 표시됩니다.

❸ **시각화 제목 영역**은 위젯의 이름을 표시합니다. 텍스트를 더블 클릭하면 이름을 변경할 수 있습니다. 그 외에 제목 영역을 드래그 하면 위젯을 움직이고 다른 곳으로 재배치할 수 있습니다.

❹ **컨트롤 메뉴**는 제목 줄에 마우스를 올리면 가장 오른쪽에 컨트롤 ⋮ 아이콘이 표시됩니다. 클릭하면 변경, 삭제, 복사, 데이터 탐색, 속성 변경 등 위젯을 다양하게 컨트롤 할 수 있는 메뉴가 표시됩니다.

편집기 패널

편집기 드롭 존

시각화는 **드롭 존**에 배치된 분석 개체의 데이터를 이용해 차트를 표현합니다. 예를 들어 막대 차트는 수평 드롭 존의 연도를 이용하여 막대 위치를 정하고 수직 드롭 존의 탄소 배출량을 막대 높이로 사용하여 연도별 배출량 추이 차트를 그립니다. 시각화 차트가 표시되려면 기본적으로 드롭 존에 분석 개체가 배치되어야 합니다.

드롭 존은 시각화 위젯별로 다르게 나타납니다. 예를 들어 그리드 시각화는 드롭 존에 행, 열, 메트릭이 나타납니다. 막대 차트는 수직, 수평, 색상, 브레이크 바이 드롭 존이 나타납니다. 앞서 본 열 지도의 경우 그룹화, 크기 지정, 색상 지정 드롭 존이 나타났습니다.

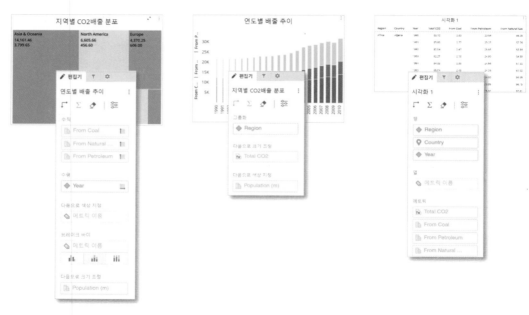

▲ 시각화 유형별 드롭 존 예시

드롭 존에 개체 배치와 사용

드롭 존에 개체들을 배치할 때에는 더블 클릭과 드래그 앤 드롭 방식 두가지를 사용할 수 있습니다. 왼쪽 데이터셋 쪽에서 배치할 개체를 더블 클릭하면 자동으로 그 개체가 드롭 존으로 추가됩니다. 더블 클릭으로 개체를 추가하면 동일한 유형의 개체들은 특정 영역에만 계속 추가됩니다. 원하는 드롭 존에 배치하려면 데이터 세트에서 개체를 드래그하여 원하는 드롭 존에 배치하면 됩니다. 예를 들어 색상 지정 영역이나 브레이크 바이 영역에 개체를 배치하려면 드래그 앤 드롭 방식으로 개체를 직접 드롭 존에 배치해야 합니다.

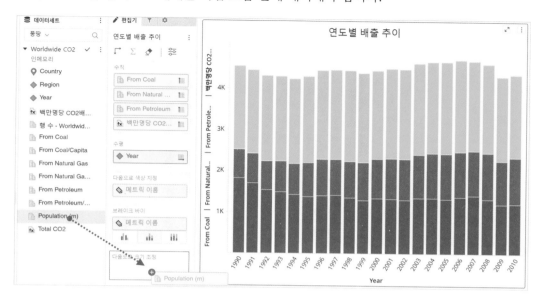

각 드롭 존사이에도 서로 개체를 드래그하여 이동하고 재배치할 수 있습니다. 또한 개체 이름을 더블 클릭하면 원본 데이터 세트의 개체 이름을 바꾸지 않고 이 시각화에서만 사용할 이름으로 변경할 수 있습니다. 전체 도씨에 시각화에 적용되게 개체 이름을 변경하고 싶으면 데이터 세트에서 이름을 변경하면 됩니다.

편집기 개체 컨트롤 메뉴

편집기 드롭 존의 애트리뷰트나 메트릭 개체를 우 클릭하면 컨텍스트 메뉴가 나타납니다. 시각화 화면에서도 동일한 작업을 수행할 수 있지만 편집기에서는 어느 항목을 제어하는지 좀더 직관적으로 사용할 수 있습니다. 메뉴에는 공통 기능 외에 시각화 특성이나 애트리뷰트/메트릭에 따라 다른 메뉴가 표시됩니다.

▲ 드롭 존의 분석 개체 컨트롤 메뉴

편집기 공통 컨트롤

시각화 선택 후 편집기 상단을 보면 컨트롤 메뉴가 있습니다. 이 컨트롤 메뉴는 모든 시각화 위젯에 표시됩니다.

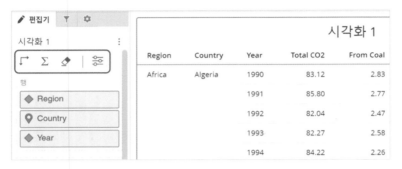

▲ 편집기 컨트롤 메뉴

┌─ **바꾸기 –** 시각화 행과 열 축에 있는 개체를 한 번에 서로 위치를 변경합니다. OLAP 리포트의 피봇팅과 같은 역할을 합니다.

∑ **합계 표시 –** 그리드 시각화에서 메트릭의 합계를 표시합니다. 다른 차트 시각화에서는 비활성화 됩니다.

◆ **항목 제거 –** 시각화 편집기 드롭 존에 있는 모든 개체를 삭제합니다. 시각화를 비우고 새로 작업하려고 할 때 유용합니다.

⇶ **추가 옵션 –** 시각화 추가 세부 옵션을 표시합니다. 시각화의 결과 표시 행수 제한, 애트리뷰트 폼 이름 표시 옵션, 널/0 값의 표시 여부, 필터링 타겟이 여러 개 있을 때의 선택 옵션, 항목 조인 설정을 지정할 수 있습니다.

위 컨트롤 기능 중 바꾸기 ┌─ 아이콘을 클릭하면 다음처럼 편집기의 드롭 존이 한 번에 변경됩니다. 아래 예를 보면 시각화 편집기의 수직과 수평이 한 번에 교체되고 시각화 차트도 그에 따라 가로 막대에서 세로 막대로 바뀌었습니다.

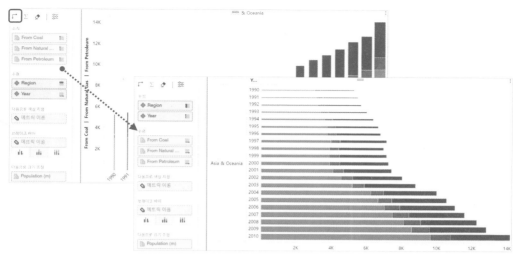

▲ 바꾸기로 차트 피봇팅

포맷 패널

모든 위젯 개체들은 포맷 패널을 이용해 위젯의 세부 포맷 서식과 옵션들을 설정할 수 있습니다. 포맷 패널은 **시각화 옵션, 텍스트 및 폼, 제목 및 컨테이너**의 3가지 그룹으로 나뉘어 있습니다. 이중에 제목 및 컨테이너는 모든 위젯에서 공통으로 사용할 수 있는 옵션입니다. 각 옵션 그룹은 상단의 각 아이콘 버튼을 클릭하여 변경합니다.

▲ 포맷의 각 옵션 그룹

옵션

옵션은 위젯의 기본 옵션을 설정할 수 있는 부분입니다. 각 위젯 유형별로 조정할 수 있는 옵션이 다르게 표시됩니다. 시각화 위젯에는 맞춤, 모양, 크기에 대한 속성이 표시되고 필터에는 스타일이나 선택 동작 옵션이 표시됩니다.

▲ 여러 위젯별 시각화 옵션 예

텍스트 및 폼 포맷 패널

텍스트 및 폼 탭에는 위젯에 표시되는 텍스트 글꼴 속성을 설정할 수 있습니다. 그 외에도 축선과 그리드 선을 설정할 수 있는 옵션이 있습니다. 시각화 위젯의 종류에 따라서 설정할 수 있는 옵션이 조금씩 달라집니다. 여기서는 시각화 차트를 기준으로 설명합니다.

📊 **전체 그래프** - 전체 그래프의 텍스트를 한 번에 변경합니다. 다음은 전체 그래프의 글꼴을 변경해 본 예입니다.

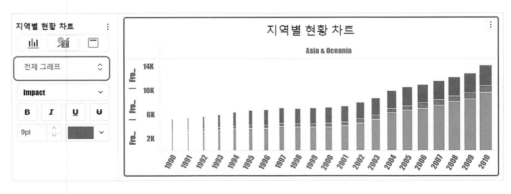

▲ 시각화 텍스트 전체 포맷 변경

📊 **데이터 레이블 및 모양**- 차트에 값을 레이블로 표시할 지 옵션과 차트의 항목에 대한 포맷 설정을 변경합니다. 레이블이 표시되면 차트 위에 데이터 값이 표시되는데 이 데이터에 대한 표시 옵션과 글꼴을 수정할 수 있습니다.

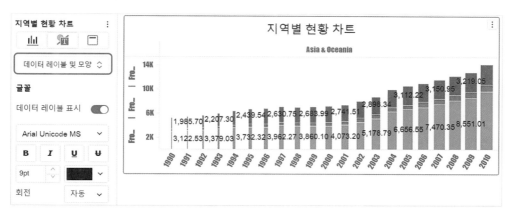

▲ 데이터 레이블 활성화

📊 **축 및 그리드 선**- X 축 및 Y 축에 대한 제목 설정과 그리드 선에 대한 글꼴 및 색상 포맷 옵션을 설정합니다. 다음은 변경해 본 예입니다.

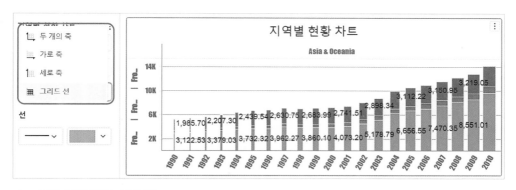

▲ 축과 선에 대한 설정 예

앞서 예시에서는 강조를 위해 선과 축 항목을 진하게 표시했습니다. 디자인원칙 중에는 **Less is Better**, 적은 것이 더 낫다는 원칙이 있습니다. 시각화에서도 불필요한 가이드선, 축 선, 축 제목과 같이 반복적이고 중요하지 않은 정보는 감추는 것이 낫습니다. 특히 그리드 선과 축 선의 표시는 없거나 연한 색으로 표시하는 편이 더 깔끔하며, 연도나 월처럼 축이 명백한 경우 축 제목이 없는 것이 더 보기가 좋습니다.

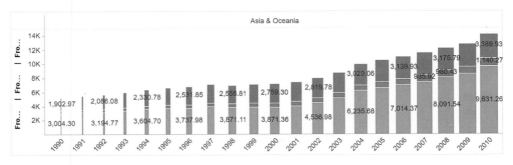

▲ 축선과 제목에 대한 조정

제목 및 컨테이너

제목 및 컨테이너에서는 제목 표시줄의 표시 여부와 글꼴, 컨테이너의 배경 색 및 투명도 속성, 외부 테두리 여부와 테두리 선 색상을 설정할 수 있습니다. 제목 표시줄의 토글 버튼을 클릭하면 제목을 표시하거나 감출 수 있습니다.

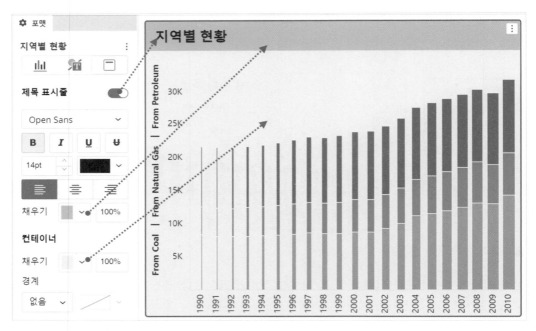

▲ 제목 표시줄표시 여부와 제목 글꼴 속성

제목 표시줄이 표시되면 글꼴 속성을 지정할 수 있는 옵션이 활성화됩니다. 제목 표시줄의 색상도 **채우기**에서 지정할 수 있습니다. 색상 채움 대화창은 색상 팔레트에서 선택하는 방법과 16진수 색상 코드를 입력하는 법이 있습니다.

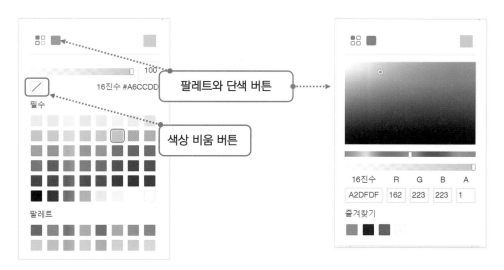

▲ 색상 선택 창

색상은 공통으로 사용하는 팔레트와 **대시보드 팔레트** 중에서 선택할 수 있습니다. 색상 코드를 입력할 때는 대화창 상단에서 단색 변경을 선택하고 색상 RGB 코드나 선택 창에서 색을 선택하면 됩니다. 자주 사용하는 색은 **즐겨찾기**로 추가하면 팔레트 밑에 표시됩니다.

채우기 색상 옆에 % 부분을 수정하면 영역의 Alpha 값이라고 하는 투명도를 조정할 수 있습니다. 0% 로 하면 배경색이 투명 해집니다. **색상 비움** 버튼으로 한 번에 색상을 없앨 수 있습니다. 투명도는 다른 위젯과 겹쳐질 때에 유용하게 사용할 수 있어서 나중에 배울 자유 형식 레이아웃에서 유용하게 사용할 수 있습니다.

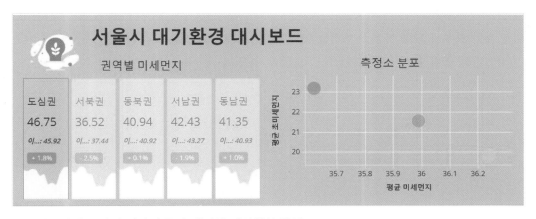

▲ 배경색이 보이게 설정된 투명 배경의 시각화와 예시

시각화 메뉴

포맷 탭을 사용하지 않아도 위젯에서 우 클릭한 위치에 있는 개체의 포맷과 데이터 탐색 메뉴를 사용할 수 있습니다. 시각화 위젯의 빈 공간을 클릭한 경우는 주로 차트의 선 포맷과 컨테이너의 채움 포맷을 선택할 수 있습니다.

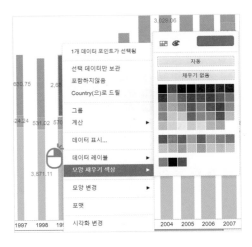

▲ 차트 배경과 항목에서 우 클릭 시 메뉴

막대나 선 등의 차트 개별 항목을 우 클릭한 경우는 선택한 항목의 채움 포맷과 데이터 조작 메뉴가 표시됩니다. 시각화의 우 클릭 메뉴는 포맷 탭으로 이동하지 않고 포맷 변경이 가능하므로 빠르게 포맷 수정이 가능합니다.

위젯 컨트롤 메뉴

위젯 제목 표시줄 위로 마우스 커서를 올리면 위젯의 컨트롤 메뉴 ⋮ 아이콘이 나타납니다. 이 아이콘을 클릭하면 시각화 위젯을 컨트롤할 수 있는 메뉴가 나타납니다.

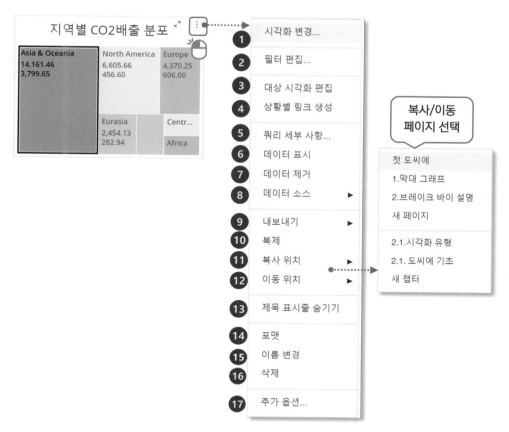

▲ 시각화의 컨트롤 메뉴 아이콘

다음은 각 메뉴 항목에 대한 간략한 설명입니다.

❶ **시각화 변경** - 현재 시각화를 다른 시각화로 변경합니다. 시각화 선택 창이 나타납니다.

❷ **필터 편집** - 현재 시각화에만 적용되는 필터를 설정합니다.

❸ **대상 시각화 편집** - 다른 시각화를 필터로 사용하도록 했다면 여기서 대상이 되는 시각화를 변경할 수 있습니다.

❹ **상황별 링크 생성** - 현재 페이지가 아닌 다른 페이지나 다른 도씨에로 링크를 설정할 수 있습니다.

❺ **쿼리 세부 사항** - 엔진에서 데이터를 연산하기 위해서 생성한 쿼리 세부 내용을 확인할 수 있습니다.

❻ **데이터 표시** - 현재 시각화의 데이터 항목 상세 값을 확인합니다.

❼ **데이터 제거** - 시각화의 모든 분석 개체들을 삭제합니다.

❽ **데이터 소스** - 도씨에에 데이터 세트가 여러 개 있는 경우 시각화가 사용할 원본 데이터 세트를 지정할 수 있습니다.

❾ **내보내기** - Pdf ,Excel ,Text 형태로 시각화를 내보내기 합니다.

❿ **복제** - 동일한 시각화를 하나 더 생성합니다.

⓫ **복사 위치** - 다른 페이지 나 다른 챕터로 시각화를 복사합니다.

⓬ **이동 위치** - 다른 페이지 나 다른 챕터로 시각화를 이동합니다.

⓭ **제목 표시줄 숨기기 / 표시** - 시각화 위젯의 제목을 숨기거나 표시합니다.

⓮ **포맷**- 포맷 탭을 오픈하고 포커스를 이동합니다.

⓯ **이름 변경** - 시각화 위젯의 이름을 변경합니다.

⓰ **삭제** - 현재 페이지에서 이 위젯을 삭제합니다.

⓱ **추가 옵션** - 시각화의 상세 옵션을 설정합니다.

위젯 복사, 복제

시각화, 텍스트와 이미지, 도형 등의 모든 위젯들은 복사하여 사용할 수 있습니다. 도씨에에 새로운 개체를 추가하면 기본 포맷으로 생성됩니다. 다른 디자인으로 바꾸고 싶다면 사용자는 위젯 포맷을 변경하면 됩니다. 그런데 만약 같은 유형의 위젯을 추가하고 싶다면 새로 만들고 나서 다시 포맷 변경 작업을 하지 않고 이미 변경한 기존 위젯을 복사해서 쓰는 게 편리한 경우가 많습니다.

예를 들어 텍스트 개체에서 설명으로 사용할 형식을 맑은 고딕 12pt, 회색, 굵은 글씨, 여백은 좁음, 줄 바꿈 허락 안함 등으로 변경했다면 다음에는 새로 추가하기 보다 기존 텍스트 위젯을 복사하고 텍스트만 바꾸는 게 간편합니다. 마찬가지로 도씨에를 디자인하다 보면 차트 포맷 작업 역시 많이 하게 되는데 이 때도 복사해서 사용하는 것이 효율이 좋습니다.

시각화 위젯을 다른 새로운 페이지나 챕터로 복사하거나 옮길 때는 위젯 컨트롤 메뉴의 **복제**와 **복사 위치**, **이동 위치**를 사용합니다.

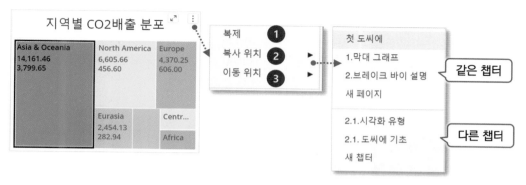

▲ 위젯 복제, 복사, 이동

❶ **복제** – 현재 시각화 위젯을 같은 페이지에서 복제합니다. 현재 시각화 옆이나 아래쪽에 복제된 시각화가 나타납니다.

❷ **복사 위치** – 다른 페이지나 챕터로 현재 시각화를 복사하는 방식입니다. 클릭 후 서브 메뉴에서 이동할 대상을 선택하면 대상 페이지에 동일한 위젯이 만들어집니다. 서브 메뉴에는 같은 챕터의 페이지가 위에 나타나고 다른 챕터의 페이지는 구분선 아래에 표시됩니다.

❸ **이동 위치** – 다른 페이지나 챕터의 페이지로 이동합니다. 이 위젯은 현재 페이지에서 지워집니다. 마찬가지로 서브 메뉴에서 이동할 대상을 지정합니다.

복사와 이동에는 각 페이지와 챕터 아래에 **새 페이지**, **새 챕터**가 있습니다. 여기를 선택하면 새로운 페이지나 챕터나 생겨나고 거기에 위젯이 복사되거나 이동됩니다.

시각화 제목 줄 확대/축소/이동

같은 페이지에 시각화가 2 개 이상 있는 경우 각각 시각화가 화면을 차지고 있습니다. 이때 마우스를 시각화 제목줄에 올리면 시각화를 전체 화면으로 확대하는 ⤢ 아이콘과 다시 축소하는 ⤡ 아이콘이 표시됩니다.

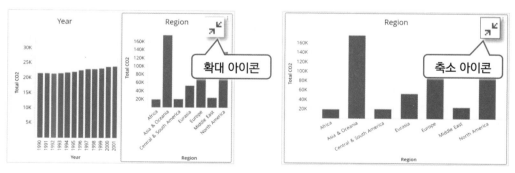

▲ 왼쪽 : 시각화 확대아이콘 , 오른쪽 : 전체 화면일 때의 축소 아이콘

위젯을 이동할 때는 제목줄을 클릭하여 이동합니다. 만약 제목 표시줄이 감추어진 상태면 제목 영역에 마우스를 올렸을 때 자동으로 이동을 위한 컨트롤 버튼이 표시됩니다. 이 버튼을 마우스로 클릭한 상태로 드래그하면 위젯을 원하는 위치로 이동할 수 있습니다.

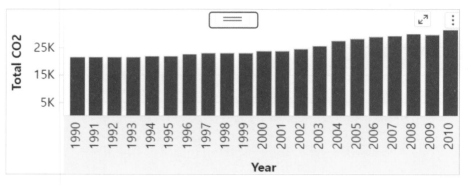

▲ 제목 표시 없는 상태에서 이동 버튼 표시

도씨에 전체 포맷

전체 도씨에 스타일과 위젯의 공통 포맷을 한 번에 변경할 수 있습니다. 개별 위젯 포맷을 수정하기 전에 미리 전체 포맷을 설정해 놓으면 포맷 작업이 훨씬 수월합니다.

도씨에 상단 메뉴의 **포맷**을 선택하면 도씨에 포맷의 세부 메뉴가 표시됩니다. 도씨에 전체의 유형을 설정하는 **테마**와 기본 색상 셋을 선택하는 **팔레트**, 도씨에 세부 포맷을 설정하는 **도씨에 포맷**이 있습니다.

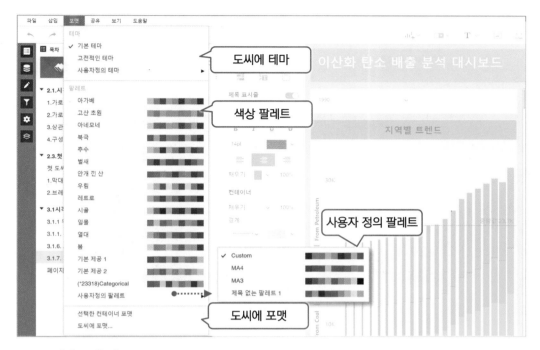

▲ 도씨에 포맷 메뉴

테마

테마는 도씨에 전체에 적용되는 포맷 유형입니다. 각 테마에는 위젯 컨테이너의 여백 설정, 컨테이너 선의 스타일, 제목 줄 글꼴 유형과 여백, 높이 등이 정의되어 있습니다. 테마를 변경하면 위젯의 포맷이 새로운 테마의 속성들로 한 번에 바뀝니다. 테마에는 기본 테마와 고전적인 테마 두 가지가 있습니다. **기본 테마**는 시각화 위젯 간 간격이 더 넓고 블록 모양으로 강조된 모양이고 제목 줄의 여백도 넓습니다. **고전적인 테마**는 간격이 좀 더 좁고 여백도 좁습니다. 지금까지 실습한 도씨에는 모두 기본 옵션인 기본 테마였습니다. 고전적인 테마로 바꾸어 보면 어떤 차이가 있는지 알 수 있습니다. 메뉴에서 선택하면 형식이 변경된다는 경고문이 표시됩니다. 적용을 눌러서 테마를 변경해봅니다.

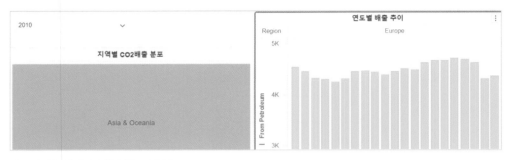

▲ 고전 테마로 변경한 도씨에

기본 테마에 비해서 제목 줄도 좁고, 여백이 좁아 내용이 빽빽하게 찬 느낌입니다. 다시 테마를 바꾸면 위젯에 설정된 포맷속성들이 모두 지워지게 되니 주의하세요. 다시 되돌리고 싶다면 상단의 실행 취소를 클릭하여 원래 포맷으로 돌아갈 수 있습니다. 이 실행 취소는 이 외에도 위젯 편집작업을 취소하거나 다시 적용할 때도 사용할 수 있습니다.

▲ 작업 내용 실행 취소

팔레트

도씨에에서 사용할 색상 팔레트를 선택할 수 있습니다. 차트 항목에 사용되는 색상들이 팔레트를 기준으로 적용됩니다. 팔레트를 변경하면 차트 기본 색상이 팔레트 색상들로 바뀌게 됩니다. 차트에서 별도로 색상을 지정했던 색상은 영향을 받지 않습니다.

다음은 차트 팔레트를 기본 팔레트에서 다른 팔레트로 바꿔본 예입니다. 막대 그래프가 새 팔레트의 색상으로 자동 변경되었습니다.

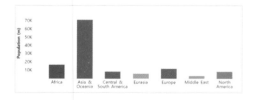 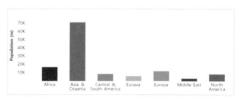

▲ 팔레트 변경했을 때 차트의 색상 비교

기본 제공하는 팔레트 외에 **사용자정의 팔레트**도 선택할 수 있습니다. 웹 환경에서는 관리자가 추가한 팔레트 중에 선택할 수 있고, 워크스테이션을 사용하는 경우는 사용할 팔레트를 직접 추가할 수 있습니다. 워크스테이션 도씨에 편집 화면에서 [포맷] -> [새 팔레트 만들기...]로 색상 팔레트를 추가할 수 있습니다.

도씨에 포맷

포맷 메뉴 가장 하단 [도씨에 포맷...]을 선택하면 도씨에 전체 포맷 스타일, 배경, 글꼴 등의 속성을 조정하는 대화창이 표시됩니다. 위젯의 공통적인 제목줄과 컨테이너 기본 속성을 지정할 수 있습니다. 오른쪽에는 설정한 내용을 샘플로 보여 줍니다.

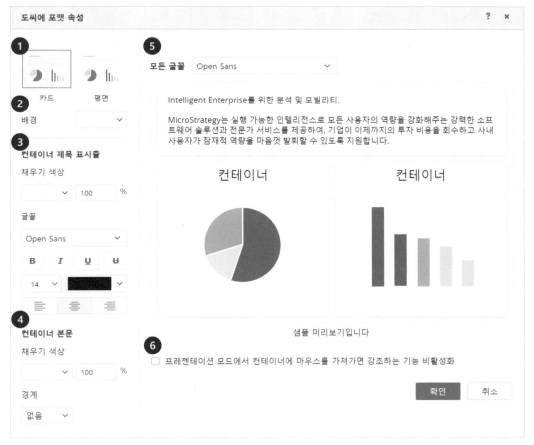

▲ 도씨에 포맷 속성 대화창

❶ **페이지 스타일** – 시각화 위젯을 좀 더 두드러지게 표시하는 **카드** 방식과 테두리에 효과가 없는 **평면** 중에 선택할 수 있습니다.

❷ 배경 - 도씨에 모든 페이지에 대해 캔버스 배경색을 지정할 수 있습니다.

❸ 컨테이너 제목 표시줄 - 제목 표시줄의 기본 글꼴과 배경색을 선택할 수 있습니다.

❹ 컨테이너 본문 - 모든 위젯의 채우기 색상과 경계를 표시할 수 있습니다. 제목과 함께 위젯 포맷을 한 번에 변경할 수 있습니다.

❺ 모든 글꼴 - 도씨에 전체의 글꼴을 변경합니다.

❻ 프레젠테이션 모드에서 컨테이너에 마우스를 가져가면 강조하는 기능 비활성화 - 마우스를 올렸을 때 위젯이 강조되어 표시하는 기능을 비활성화 시킵니다. 단순한 표시 형태를 원하는 경우 사용됩니다.

포맷 적용 실습

이번 챕터에서 배운 내용을 이전에 실습했던 도씨에 대시보드에 적용해 보겠습니다. 우선 텍스트 위젯 개체를 추가하고 포맷을 변경합니다.

텍스트 위젯 포맷

01. 상단 툴바에서 텍스트 T 아이콘을 클릭하고 [문장]을 클릭하여 텍스트를 추가합니다. 텍스트 위젯이 추가되고 입력이 가능하게 커서가 깜박입니다.

02. 대시보드 타이틀을 텍스트 위젯에 입력합니다. [이산화 탄소 배출 분석 대시보드]라고 입력합니다.

03. 텍스트 위젯 선택 상태에서 왼쪽 포맷 탭을 확인합니다. 글꼴에서 글꼴 옵션을 변경할 수 있습니다. 기본 텍스트 글꼴 사이즈를 10pt 에서 20pt 로 변경합니다.

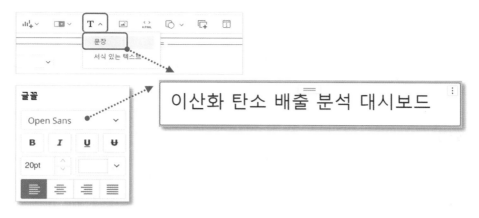

▲ 텍스트 추가와 글꼴 변경

이제 기본 차트의 제목 표시줄 포맷을 바꿔 봅니다.

04. 열지도 시각화 차트 제목을 변경합니다. 시각화의 타이틀 바 부분을 더블 클릭하면 텍스트 배경이 반전되면서 입력할 수 있는 상태로 바뀌게 됩니다.

05. 이 상태에서 텍스트를 입력하여 제목을 변경할 수 있습니다. [지역별 배출량]을 입력합니다. 같은 방식으로 오른쪽 막대 그래프 역시 [지역별 트렌드]로 변경합니다.

이렇게 변경된 제목은 포맷 속성이나 레이어 패널에서 위젯 개체 이름으로 사용됩니다. 깔끔하게 개체들을 정리하고 싶다면 위젯 제목을 변경해주세요. 시각화 제목줄이 감춰져 있다면 시각화 편집기나 포맷에 표시된 제목이나 레이어에 표시된 제목을 더블 클릭하고 입력 모드로 바꾸면 변경할 수 있습니다.

06. 지역별 트렌드 시각화의 제목과 컨테이너 색상을 변경하겠습니다. 포맷에서 [제목 및 컨테이너] 그룹을 선택후에 제목과 컨테이너 채우기 색상을 모두 아이스버그(#DCECF1)로 변경합니다.

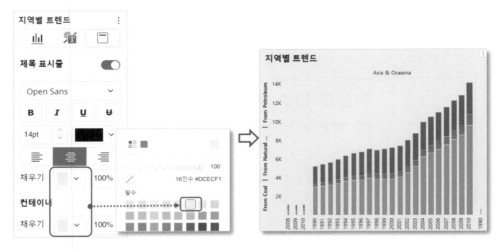

▲ 제목 채우기와 컨테이너 채우기의 각 색상 변경

현재는 막대 그래프의 사이즈가 데이터와 축 라벨을 최대한 표시하기 위해 한 화면에 표시되지 않고 스크롤바가 나타나고 있습니다. [컨테이너 맞춤] 옵션에서 차트 컨텐츠가 컨테이너보다 크거나 작은 경우에 표시법을 지정할 수 있습니다. **자동, 컴팩트, 없음** 중에서 선택할 수 있습니다. **자동**은 최대한 차트 모양을 유지하면서 표시합니다. **없음**은 사이즈를 조정하지 않고 항목별 크기를 유지하면서 표시합니다. **컴팩트**는 최대한 스크롤 바 없이 데이터를 컨테이너에 맞추어 표시합니다.

07. 포맷 패널에서 시각화 옵션 탭으로 변경하고 [컨테이너 맞춤]의 맞춤 속성을 [컴팩트]로 지정합니다.

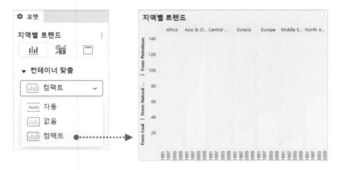

▲ 맞춤을 컴팩트로 변경

맞춤 변경 후 표시된 차트를 보면 차트가 회색 선으로 나타납니다. 차트 항목이 많은데 화면에 맞추기 위한 사이즈로 줄어들다 보니 경계선 색이 채움 색 보다 돋보이게 나타나서 그렇습니다. 포맷에서 막대 경계선 색상을 비우면 회색이 없어집니다.

08. 포맷 그룹의 가운데 [텍스트 및 폼]을 선택하고 드롭 다운에서 [데이터 레이블 및 모양]을

선택합니다. 하단에 있는 [모양]에서 경계를 [없음]으로 변경합니다. 차트가 다음처럼 표시되면 완성입니다.

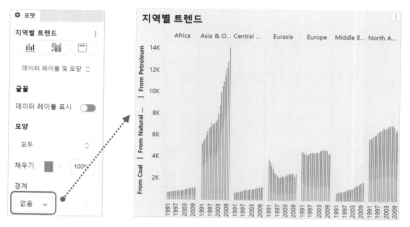

▲ 경계 포맷 없음이 적용된 모습

전체 도씨에 포맷 변경

앞서는 각 시각화 위젯의 포맷을 변경하였습니다. 이번 파트에서는 도씨에 전체 포맷을 변경하겠습니다.

09. 상단 메뉴의 [포맷]에서 가장 하단 [도씨에 포맷]을 선택합니다.도씨에 포맷 속성 대화창이 오픈 됩니다. [페이지 스타일]을 [카드]에서 [평면]으로 변경합니다.

10. 배경의 색상 캔버스 🎨아이콘을 클릭하고 아쿠아 색 코드(#aaded7)를 입력합니다.

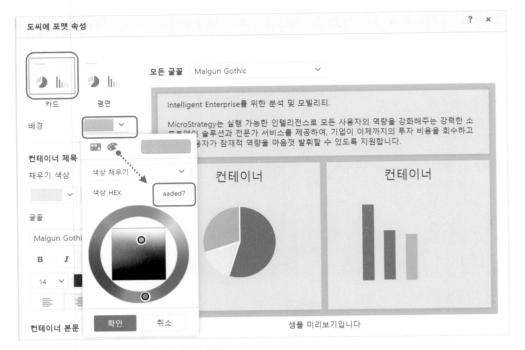

▲ 카드 형식으로 변경 및 배경색 변경

11. 배경을 파란색 계열로 했으니 컨테이너 제목과 영역도 비슷한 계열 색상으로 하겠습니다. 우선 컨테이너 제목의 채우기 색상도 동일한 색상 코드(#aaded7)를 입력합니다.

12. 제목 표시줄의 글꼴 사이즈와 정렬을 바꾸어 보겠습니다. 볼드 B 아이콘을 클릭합니다. 글꼴 사이즈는 현재 14 에서 12 로 변경하고 왼쪽 정렬 아이콘을 클릭하여 왼쪽으로 제목을 정렬합니다.

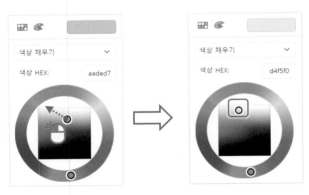

▲ 색상환에서 이동

13. 마지막으로 모든 글꼴을 맑은 고딕으로 바꾸겠습니다. 오른편 상단 미리 보기 위에 있는 모든 글꼴 선택 드롭 다운을 클릭하여 [Malgun Gothic]을 선택합니다. 한글 글꼴들 중에

중간 정도에 있습니다.

14. 확인을 눌러 대화창을 닫으면 전체 도씨에 포맷이 변경됩니다.

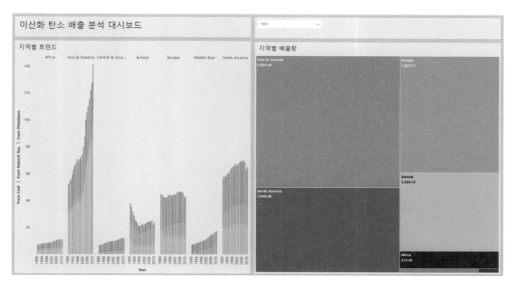

▲ 최종 도씨에 모습

요약

이번 챕터에서는 도씨에 위젯에서 공통으로 사용되는 편집기와 포맷 옵션에 대해 배웠습니다. 위젯들은 공통 포맷 요소 외에도 개별 적인 포맷 요소와 옵션들을 가지고 있습니다. 위젯에서 자주 사용하는 옵션에는 어떤 것들이 있는지 배웠습니다. 기본적인 설정 UI 가 비슷하므로 한 번 익숙해지면 새로운 위젯이 나와도 쉽게 사용할 수 있습니다. 그리고 도씨에 화면 전체에 적용되는 포맷 기능으로 한 번에 모든 위젯의 형식을 변경하는 것도 보았습니다.

이번 챕터에서 어느 정도 기본적인 위젯 사용법에 익숙해졌을 것입니다. 이제 차트를 이용해 데이터를 시각화로 표현하는 법에 대해서 상세하게 배워볼 차례입니다.

다음 챕터에서는 가장 많이 사용되는 기본 시각화인 그래프 매트릭스에 대해 배우겠습니다.

4. 그래프 매트릭스 시각화

그래프 매트릭스는 도씨에 시각화 위젯의 가장 기본 시각화 차트입니다. 막대 차트, 선 차트, 분포 차트 등 여러 유형의 차트를 그래프 매트릭스로 만들 수 있습니다. 그래프 매트릭스 사용법과 차트를 이용한 분석 기능을 익혀 보겠습니다.

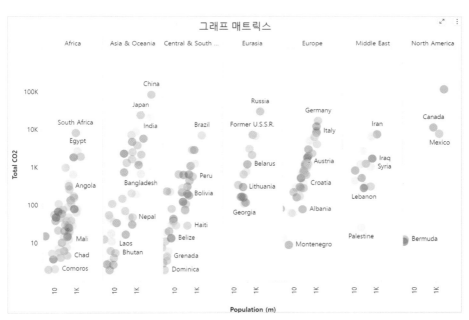

▲ 그래프 매트릭스 예 – 인구대비 탄소배출량 국가별 분포 버블 차트

그래프 매트릭스 개요

차트는 단순한 유형부터 복잡한 유형까지 여러가지 요구사항이 있습니다. 예를 들어 다음과 같이 간단히 기간별 매출 추이를 보여주는 차트가 있습니다.

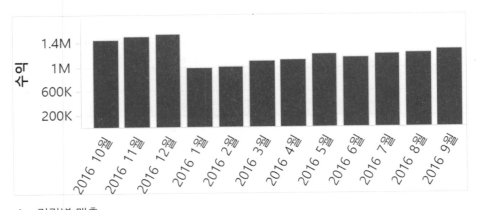

▲ 기간별 매출

그런데 각 지역별로 기간별로 보고 싶다는 요구사항이 있다면 각 지역 개수만큼 차트를 따로
만들지 않아도 그래프 매트릭스로 쉽게 만들 수 있습니다.

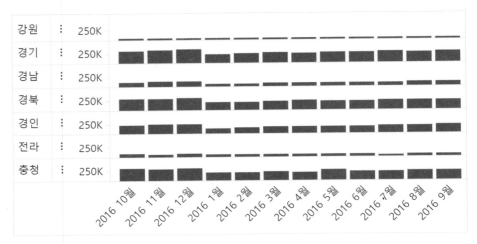

▲ 각 지역별 매트릭스 차트

그런데 다시 각 지역의 [회원 등급]별로도 표현하고 싶거나, [성별]도 추가해서 보고 싶다면 어
떨까요? 그래프 매트릭스는 각 항목들을 **드롭 존**에 추가하여 처리할 수 있습니다.

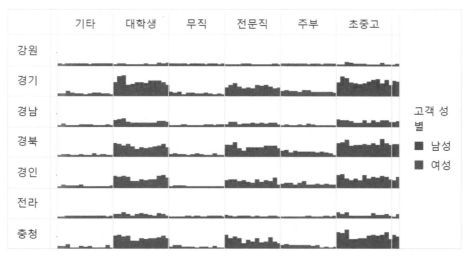

▲ 성별-등급별 개별 차트를 구성

만약 매트릭스 기능이 없이 이 차트들을 하나씩 그리려면 많은 수고가 들어가게 됩니다. 그래프 매트릭스는 이렇게 데이터를 여러 기준으로 분할하여 차트를 표시하고자 할 때 **행**과 **열**로 나눠 한 번에 여러 차트들을 표시할 수 있습니다.

그래프 매트릭스 편집기는 **수직 영역, 수평 영역, 색상 영역, 브레이크 바이 영역** 드롭 존으로 나뉘져 있으며 각 영역에 애트리뷰트나 메트릭을 배치할 수 있게 되어 있습니다. 아래 예시는 그래프 매트릭스에 편집기 드롭 존이 차트와 매칭된 예시입니다. [수직 행]은 [고객 지역]으로, [수평 열]은 [고객 직업 분류]별로 분할되었습니다. X 축에는 [월], Y 축에는 [수익]이 배치되어 선 그래프가 표시되었고 [성별]은 선 색상과 [브레이크 바이]로 지정되어 선이 2 개로 나누어 표시되었습니다.

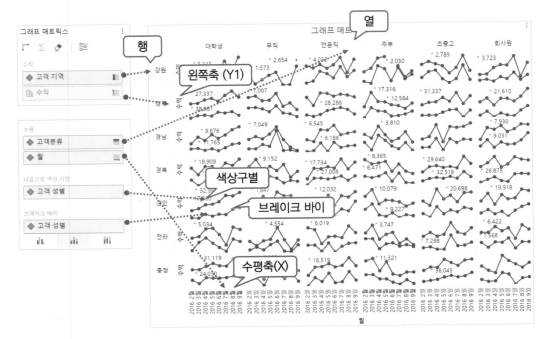

▲ 그래프 매트릭스 편집기와 차트 매핑

처음에는 좀 복잡해 보일 수 있습니다. 편집기 각 축의 기능과 역할을 하나씩 실습해 보면서 익혀보겠습니다.

수직과 수평의 활용

앞서 고객 지역과 고객 분류 두개의 애트리뷰트를 각각 수직과 수평에 배치하여 차트를 나누었습니다. 이 수직과 수평 드롭 존은 차트를 행과 열로 분할해 주는 역할을 합니다.

편집기 영역

수직과 수평 영역에 배치되는 항목들은 다시 차트를 분할하는 기준이 되는 **행**, **열** 항목과 X, Y 축을 나타내는 **축**의 두가지로 나눌 수 있습니다. 축은 왼쪽 축과 오른쪽 축으로 더 상세히 구별됩니다.

행, 열과 축은 시각화에 배치된 항목의 오른쪽에 있는 아이콘으로 구별할 수 있습니다. 여기 배치된 개체들은 서로 원하는 위치로 드래그 앤 드롭으로 변경할 수 있습니다.

다음은 각 영역에 표시되는 개체 유형에 대한 설명입니다. 앞의 위젯 편집기에서 개요를 보았지만 중요한 부분이기 때문에 각 파트별로 상세히 설명하겠습니다.

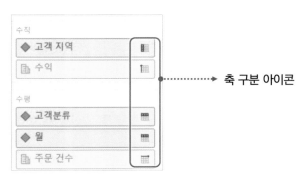

▲ 편집기의 수직과 수평 구분

왼쪽 행 - 수직 영역에서 지정합니다. 수직으로 애트리뷰트 항목들에 따라 수직 분할 로 차트를 나누어 표시합니다. 애트리뷰트만 사용 가능합니다.

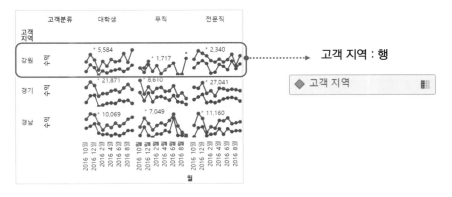

왼쪽 축 - 수직 영역에서 지정합니다. 수직으로 값들을 Y 축에 표시합니다. 애트리뷰 트와 메트릭을 사용할 수 있습니다.

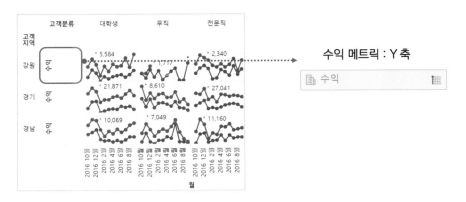

오른쪽 축 - 왼쪽 축과 같은 역할을 하지만 축 라벨을 오른쪽에 표시합니다. 이중 Y 축 을 사용할 때 사용할 수 있습니다. Y2 축이라고도 합니다.

상단 열 – 수평 영역에서 지정합니다. 수평으로 애트리뷰트 항목들을 나누어 수평 분할로 차트를 나누어 표시합니다. 애트리뷰트만 사용 가능합니다.

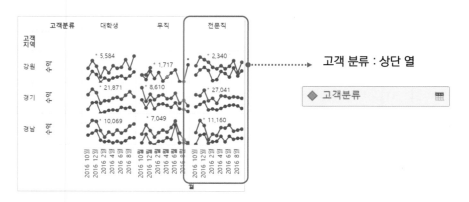

하단 축 – 수평 영역에서 지정합니다. X 축으로 수평으로 값들을 표시합니다. 수직 영역은 애트리뷰트를 행으로 분할하여 표시할 수 있고 메트릭을 Y 축으로 사용할 수 있습니다. 메트릭이 없는 경우는 Y 축으로 애트리뷰트를 배치할 수 있습니다.

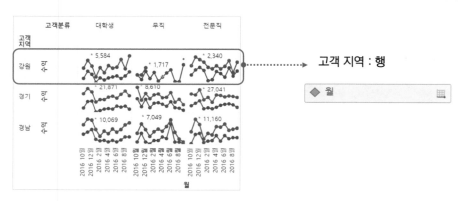

상단 축 – 하단 축과 같은 역할을 하지만 축 라벨을 상단에 표시합니다. 이중 X 축 차트나 세로 막대 차트에서 사용할 수 있습니다.

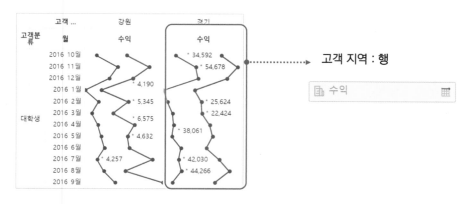

하나씩 영역에 개체를 배치하면서 그래프 매트릭스가 차트를 어떻게 표시되는지 확인해보겠습니다. 앞 챕터에서 사용했던 이산화탄소 배출 데이터셋을 이용합니다.

그래프 매트릭스 만들기

[수직 행]에 왼쪽 행으로 애트리뷰트를 지정하면 항목들을 기준으로 차트를 행으로 분할하여 표시합니다. [수직 열]에 메트릭을 배치하면 메트릭 값을 기준으로 차트가 그려집니다. 이 때 열에 있는 메트릭은 Y 축으로 표시됩니다.

다음처럼 지역 구분별로 막대 그래프를 수평으로 나누어 표시해 보겠습니다. 앞서 실습하던 도씨에에 새로운 챕터를 추가하여 실습하는 게 좋습니다.

01. 시각화 추가 메뉴 📊 아이콘을 클릭하여 막대 차트를 추가합니다.

02. 데이터 세트에서 [Region] 애트리뷰트를 편집기의 수직으로 드래그 앤 드롭으로 배치합니다.

03. [Region] 개체 아이콘이 왼쪽 행으로 표시됩니다.

04. 앞서 만들었던 [Total CO2] 메트릭을 수직으로 드래그 앤 드롭 하여 배치합니다.

05. 메트릭의 아이콘이 왼쪽 축으로 표시됩니다. 차트에서는 각 지역별로 [Total CO2] 막대가 표시됩니다.

▲ 지역별 배출량 막대 차트

수직 수평 실습

수평 축은 X 축에 해당합니다. 애트리뷰트를 추가하면 우선적으로 수평 축에 배치됩니다. 편집기의 수평 드롭 존에도 애트리뷰트를 추가하여 표시하겠습니다.

06. 수평으로 연도별 추이를 표시하고 싶습니다. 데이터 세트에서 [Year] 애트리뷰트를 선택하여 드래그 앤 드롭으로 [수평] 영역에 배치합니다. 차트의 X 축에 연도가 표시됩니다.

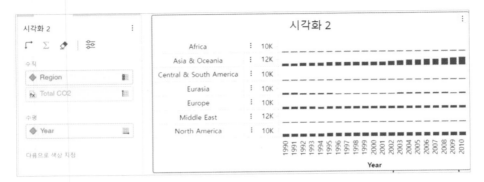

07. [Year]를 우 클릭하고 메뉴에서 [상단 열]을 선택하여 [Year]를 상단 열로 이동합니다.

08. 열 쪽으로 연도가 이동하면서 각 차트가 세로로 분리되어 표시됩니다.

축에 있는 경우와 열에 있는 경우가 차이가 보이나요? 열로 배치되면 셀별 차트가 만들어지고, 축으로 배치되면 차트의 X 축이나 Y 축으로 표시됩니다. 한가지 더 확인해 보겠습니다.

09. 도씨에의 [뒤로 가기] 버튼으로 Year 를 다시 축으로 배치하거나 Year 를 우 클릭하여

[하단 축]으로 다시 변경합니다.

10. 데이터 세트의 메트릭중에서 [Population (m)]을 수평부분에 드래그하면 ⊖ 마크가 표시되면서 배치가 안됩니다.

11. 이미 수직 축에 메트릭이 배치되어 있기 때문에 여기에 메트릭을 추가할 수 없습니다. 이렇게 차트 유형에 맞지 않으면 개체를 배치할 수 없습니다.

12. 수평 축에 배치할 수는 없지만 수직 축에는 추가할 수 있습니다. 데이터 세트에서 [Population (m)]을 드래그 앤 드롭으로 수직에 배치합니다. 배치할 때 개체 이름 옆의 아이콘이 + 모양인지 꼭 확인하세요. 만약 체크 표시 **v** 인 경우에 드롭하면 기존 개체가 변경됩니다.

13. 차트에 메트릭 2 개가 표시됩니다. 축에 메트릭이 여러 개 있는 **이중 축** 차트가 되었습

니다. 이중 축은 같은 위치에 여러 메트릭이 표시될 수도 있고 각 메트릭 마다 영역을 나눠서 표시할 수도 있습니다. 축을 나눠서 표시하고 싶은 경우 차트의 축 개체에서 메트릭 개체를 다른 위치로 배치하면 됩니다.

14. 만약 메트릭 이름이 수평에 배치되어 있으면 수직 축으로 이동하고 [다음으로 색상 지정]도 메트릭 이름으로 배치합니다.

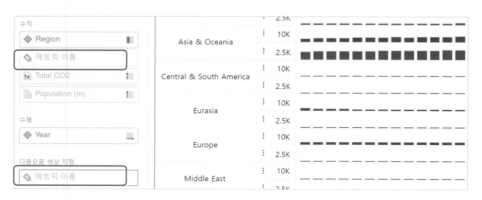

15. 편집기에서 [Population (m)] 메트릭을 클릭하고 오른쪽 축으로 드래그 합니다.

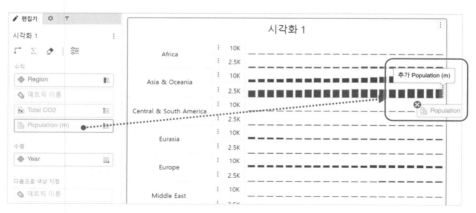

▲ 오른쪽 축으로 메트릭 이동

16. 메트릭 이름이 수직이나 수평에 있는 상태에서 기존 메트릭이 있는 축에 배치하는 경우와 다른 축에 배치하는 것에 따라 차트 유형이 달라집니다. 메트릭들이 같은 축에 배치되면 메트릭별로 차트가 위/아래로 분할되어 그려집니다. 다른 축에 배치되면 이중 축으로 차트가 표시됩니다. 다음은 [Total CO2] 메트릭과 [Population (m)] 메트릭이 같은 축에 있는 경우와 다른 축에 있는 경우를 비교해 본 예입니다.

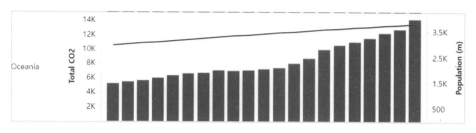

▲ 이중 축 차트

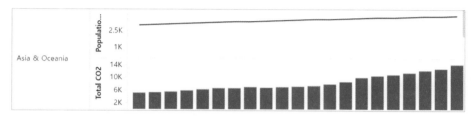

▲ 동일 축 차트

17. 시각화 편집기 상단의 바꾸기 ⤵ 아이콘을 클릭하면 수직과 수평의 개체들이 서로 바뀌게 됩니다. [Year]가 수직 축으로 배치되고, 수직 행의 [Region]이 수평 열로 변경됩니다. 하단 축에는 메트릭 축 라벨이 표시됩니다. 수평 막대 차트를 수직 막대 차트 위젯으로 변경한 것과 동일합니다.

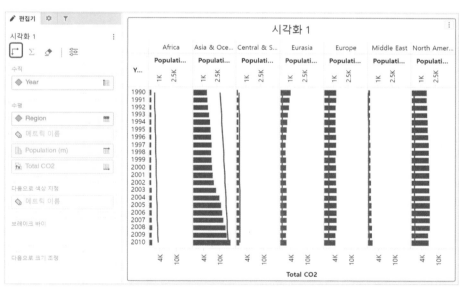

▲ 수직 / 수평 바꾸기

색상, 임계값, 브레이크 바이, 사이즈

그래프 매트릭스는 수직, 수평과 같은 위치 항목 이외에도 데이터를 표시하기 위해 색상과 크기를 활용할 수 있습니다. 다음으로 색상 지정과 다음으로 크기 조정을 활용해 보겠습니다.

다음으로 색상 지정

시각화 위젯은 **다음으로 색상 지정** 드롭 존 영역의 애트리뷰트와 메트릭 값을 기준으로 색상을 다르게 항목을 표시합니다. 사용되는 개체의 유형에 따라 색상 표시 방식이 달라집니다.

📊 **시각화에 있는 애트리뷰트와 같은 애트리뷰트** – 차트 항목들의 색상이 애트리뷰트의 항목에 따라 다르게 나타납니다. 색상을 별도로 지정하지 않으면 팔레트에 있는 색상을 순서대로 사용합니다.

▲ 시각화에 있는 애트리뷰트를 색상에 활용 한 경우

📊 **시각화에 없는 애트리뷰트** – 새로운 애트리뷰트의 항목별로 색상이 표시됩니다. 자동적으로 브레이크 바이에도 그 애트리뷰트가 추가되어 세분화됩니다.

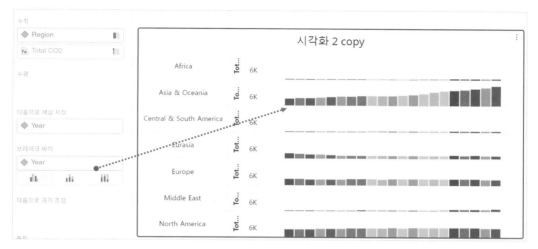

▲ 시각화에 없는 애트리뷰트를 사용한 경우 연도별로 색상이 지정됨

📊 **메트릭 이름** – 메트릭이 여러 개 있는 경우 메트릭 이름을 색상에 배치하면 메트릭 개체별로 다른 색상을 표시합니다.

▲ 메트릭 이름으로 색상 지정시 – 인구수와 탄소 배출량 메트릭 각각 다른 색 구분

📊 **메트릭 개체** – 메트릭 값의 범위에 따라서 색상을 나누는 **임계값**이 활성화됩니다. 기본 임계값 범위는 메트릭의 20%씩의 구간입니다. 시각화에 없는 메트릭을 추가하면 색상에만 사용되고 축에는 추가되지 않습니다. 다음 파트에서 자세히 설명하겠습니다.

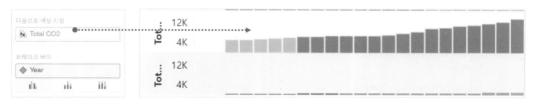

▲ 탄소배출량 메트릭 범위별로 색상이 표시

임계값

임계값은 메트릭 데이터를 조건에 따라 차트의 항목과 그리드 셀 포맷을 다르게 표시할 수 있는 기능입니다. 사용자들이 시각적으로 빠르게 데이터 분포를 파악할 때 유용하게 사용할 수

있습니다. 예를 들어 탄소 배출량 상위 10 위에 해당하는 국가의 색상은 붉은 색으로, 하위 10 개 국가는 녹색으로 표시할 수 있습니다.

임계값은 다음으로 색상 지정에 메트릭이 있는 경우에 활성화됩니다. 메트릭이 이 영역에 처음 배치되면 기본 임계값이 지정됩니다. 색상 영역의 메트릭을 우 클릭하여 [임계값 편집...]을 클릭하면 임계값 상세 설정이 가능한 편집창이 열립니다.

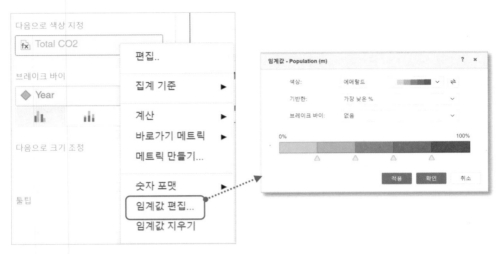

▲ 임계값 편집과 지우기 메뉴

혹은 차트 항목을 우 클릭하여 [색상 범위 선택] 항목을 선택하거나 시각화 포맷 탭의 [모양 및 데이터 레이블]의 [모양 포맷]에서도 변경할 수 있습니다.

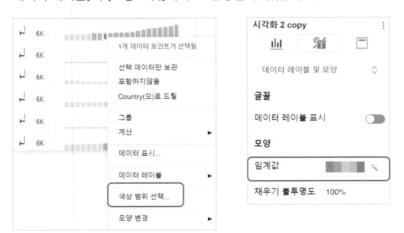

▲ 시각화와 포맷 메뉴 각각의 임계값 편집

임계값 편집기에서는 다음 설정을 변경할 수 있습니다.

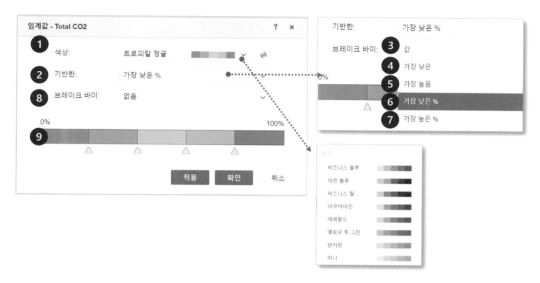

❶ **색상** - 미리 색 구간이 설정되어 있는 색상 셋을 선택합니다. 색상 셋 구간은 3 개 혹은 5 로 나누어져 있습니다.

❷ **기반한** - 임계값을 나누는 기준을 지정합니다. 임계값의 구간 개수는 색상 표의 개수에 따라 자동으로 나눠집니다. 5 개의 색상표라면 5 개의 구간이 나타납니다.

❸ **값**은 메트릭 값에 따라서 지정합니다.

❹ **가장 낮은**은 메트릭 기반으로 순위를 지정하고 낮은 순위에 따라서 색상을 지정합니다.

❺ **가장 높은**은 메트릭 기반으로 순위를 지정하고 높은 순위에 따라서 색상을 지정합니다.

❻ **가장 낮은%**는 메트릭 기반으로 분포를 구성하고 낮은 % 분포에 따라 색상을 지정합니다.

❼ **가장 높은%**는 메트릭 기반으로 분포를 구성하고 낮은 % 분포에 따라 색상을 지정합니다.

❽ **브레이크 바이** - 순위나 % 기반의 임계값의 경우 메트릭 값을 이용하여 순위와 퍼센트를 계산할 때, 해당 항목이 어느 범위에 들어가는지 계산해야 합니다. 예를 들어 [지역별 국가별 CO2 배출 순위]와 [전세계별 국가의 CO2 배출 순위]는 기준이 다릅니다. 브레이크 바이에 있는 애트리뷰트에 따라 순위나 퍼센트를 계산할 때 항목별로 다시 계산을 수행합니다.

❾ **임계값 구간 슬라이더** - 편집기 가장 아래에는 구간 색상을 변경하거나 색상 구간을 추가, 삭제할 수 있는 슬라이더가 있습니다. 색상 구간을 클릭하면 색깔을 변경할 수 있는 색상 선택표가 나타납니다. 구간을 우 클릭하면 색상 구간 제어 메뉴가 나타나 구간을 추가하고 삭제할 수 있습니다. 구간에 대한 기준 값은 구간 아래의 삼각형을 클릭하여 값을 입력하거나 슬라이더를 이동해서 변경할 수 있습니다.

2,299.59

716.31   14,161.46

색상 변경
색상 밴드 추가
삭제   확인   취소

▲ 임계값 구간 슬라이더

색상과 임계값 실습

01. 앞서 사용한 시각화 편집기에서 ↰ 아이콘을 클릭하여 원래 수평축 형태로 되돌립니다. [Population (m)] 메트릭을 편집기에서 [다음으로 색상 지정]으로 드래그하여 이동합니다. [메트릭 이름] 개체가 사라지고 막대 차트 색상이 변경됩니다.

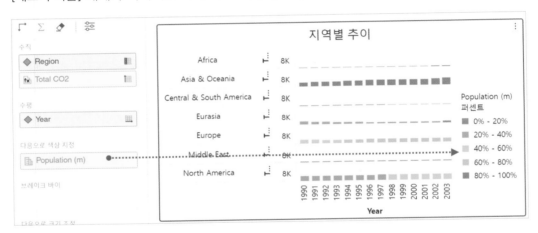

02. [Population (m)] 메트릭을 우 클릭하고 [임계값 편집…]을 선택합니다. 임계값 편집기에서 색상을 [트로피컬 정글]로 선택합니다.

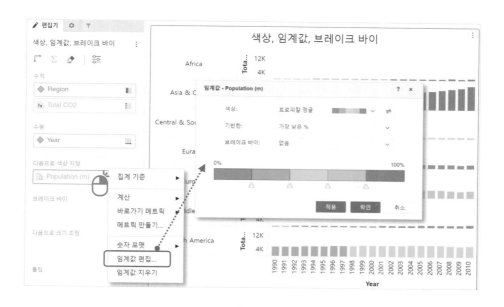

브레이크 바이

시각화의 **브레이크 바이(Break-By)**는 차트내부 데이터 항목을 분할하는 기능입니다. 여기에 배치된 개체 항목을 기준으로 막대 그래프나 선 그래프를 묶음 그래프나 누적 그래프로 만들 수 있습니다. 애트리뷰트를 배치할 경우 나누는 단위는 애트리뷰트의 항목들입니다. [메트릭 이름]을 사용하면 시각화의 메트릭 개체들을 분할 기준으로 삼습니다.

브레이크 바이에서는 다음과 같은 데이터 합산 및 표시 옵션을 사용할 수 있습니다. [Region] 개체를 브레이크 바이에 배치하고 순서대로 변경하면서 확인해 보겠습니다.

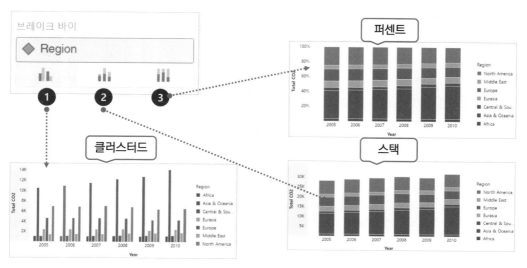

▲ 브레이크 바이 옵션에 따른 차트 표시

❶ 　 클러스터드 - 브레이크 바이 항목을 축에 평행하게 표시합니다. 브레이크 바이에 있는 개수만큼 차트에 항목들이 나타납니다.

❷ 　 스택 - 브레이크 바이 항목들을 누적으로 쌓아서 표시합니다. 브레이크 바이의 항목만큼 누적으로 쌓여서 보이게 됩니다.

❸ 　 퍼센트 - 브레이크 항목이 총 합계에서 차지하는 비중으로 표시합니다. 축의 기준이 0%~100%로 변경되고 막대가 꽉 채워지게 됩니다. 그 안에서 항목이 몇 %를 차지하는지 표시됩니다.

브레이크 바이에 메트릭 이름 사용하기

브레이크 바이를 실제 사용해 보겠습니다.

03. [Region] 애트리뷰트를 [브레이크 바이]에 배치합니다. 수직 축에 [Region]이 있었다면 사라지고 브레이크 바이에만 [Region]이 나타납니다. 다음과 같은 차트가 표시됩니다.

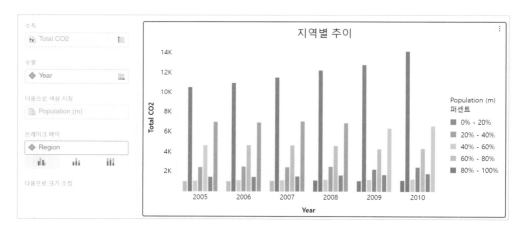

04. 데이터 세트에서 [From Coal](석탄), [From Natural Gas](천연 가스), [From Petroleum](석유) 메트릭을 컨트롤 키를 누르고 선택합니다. 선택한 상태에서 수직 축에 있는 [Total CO2] 위로 가져갑니다.

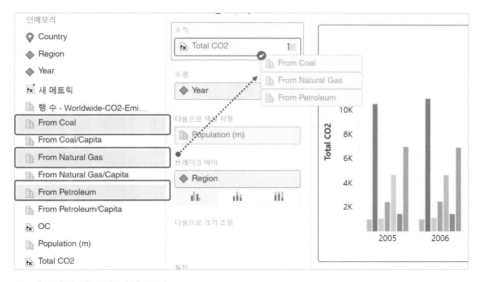

▲ 한 번에 메트릭 개체 교체

05. 수직 축에 있는 메트릭이 모두 교체됩니다. 만약 [Total CO2]가 남아있으면 제거해 주세요. 이제 브레이크 바이에 [메트릭 이름]을 이동해서 Region 개체와 바꿔보겠습니다. 이동 시에 나타나는 아이콘에 주의하도록 합니다. 교체 후에는 브레이크 바이의 상세 옵션을 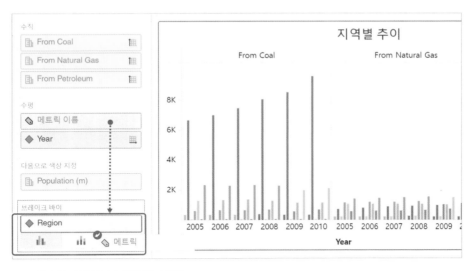 [스택]으로 변경합니다.

▲ 메트릭 이름으로 지역을 변경

06. 탄소 배출 원천을 각 메트릭별로 표시한 누적 차트로 변경됩니다. 추가로 [다음으로 색상 지정]을 [메트릭 이름]으로 변경하면 구별이 더 명확해집니다.

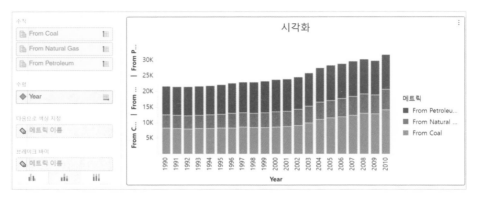

▲ 메트릭 이름으로 브레이크 바이와 색상에 지정.

07. 브레이크 바이의 유형을 [퍼센트] ▮▮▮ 로 바꿔봅니다. 어느 탄소 배출 유형의 비중이 늘 어났는지 파악하기 좋습니다.

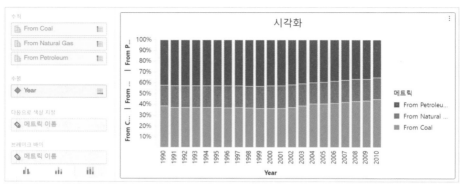

▲ 배출 유형별 연도별 추이 퍼센트

색상에서 사라진 인구는 다른 방식으로 차트에 표시하겠습니다.

다음으로 크기 조정

앞서 색상을 시각화에 활용한 것처럼 항목의 크기도 시각화에 사용할 수 있습니다. [다음으로 크기 조정] 드롭 존 영역은 메트릭 값에 따라 항목 사이즈를 조정하게 됩니다. 막대 그래프는 막대의 폭, 선 그래프는 선의 두께, 버블 그래프와 파이 그래프는 원의 크기가 변경됩니다.

08. 앞서 실습한 막대 그래프에 [Population (m)]을 [다음으로 크기 조정]에 추가하면 다음처럼 막대 그래프의 폭이 달라집니다.

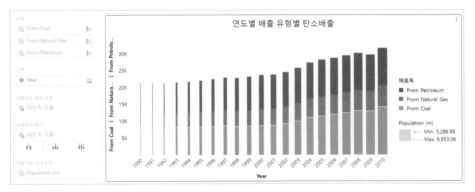

▲ 인구수에 따라 크기가 조정된 막대 그래프

위의 차트는 연도별 막대그래프의 폭이 서로 다릅니다. 그 기준은 크기 조정에 사용된 [Population (m)] 값에 따라서 달라집니다. 시각화 포맷 탭의 [그래프 모양]을 클릭해보면 [최대 크기]와 [최소 크기]를 조정할 수 있게 되어 있습니다.

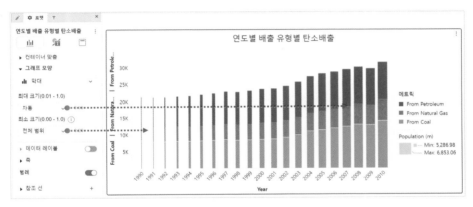

▲ 모양 최대 크기와 최소 크기 조정

크기의 최대 최소는 0.01 부터 1.0 까지 상대 크기로 결정되는 퍼센트 값입니다. 최소가 0.01 이라면 가장 작은 값은 가장 큰 값 대비 1% 라는 뜻입니다. 예를 들어 현재 위 차트에서 인구수는 최소값인 1990 년의 막대 폭이 최대값인 2010 년 막대의 약 0.1, 즉 10% 정도에 해당하도록 자동으로 조정됩니다.

크기 옵션은 시각화 포맷 탭에서 [최대 크기], [최소 크기] 설정을 변경할 수 있습니다. 최대 크기의 경우 [자동]과 [수동]중에서 선택할 수 있습니다. 자동은 크기를 시각화 차트가 알아서 조절하게 됩니다. [수동]을 선택하면 막대의 최대 크기를 입력할 수 있습니다.

▲ 최대 크기 옵션 설정

[최소 크기]는 조금 다릅니다. 최대 크기에 비례하여 표시하기 위해 다음과 같이 세가지 옵션이 있습니다.

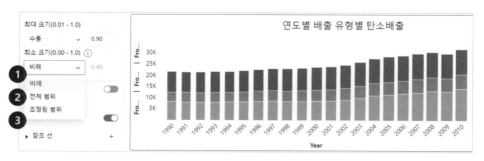

▲ 최소 크기 비례 설정

❶ **비례** – 자동적으로 항목의 최소 사이즈가 지정됩니다. 값을 수정할 수 없습니다.

❷ **전체 범위** – 데이터 분포에 상관없이 작은 값은 작게 표시합니다. 기본 값입니다.

❸ **조정된 범위** – 가장 작은 항목이 전체의 몇 분의 일로 표시할 것인지를 소수점으로 입력할 수 있습니다.

09. 조정된 범위로 최소 크기를 변경하고 0.4 를 입력합니다. 가장 큰 막대의 40% 사이즈로 조정됩니다.

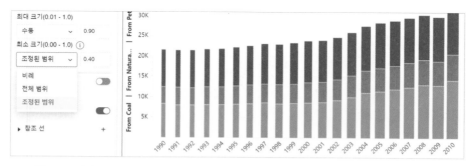

▲ 최소 크기 옵션을 조정된 범위로 변경하고 0.4 를 입력시

크기로 항목을 나타내는 경우 사용자들이 한눈에 큰 값을 인식하는 것은 좋지만 자칫하면 작

은 값을 무시하게 될 수 있습니다. 데이터 분포가 균일하지 않을 경우, 예를 들어 매출액이 10억이상인 상품 소수와 100만원 정도인 다수의 상품들이 있으면 작은 데이터가 잘 보이지 않을 수 있습니다. 매출이 작은 상품에 대해서도 사용자에게 보이게 하고 싶다면 최소 크기를 조정해 주세요.

축 스케일 설정

데이터 성격에 따라 항목 간 비교가 어려울 정도로 차이가 큰 경우가 있습니다. 예를 들어, 탄소 배출 샘플데이터를 이용하여 인구수와 탄소 배출량을 각 지역별로 비교하려고 합니다. 그런데 탄소 배출이 많은 아시아 지역 때문에 배출량이 적은 아프리카나 남미 지역의 데이터 추이가 잘 보이지 않습니다. 이런 데이터의 경우 기본 축 설정으로는 분석에 적합하지 않을 수 있습니다.

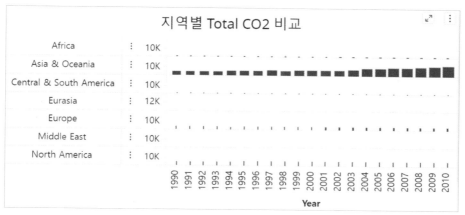

▲ 지역별 탄소 배출 추이. 아시아 지역 데이터가 크다보니 다른 지역 항목이 작아 보임

이럴 때는 시각화의 축 옵션을 변경하여 분석 목적에 따라 차트의 축 유형을 변경할 수 있습니다. 축 옵션은 시각화 포맷의 [시각화 옵션] -> [축] 부분에 있습니다.

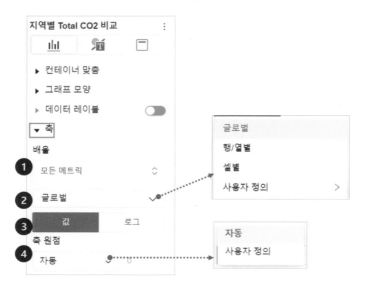

❶ **배율** – 기준을 변경할 메트릭을 선택합니다. 모든 메트릭에 적용하거나 또는 각 메트릭별로 적용할 수 있습니다.

❷ **축 기준** – 축 배율의 기준을 선택할 수 있습니다. 다음 축 스케일 배율에서 자세히 설명합니다.

❸ **값/로그 배율 선택** – 메트릭 값을 그대로 사용하거나 로그로 변경하여 사용합니다. 데이터의 범위가 넓을 때는 로그가 비교에 유용합니다.

❹ **축 원점** – 자동을 사용하거나 특정 값을 입력하여 축 원점을 수동으로 변경할 수 있습니다.

값/로그 배율

축 배율 기준을 보기 전에 먼저 **값/로그 배율**을 테스트해보겠습니다. 값 배율은 값을 있는 그대로 축에 표시합니다. 그러나 Y 축 범위가 너무 넓거나 행/열 간의 차이가 큰 경우 차트가 잘 표현되지 않는 단점이 있습니다.

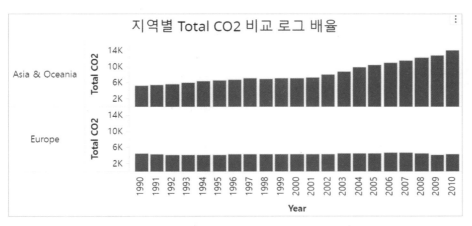

▲ 값 축 차트

다음처럼 축의 배율을 로그로 변경하면 축 기준이 로그 배율로 바뀌게 됩니다. 자세한 로그 축 계산 법은 이 책의 범위를 벗어나지만 로그 배율은 값들의 상대적인 거리 배율을 나타내 넓은 범위의 값이 좁은 축으로 표시될 수 있게 해주는 방법입니다.

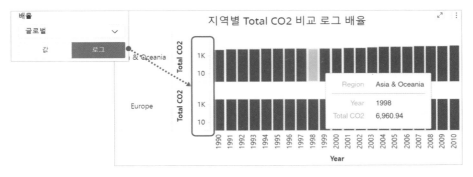

▲ 로그 축 배율

위 차트는 변화율이 잘 보이지 않기 때문에 로그보다는 값 배율이 맞는 것 같습니다. 아래 예는 국가별 배출량 순위로 정렬한 차트입니다. 로그 배율 적용 전과 적용 후의 모습을 비교해 보시기 바랍니다.

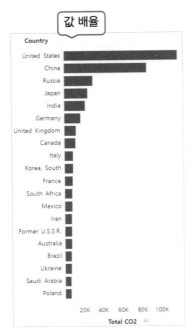
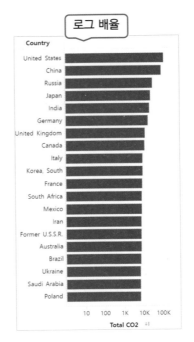

▲ 왼쪽 : 값 배율인 경우, 오른쪽 : 로그 배율인 경우

상황에 맞게 축 배율 방식을 조정해 차트를 나타내 보시기 바랍니다.

축 스케일의 배율

차트의 축 스케일 설정에 따라 축 원점과 최소, 최대가 동적으로 달라지게 됩니다. 행/열이 없는 차트의 경우는 항상 동일하지만 매트릭스 형태로 행/열이 나눠져 있으면 축 기준을 바꿀 수 있습니다. 축 스케일 배율에 사용할 수 있는 축 기준은 다음과 같은 종류가 있습니다.

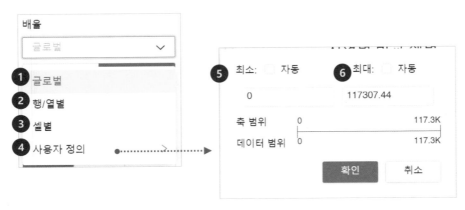

▲ 축 배율 기준 옵션들

❶ **글로벌** – 전체 데이터를 기준으로 최대 값과 최소 값을 계산하는 기본 옵션입니다. 모든 차트가 동일한 축을 사용하므로 절대 값으로 비교하는데 좋습니다. 아래 차트의 축을 보면 모두 같은 최대, 최소가 사용되고 있습니다.

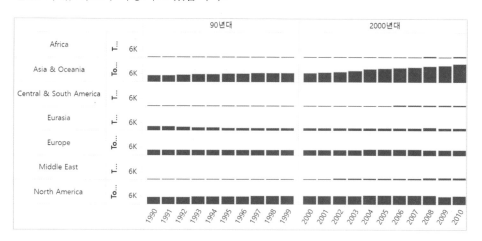

❷ **행/열별** – 그래프 매트릭스의 행과 열의 데이터를 기준으로 하여 축의 최대와 최소가 계산됩니다. 각 매트릭스의 데이터 내에서 비교하기 좋습니다. 아래 차트의 축 기준이 각 행별로 모두 다릅니다.

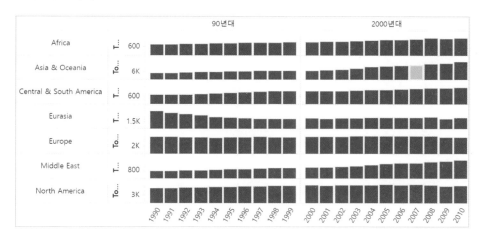

❸ **셀별** – 행과 열이 있는 그래프 매트릭스의 경우 교차되는 셀마다 축의 최대와 최소가 설정됩니다. 셀이 있는 차트에서는 다음처럼 사각형별로 차트의 배율이 설정됩니다. 이 옵션은 데이터 간의 편차가 클 때 용이합니다. 셀이 없이 행만 있거나, 열만 있는 그래프 매트릭스에서는 행/열별 배율과 차이가 없습니다. 아래 차트를 보면 축 값이 표시되지 않습니다. 각 셀 마다 축 값이 다르다 보니 표시할 수 없어 생략된 것입니다.

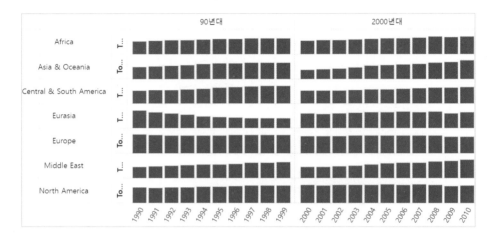

❹ **사용자 정의** – 축 최대와 최소를 임의로 지정하게 됩니다. 차트 항목에서 이 범위 바깥으로는 그려지지 않습니다.

❺ **최소** – 축 최소 값을 입력합니다. 자동에 체크하면 데이터의 최소 값이 사용됩니다. 만약 데이터가 설정한 최소 값보다 작으면 차트에 표시되지 않습니다.

❻ **최대** – 축 최대 값을 입력합니다. 자동에 체크하면 데이터의 최대 값이 사용됩니다. 만약 최대 값이 데이터의 최대 값보다 작으면 막대의 경우 항목이 잘려서 표시되고, 점이나 원 같은 경우는 표시되지 않습니다.

 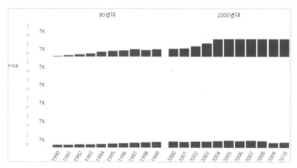

▲ 최소와 최대 값 설정 후 차트 모습

차트 모양 변경

그래프 매트릭스는 다른 유형의 차트들과 호환성을 가지고 있습니다. 막대 차트로 시작했어도 선, 원형 차트 등으로 바꿀 수 있습니다. 메트릭이 여러 개 있는 경우에는 막대와 선을 각각 다른 축으로 표시하는 이중 축 형태로도 바꿀 수 있습니다. 시각화 메뉴의 시각화 변경으로 유형을 변경할 수 있지만 차트에서 항목을 우 클릭하고 메뉴에서 [모양 변경]을 선택해도 차트 항목 유형을 바꿀 수 있습니다.

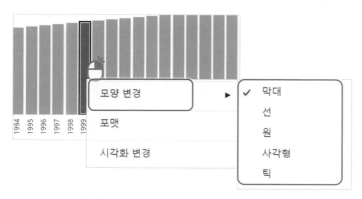

▲ 모양 변경 선택

메뉴에서 변경할 모양을 선택하면 그 항목은 선택한 도형으로 변경됩니다.

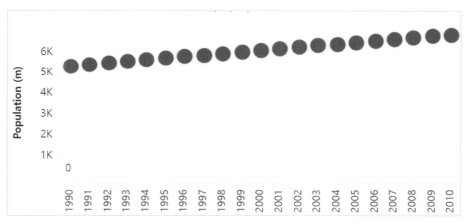

▲ 막대에서 원형으로 변경

메트릭이 여러 개 있는 경우 각 메트릭 마다 다른 도형 유형으로 선택할 수 있습니다. 각 메트릭을 같은 기준으로 두고 비교할 때 유용합니다. 상위 20 개 탄소배출 국가들 차트에서 인구 수는 **틱** 형식으로 표시했습니다, 중국과 인도 두 나라와 다른 나라들의 인구 대비 탄소 배출량이 많은 국가들의 차이가 보이나요?

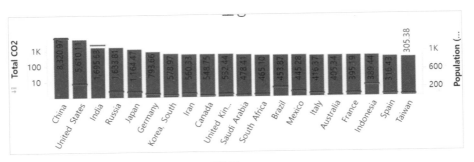

▲ 상위 20 개 국가의 인구수와 탄소배출량

데이터 레이블 표시

차트 항목의 실제 데이터가 궁금할 때는 항목 위에 마우스 커서를 올리면 그 항목의 데이터
상세가 툴팁으로 표시됩니다.

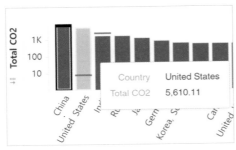

▲ 마우스 툴팁 데이터 표시

툴팁 방식 외에 항상 데이터 값을 항목에 표시하는 법도 있습니다. 차트 항목의 우 클릭 메뉴
를 보면 [데이터 레이블] 표시 옵션이 있습니다. [값]을 클릭하면 차트에 데이터 값이 표시됩니
다.

▲ 데이터 레이블 표시 옵션

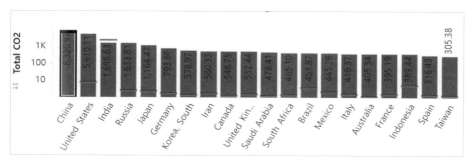

▲ 데이터 라벨이 표시된 차트

[시각화 옵션]에서 데이터 레이블의 상세 표시 설정을 할 수 있습니다.

▲ 데이터 레이블 표시 옵션

❶ **데이터 레이블** 레이블의 표시 여부를 설정합니다.

❷ **다음의 값 표시** 메트릭 중에서 레이블을 표시할 메트릭을 선택합니다. [모든 메트릭]의 데이터 레이블을 표시하거나 개별 메트릭만 표시하게 선택할 수 있습니다. 표시하지 않을 메트릭이 있다면 옆의 체크 버튼을 해제하면 됩니다.

▲ 메트릭 레이블 표시 해제

❸ **겹치는 레벨을 숨깁니다 –** 차트의 항목이 많거나 데이터 길이가 긴 경우 레이블 텍스트끼리 겹칠 수 있습니다. 이 옵션은 겹치는 레이블을 자동적으로 제거하여 가독성을 높입니다. 아래 는 위 샘플 차트의 데이터 레이블을 모두 표시한 경우입니다. 각 항목을 알아보기가 매우 어 렵습니다.

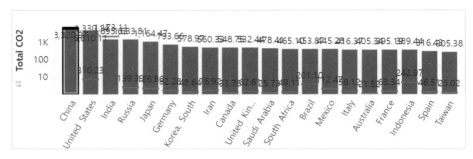

▲ 라벨 안 겹치게 표현한 경우 – 데이터를 알아보기 어렵습니다.

❹ **위치 –** 데이터 레이블의 표시 위치입니다. 막대 차트에서 레이블이 표시되는 위치를 지정 할 때 주로 설정합니다. 기본 옵션 자동 배치는 최대한 차트 항목이 많이 보이는 위치로 레이 블을 배치합니다. 아래는 각 옵션별 레이블 표시 예입니다.

▲ 데이터 라벨 옵션별 위치

데이터 레이블 글꼴은 포맷의 가운데 탭 [텍스트 및 폼]에서 설정합니다. 글꼴 이외에도 시각 화 옵션에 있었던 항목인 표시 옵션이나 위치 옵션도 설정할 수 있습니다.

▲ 데이터 레이블 포맷 옵션

그래프 매트릭스 유형

앞서 본 막대 차트 외에 그래프 매트릭스가 지원하는 다양한 유형의 차트들을 살펴 보겠습니다.

미리 설정된 시각화 유형 사용

시각화의 수직과 수평영역에 항목을 추가하려고 할 때 배치가 되지 않는 경우들이 있습니다. 처음 선택한 시각화 유형에 맞지 않는 유형으로 변경되는 것을 막기 때문입니다. 이럴 땐 우선 시각화 차트의 유형을 원하는 차트로 변경하고 분석 개체를 추가하면 됩니다. 시각화를 변경하면 현재 사용하고 있는 개체들은 새로운 시각화 유형에 맞게 자동으로 배치됩니다.

시각화 변경은 시각화의 제목창에서 우 클릭하여 [시각화 변경]을 선택하거나 컨트롤 메뉴에서 선택합니다.

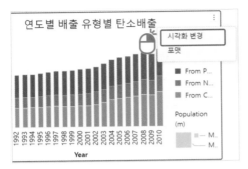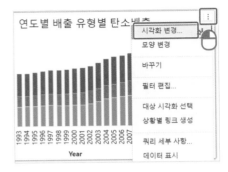

▲ 시각화 변경 – 왼쪽 : 제목줄에서 변경, 오른쪽 : 컨트롤 메뉴에서 변경

시각화 추가 대화창과 동일한 시각화 변경 대화창이 나타납니다. 원하는 시각화유형으로 선택하여 시각화 유형을 변경할 수 있습니다.

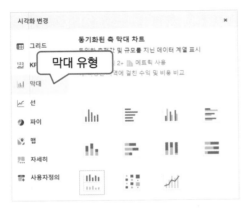

▲ 여러 시각화 매트릭스 유형 차트

예를 들어 유형을 막대의 [동기화된 축 막대 차트]로 변경하면 도씨에는 자동으로 메트릭들을 변경한 차트에 맞게 동기화된 축으로 배치합니다. 차트 축을 보게 되면 서로 다른 메트릭이지만 축 최소값과 최대값 스케일이 동일하게 설정되어 여러 지표간 비교가 쉬워졌습니다.

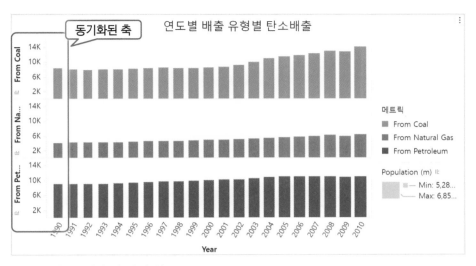

▲ 변경한 동기화 된 막대 차트

다른 그래프 매트릭스 유형

차트 항목의 모양 변경을 통해 차트 유형을 선, 원, 영역 차트로 바꿀 수 있습니다. 모양을 다르게 표시하는 것 말고도 축에 배치한 개체 유형에 따라서 다른 형태의 그래프 매트릭스를 사용할 수 있습니다. 앞서 사용한 차트는 애트리뷰트와 메트릭을 축에 섞어서 사용했습니다. 축에 애트리뷰트만 사용하거나 메트릭만 사용했을 때 어떤 차트가 되는지 보겠습니다.

매트릭스 막대 차트

수직 축과 수평 축에 애트리뷰트를 사용하고 색상에 메트릭을 사용하는 유형입니다. 시각화 유형에서 매트릭스 막대 차트를 선택하면 쉽게 만들 수 있습니다. 축에 [Region] 애트리뷰트와 [Year] 애트리뷰트를 배치하고 색상에는 [Total CO2] 메트릭을 사용하면 다음과 같은 분포 차트가 그려집니다.

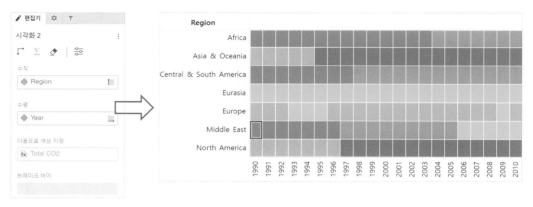

▲ 지역별 연도별 탄소 배출량 열 지도

다음처럼 크기 조정에는 [Population (m)]을 사용해서 사이즈를 가변적으로 변경하고 옵션에서 그래프 모양을 원으로 바꾸면 다음과 같은 차트가 그려집니다.

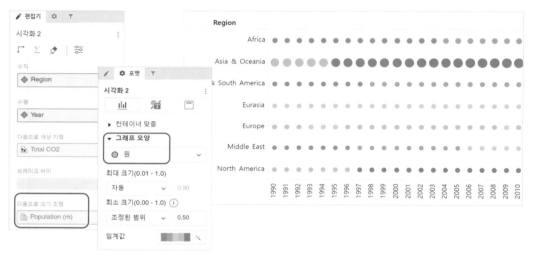

▲ 지역별 연도별 인구수와 탄소 배출량

거품 차트

거품 차트는 수평 축, 수직 축에 모두 메트릭을 사용하면 만들어집니다. 시각화 유형에는 [자세히] -> [거품 차트]로 별도 분리되어 있지만 사실 그래프 매트릭스 유형중 하나입니다.

거품 차트에서는 수직 축과 수평 축에 있는 메트릭 값에 따라 애트리뷰트 항목들의 분포가 표시됩니다.

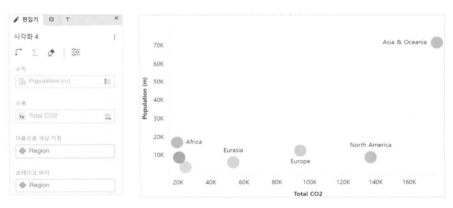

▲ 인구수와 탄소 배출량별 지역 분포

거품 차트는 실습에서 만들어 보겠습니다. 또 뒷부분의 **다양한 시각화 위젯 활용하기**에서 자세히 설명하겠습니다.

그래프 매트릭스 기타 옵션 및 포맷

포맷에서 그래프 매트릭스의 상세 옵션과 텍스트 글꼴 포맷, 그리드 선, 차트 모양에 대해 상세히 설정할 수 있습니다. 포맷에는 많은 항목들이 있지만 그 중에 중요한 설정 위주로 살펴보겠습니다.

시각화 옵션

시각화 위젯의 컨테이너 맞춤, 그래프 모양, 데이터 레이블 표시 옵션들로 구성되어 있습니다.

▲ 그래프 매트릭스 시각화 옵션

컨테이너 맞춤

컨테이너 맞춤은 시각화 차트를 위젯의 컨테이너 영역안에 표시하는 방법에 대한 옵션입니다.

선택할 수 있는 옵션은 다음과 같습니다.

❶ **자동** – 자동으로 차트를 위젯 컨테이너에 맞추는 기본 옵션입니다. 차트 항목의 기본 크기를 최대한 유지하면서 컨테이너 크기에 맞춥니다. 컨테이너보다 작은 경우 자동으로 항목크기를 키우고 모자라는 경우 스크롤 바를 표시합니다.

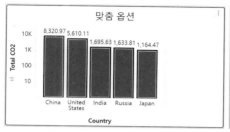 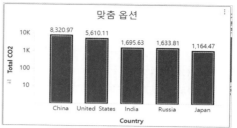

▲ 왼쪽 : 컨테이너 맞춤 없음 , 오른쪽 : 자동 맞춤

❷ **컴팩트** – 차트 항목을 최대한 위젯 사이즈에 많이 나타나게 하는 옵션입니다. 차트 항목 수가 많은 경우 폭을 줄여서 차트에 표시합니다. 항목이 적은 경우는 자동과 똑같이 표시됩니다. 아래 예시차트를 보면 항목폭이 줄어들었고 중간에 라벨들이 생략된 것도 있습니다.

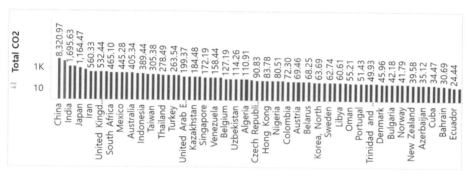

▲ 컴팩트로 표시하는 경우 항목들이 가장 작은 사이즈로 표시

❸ **없음** – 차트를 자동으로 조절하지 않고, 축 레이블과 항목 사이즈를 조절하지 않습니다. 기본 사이즈로 표시할 수 있는 범위까지 표시하고 범위를 넘는 부분은 스크롤 바로 이동할 수 있습니다. 항목이 적은 경우에는 공백이 나타날 수 있습니다.

❹ **모든 레이블 표시** – 맞춤이 자동인 경우 체크되어 있으면 **축 레이블**을 모두 나타냅니다. 체크를 해제하면 적당히 레이블을 생략해서 표시합니다. 컴팩트와 비슷하지만 조금 더 여유 있게 항목 크기를 조정합니다.

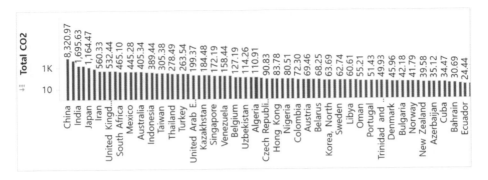

❺ **밴딩 활성화** 그래프 매트릭스의 각 행을 구별하기 쉽게 회색 배경이 표시됩니다.

▲ 밴딩 활성화 모습

그래프 모양 변경

차트 모양을 다른 유형 차트로 변경하고 항목의 사이즈를 변경합니다. 그래프 모양은 막대, 선, 영역, 원, 사각형, 틱 중에 선택할 수 있습니다. 차트 항목에서 모양 바꾸기와 유사한 기능입니다.

▲ 그래프 모양 변경

그 아래 마커 크기는 앞서 [다음으로 크기 조정]에 메트릭이 있으면 최대와 최소를 조절할 수 있고, 크기 조정에 메트릭이 없으면 원이나 사각형 마커 크기를 조정할 수 있는 옵션입니다.

다양한 유형 그래프 매트릭스를 그래프 모양을 변경하여 만들 수 있습니다. 영역 차트, 틱 차트등 여러 모양을 시도해 보시기 바랍니다.

그리드 선과 축 레이블 옵션

축의 배율 조절은 앞서 설명했습니다. 이 옵션 포맷에서는 축 선, 축 제목, 축 레이블 표시를 지정할 수 있습니다. 축별 그리드 선을 차트에 표시하는 것도 이 축 포맷 옵션에서 할 수 있습니다.

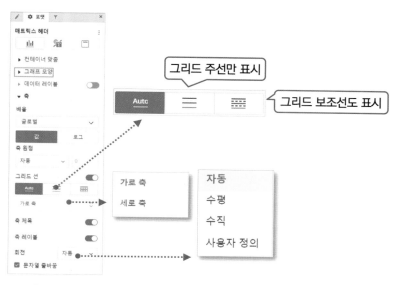

▲ 축 옵션

그리드 선을 주선, 부선 모두 표시하면 다음처럼 축의 라벨 위치를 나타내는 선이 표시됩니다.

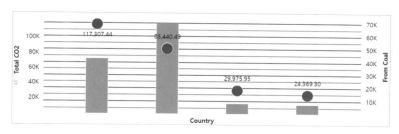

▲ 주 및 부선을 모두 표시

축 레이블 옵션은 축 제목(애트리뷰트나 메트릭 개체 이름)을 표시할 지 여부입니다. 드롭 다운에서 가로 축, 세로 축을 선택하여 표시 옵션을 조절할 수 있습니다. 아래는 위 차트에서 모든 축의 제목과 레이블을 감춘 모습입니다.

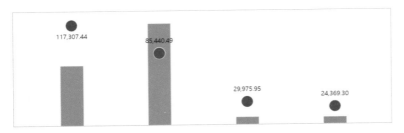

▲ 모든 축 제목 및 레이블 제거

보통 차트 내부에 그리드 선을 그리면 지저분해 보입니다. 비교를 위해 명확히 표시해야 하는 경우와 메인 축을 제외한 그리드 선은 사용하지 않는 게 깔끔합니다.

텍스트 및 폼

시각화 옵션 중에 글꼴 상세 설정과 선 유형 및 색상은 옵션의 두번째 탭 **텍스트 및 폼**에서 설정할 수 있습니다.

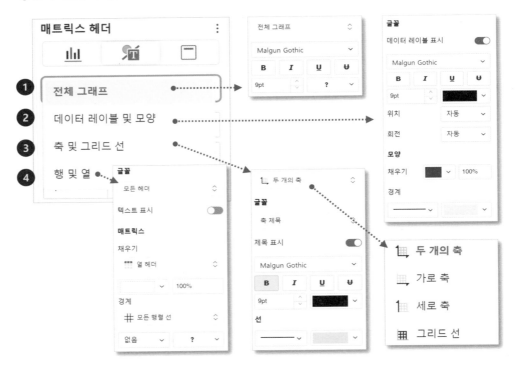

▲ 텍스트 및 폼 옵션

❶ **전체 그래프** – 시각화 차트 전체의 글꼴을 설정합니다. 한 번에 차트의 모든 글꼴을 바꿀 수 있습니다.

❷ **데이터 레이블 및 모양** - 데이터 레이블의 표시여부와 글꼴을 설정할 수 있습니다. 아래 [모양]은 메트릭별로 혹은 애트리뷰트 항목별로 색상을 바꿀 수 있습니다. [다음으로 색상 지정]에 메트릭이 있다면 임계값 설정이 표시되고, [메트릭 이름]이나 [애트리뷰트]가 다음으로 색상 지정에 있다면 각 항목별 색상 지정이 표시됩니다.

❸ **축 및 그리드 선** - 세로 축과 가로 축의 축 선 유형과 선 색상을 선택할 수 있습니다. 축별로 혹은 모든 축을 같은 포맷으로 지정할 수 있습니다.

❹ **행 및 열** - 그래프 매트릭스의 행 헤더, 열 헤더의 글꼴, 헤더 배경색, 매트릭스 셀 구분선 포맷을 지정할 수 있습니다.

모든 포맷 옵션을 기억할 수는 없습니다. 다만 시각화에서 포맷이 어느 범위까지 가능한지 느낌을 가지고 있다가 나중에 차트를 디자인할 때 상세 옵션을 찾아보면 됩니다. 또한 시각화 위젯을 만들어서 하나씩 포맷 하는 것 보다, 어느 정도 포맷이 된 시각화를 복제하여 사용하면 반복 작업을 줄일 수 있습니다.

데이터 분석 기능

그래프 매트릭스를 비롯한 시각화 위젯들은 데이터 시각화 표현 외에도 여러 가지 데이터 분석 기능을 제공합니다. 예를 들어 월별 매출 데이터의 추세를 분석하다가 고객 당 평균 매출액이나 이전 대비 매출 증감율을 분석할 수 있습니다. 또는 특정 월이 다른 월에 비해서 매출이 높았다면 원인 분석을 위해 그 달의 데이터를 일자별로 파고들어 분석할 수 있습니다. 또한, 일자별 데이터의 **추세선**을 표시하여 분석하고 그 기간의 매출 **평균**과 **중앙값**을 **기준선**으로 표시할 수 있습니다. 그래프 매트릭스에서 데이터 분석에 활용할 수 있는 기능을 설명하겠습니다.

바로가기 메트릭

차트의 메트릭에 다른 분석 함수를 적용한 메트릭을 만들 수 있는 기능입니다. 축에 있는 메트릭을 우 클릭하면 [바로가기 메트릭]메뉴가 보입니다. 선택하면 바로가기 함수들이 표시되고 그 중에 하나를 선택하면 다시 그 함수의 속성을 선택할 수 있습니다.

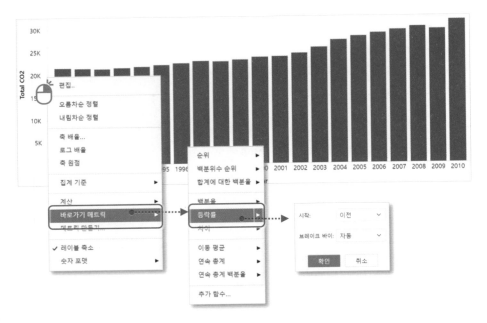

▲ 바로가기 메트릭으로 등락률 만들기

위 예는 연도별 탄소 배출량 차트에서 탄소배출량의 전년비를 구하는 바로 가기 메트릭입니다. 등락률을 선택하고 세부 옵션에서 [시작]은 [이전], [브레이크 바이]는 [자동]을 선택했습니다. 브레이크 바이는 등락률을 계산하는 기준 애트리뷰트를 설정하는 기능이지만 지금은 연도만 있으니 그냥 확인을 누르면 메트릭이 만들어집니다. 생성된 메트릭의 기본 이름은 적용한 함수를 같이 표시하는 [이전 항목의 백분율 변동(Total CO2)] 입니다. [증감률]로 이름을 변경하겠습니다.

추가된 메트릭을 보면 전년 대비 배출량 증감을 쉽게 파악할 수 있습니다. 추이를 보면 2004년이 가장 증감율이 높고 금융위기 직후인 2009년에는 마이너스를 보이지만 2010년에 다시 증가한 것을 알 수 있습니다.

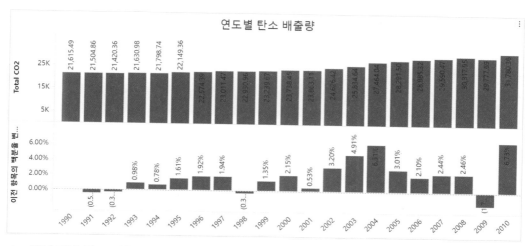

▲ 전년 대비 탄소 배출 증감율 표시

각 지역별로는 증감율이 어떤 지 보고 싶습니다. 매트릭스 차트에 수평으로 [Region]애트리뷰트를 추가합니다. 다음처럼 각 지역별 증감이 표시됩니다.

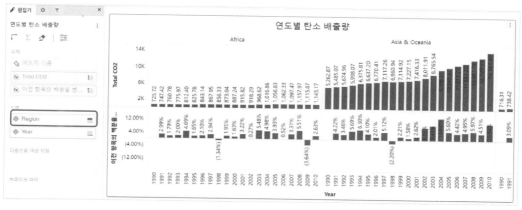

▲ 지역별 탄소 배출량 전년비

데이터를 확인해 보면 아시아 지역은 지속적으로 탄소배출량이 증가하였습니다. 그러나 유럽이나 북미 지역은 2000 년대 이후로 증가율이 낮은 걸 알 수 있습니다.

바로 가기 메트릭을 이용하면 등락률 외에도 이동 평균이나, 누적 합계 같은 함수들을 복잡한 수식 사용 없이 쉽게 사용할 수 있습니다.

데이터 추세선과 참조 선

그래프 매트릭스에는 차트로 표시된 데이터 외에 분석에 참고할 수 있도록 차트 데이터의 추이를 파악할 수 있는 **추세선**과 참고를 위한 **참조 선** 기능이 제공됩니다. 추세선은 기간별 데이터의 추이를 표시하거나 데이터의 구성 항목의 상관 관계를 확인할 때 사용합니다. 참조 선은 데이터 **평균값**, **최대값**, **최소값**, **상수 값**을 차트에 표시할 수 있는 기능입니다.

추세선과 참조 선은 시각화 편집기의 메트릭 이름이나 차트에서 축의 메트릭 개체를 우 클릭하고 메뉴에서 [메트릭에 대한 추세선 활성화]나 [참조 선 추가]를 선택하여 표시합니다. 추세선을 선택하면 바로 기본 수식에 의해 추세 선이 그려지고 참조선은 여러 종류의 참조 선 중에 선택할 수 있습니다.

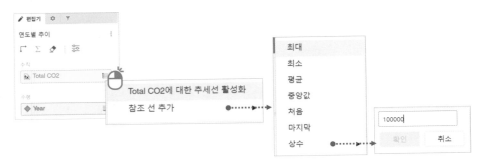

▲ 추세선과 참조 선 추가 메뉴

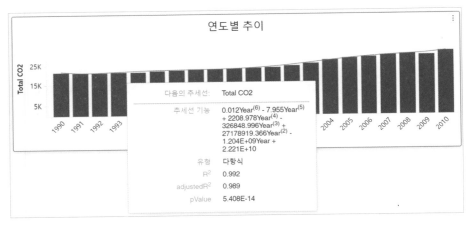

▲ 차트에 표시된 추세선

추세선 상세

추세선이 나타나면 시각화 옵션에서 상세 포맷과 추세선 모델, 추세선 레벨을 설정할 수 있습니다. 차트 옵션 탭의 중간 부분에서 [추세선]을 확장하면 상세 옵션을 볼 수 있습니다.

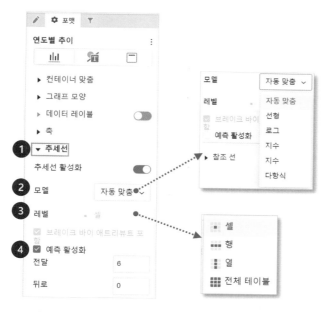

▲ 추세선 상세 옵션

❶ **추세선 활성화** – 추세선을 표시하거나 표시하지 않습니다.

❷ **모델** – 추세선이 사용할 모델을 선택할 수 있습니다. 자동으로 모델을 사용하는 [자동 맞춤] 외에 추세 모델의 여러 유형 중에 선택할 수 있습니다.

❸ **레벨** – 행/열이 있는 경우에 추세선 기준 레벨을 [행], [열], [셀], [전체 테이블] 중에 선택할 수 있습니다.

❹ **예측 활성화** – 추세선에서 앞/뒤로 예측을 활성화합니다. 선택하게 되면 예측할 개수를 입력하고 그 개수만큼 추세선이 더 그려지게 됩니다.

참조 선

현재 시각화에서 평균 이상인 항목과 이하인 항목이 궁금할 수 있습니다. 이럴 때 참조 선을 사용하면 데이터를 판단하는데 필요한 참고 정보들을 볼 수 있습니다. 참조 선에는 최대, 최소, 중앙값, 평균 등의 여러 참조 항목을 선택할 수 있습니다. 평균을 선택하면 현재 차트에 있는 데이터의 평균이 표시됩니다. 최대와 최소 등의 다른 옵션도 현재 시각화의 데이터에서 계산하여 표시됩니다.

참조에 필요한 항목이 여러 개 있을 수 있기 때문에 추세선과는 다르게 참조 선은 여러 개를 추가할 수 있습니다.

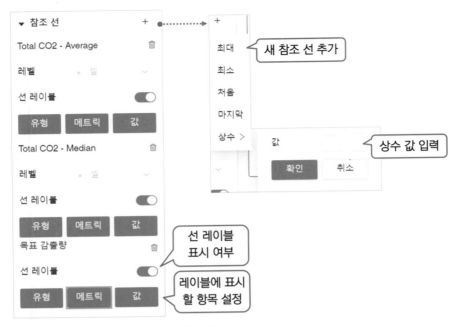

▲ 탄소 배출량의 평균과 중앙 값 표시

참조 선 레이블을 차트에 표시하는 옵션도 지정할 수 있습니다. 선 레이블 옆의 토글 버튼을 클릭하여 표시하고 나면 아래의 [유형], [메트릭], [값]을 각각 선택하여 차트에 표시할 수 있습니다.

참조선에는 상수 값을 입력하여 고정 값을 표현할 수도 있습니다. 예를 들어 [탄소 배출 감축 목표]가 있다면 그 목표 값을 선으로 그려서 차트에 표시할 수 있습니다. 참조 선 옵션에서 상수 값 이름을 더블 클릭하여 이름을 변경할 수 있습니다.

▲ 상수 선 레이블 수정

참조선을 삭제할 때는 참조 선 옆의 쓰레기통 🗑 아이콘을 클릭합니다. 추세선이나 참조 선의 선 포맷, 글꼴은 시각화 포맷 옵션의 [텍스트 및 폼]에서 설정할 수 있습니다.

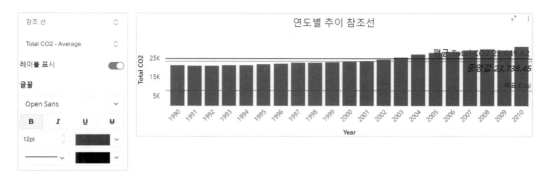

▲ 참조 선 포맷 및 차트 표시 변경

데이터 드릴 분석

각 지역별로 탄소 배출량을 표시하는 차트에서 가장 탄소배출이 높은 지역에 속하는 나라들 중 어느 나라가 배출량이 가장 높은 지 궁금하다면 어떻게 할까요? 데이터 세트에서 [Country] 애트리뷰트를 차트에 추가하고 정렬해서 확인해 볼 수 있겠습니다.

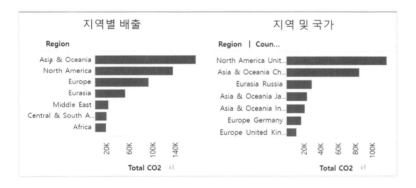

그러나 이렇게 하면 다른 지역도 모두 표시되기 때문에 가장 배출량이 높은 지역만 보기가 어렵습니다. 뒤에 배울 필터를 사용하는 법도 있지만 더 쉬운 방법이 있습니다. 지역별 이산화탄소 배출 차트에서 가장 배출량이 많은 아시아 지역 항목을 우 클릭하고 메뉴에서 [드릴] → [Country]를 선택합니다. 드릴로 애트리뷰트를 추가하면 선택한 지역에 대해서만 국가가 추가되어 선택한 지역내의 국가들만 비교할 수 있습니다.

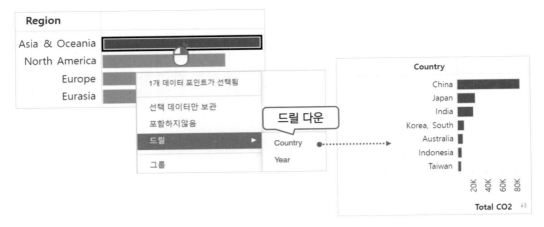

▲ Region에서 Country로 드릴다운 메뉴

이렇게 선택한 항목을 기준으로 다른 애트리뷰트를 추가하여 상세하게 데이터를 탐색하는 것을 **드릴**이라고 합니다. 내부적으로 선택 항목은 시각화에 필터 조건으로 적용되고 드릴로 선택한 애트리뷰트는 차트에 추가됩니다. 드릴을 사용한 시각화를 보면 상단 메뉴 부분에 필터 ▽ 아이콘이 있습니다. 아이콘을 클릭해 보면 이전 차트에서 선택한 항목이 조건으로 적용되어 있습니다. 편집기를 확인해 보면 선택한 애트리뷰트가 수직 영역에 축으로 추가됐습니다.

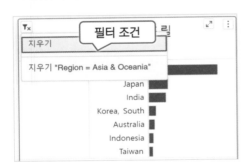

▲ 드릴 다운 후의 시각화 필터와 편집기

개별 항목이 아닌 애트리뷰트 헤더에서 드릴하면 필터 없이 전체 데이터에서 대상 애트리뷰트가 추가됩니다.

시각화내의 항목 선택하기

앞서 드릴 다운을 위해 차트 항목을 클릭해서 선택했습니다. 그 외에도 차트 항목을 선택하는 법은 여러가지가 있습니다. 차트 항목을 이용하여 작업하는 경우 여러 개를 선택할 일이 많습니다.

- 📊 **항목 클릭** - 항목을 마우스 왼쪽이나 오른쪽으로 선택할 수 있습니다. 오른쪽으로 클릭하면 작업 메뉴가 바로 표시됩니다.

- 📊 **컨트롤 + 클릭** - 여러 항목을 선택할 때 사용합니다. 키보드의 컨트롤 키를 누른 상태에서 항목을 선택하면 여러 항목이 복수로 선택됩니다. 선택한 항목 중에서 빼려면 컨트롤 키를 누른 상태에서 다시 클릭하면 제거할 수 있습니다.

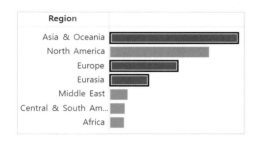

- 📊 **시프트 + 클릭** - 차트에서는 사용하지 않지만 그리드 시각화에서는 범위 선택용으로 사용하게 됩니다. 예를 들어 표의 가장 상단을 선택 후 다른 행을 시프트 키를 누른 상태로 선택하면 그 사이의 행들이 모두 선택됩니다.

- 📊 **선택 영역 그리기** - 차트 영역에서 마우스를 클릭한 상태로 드래그 하면 점선으로 선택 영역이 나타납니다. 이 영역에 들어오는 항목들은 모두 선택됩니다. 영역을 그리고 난 후 영역 사각형 테두리의 검은 점(핸들)을 드래그하면 선택 부분을 바꿀 수 있습니다.

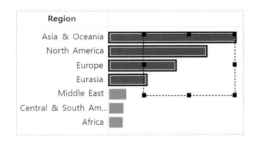

▲ 드래그하여 영역을 선택

항목들을 선택하고 난 후 우 클릭하면 작업 메뉴가 나타납니다. 메뉴를 클릭하면 현재 선택된 항목들에 같이 적용됩니다. 예를 들어 차트에서 여러 지역을 선택 후 드릴 다운하면 선택한 지역들이 조건으로 드릴 다운되고 그룹을 선택하면 선택 지역 항목들이 그룹으로 합쳐집니다.

데이터 필터링

데이터 필터링은 차트에서 선택한 항목만 남기거나 지우는 기능입니다. 다음은 탄소 배출량과 인구수별 국가 분포 거품 차트입니다.

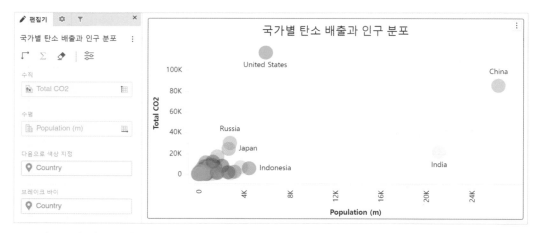

▲ 인구수와 탄소 배출별로 각 국가 분포

너무 큰 값이나 너무 작은 값을 가진 국가들 때문에 다수의 항목이 집중되어 있는 영역의 데이터가 잘 보이지 않습니다. CO2 배출량이 가장 높은 나라는 중국과 미국입니다. 인구수는 인도와 중국이 가장 많습니다. 이 나라들이 모두 우상단에 위치합니다. 그 외의 다른 나라들은 아래 분포 그래프에서 왼쪽 하단에 몰려 있어서 상세하게 보기가 어렵습니다.

전체 데이터 분포를 보고 비교하기를 원한다면 인구수나 배출량이 많은 국가와 중간에 해당하는 국가들을 따로 분리해서 보는게 적합할 것 같습니다. 이런 경우에 유용하게 활용할 수 있는 것이 데이터 필터링입니다.

먼저 시각화 차트에서 미국 항목을 우 클릭하여 팝업 메뉴에서 [포함하지 않음]을 선택하면 차트에서 미국이 사라지게 됩니다.

▲ 포함하지 않음으로 포인트 제거

여러 개 항목을 동시에 선택할 때에는 컨트롤 키를 누르고 순차적으로 클릭한 후에 하면 됩니다. 중국과 인도를 컨트롤 키를 누른 상태로 선택하면 둘 다 하이라이트 됩니다. 마찬가지로 우 클릭하여 [포함하지 않음]을 선택하면 제거할 수 있습니다.

반대로 특정 항목들만 남겨 놓는 것도 가능합니다. 우 클릭 메뉴에서 [선택 데이터만 보관]을
사용합니다. 아래쪽 하단에 몰려 있는 국가들 중에서 중간 항목들을 마우스로 드래그하여 영
역으로 선택합니다.

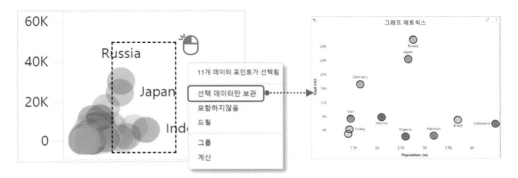

이 상태에서 우 클릭 메뉴에서 [선택 데이터만 보관]을 선택하면 해당 국가들만 남겨 놓을 수
있습니다.

데이터 확인

이제 선택한 항목의 실제 데이터 값을 확인해 보겠습니다. 선택한 항목에서 우 클릭으로 작업
메뉴의 [데이터 표시...]는 현재 선택한 항목의 데이터를 팝업으로 보여줍니다.

클릭하면 상세 데이터 표가 팝업으로 나타납니다.

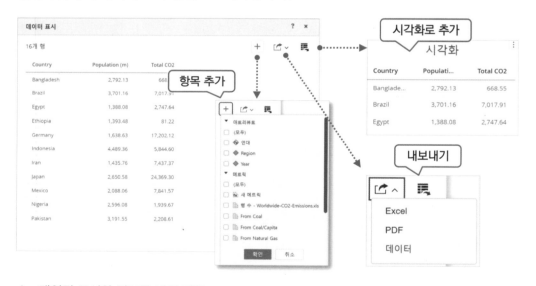

▲ 데이터 표시와 컨트롤 버튼 작업

컨트롤 메뉴에서 + 아이콘을 클릭하면 데이터 세트에서 애트리뷰트와 메트릭 항목을 선택하는 대화창이 열립니다. 체크하고 확인을 누르면 데이터 표에 항목들이 추가됩니다. 그 옆의 내보내기 아이콘을 클릭하면 Excel, PDF 형식과 CSV 형식으로 데이터를 다운로드 받을 수 있습니다. 가장 오른쪽 의 아이콘은 데이터표를 캔버스에 그리드 시각화 위젯으로 추가합니다.

그래프 매트릭스 실습

앞에서 배운 내용을 기반으로 그래프 매트릭스 만들기를 실습하겠습니다. 이전 챕터에서 사용했던 [World Wide CO2] 데이터 세트를 다시 이용합니다.

지역별 탄소 배출 추이 차트 추가

어느 지역이 기간별로 가장 탄소 배출이 높았는지를 분석하도록 하겠습니다. 기간별, 탄소 배출 유형별 그래프 매트릭스 차트로 시작합니다.

01. 새로운 시각화를 추가합니다. [시각화 추가] -> [막대] -> [세로 막대 차트]를 선택합니다.

02. 수평에는 [Year], 수직에는 [From Coal], [From natural Gas], [From Petroleum] 메트릭을 추가합니다.

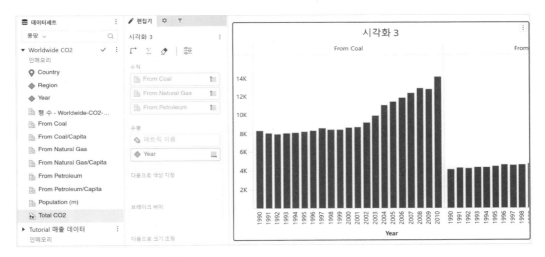

▲ 기본 개체 막대 차트에 배치

03. 데이터세트에서 [Region] 애트리뷰트를 편집기 상단 [수직] 드롭 존 영역으로 배치합니다. 수직에서 가장 상단으로 올라오도록 드래그 하고 ⊕ 모양의 아이콘이 나올 때 드롭합니다. 실수로 다른 메트릭을 교체할 수도 있으니 주의하세요. 수직 영역에 추가하는 게 어려운 경우에는 차트 세로축으로 직접 드래그하여 배치할 수 있습니다.

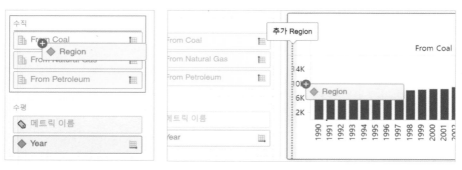

▲ 왼쪽 : 편집기에 개체 추가 , 오른쪽 : 차트 축에 개체 추가

04. 그래프의 모양이 변경되고 열에 있던 지역들이 행으로 표시됩니다.

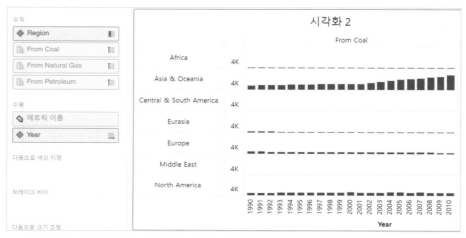

▲ 지역별 배출량 추이

05. 현재 메트릭이 수평으로 되어 있어 보기 어렵습니다. 메트릭 이름을 [다음으로 색상 지정] 드롭 존으로 이동합니다. 그리고 다시 [브레이크 바이]에도 이동합니다. 브레이크 바이의 상세 옵션에서 [스택]을 선택합니다.

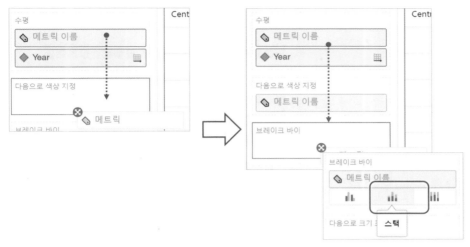

▲ 색상과 브레이크 바이에 메트릭 이름 이동 , 스택으로 옵션 변경

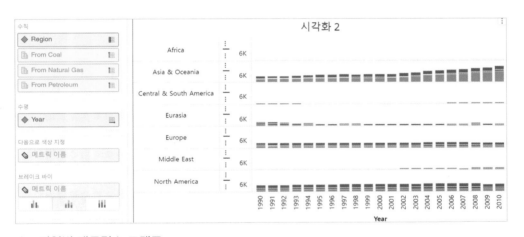

▲ 지역별 매트릭스 그래프

06. 이 그래프에서는 Asia 지역의 배출량과 인구수가 모두 너무 커서 다른 지역들이 상대적으로 작게 보입니다. 시각화의 포맷 탭에서 축 스케일을 조절해서 다른 지역도 더 눈에 띄도록 바꿔 보겠습니다. [시각화 포맷] -> [시각화 옵션] -> [축]을 선택합니다. 축 배율에서 글로벌로 되어 있는 배율을 [행/열별]로 변경합니다. 각 행별로 축 배율이 바뀌어 차트가 표시됩니다.

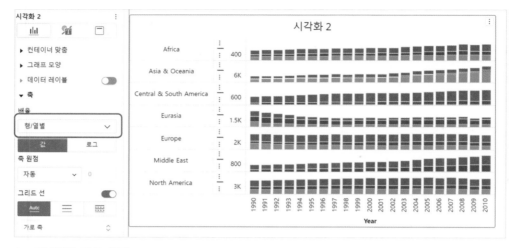

▲ 행/열별 배율 설정

07. 이제 [다음으로 크기 조정]에 [Population (m)] 메트릭을 추가합니다. 메트릭 값에 따라 차트의 막대 항목의 폭 사이즈가 조정됩니다.

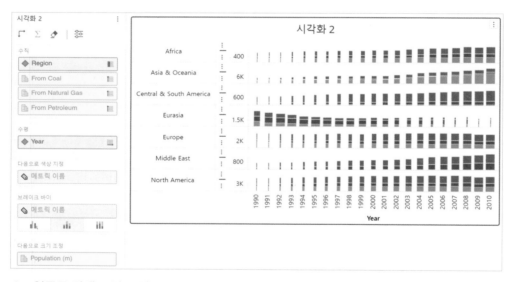

▲ 인구로 막대 크기 조정

08. 다만 작은 값들에 해당하는 막대들의 사이즈가 너무 작게 표시되므로 조정해 보도록 합니다. [시각화 옵션] -> [그래프 모양]에서 최소 크기 항목을 [조정된 범위]로 바꾸고 크기 항목에 0.5 를 입력합니다.

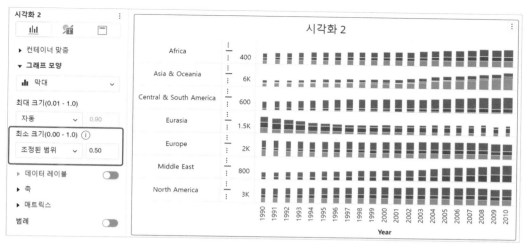

▲ 그래프 모양의 최소 사이즈 조정

09. 현재 누적 막대에 있는 메트릭 중 하나를 다른 모양으로 바꿔 보겠습니다. 편집기에서 메트릭 [From Coal]을 우 클릭하여 작업 메뉴에서 [모양 변경] -〉 [선]을 선택합니다.

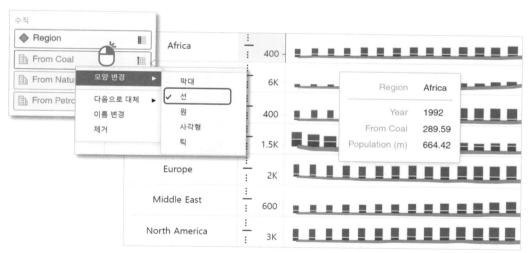

▲ From Coal 모양 변경

10. 선택한 메트릭이 선 모양으로 변경됩니다. 마찬가지로 [From Natural] 메트릭을 우 클릭하고 [모양 변경] -〉 [원]을 선택합니다. 메트릭이 원형 모양으로 표시됩니다.

11. 이번에는 [From Petroleum] 메트릭을 오른쪽 축으로 배치합니다. 차트에서 메트릭을 드래그 앤 드롭으로 위치를 바꿀 수도 있고 시각화 편집기에서 우 클릭으로 명시적으로 메트릭 항목의 위치를 바꿀 수도 있습니다. 이동이 되면 이중 축 형태로 차트가 표시됩니다.

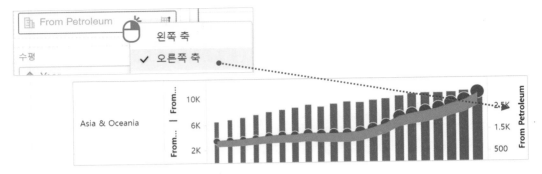

▲ 오른쪽 축으로 메트릭 이동

12. 차트 레이블을 표시합니다. 차트 항목에서 우 클릭을 하여 메뉴에서 [데이터 레이블] ->
[값]을 선택하면 차트에 레이블이 표시됩니다.

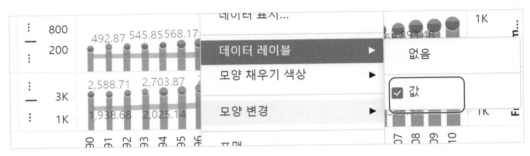

▲ 데이터 레이블의 값 표시

13. 모든 메트릭에 레이블이 표시됩니다. [시각화 옵션] -> [데이터 레이블]에서 [다음의 값 표
시]의 메트릭 중 [From Petroleum] 만 데이터가 표시되도록 선택합니다.

14. 시각화의 메트릭 이름도 변경하여 차트에 말 줄임표 없이 나올 수 있도록 해봅니다.
[From Coal]은 [Coal]로, [From Gas]는 [Gas]로, [From Petroleum]은 [Oil]로 변경합니다.

15. 마지막으로 Y 축 라벨의 사이즈를 줄입니다. 축이름에서 우 클릭하고 포맷을 선택하면
포맷창이 시각화 위에 나타납니다. 여기서 글꼴 사이즈를 6 으로 줄입니다.

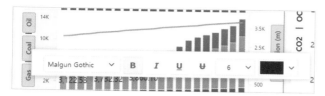

▲ 포맷에서 사이즈 변경

16. 여기까지 완성된 모습은 다음과 같습니다.

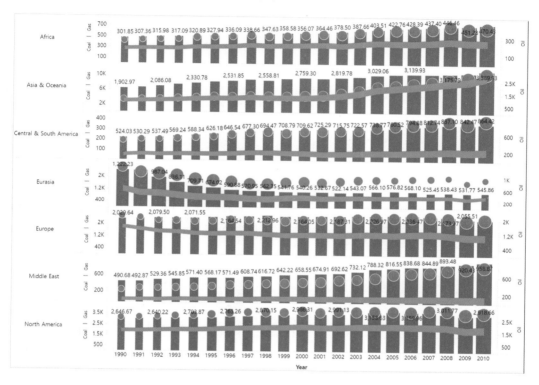

유럽의 이산화 탄소 배출은 감소 추세지만 원형으로 표시된 천연가스만 감소폭이 적습니다.

17. 이제 인구 증가와 탄소배출량이 어떤 상관 관계가 있는지 분석해 보려고 합니다. 차트 항목 사이즈가 인구수이지만 더 명확하게 추세 차트를 추가해서 분석해 보겠습니다.

18. 먼저 지금 그래프 유형을 [세로 누적 막대] 그래프로 변경해서 모두 누적 막대 유형으로 한 번에 바꿉니다. 메트릭을 축에서 하나씩 이동하지 않아도 누적그래프로 바뀌게 됩니다. 시각화 제목 줄을 우 클릭하고 [시각화 변경]을 선택하여 [막대] -> [세로 누적 막대] 그래프를 선택합니다.

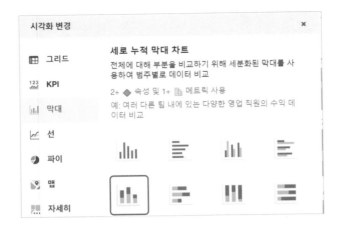

19. 선, 원이 있던 차트가 모두 누적 막대로 변경됩니다.

20. 차트 편집기의 [다음으로 크기 조정]에 있는 [Population (m)]을 선택하여 차트의 오른쪽 축으로 가져갑니다. 축에 [추가]라는 메시지가 나올 때까지 개체를 이동합니다.

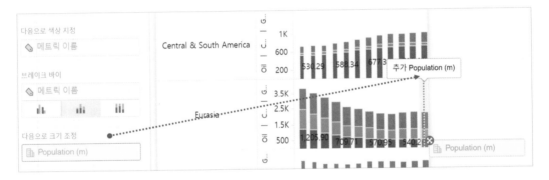

이제 차트에 인구수가 오른쪽 축에 선 모양으로 표시되는 이중 축 유형으로 변경됩니다.

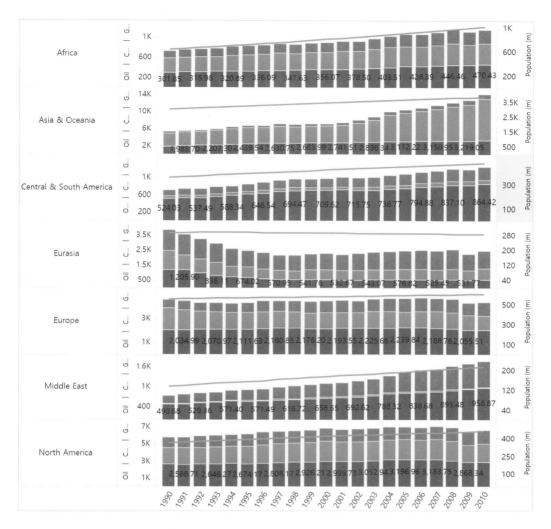

차트를 보면 아프리카와 중동 지역은 인구 증가에 따라서 탄소 배출량이 많이 증가한 것으로 보입니다. 아시아 지역은 인구 증가 기울기 보다 더 많이 탄소 배출량이 증가한 것으로 나타납니다. 이에 비해 유럽 지역은 인구는 증가하지 않은 편이지만 탄소 배출은 감소 추세를 보이고 있습니다.

인구와 탄소배출량 분포 그래프

이번에는 인구수와 탄소 배출을 연도별로 분석하는 차트를 만들겠습니다.

01. 도씨에 상단 시각화 추가 아이콘을 눌러 차트 중에 [자세히] -> [거품 차트] 시각화를 추가합니다.

02. 시각화 편집기에서 [Total CO2]를 수직으로, [Population (m)]을 수평에 추가합니다. 단일 원 하나가 차트에 나타납니다.

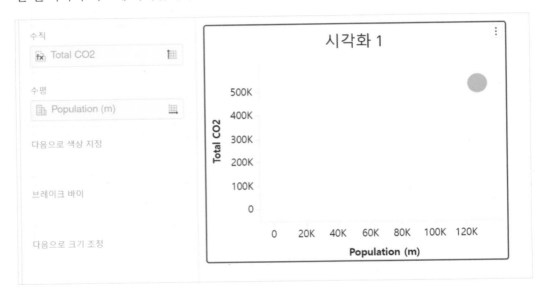

03. [다음으로 색상지정]에 [Year]를 추가하여 연도별로 인구와 탄소 배출 간의 분포 관계를 표시합니다. 다음과 같이 각 연도의 위치가 차트가 표시됩니다.

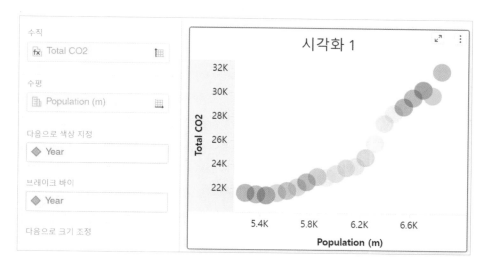

04. 앞서 막대에서 한 것처럼 차트 원 항목을 우 클릭하여 [데이터 레이블] -> [문장]을 체크합니다. 완성된 시각화에서는 연도 라벨이 표시되고 탄소 배출량과 인구에 따라서 연도들이 표시되게 됩니다. 어느 정도 두개 항목의 상관 관계가 보이나요?

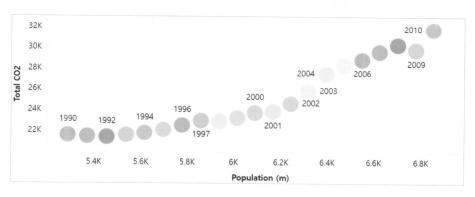

05. [Total Co2] 메트릭의 추세선을 활성화하여 상관관계를 보겠습니다. 우 클릭 메뉴에서 추세선을 활성화합니다.

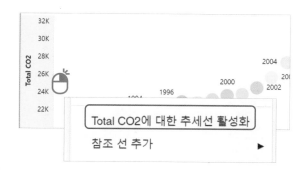

06. 탄소 배출량 메트릭의 추세선이 표시됩니다.

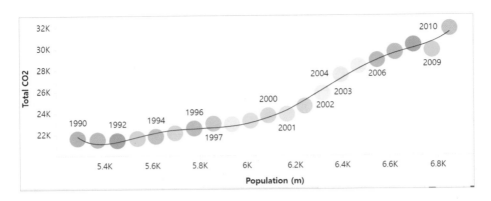

07. 추세선 위에 마우스를 올려서 표시되는 툴 팁을 보면 R^2 값이 0.992 로 나타납니다. 상관관계 값은 1 에 가까울수록 높은 상관관계를 뜻합니다.

08. 이번에는 국가별 상세 데이터를 확인하겠습니다. 위 분포 그래프를 복제하고 연도 애트리뷰트를 국가 애트리뷰트로 대체합니다.

09. 시각화 제목줄의 오른쪽 상단 컨트롤 ⋮ 아이콘을 클릭하고 [복제]를 선택하여 시각화를 복제합니다.

10. 기존 시각화 아래에 복제한 시각화를 배치합니다.

11. 시각화 편집기에서 [브레이크 바이]에 있는 Year 를 우 클릭하고 메뉴의 [다음으로 대체]를 선택합니다. 서브 메뉴에서 [Country]를 선택합니다. 만약 색상에서 대체했다면 기존 Year 는 바뀌지 않고 Country 가 추가됩니다.이 때는 Year 항목을 편집기에서 삭제하면 됩니다.

▲ Country 로 Year 개체를 대체

12. 두 메트릭 값에 따라 국가들이 표시됩니다. 추세선이 어지럽게 표시됩니다. 의미가 없으므로 추세선을 제거합니다. 차트 빈 공간을 우 클릭하여 상관 관계 [추세선 활성화]를 클릭

하여 체크를 제거하면 추세선이 비활성화됩니다.

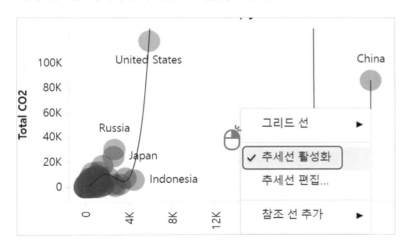

13. 몇 개 국가의 배출량과 인구수가 높다 보니 축 범위가 넓어져서 분포를 보기가 어렵습니다. 축 표시 방법을 바꾸어 보겠습니다. 축에서 [Total CO2] 메트릭을 우 클릭하고 메뉴에서 [로그 배율]을 선택합니다.

14. 마찬 가지로 [Population]도 로그 배율로 바꾸어 줍니다. 다음 그림처럼 각 국가들의 분포도가 바뀝니다. 각 축의 스케일이 10, 100, 1000, … 으로 바뀌었습니다.

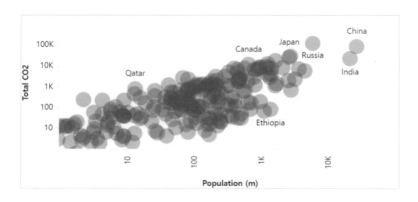

15. 마지막으로 편집기의 [다음으로 색상 지정] 부분에 [Country]를 추가하여 국가별로 색상을 나타냅니다.

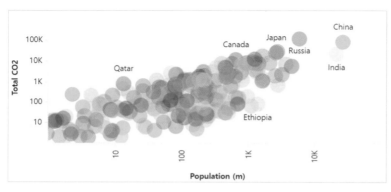

▲ Country 별 색상

16. 국가가 많아서 색상은 별 의미가 없는 것 같습니다. 색상은 지역별로 표시하는 게 더 좋을 것 같습니다. 편집기의 [다음으로 색상 지정]에서 [Country]를 [Region]으로 교체합니다.

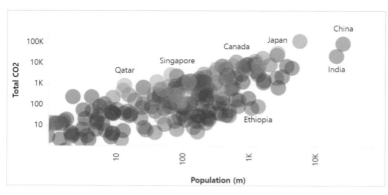

▲ Region 별 색상

17. 이제 다시 추세선을 활성화합니다. [Total CO2] 메트릭을 우 클릭하여 추세선을 활성화

하고 시각화 옵션의 추세선 편집에서 모델을 [선형]으로 변경합니다.

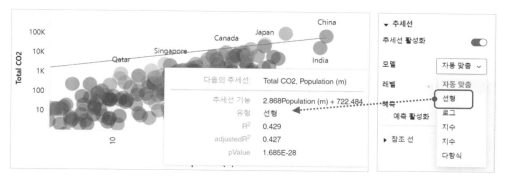

▲ 인구수와 배출량의 국가 기준 상관 관계 활성화

18. 선형의 추세선이 표시됩니다. R^2의 값은 0.429로 국가별 인구수와 배출량은 보통의 상관 관계로 판단됩니다.

시각화 연결

시각화들을 서로 연결하여 왼쪽 지역별 트렌드와 연도별 상관 관계 차트에서 항목을 선택하면 오른쪽 하단의 국가별 상관 관계 시각화에 상세 정보가 나타나게 하려고 합니다.

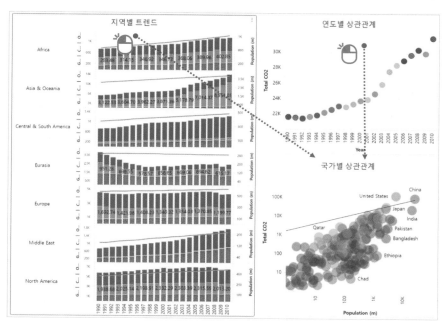

▲ 시각화 간 연계 분석

01. 위 그림처럼 각 시각화의 제목을 변경하고 재배치합니다.

02. 지역별 트렌드 시각화 제목의 컨트롤 메뉴 ⋮ 아이콘을 클릭합니다. 컨트롤 메뉴의 [대상 시각화 편집]을 선택합니다.

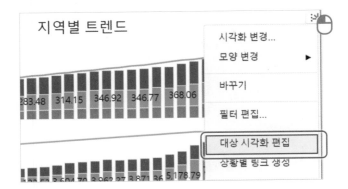

03. 대상 시각화 편집 창에서 [국가별 상관 관계] 차트를 선택합니다.

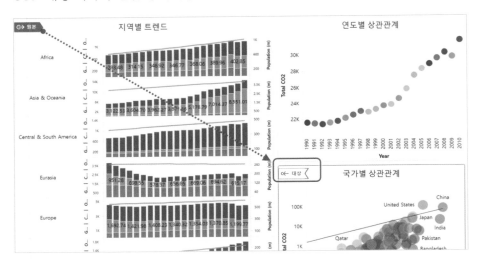

04. 연도별 상관 관계 시각화에서도 마찬 가지로 대상 시각화를 [국가별 상관 관계] 차트로 지정합니다.

05. 이제 왼쪽 시각화에서 Africa 지역을 선택해 봅니다. Africa 국가들만 상관 관계 차트에 표시됩니다.

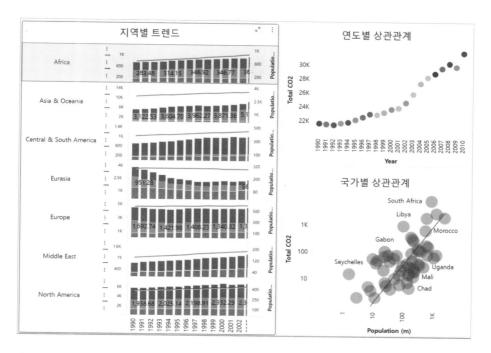

06. 연도 차트에서 2010 년을 선택하면 대상 시각화 차트에 2010 년 데이터만 표시됩니다.

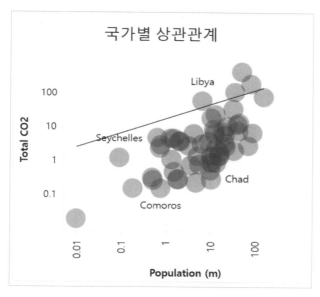

▲ 2010 년도 아프리카 국가들 분포

07. 이 상태에서 왼쪽 차트의 Africa 에서 가장 왼쪽의 1990 년도 막대 항목을 클릭합니다. 국가별 상관 관계 차트에 데이터가 없다는 메시지가 표시되고 차트가 표시되지 않습니다.

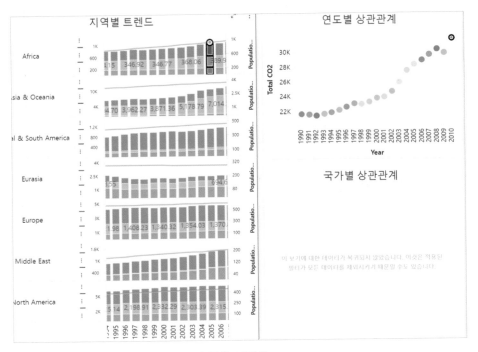

▲ 보기에 대한 데이터가 복귀 되지 않은 시각화

🐱 이것은 지역별 차트에서는 Africa 의 1990 년이란 조건으로 필터링 했고, 연도별 상관 관계에서는 2010 년 항목이 같이 선택되었기 때문입니다. 1990 년이면서 동시에 2010 년일 수는 없기 때문에 빈 데이터가 발생한 것입니다. 이럴 때는 필터로 사용한 원래 시각화 차트의 빈 공간을 클릭하면 필터 조건이 해제됩니다.

다른 해결 방법으로는 여러 시각화 들에서 조건을 사용할 때 마지막 선택한 항목만으로 필터를 사용하게 할 수 있습니다. 이 옵션은 대상이 되는 시각화 상세 옵션에 있습니다.

08. 시각화 편집기의 옵션 혹은 제목줄의 컨트롤 메뉴에서 [추가 옵션]을 클릭합니다.

09. 추가 옵션 대화창에서 [필터링] 선택 항목을 [마지막 선택 항목만]으로 변경합니다.

추가 옵션	? ✕

표시

애트리뷰트 폼 이름 보이기:

끄기 ∨

메트릭 Null 및 0 숨기기

Null 및 0 모두 표시 ∨

필터링

이 시각화가 다른 여러 시각화로 필터링되면 다음을 기준으로 필터링합니다.

모든 선택 항목의 교집합 ∨

데이터 한도 선택

마지막 선택 항목만

모든 선택 항목의 교집합

있는 최대 데이터 포인트 수에

10. 이제 시각화를 대상으로 하는 시각화가 여러 개 있어도 마지막 선택한 시각화의 필터만 적용됩니다.

요약

그래프 매트릭스는 도씨에서 가장 핵심적이고 많이 사용되는 시각화 위젯입니다. 그래프 매트릭스는 드롭 존에 애트리뷰트와 메트릭을 배치하는 것만으로 여러 유형의 차트를 만들 수 있고 크기와 색상을 사용하면 차트를 더 확장해서 표시할 수 있습니다. 이중 축 차트를 만들고 축의 배율을 조절하여 분석 목적에 맞는 차트들을 구성하는 것도 가능합니다.

추세선, 참조 선을 차트 항목에 같이 표시하고, 데이터 필터링으로 차트를 보면서 항목들을 선택하고 원하는 항목을 다른 관점으로 분석할 수 있는 드릴 다운 기능과 같은 데이터 분석 기능도 제공합니다.

다음 챕터에서는 표 형태로 데이터를 표시하는 그리드 시각화에 대해 배우겠습니다.

5. 그리드 시각화

그리드 시각화는 데이터를 표 형식으로 표시하는 시각화입니다. 보통 표는 시각화가 아니라고 생각할 수 있지만, 일반적으로 차트는 추이 분석과 전체 데이터 분포의 파악에 유용하고, 상세 데이터와 정확한 수치를 표시할 때는 표가 효과적입니다. 그리드 시각화는 데이터 값을 보면서 작업할 수 있기 때문에 정확한 수치 확인을 하면서 데이터 분석 작업을 할 때도 유용합니다. 그리드 시각화의 사용법과 분석 기능들을 설명하겠습니다.

그리드 시각화 기본

그리드 시각화는 드롭 존에 있는 데이터 항목을 표로 보여주는 것 외에, 앞서 본 시각화 차트에서 사용한 기능들과 그리드 시각화 만의 기능들을 함께 제공합니다. 다음은 그리드 시각화에서 자주 사용되는 기능들입니다.

- **데이터 정렬, 고급 데이터 정렬** – 애트리뷰트나 메트릭을 기준으로 표를 정렬합니다.

- **합계** – 메트릭 수치 값 합계를 표시합니다. 합계는 합산(Sum), 평균(AVG) 등과 같이 여러 합계 함수를 사용할 수 있습니다.

- **임계값** – 표 행과 셀별로 조건에 따라 조건부 포맷을 적용할 수 있습니다.

- **그룹 만들기** – 애트리뷰트 항목 값들을 선택하여 그룹으로 묶을 수 있습니다.

- **행/ 셀 복사** – 현재 선택한 셀이나 행의 데이터를 복사합니다. 이 때 복사한 항목의 헤더 정보들이 같이 클립보드로 복사됩니다.

- **표 포맷** – 데이터 셀 여백, 배경색, 글꼴, 헤더 틀 고정을 설정할 수 있습니다.

- **기타 분석 기능** – 드릴 다운, 선택 데이터 만 표시, 선택 데이터 제외 등의 시각화에서 사용했던 기능들도 표에서 사용할 수 있습니다.

그리드 시각화를 추가하여 기능을 살펴보겠습니다.

그리드 시각화 만들기

01. 상단 시각화 추가 ⊪ 아이콘을 클릭하고 첫 번째 [그리드] 그룹에서 [그리드] 시각화를 선택하여 도씨에에 추가해봅니다. 다른 유형의 그리드 시각화는 복합 그리드라고 하는 다른 시각화입니다. 이 시각화들은 다양한 시각화 파트에서 설명하겠습니다.

▲ 그리드 시각화 추가

02. 앞서 실습한 [World Wide CO2] 데이터세트 항목에서 [Region], [From Coal], [From Natural Gas], [From petroleum], [Total CO2]를 그리드 시각화의 메트릭에 추가합니다. 그리드 시각화 편집기의 드롭 존의 [행]에 [Region]을 배치하고, 열에는 [메트릭 이름]을 배치합니다.

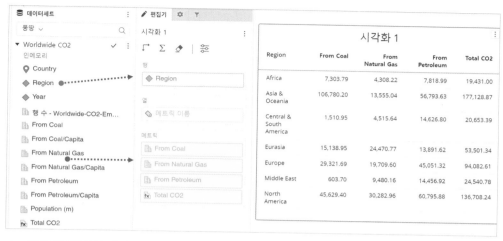

▲ 필요한 메트릭 배치

그리드 시각화의 드롭 존은 **행**, **열**, **메트릭** 세 가지 영역으로 구성되어 있습니다.

행과 열에는 [애트리뷰트]와 [메트릭 이름] 개체가 배치됩니다. 메트릭은 행과 열로 배치될 수 있지만 한 메트릭은 행에, 다른 메트릭은 열에 위치할 수 없습니다. 모든 메트릭들은 행이나 열 중에 한 곳에만 있을 수 있습니다. 메트릭 배치는 [메트릭 이름] 단위로 할 수 있습니다. 위 표는 [메트릭 이름]이 열에 있기 때문에 모든 메트릭이 열에 표시되었습니다.

03. [메트릭 이름]을 행으로 드래그 하여 이동하면 그리드 행에 모든 메트릭이 표시됩니다.

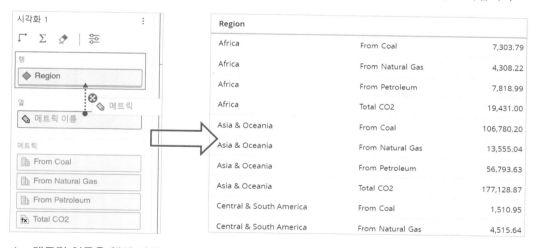

▲ 메트릭 이름을 행에 배치

04. 개체에서 [Year]를 열에 추가하고 [메트릭 이름]은 다시 열로 이동합니다.

이렇게 개체를 그리드에서 행 〈-〉 열로 이동하는 작업을 **피봇팅**이라고 합니다. 분석 관점을 이동시키면서 볼 수 있는 OLAP 분석의 기본 동작 중 하나입니다.

간단하게 그리드 시각화로 데이터 표를 만들어 보았습니다. 이제 이 그리드 시각화를 가지고 그리드 시각화 포맷 기능을 살펴보겠습니다. 실습으로 구성하지는 않았지만 다음에 설명하는 포맷 옵션들을 하나씩 적용해 보세요.

그리드 시각화 포맷

표에는 보통 많은 데이터가 표시됩니다. 이 때 가독성이 나쁜 포맷으로 표가 표시되어 있으면 사용자들이 데이터를 파악하기 어렵습니다. 셀 배경색, 그리드 선, 여백과 같은 포맷 기능을 이용하여 그리드를 가독성 있게 꾸밀 수 있습니다. 시각화 [포맷] 탭의 [시각화 옵션]과 [텍스트 및 폼]에서 포맷을 변경할 수 있습니다.

포맷 - 시각화 옵션

포맷 탭의 [시각화 옵션]에는 그리드 시각화 기본 옵션들이 있습니다. **템플릿**, **배치**, **간격**의 세 개 항목으로 분류되어 있습니다.

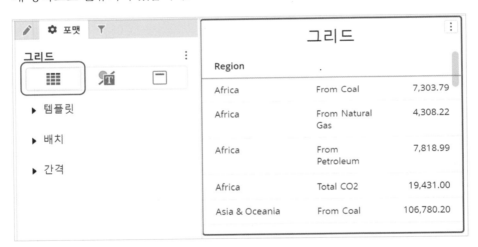

▲ 그리드 포맷의 시각화 옵션

템플릿

템플릿에서는 그리드 시각화 전체의 포맷을 한 번에 설정할 수 있습니다.

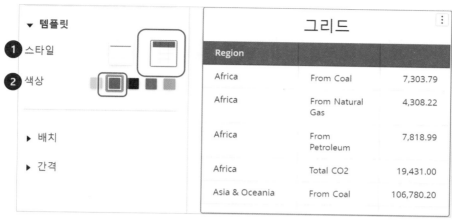

▲ 템플릿 스타일 옵션

❶ **스타일** – 열 헤더 배경 색이 없는 형식과 배경색이 있는 스타일 중에서 선택할 수 있습니다.

❷ **색상** – 표의 열 헤더 배경색이나 구분선의 색상을 선택할 수 있습니다.

배치

배치에서는 표의 보기 방식과 셀 병합 및 행 포맷과 헤더 설정과 잠금 속성을 조정할 수 있습니다.

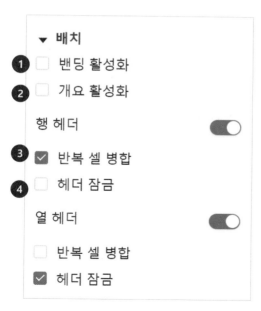

❶ **밴딩 활성화** – 행을 번갈아 가며 회색을 배경으로 행에 표시하여 가독성을 높입니다.

❷ **개요 활성화** – 그리드 행에 애트리뷰트가 2개 이상 있는 경우 앞의 애트리뷰트를 기준으로

행을 접었다 폈다 할 수 있는 개요 보기 형태로 바꿉니다. 다음은 밴딩과 개요를 적용해서 회색 배경이 번갈아 표시되고 각 지역의 합계와 함께 +,−버튼으로 국가 애트리뷰트를 펼치거나 접을 수 있습니다.

+ Region	Country	From Coal	From Natural Gas	From Petroleum	Total CO2
합계		206,288.68	106,322.39	213,435.16	526,046.23
+ Africa		7,303.79	4,308.22	7,818.99	19,431.00
+ Asia & Oceania		106,780.20	13,555.04	56,793.63	177,128.87
− Central & South America		1,510.95	4,515.64	14,626.80	20,653.39
	Antarctica	0.00	0.00	5.03	5.03
	Antigua and Barbuda	0.00	0.00	11.25	11.25
	Argentina	64.21	1,393.37	1,406.02	2,863.60
	Aruba	0.00	0.00	19.14	19.14
	Bahamas, The	0.00	0.00	79.89	79.89
	Barbados	0.00	1.19	29.04	30.23

▲밴딩과 개요 보기 설정

간혹 개요 보기가 되어 있어도 합계가 안 나오는 경우가 있습니다. 이럴 때는 그리드 옵션에서 합계를 다시 활성화해주면 됩니다.

❸ 행 헤더 반복 셀 병합, 열 헤더 반복 셀 병합 – 반복되는 행과 열의 헤더 셀들을 병합하여 표시하거나 병합된 셀을 다시 풀 수 있습니다.

Region	Country	From Coal	From Natural Gas	From Petroleum
합계		206,288.68	106,322.39	213,435.16
Africa	합계	7,303.79	4,308.22	7,818.99
Africa	Algeria	47.21	1,222.22	593.50
Africa	Angola	0.00	194.08	125.89
Africa	Benin	0.00	0.00	38.27
Africa	Botswana	44.23	0.00	32.53
Africa	Burkina Faso	0.00	0.00	21.03

▲ 셀 병합이 없이 표시된 그리드

❹ **행 헤더 잠금, 열 헤더 잠금** – 그리드의 데이터가 많을 때 헤더 부분을 틀 고정하게 됩니다. 아래 표처럼 그리드에서 행이나 열 방향으로 스크롤 해서 헤더를 넘어가더라도 고정된 헤더는 계속 표시됩니다.

Region	Year	1993	1994	1995	1996	1997	1998	
	Total CO2	8.59	2,576.83	2,467.49	2,313.57	2,154.49	2,134.39	2,21
Europe	From Coal	0.59	1,421.98	1,376.40	1,400.03	1,408.23	1,346.74	1,28
	From Natural Gas	0.08	749.30	820.92	885.10	870.72	887.37	92
	From Petroleum	0.97		3,111.63	2,164.54	2,180.85	2,212.96	2,17
	Total CO2	1.64	4,242.83	4,308.95	4,449.67	4,459.80	4,447.07	

스크롤

▲ 헤더 잠금으로 인해 생긴 스크롤 바

간격

간격에서는 표의 각 셀의 간격과 열 넓이, 행 높이를 조정할 수 있습니다.

❶ **셀 패딩** – 왼쪽 버튼의 셀 여백이 가장 좁고 오른쪽으로 갈수록 셀 여백이 커집니다.

Region	Year	994	1995
Africa	From Coal	4.15	312.36
	From Natural Gas	7.36	
	From Petroleum	0.89	327.94
	Total CO2	2.40	825.78

좁은 여백

Region	Year	1993	1994	1995
Africa	From Coal	288.04	314.15	312.36
	From Natural Gas	170.84	177.36	185.48
	From Petroleum	317.09	320.89	327.94

넓은 여백

▲ 좁은 여백 vs 넓은 여백

❷ **열 크기** – 그리드의 열 넓이를 맞추는 옵션입니다. 다음 세 가지 옵션이 있습니다.

❸ **열 크기 : 컨테이너에 맞추기** – 시각화 컨테이너에 모든 열이 표시될 수 있도록 열 크기를 자동으로 조절합니다. 이 옵션에서는 데이터의 줄 바꿈이 자주 표시됩니다.

그리드				
Region	Year	From Coal	From Natural Gas	From Petroleum	Total CO2
Africa	1990	274.45	149.42	301.85	725.72
	1991	283.48	156.58	307.36	747.42
	1992	289.59	155.21	315.98	760.78
	1993	288.04	170.84	317.09	775.97
	1994	314.15	177.36	320.89	812.40
	1995	312.36	185.48	327.94	825.78
	1996	316.91	190.14	336.09	843.14
	1997	346.92	182.37	338.66	867.95
	1998	326.52	182.18	347.63	856.33

▲ 컨테이너 맞추기

❹ **열 크기 : 컨텐트에 맞춤** – 데이터의 길이에 맞추어서 열 크기가 조절됩니다. 표 옆에 여백이 보이는 걸 알 수 있습니다.

그리드				
Region	Year	From Coal	From Natural Gas	From Petroleum	Total CO2
Africa	1990	274.45	149.42	301.85	725.72
	1991	283.48	156.58	307.36	747.42
	1992	289.59	155.21	315.98	760.78
	1993	288.04	170.84	317.09	775.97
	1994	314.15	177.36	320.89	812.40
	1995	312.36	185.48	327.94	825.78
	1996	316.91	190.14	336.09	843.14
	1997	346.92	182.37	338.66	867.95
	1998	326.52	182.18	347.63	856.33

▲ 컨텐츠에 맞추기

❺ **열 크기 : 고정**은 각 열별로 넓이를 지정할 수 있습니다. 포맷 옵션에서 열 넓이를 입력하거나 그리드의 열 사이 선을 마우스로 클릭하고 이동해서 열 사이즈를 조정할 수 있습니다.

▲ 열 길이 고정후 그리드에서 열 사이즈 지정

❻ **행 크기** – 행 높이를 자동으로 조정하거나 특정 높이로 고정할 수 있습니다. 자동인 경우는 글꼴 사이즈나 여백에 맞추어 높이를 조절합니다. 고정인 경우 행 높이를 지정할 수 있습니다.

Region	From Coal	From Natural Gas
Africa	7,303.79	4,308.22
Asia & Oceania	106,780.20	13,555.04
Central & South America	1,510.95	4,515.64
Eurasia	15,138.95	24,470.77
Europe	29,321.69	19,709.60
Middle East	603.70	9,480.16
North America	45,629.40	30,282.96

▲ 행 사이즈를 20px 로 조절한 그리드

데이터가 적어서 그리드가 컨테이너보다 작게 표시되는 경우 행 높이 조절을 통해 컨테이너 여백을 줄일 때 많이 사용합니다.

포맷 - 텍스트 및 폼

그리드의 행, 열, 데이터 항목의 글꼴과 배경, 선들의 포맷을 지정할 수 있습니다. 전체 그리드를 한 번에 설정할 수도 있고 각 항목별로 조정하는 것도 가능합니다. 아래는 설정 가능한 각 항목들입니다.

▲ 텍스트 및 폼 옵션

각 항목을 선택하면 공통적으로 글꼴, 셀 배경과 선 표시 여부와 유형, 색상을 변경할 수 있습니다. 위 항목들 중 부분 합계는 그리드에 합계가 있을 경우 나타납니다. 다음은 전체 그리드의 글꼴과 색상을 변경해 본 예입니다.

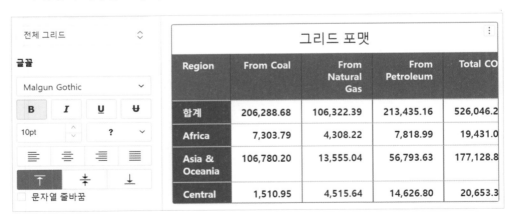

그리드의 세부 항목별로 글꼴 유형이나 색상을 정하기 보다는 시각화 옵션의 스타일에서 일괄적으로 적용하는 게 빠르고 간단합니다. 나중에 필요에 따라 상세 옵션에서 조절할 수 있다

는 점만 기억하면 됩니다.

그리드 시각화에서 애트리뷰트 활용

그리드 시각화는 애트리뷰트와 메트릭 개체를 이용한 다양한 작업이 가능합니다. 애트리뷰트에서 가능한 작업과 메트릭에서 가능한 작업들이 조금 다릅니다.

우선 애트리뷰트를 활용하는 기능을 보겠습니다. 애트리뷰트 헤더와 항목에서 우 클릭한 메뉴에서 기능에 접근할 수 있습니다. 이 때 애트리뷰트 헤더에서 우 클릭했는지, 항목에서 우 클릭했는지에 따라 사용할 수 있는 기능이 달라집니다. 헤더에서 클릭한 경우는 애트리뷰트 개체 자체를 컨트롤하는 기능이 주로 표시되고 항목에서 클릭한 경우 선택한 항목들을 제어하고 활용하는 기능이 표시됩니다. 아래 그림의 왼쪽은 애트리뷰트 헤더에서 우 클릭한 메뉴이고 오른쪽은 항목에서 우 클릭한 메뉴가 표시된 모습입니다. 편의상 헤더에서 사용하는 우 클릭 메뉴를 **헤더 메뉴**, 항목의 우 클릭 메뉴는 **항목 메뉴**라고 하겠습니다.

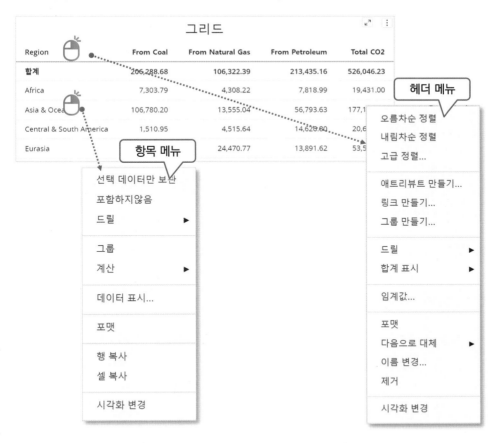

▲ 항목 메뉴와 헤더 메뉴

메뉴에 표시된 기능들 중에서 자주 사용하는 기능들에 대해서 설명하겠습니다.

데이터 정렬

애트리뷰트 헤더 메뉴에서 **이름**(DESC 폼) 혹은 **코드**(ID 폼)를 기준으로 정렬합니다. 메뉴에서 선택하면 바로 오름차순 혹은 내림차순으로 정렬할 수 있습니다. 더 상세하게 정렬을 하고 싶은 경우엔 **고급 정렬**을 선택하면 정렬 대화창이 나타납니다. 예를 들어 지역으로 정렬 후에 국가 이름으로 정렬하거나 배출량 메트릭을 기준으로 정렬하는 식의 정렬이 가능합니다. 현재 대화창에는 3개까지 정렬이 가능하지만, 3번째까지 정렬을 지정하면 자동으로 4번째 정렬 옵션이 추가됩니다. 정렬을 지울 때에는 항목 옆의 X 버튼으로 삭제할 수 있습니다.

▲ 정렬 지정창

새 애트리뷰트 만들기

기존 애트리뷰트를 이용하여 새로운 애트리뷰트를 만들 수 있습니다. 헤더 메뉴의 [애트리뷰트 만들기]를 클릭하면 새 애트리뷰트 편집기가 나타납니다. 여기서 함수를 적용한 새로운 애트리뷰트를 만들 수 있습니다. 이런 애트리뷰트를 **파생 애트리뷰트**라고 합니다.

▲ 새 애트리뷰트 편집기

수식 창에 문자열을 왼쪽부터 자르는 함수 **LeftStr** 을 이용하여 [LeftStr(Region@id , 2)]를 입력하면 다음처럼 새로운 애트리뷰트가 그리드에 추가됩니다. 새 애트리뷰트는 함수에 지정한 대로 [Region]의 앞 두 글자를 잘라 표시합니다.

Region	지역2글자	From Coal
합계		206,288.68
Africa	Af	7,303.79
Asia & Oceania	As	106,780.20
Central & South America	Ce	1,510.95
Eurasia	Eu	15,138.95
Europe	Eu	29,321.69
Middle East	Mi	603.70

▲ 새 애트리뷰트 추가

상세한 애트리뷰트 만들기 기능에 대해서는 **파생 개체** 챕터에서 설명하겠습니다.

애트리뷰트 링크 만들기

애트리뷰트 폼을 이용하여 다른 URL 로 링크할 수 있는 새로운 애트리뷰트를 생성합니다.

URL 표시 텍스트에는 링크에 표시될 이름을 입력하고, 연결될 URL 을 아래 부분의 [이 URL 탐색] 텍스트에 입력합니다. 이 대화창에서는 수식 창과는 다르게 애트리뷰트 이름을 중괄호 {}로 싸서 URL 텍스트 부분과 구분해 줘야 합니다. 예를 들어 지역 이름을 클릭했을 때 구글로 검색하기 위한 URL 로 연결하고 싶다면 다음처럼 {region@id}를 URL 파라미터로 입력합니다. https://www.google.com/search?q={region@id} 그리드에 새로 만든 개체를 넣고 클릭하면 검색 페이지로 연결됩니다.

▲ 링크 설정 예시 : https://www.google.com/search?q={region@id}

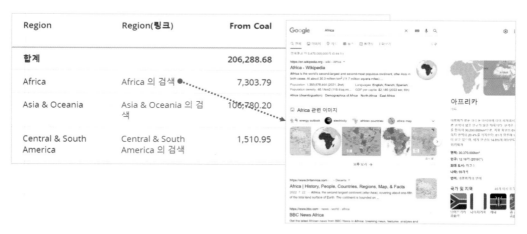

▲ 그리드에 추가된 링크와 클릭시 표시된 웹 페이지

그리드에 새로 만들어진 개체를 링크 기능은 시각화에서 조회한 애트리뷰트 항목을 조건으로 하여 내부 웹 시스템이나 외부 시스템으로 연결할 때 유용하게 사용할 수 있습니다. 예를 들어 고객별 분석 리포트에서 고객 ID 에 링크를 만들어 해당 고객의 상세 주문 내역을 표시하는 형태로 다른 시스템과 연결하여 사용할 수 있습니다.

링크를 만드는 경우, URL 앞에 공백이 들어가지 않게 주의합니다. 공백이 있는 경우에는 마이크로스트레티지 웹 서버에서 웹 쿼리 스트링 "%20"으로 변환 처리하여 제대로 링크되지 않을 수 있습니다. 텍스트 편집기 아래의 [유효성 확인] 버튼을 이용하여 수식이 올바르게 들어갔는지 체크해 볼 수 있습니다. 저장할 때 자동으로 체크가 됩니다.

애트리뷰트 그룹 만들기

애트리뷰트의 항목 여러 개를 통합하여 분석할 수 있는 기능을 **애트리뷰트 그룹**이라고 합니다. 예를 들어 아시아 지역과 호주 지역을 합쳐서 "오세아니아", 미국과 유럽을 합쳐서 "서양"으로 데이터를 묶어서 분석할 수 있습니다. 그룹을 만들면 기존 애트리뷰트는 그대로 두고 새롭게 그룹으로 정의된 **파생 애트리뷰트**가 만들어집니다. 그룹은 헤더에서 만드는 법과 항목을 여러 개 선택하여 만드는 두가지 방식이 있습니다.

애트리뷰트 헤더에서 그룹 만들기

애트리뷰트 헤더를 우 클릭하여 메뉴에서 [그룹 만들기]를 선택합니다. 헤더에서 호출하면 빈 그룹 편집창이 나타납니다.

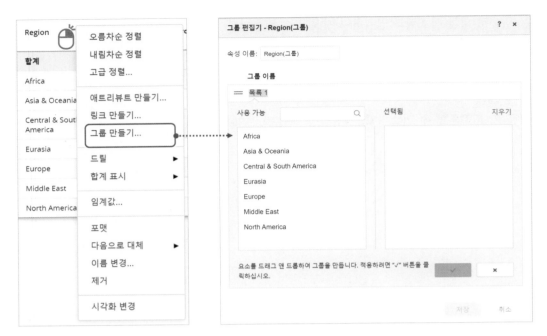

▲ 그룹 만들기 메뉴

왼쪽에 선택한 애트리뷰트 항목들이 보입니다. 그룹으로 묶어줄 항목을 선택하거나 컨트롤 키를 누르고 여러 개를 선택해서 오른쪽 [선택됨] 빈 창으로 드래그 합니다. 선택됨에 추가되면 [목록 1] 이라는 새로운 그룹이 생성됩니다.

▲ 항목 클릭후 선택됨으로 드래그 하여 이동

[목록 1] 그룹 항목 명은 이름을 더블 클릭하면 원하는 이름으로 바꿀 수 있습니다.

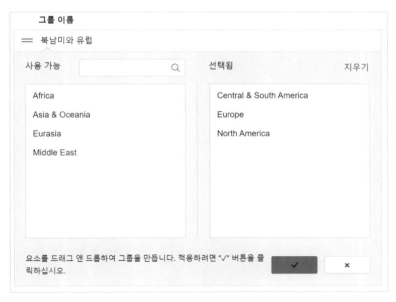

▲ 이동 완료 후 그룹 편집창

체크 표시 ✓ 아이콘을 클릭하여 목록 편집기를 닫으면 그룹 편집기 창이 나타납니다.

▲ 그룹 편집기 창

❶ **표시 이름** - 그룹화된 애트리뷰트의 이름을 변경합니다.

❷ **그룹 추가** - 새로운 그룹을 추가할 수 있습니다. 처음 그룹 항목을 만들었던 대화창이 나타납니다.

❸ **기존 그룹 이름** - 클릭하면 그룹을 편집하는 창이 나타납니다. 마우스 더블 클릭으로 그룹 이름을 변경할 수 있습니다.

❹ **그룹 순서** - 여기 핸들 부분을 클릭한 상태로 위/아래로 이동하면 그룹 항목의 표시 순서를 바꿀 수 있습니다.

❺ **그룹 삭제** - X 아이콘을 클릭하면 해당 그룹 항목이 삭제됩니다.

❻ **다음으로 기타 모든 요소 표시** - [개별 항목]을 선택하면 그룹에 포함되지 않은 애트리뷰트 항목들이 그대로 표시됩니다. [통합 그룹]을 선택하면 포함되지 않은 애트리뷰트들이 기타 모든 요소]로 묶여서 표시됩니다.

애트리뷰트 항목에서 그룹 만들기

그룹은 그리드에서 애트리뷰트 항목을 선택해서 만들 수도 있습니다. 항목을 클릭으로 선택하거나 컨트롤 키를 누른 상태로 여러 항목을 클릭하여 선택한 다음, 우 클릭 메뉴에서 [그룹]을 선택하면 현재 선택된 항목이 그룹으로 통합됩니다. 선택 후 바로 그룹명을 입력하는 창이 나타납니다. 여기에 그룹 이름을 입력하고 확인을 누르면 그룹이 만들어집니다.

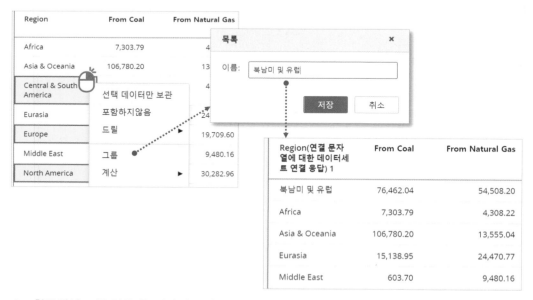

▲ 항목에서 그룹 만든 후 변경된 그리드 시각화

헤더에서 그룹을 사용한 것과 달리 선택항목으로 바로 그룹을 만들어 주기 때문에 빠르게 작업할 수 있습니다. 이 상태에서 다시 다른 항목을 선택하고 다시 우 클릭하여 [그룹에 추가]를 선택하면 기존 그룹 항목이 표시됩니다. 여기서 기존 그룹 항목을 선택하면 현재 선택 항목을 그룹에 추가할 수 있습니다. [그룹에 추가] 메뉴 바로 위에 [그룹]을 선택하면 새로운 그룹 항목을 만들 수 있습니다.

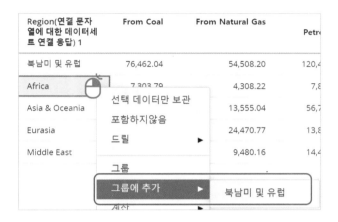

그룹을 만든 후에는 그리드에서 기존 애트리뷰트가 새로 생긴 그룹으로 교체됩니다. 새로 교체된 그룹 애트리뷰트 헤더를 다시 우 클릭하여 메뉴에서 [그룹 편집…]을 클릭하면 그룹 편집 창이 표시되어 편집할 수 있습니다.

▲ 그룹 편집

그룹을 사용해서 그리드에서 교체되어도 기존 애트리뷰트는 데이터 세트에 남아 있습니다. 그룹과 함께 기존 애트리뷰트도 표시하고 싶다면 그리드에 다시 추가하면 됩니다.

항목 간 계산하기

항목 간 계산으로 애트리뷰트의 항목들끼리 합산하거나 나누는 등의 계산 작업을 할 수 있습니다. 애트리뷰트의 항목을 2개 이상 컨트롤 키로 선택하고 우 클릭하면 [계산]이라는 메뉴가 나타납니다. 항목을 하나만 선택시는 [절대값]만 보입니다.

계산에서는 선택한 항목 간에 사칙 연산과 합, 최대, 최소 등의 함수 연산을 바로 수행할 수 있습니다. 예를 들어 "Asia & Oceania"와 "Europe"을 선택하고 우 클릭 메뉴에서 [계산] -〉 [평균]을 선택하면 두 항목의 평균값을 바로 계산할 수 있습니다.

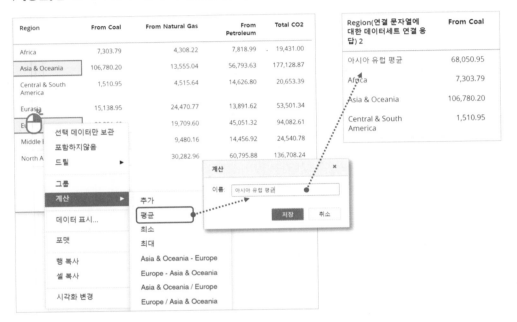

▲ 두 항목 간 평균 만들기

평균 선택 후 표시된 대화창에 그룹 항목명을 입력하고 [저장]을 누르면 두 항목의 평균값이 그리드에 새로 추가됩니다.

> 애트리뷰트에서 계산을 만들면 새로운 그룹이 만들어지고, 그룹 애트리뷰트에서 계산을 만들면 기존 그룹에 새로운 항목이 추가됩니다.

드릴 분석

헤더나 항목에서 다른 애트리뷰트 항목을 추가하여 분석할 수 있는 기능입니다. 앞서 그래프 매트릭스의 드릴과 동일한 기능입니다. 헤더에서 다른 애트리뷰트로 드릴하면 조건 없이 새로운 애트리뷰트가 추가되고 항목을 선택하고 드릴하면 선택한 항목들을 필터로 적용하고 새로운 애트리뷰트가 추가됩니다. 다음은 Africa 를 선택 후에 Country 로 드릴 하여 Africa 의 각 국가들을 분석하는 모습입니다.

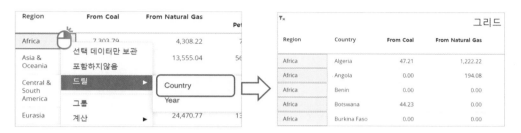

여기서 다시 이전으로 돌아가고자 할 때는 도씨에 전체 툴바의 뒤로 가기 🔙 아이콘을   선택하면 됩니다.

합계 표시

그리드 시각화에 합계를 표시할 수 있습니다. 선택한 애트리뷰트의 하위에 있는 애트리뷰트의 **합계**를 표시합니다. 합계는 **부분 합계**, **평균**, **최대**, **최소**, **기하 평균** 등 다양한 종류가 있습니다. 사용하고 싶은 합계 유형들을 체크하면 그리드에 표시됩니다.

합계는 애트리뷰트 마다 설정할 수 있습니다. 원하는 애트리뷰트 헤더를 우 클릭하고 메뉴에서 [합계 표시]를 선택하면 됩니다. 서브 메뉴의 합계 항목 중 원하는 합계 유형은 여러 개 선택할 수 있습니다.

▲ 합계 선택 및 표시

선택 데이터만 보관 / 포함하지 않음

그래프 매트릭스에서 데이터를 필터링 했던 것처럼 그리드 시각화에서도 항목을 클릭하여 필터링할 수 있습니다. 항목을 우 클릭하고 메뉴에서 선택한 항목만 남기는 [선택 데이터만 보관]이나 선택한 항목을 시각화에서 제거하는 [포함하지 않음]을 선택할 수 있습니다.

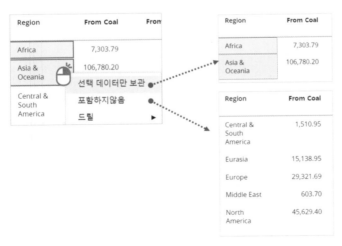

▲ 메뉴에서 데이터 필터링 유형

이렇게 필터링한 항목은 시각화 제목 창 왼쪽의 필터 ▽ 아이콘을 선택하면 어떤 항목이 필터링 되었는지 확인할 수 있습니다. 필터를 지우는 것도 가능합니다.

▲ 필터 삭제 아이콘

데이터 표시

선택한 항목의 상세 데이터를 표로 표시합니다. 그리드에서 항목을 우 클릭하여 [데이터 표시]를 클릭하면 선택 항목만 **데이터 표시**에 표로 나타납니다.

▲ 항목에서 데이터 표시 선택

앞서 그래프 매트릭스처럼 데이터 표시 대화창에서 항목을 더 추가하여 조회하거나 다운로드할 수 있습니다. 전체 데이터를 보려면 시각화 제목 줄 컨트롤 메뉴에서 데이터 표시를 선택하면 됩니다.

행 복사 / 셀 복사

그리드의 데이터를 다른 곳에서 사용하기 위해 데이터 중에 선택한 항목을 클립보드로 복사할 수 있습니다. **행 복사**와 **셀 복사** 두 가지 기능이 있습니다. 행 복사는 항목의 행과 열을 모두 복사합니다. 행 복사한 결과를 엑셀에 붙여보면 선택한 행의 데이터와 열 헤더까지 같이 복사되어 붙습니다. 셀 복사로 복사한 경우는 헤더 없이 선택한 값만 복사됩니다. 메트릭에서 복사할 때도 마찬가지입니다.

여러 행과 셀을 선택하여 복사하고 싶을 때는 컨트롤 키를 누른 상태로 선택하거나 시프트 키를 누른 상태로 범위 선택을 할 수 있습니다.

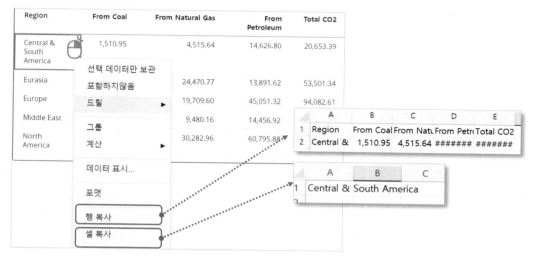

▲ 그리드 행/셀 복사 기능

그리드 시각화에서 메트릭 활용

메트릭을 활용한 데이터의 정렬, 합계 표시, 새로운 메트릭 생성, 연산 등의 분석기능을 사용할 수 있습니다. 메트릭 헤더를 우 클릭했을 때는 주로 분석과 컨트롤 기능이 표시되고 메트릭 값에서 우 클릭했을 때는 항목 필터링, 복사, 포맷 기능이 표시됩니다.

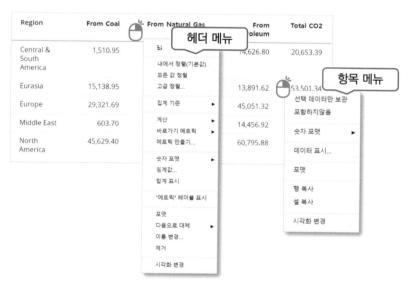

▲ 메트릭 헤더 메뉴와 항목 메뉴

메트릭 정렬

메트릭 값을 기준으로 **오름 차순**과 **내림 차순**으로 정렬할 수 있습니다. 애트리뷰트 정렬이 오름차순, 내림차순 정도였다면 메트릭 정렬은 단순 값 외에도 애트리뷰트 개체를 같이 고려하여 정렬할 수 있습니다.

그리드에 애트리뷰트가 여러 개 있는 경우 데이터를 정렬할 때 여러 방식을 적용할 수 있습니다. 예를 들어 아래 표처럼 지역별, 국가별 CO_2 배출량이 있는 그리드를 정렬할 때는 두가지 방식이 가능합니다.

첫번째는 데이터 전체를 CO_2 배출량 만으로 정렬하여 가장 많이 배출한 국가 순으로 전체를 정렬할 수 있습니다. 메트릭 헤더의 정렬 옵션 중에 [모든 값 정렬]을 선택하면 애트리뷰트에 관계없이 메트릭 값만으로 오름차순 , 내림차순으로 정렬할 수 있습니다.

두번째는 애트리뷰트로 정렬한 후에 다시 그 안에서 메트릭값으로 정렬하는 **애트리뷰트내에서 정렬** 방식입니다. 예를 들어 지역별로 이름 순이나 합계로 정렬하고 나서 그 지역 내에서 많이 배출한 국가순으로 정렬할 수 있습니다. 애트리뷰트 내에서 정렬을 하는 경우 메뉴에서 [내에서 정렬(기본값)]을 선택하면 앞 위치의 애트리뷰트를 먼저 정렬하고 나서 그 다음에 항목들을 메트릭 값으로 정렬하게 됩니다.

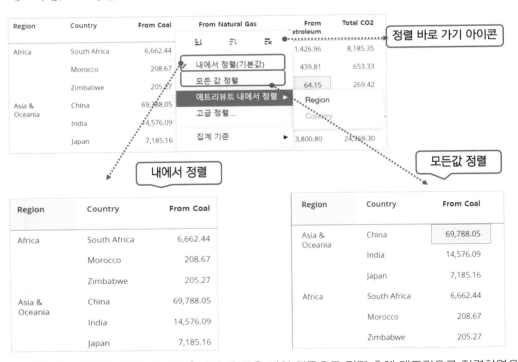

▲ [내에서 정렬]과 [모든 값 정렬] 차이. 왼쪽은 지역 이름으로 정렬 후에 메트릭으로 정렬하였으나 오른쪽은 메트릭 값만으로 전체가 정렬됨

[내에서 정렬(기본값)] 은 애트리뷰트의 배치 순서대로 정렬하지만 [애트리뷰트 내에서 정렬]을 선택하면 기준으로 할 애트리뷰트를 명시적으로 선택할 수 있습니다.

정렬에서 합계를 기준으로 사용할 수 있습니다. 예를 들어 CO_2 를 많이 발생시킨 지역순으로 정렬한 다음 다시 그 안에서 국가별 발생량으로 정렬할 수 있습니다. 각 지역별 [Total CO2] 합계가 있는 그리드에서 메트릭의 정렬 옵션을 보면 [부분 합계로 정렬] 항목이 메뉴에 나타납니다. 여기에 체크 표시를 하면 애트리뷰트 합계별로 정렬 후에 다시 정렬하게 됩니다. 아래 예를 보면 각 지역별 평균값순으로 지역을 정렬한 후 다시 지역 내에서 국가들이 배출 값을 기준으로 정렬되었습니다.

Region	Country	From Coal	From Natural Gas	Pe
평균		16,437.61		
Asia & Oceania	평균	30,516.43	내에서 정렬(기본값)	
	China	69,788.05	모든 값 정렬	
	India	14,576.09	애트리뷰트 내에서 정렬 ▶	
	Japan	7,185.16	✓ 부분 합계로 정렬	
Africa	평균	2,358.79	고급 정렬...	
	South Africa	6,662.44	집계 기준 ▶	
	Morocco	208.67	계산 ▶	
	Zimbabwe	205.27	바로가기 메트릭 ▶	

▲ 지역 평균 부분 합계로 지역을 정렬 후에 다시 국가를 메트릭별로 정렬한 결과

메트릭 집계 변경

메트릭에 다른 집계 함수를 간편하게 추가할 수 있는 기능입니다. 예를 들어 [Total CO2] 메트릭을 계산할 때 기본 집계 기준은 합계지만 평균, 최소, 최대, 표준 편차 같은 다른 집계 함수를 적용할 수 있습니다. 메트릭 헤더를 우 클릭하고 메뉴에서 [집계 기준]의 서브메뉴에서 사용할 집계 함수를 선택하면 새로운 집계가 적용된 메트릭이 추가됩니다. [From Coal]에서 평균을 선택했다면 다음처럼 그리드 표에 Avg([From Coal]) 메트릭이 새로 추가됩니다. 여기서 추가한 메트릭은 데이터 세트에도 파생 메트릭으로 추가됩니다.

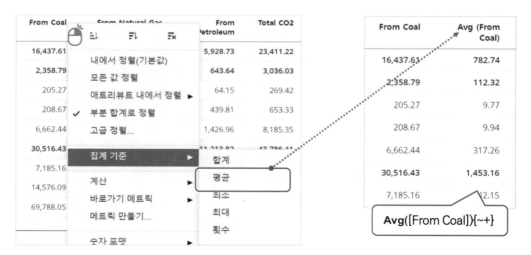

▲ 평균 계산 집계 메트릭 추가

그리드 임계값

시각화 매트릭스에서 임계값으로 차트 항목 색상을 변경한 것처럼 그리드 시각화도 임계값을 셀 포맷에 사용할 수 있습니다. 그리드에서 임계값은 애리뷰트와 메트릭 셀별로 각각 설정할 수 있습니다. 다음은 총배출량을 기준으로 상위 5개 국가의 배경색을 변경하고 각 배출 유형별 메트릭의 상위 5개 데이터도 배경색을 달리해서 표시해본 예입니다.

Country	Total CO2	From Coal	From Natural Gas	From Petroleum
China	85,440.49	69,788.05	1,547.21	14,105.23
Japan	24,369.30	7,185.16	3,383.34	13,800.80
India	21,549.45	14,576.09	1,237.93	5,735.43
South Korea	8,927.44	3,258.56	878.19	4,790.69
Australia	7,292.43	3,864.26	996.15	2,432.02
Indonesia	5,844.60	1,402.35	1,361.62	3,080.63
Taiwan	4,830.12	2,270.57	314.10	2,245.45
Thailand	3,817.26	756.69	846.29	2,214.28

시각화 편집기의 메트릭 존이나 그리드 메트릭 헤더에서 우 클릭으로 헤더 메뉴를 호출하여 임계값을 사용할 수 있습니다.

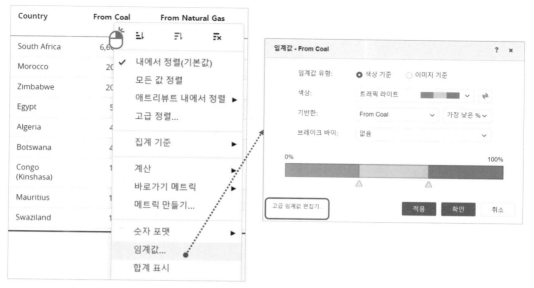

▲ 시각화에서 임계값 대화창. 고급 임계값 편집기 링크

메뉴에서 임계값을 선택하면 상세 임계값 팝업 창이 나타납니다. 그리드 시각화에는 그래프 매트릭스에 없는 임계값 조건을 더 상세하게 설정하고 셀 표시 포맷도 더 자세하게 지정할 수 있는 **고급 임계값 기능**을 지원합니다. 임계값 편집기 왼쪽 하단의 [고급 임계값 편집기⋯] 링크를 선택하면 고급 임계값 편집기가 나타납니다.

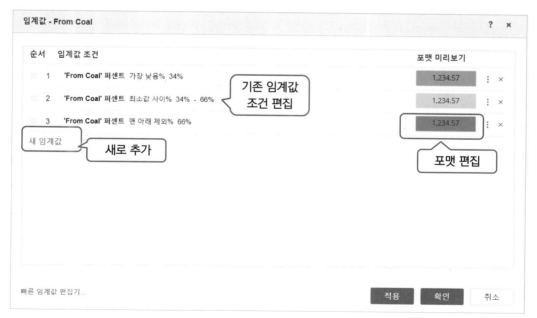

▲ 고급 임계값 편집기

임계값 조건 부분을 클릭하면 임계값을 편집할 수 있습니다. 오른쪽 **포맷 미리보기**를 클릭하

면 셀 포맷을 변경할 수 있습니다. [새 임계값]을 클릭하면 새로운 조건을 입력할 수 있습니다. 임계값 조건을 만들 때는 먼저 조건으로 사용할 개체를 리스트에서 선택하거나 검색하여 선택합니다.

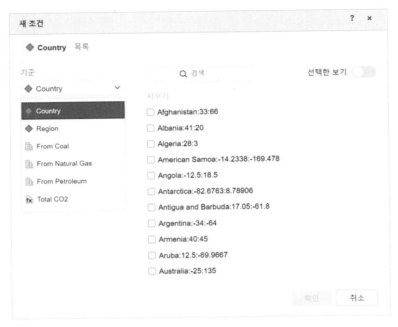

▲ 새 조건 선택 창

애트리뷰트를 선택하면 조건 방식을 [목록에서 선택]과 [제한] 중에 선택할 수 있습니다. [목록에서 선택]은 애트리뷰트의 항목들이 오른쪽에 표시되고 여기서 조건으로 사용할 항목을 체크하여 선택하는 방식입니다.

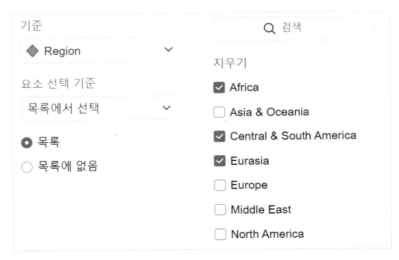

▲ 목록에서 항목 선택 방식

[제한]은 애트리뷰트의 폼별로 상세하게 조건과 조건 연산자를 이용하여 조건을 만듭니다. 예를 들어 ID 가 10 이하인 경우나 이름에 특정 텍스트가 들어 있는 조건을 [제한]으로 만들 수 있습니다.

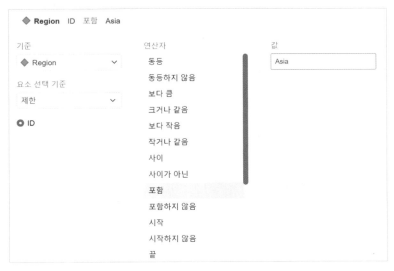

▲ 지역 이름에 Asia 가 포함된 Region 조건

메트릭을 선택하면 값을 기준으로 하는 조건을 만들거나 순위를 이용한 상위와 하위 조건, 비율을 이용한 상위 %와 하위 %에 해당하는 조건을 만들 수 있습니다. 예를 들어 탄소 배출량이 1000 만톤이 넘거나 상위 10 개에 해당하는 국가를 임계값 조건으로 만들 수 있습니다.

▲ 상위 10 개 국가 조건

애트리뷰트나 메트릭을 이용한 조건을 만든 후 [확인]을 눌러 적용하면 임계 값 조건이 만들어 집니다. 임계값 포맷을 지정하기 위해 오른쪽의 [포맷 미리보기] 항목을 클릭하면 **포맷 편집 창**이 나타납니다. 임계 값 조건에 해당할 때 데이터 바꾸기로 표시 텍스트를 변경하거나 배경색, 글꼴 색상 변경, 테두리 색 등 여러가지 포맷을 사용할 수 있습니다.

▲ 조건의 포맷 속성

포맷까지 지정한 후 [확인]을 눌러 임계값 편집기를 닫으면 그리드에 임계값이 적용됩니다.

메트릭 계산

그리드 시각화에 있는 메트릭 항목들끼리 메뉴를 이용하여 간단히 사칙 연산 메트릭을 만들 수 있습니다. 계산하고 싶은 메트릭 헤더를 우 클릭하고 메뉴에서 [계산] 서브 메뉴를 확장하면 수식 선택기와 메트릭 선택항목이 나타납니다.

예를 들어 그리드에 석탄 배출 메트릭 [From Coal]이 전체 배출량인 [Total CO2]에서 차지하는 비중이 궁금합니다. [From Coal] 메트릭 헤더를 우 클릭하고 메뉴에서 계산을 선택하면 서브 메뉴에는 적용할 사칙 연산 기호가 표시되고 그 아래에 메트릭 리스트가 나타납니다. [÷] 연산자를 선택하고 아래 드롭 다운에서 [Total CO2]를 선택하면 그리드에 [([From Coal]/[Total CO2])] 메트릭이 추가됩니다.

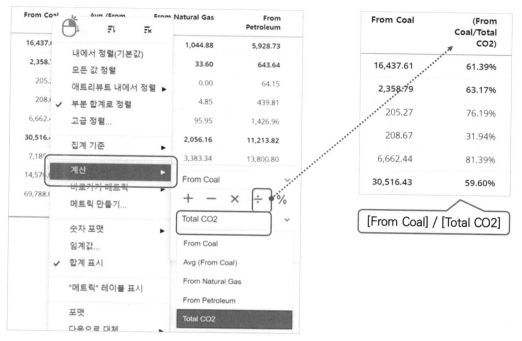

▲ 계산 메트릭 추가

간단하게 전체 배출량 중에서 석탄이 배출하는 비중을 구할 수 있습니다.

이렇게 나누기로 계산하면 자동으로 숫자 포맷을 %로 설정합니다. 메트릭 헤더 메뉴의 [숫자 포맷]에서 다른 숫자 포맷으로 바꿀 수 있습니다.

바로가기 메트릭

도씨에는 여러가지 다양한 분석 함수를 지원합니다. 분석 함수는 새로운 메트릭을 만들 때 편집기에서 수식으로 입력하여 사용할 수 있습니다. 자주 사용하는 분석 함수를 만들 때 매번 함수 수식을 입력하여 만들면 번거롭기도 하고 복잡한 수식은 잘못 입력할 가능성도 있습니다. 그래서 도씨에는 자주 사용하는 분석 함수는 빠르게 시각화에서 사용할 수 있도록 메뉴에서 **바로 가기 메트릭**을 지원합니다. 예를 들어 가장 많이 이산화 탄소를 배출하는 국가의 순위를 계산하고, 이전 년도 대비 증감율을 구하고, 각 국가들이 전체 배출량에서 몇 %를 차지하는 지에 대한 비율 계산을 마우스 클릭만으로 쉽게 만들 수 있습니다.

예시로 든 국가 배출량 순위를 바로가기 메트릭으로 계산해 보겠습니다. 순위를 계산할 메트릭의 헤더를 우 클릭하고 메뉴에서 [바로가기 메트릭] -> [순위] -> [확인] 순으로 클릭하면 그리드에 국가별 순위 메트릭이 바로 추가됩니다.

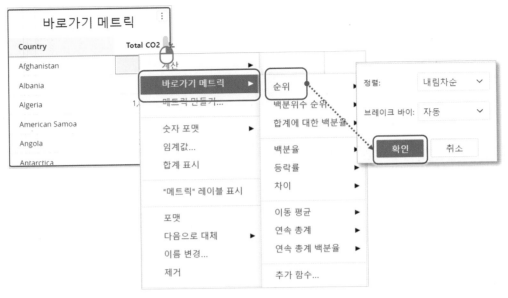

▲ 메트릭 헤더 메뉴에서 Total CO2 를 이용한 순위 계산

Country	Total CO2	랭킹(Total CO2)
United States	117,307.44	1
China	85,440.49	2
Russia	29,975.95	3
Japan	24,369.30	4

▲ 랭킹이 추가된 그리드

이 순위는 지역에 상관없이 전 세계의 순위를 표시하는 순위 메트릭입니다. 이번에는 지역내에서는 어느 국가가 순위가 높은지를 계산해 보겠습니다. 마찬가지로 바로가기 메트릭에서 순위를 선택하지만 이번에는 [브레이크 바이]를 자동에서 [Region]으로 선택해서 다시 순위 메트릭을 추가해 봅니다.

▲ 브레이크 바이를 Region 으로 선택

브레이크 바이는 그래프 매트릭스에서는 나누는 기준으로 사용했지만 여기서는 조금 의미가 다릅니다. 분석 함수에서 **브레이크 바이** 속성은 메트릭을 계산할 때 애트리뷰트 항목이 바뀌면 다시 새롭게 계산을 시작하라는 의미입니다. 바로가기 메트릭 중에 순위와 백분율을 계산할 때 사용할 수 있습니다.

순위 계산에 [Region]이 브레이크 바이로 지정되어 있으면 Region 항목별로 순위 계산을 하게 됩니다. 아시아 지역은 아시아 지역 내의 국가들 순위 계산을 하고 아프리카 지역은 아프리카 지역 내의 국가들만 순위를 계산하는 식입니다. 아래 표를 보면 South Africa 는 전세계에서는 배출량으로는 12 위지만 Region 으로 브레이크 바이를 준 순위 메트릭에서는 Africa 지역 내 국가들 끼리 배출량 순위를 계산해서 1 위로 표시되었습니다.

Region	Country	Total CO2	랭킹(Total CO2) 2	랭킹(Total CO2)
Africa	South Africa	8,185.35	1	12
	Egypt	2,747.64	2	31
	Nigeria	1,939.67	3	39
	Algeria	1,862.93	4	40
	Libya	970.85	5	60

▲ 순위 함수의 전체 순위와 Region 별 순위 비교

이번에는 각 국가별 배출량이 전체의 몇 퍼센트를 차지하는 지를 바로가기 메트릭으로 계산해 보겠습니다. 앞에서 한 것처럼 [바로가기 메트릭] -> [합계에 대한 백분율] 후에 나온 개체 창에서 [Region]을 선택하면 각 지역내의 국가별 배출량 기여도를 알 수 있습니다.

▲ 지역 기준 국가의 비중 계산

역시 새 파생 메트릭이 그리드에 추가되고 각 지역에서 국가가 차지하는 비중이 표시됩니다.

Region	Country	Total CO2	랭킹(Total CO2) 2	합계(Total CO2)의 백분율	랭킹(Total CO2)
Africa	South Africa	8,185.35	1	42.13%	12
	Egypt	2,747.64	2	14.14%	31
	Nigeria	1,939.67	3	9.98%	39
	Algeria	1,862.93	4	9.59%	40
	Libya	970.85	5	5.00%	60

▲ South Africa 는 Africa 지역의 배출량 중에 42%를 차지

새로 만들어진 메트릭을 우 클릭하고 메뉴에서 편집을 클릭하면 사용한 함수와 수식을 확인할 수 있는 메트릭 편집기가 표시됩니다. 메트릭 편집기의 상세한 내용은 파생 메트릭에서 설명하겠습니다.

표시 이름:	랭킹(Total CO2) 2	메트릭 옵션
설명:		

수식

$+ \quad - \quad \times \quad \div \quad () \quad \langle \rangle$ 　　　　　　지우기

```
Rank<ASC=False, BreakBy={Region}>([Total CO2])
```

▲ 메트릭 편집기 수식

그리드 시각화 실습하기

기존 도씨에 상세 데이터 표시를 위한 그리드 시각화를 추가하겠습니다. 그리드 시각화에는 지역별로 국가의 상세 탄소배출 데이터와 국가별 배출량 비율, 순위 메트릭을 추가합니다.

기본 그리드 시각화 생성

01. 앞서 실습한 도씨에에 새로운 페이지를 추가합니다. 빈 페이지에 자동으로 그리드 시각화가 표시됩니다.

02. 그리드의 시각화의 편집기에 행 쪽에는 [Region], [Country] 순으로 추가하고 메트릭에

는 [Total CO2]를 추가합니다.

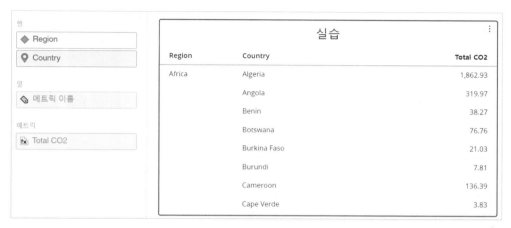

▲ 기본 시각화 개체 추가

03. 시각화 포맷을 변경해 봅니다. 시각화를 클릭하여 선택한 상태에서 오른쪽 편집기의 포맷 아이콘을 클릭하여 [포맷 탭]으로 이동합니다. 상단의 [시각화 옵션]버튼을 클릭하고 템플릿 부분으로 이동합니다.

04. 템플릿에서 원하는 색상으로 변경해 봅니다. 스타일을 오른쪽의 [고전적인]으로 선택하면 열 헤더에 배경색이 표시됩니다. 파란색으로 헤더에 배경이 나오게 선택해 줍니다. [밴딩 활성화]를 체크하고 [개요 활성화] 역시 체크합니다. 행 마다 색상이 다르게 표시되고 +, - 버튼으로 항목들을 펼쳐서 볼 수 있게 됩니다.

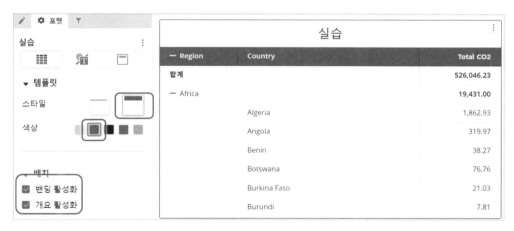

▲ 설정과 그리드 모양

05. 옵션 아래 [간격]에서 텍스트의 [셀 패딩] (셀 여백)을 바꾸어 봅니다. 기본값은 [중간]입니다. 버튼을 클릭해 가장 왼쪽 [소형]부터 오른쪽 [대형]중에서 원하는 스타일로 변경합니다.

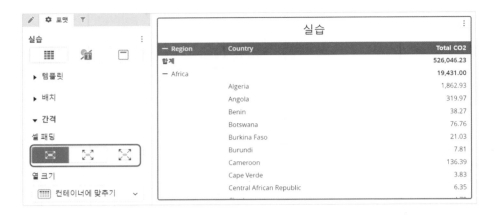

06. 전체 그리드의 글꼴 크기나 셀의 여백도 조절할 수 있습니다. 상세한 포맷은 두번째 탭인 [텍스트 및 폼]으로 이동하고 드롭 다운에서 [전체 그리드]를 선택하면 전체 텍스트 포맷을 설정할 수 있습니다. 텍스트가 잘 보일 수 있도록 적당히 글꼴을 지정합니다. 일반 모니터에서 9 포인트나 10 포인트가 사용자에게 가장 가시성이 좋은 사이즈입니다.

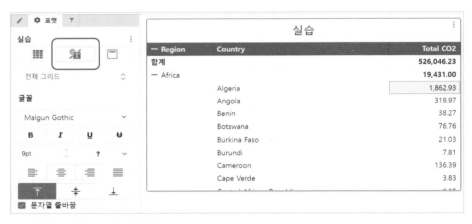

▲ 전체 그리드 텍스트 포맷

07. 포맷을 지정할 때 마다 포맷에서 선택하지 않아도 그리드에서 포맷을 변경하고 싶은 셀을 클릭하면 포맷 편집기가 해당 셀 개체의 포맷 속성으로 바뀝니다. 예를 들어 [Country] 애트리뷰트 헤더를 클릭하면 포맷의 드롭 다운이 [열 헤더]로 변경되고 [Country]중 한 항목을 선택하면 [행 헤더]로 변경됩니다. 메트릭을 선택하면 [값]으로 포맷이 변경됩니다.

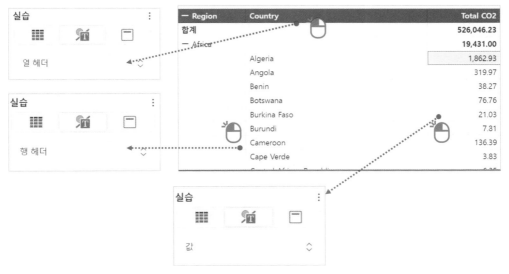

▲ 그리드 위치별 클릭시 포맷 탭 변경 예시

08. 행 헤더나 열 헤더에서 문자열이 길 때 줄 바꿈이 있으면 표의 모양이 흐트러지는 경우가 있습니다. 이럴 땐 포맷 편집기에서 [문자열 줄바꿈] 체크 박스를 해제해 주면 됩니다.

09. 이제 애트리뷰트를 조작해 보도록 하겠습니다. 상단 [Region] 헤더의 +/-버튼을 눌러 [Region] 항목들만 표시되고 [Country]는 접히도록 클릭합니다.

10. Region 의 지역 항목을 그룹으로 묶어 새로운 애트리뷰트를 만들어 봅니다. 탄소 배출량이 적은 "Africa", "Middle East", "Eurasia" 세 개의 항목을 컨트롤 키를 누른 상태에서 선택합니다. 선택한 상태에서 항목을 우 클릭하고 메뉴에서 [그룹]을 선택합니다.

11. 대화창에서 적당한 이름을 입력합니다. "Africa & Eurasia & MEA" 로 입력했습니다.

애트리뷰트와 메트릭, 그룹명 등의 개체 이름에는 [, " , \ 와 같은 특수 문자는 사용할 수 없습니다.

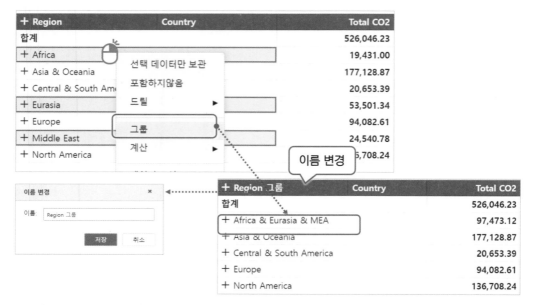

▲ 항목 그룹

12. 세 개 지역이 하나로 묶인 항목을 가진 새로운 그룹 애트리뷰트가 생성됩니다. 기본으로 지정된 애트리뷰트 이름은 편집기나 우 클릭 메뉴를 이용해 보기 좋은 이름으로 변경하도록 합니다.

메트릭 활용

바로가기 메트릭을 추가하고 그리드 셀에 임계값을 적용해 보겠습니다.

01. [Total CO2]가 가장 많이 배출된 지역은 아시아 지역과 북미 지역입니다. 이 두 지역이 전 세계에서 비율이 몇 %나 되는지 **바로 가기 메트릭**으로 계산해 봅시다.

02. 메트릭에서 우 클릭 메뉴의 [바로가기 메트릭] -> [합계에 대한 백분율] -> [전체 합계]를 선택합니다. 새로운 파생 메트릭이 그리드에 추가됩니다. 아시아 지역이 약 33% , 북미 지역은 25%를 차지한 걸 알 수 있습니다.

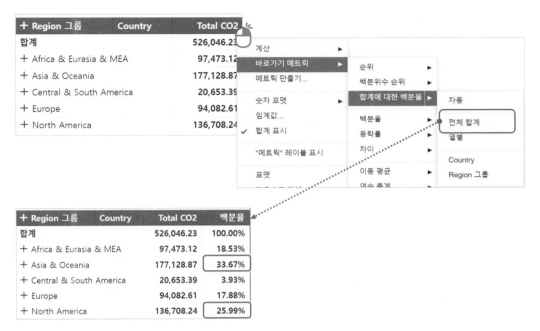

▲ 바로 가기 메트릭으로 비율 추가

03. 아시아에서도 어느 나라가 비중이 높은 지 확인해 봅니다. Region 그룹의 +를 클릭해서 국가까지 확장해 보면 중국이 약 16% 정도입니다. 한국은 1.7% 입니다.

+ Region 그룹	Country	Total CO2	백분율
	Bangladesh	668.55	0.13%
	Bhutan	5.50	0.00%
	Brunei	109.72	0.02%
	Burma (Myanmar)	194.31	0.04%
	Cambodia	48.67	0.01%
	China	85,440.49	16.24%
	Cook Islands	1.54	0.00%

04. 지금은 국가명으로 정렬되어 있습니다. 좀 더 확인이 쉽도록 국가들을 배출 순위로 정렬해 봅니다. 메트릭 헤더의 우 클릭 메뉴에서 정렬 아이콘을 클릭합니다. 기본 정렬은 지역을 고려하여 정렬하는 [내에서 정렬(기본값)]입니다. 정렬한 후에 [부분 합계로 정렬]도 테스트해보고 어떤 차이가 있는지 확인해 보시기 바랍니다. 정렬하게 되면 펼쳐졌던 표 그리드가 다시 접히게 됩니다. 다시 펼쳐서 확인해보면 배출량 비중 순으로 정렬된 걸 확인할 수 있습니다.

+ Region 그룹	Country	Total CO2	백분율
	Bangladesh	668.55	0.13
	Bhutan	5.50	0.00
	Brunei	109.72	0.02
	Burma (Myanmar)	194.31	0.04
	Cambodia	48.67	0.01
	China	85,440.49	16.24
	Cook Islands	1.54	0.00

편집..

내에서 정렬(기본값)

보는 값 정렬

애트리뷰트 내에서 정렬

부분 합계로 정렬

고급 정렬...

+ Region 그룹	Country	Total CO2	백분율
합계		526,046.23	100.00%
+ Africa & Eurasia & MEA		97,473.12	18.53%
− Asia & Oceania		177,128.87	33.67%
	China	85,440.49	16.24%
	Japan	24,369.30	4.63%
	India	21,549.45	4.10%
	Korea, South	8,927.44	1.70%
	Australia	7,292.43	1.39%

+ Region 그룹	Country	Total CO2	백분율
합계		526,046.23	100.00%
+ Asia & Oceania		177,128.87	33.67%
+ North America		136,708.24	25.99%
+ Africa & Eurasia & MEA		97,473.12	18.53%
+ Europe		94,082.61	17.88%
+ Central & South America		20,653.39	3.93%

▲ 왼쪽 : [내에서 정렬], 오른쪽 [부분 합계로 정렬]

05. 왼쪽은 Region 이름 순으로 정렬한 내에서 국가별로 정렬되었고, 오른쪽은 Region 도 부분합으로 정렬되어 Asia 지역이 가장 상단으로 올라왔습니다. 물론 +로 국가로 확장해보면 국가들도 배출량 순으로 정렬되어 있습니다.

06. 이 그리드 표는 전체 1990 년도부터 2010 년까지의 총 합산입니다. 연도를 추가해서 연도별 비중을 확인해 보고 싶습니다. 데이터 세트에서 열 쪽으로 연도를 가져와 배치합니다.

07. 그리드 표를 보면 각 지역 백분율 값이 줄어든 걸 볼 수 있습니다. 전체 대비의 백분율 이기 때문에 연도 애트리뷰트가 추가되어 항목들이 더 세분화되어 비율이 계산되기 때문에

그렇습니다. 연도내에서 지역이 차지하는 비율을 계산하는 새로운 백분율 계산이 필요합니다. 다시 [Total CO2] 헤더를 우 클릭하여 바로가기 메트릭을 추가합니다. 이번에는 합계에 대한 백분율에서 전체 합계가 아닌 [Year]를 선택합니다.

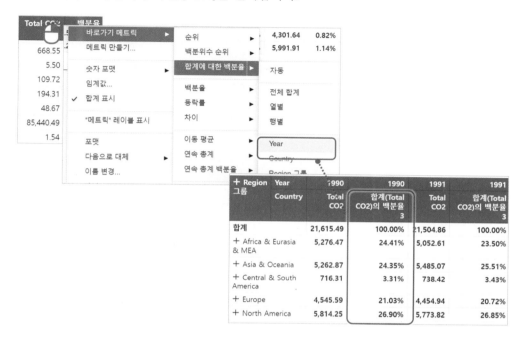

08. 그리드에 연도별로 비중을 구하는 새로운 백분율 메트릭이 나타납니다. 연도의 합도 100%로 표시됩니다. 이것은 Year 별로 합계를 내고 각 국가별 비중을 계산하도록 지정되었기 때문입니다.

09. 이제 연도별로 각 지역과 국가가 차지하는 배출량 비율을 구했습니다. 표에서 이 메트릭만 남기고 다른 메트릭은 모두 제거합니다. 시각화 편집기를 이용하거나 우 클릭 메뉴를 이용하세요. 그리고 마지막에 추가한 합계 메트릭의 이름은 [배출 비율]로 변경합니다.

+ Region 그룹 Year Country	1990 배출 비율	1991 배출 비율	1992 배출 비율	1993 배출 비율	1994 배출 비율	1995 배출 비율
합계	100.00%	100.00%	100.00%	100.00%	100.00%	100.00%
+ Africa & Eurasia & MEA	24.41%	23.50%	22.36%	21.06%	19.61%	18.94%
+ Asia & Oceania	24.35%	25.51%	26.49%	27.73%	29.25%	29.97%
+ Central & South America	3.31%	3.43%	3.47%	3.62%	3.72%	3.87%
+ Europe	21.03%	20.72%	20.17%	19.89%	19.46%	19.45%
+ North America	26.90%	26.85%	27.51%	27.70%	27.96%	27.77%

10. 데이터 항목이 많아서 전체 트렌드를 한 눈에 보기 쉽도록 배출 비율에 대해 연도별로 높은 지역과 낮은 지역을 빠르게 구별하기 위한 임계값을 적용해 봅니다. [배출 비율] 메트릭

헤더를 우 클릭합니다. 메뉴에서 [임계값…]을 선택합니다.

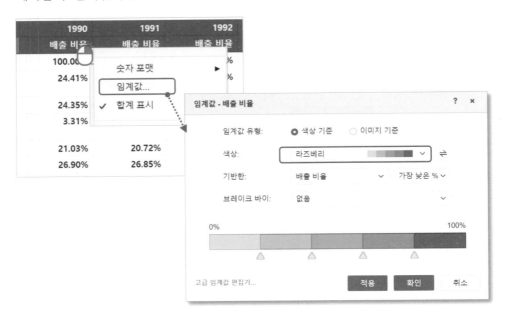

11. 임계값은 %로 5 개 구간에 따라서 색상을 표시합니다. 색상 선택에서 가장 더워 보이는 라즈베리 색상군을 골라봤습니다. 이제 그리드에는 이산화 탄소 배출이 많은 국가들이 더 붉은 색으로 배경이 표시됩니다. 이 임계값은 전체 데이터를 기준으로 적용되었습니다.

+ Region 그룹	Year Country	1990 배출 비율	1991 배출 비율	1992 배출 비율	1993 배출 비율	1994 배출 비율	1995 배출 비율	1996 배출 비율	1997 배출 비율
합계		100.00%	100.00%	100.00%	100.00%	100.00%	100.00%	100.00%	100.00%
— Africa & Eurasia & MEA		24.41%	23.50%	22.36%	21.06%	19.61%	18.94%	18.12%	17.43%
	Algeria	0.38%	0.40%	0.38%	0.36%	0.39%	0.40%	0.37%	0.35%
	Angola	0.03%	0.03%	0.04%	0.04%	0.03%	0.05%	0.05%	0.06%
	Armenia	0.00%	0.00%	0.05%	0.03%	0.03%	0.03%	0.04%	0.03%
	Azerbaijan	0.00%	0.00%	0.28%	0.23%	0.21%	0.20%	0.17%	0.17%
	Bahrain	0.07%	0.07%	0.06%	0.07%	0.07%	0.07%	0.07%	0.08%
	Belarus	0.00%	0.00%	0.43%	0.38%	0.30%	0.28%	0.27%	0.26%
	Benin	0.00%	0.00%	0.00%	0.00%	0.00%	0.00%	0.00%	0.00%
	Botswana	0.01%	0.01%	0.01%	0.01%	0.01%	0.02%	0.01%	0.01%
	Burkina Faso	0.00%	0.00%	0.00%	0.00%	0.00%	0.00%	0.00%	0.00%
	Burundi	0.00%	0.00%	0.00%	0.00%	0.00%	0.00%	0.00%	0.00%
	Cameroon	0.02%	0.02%	0.02%	0.03%	0.03%	0.03%	0.03%	0.03%
	Cape Verde	0.00%	0.00%	0.00%	0.00%	0.00%	0.00%	0.00%	0.00%

12. 각 국가가 어느 연도에 배출량이 많았는지 임계값을 표시하기 위해 다시 메트릭 헤더를 우 클릭하고 메뉴에서 [임계값…]을 선택합니다. 이번에는 [브레이크 바이]를 [없음]에서 [Country]로 변경합니다. 이제 임계값 색상 판단 기준을 각 Country 항목내에서 하게 됩니다.

▲ 국가별 브레이크 바이 설정

13. 이제 임계값은 각 국가내에서 배출 비율의 높고 낮음을 판단합니다. 개별 국가에서 배출량이 많았던 해와 적었던 해를 색상으로 구별할 수 있습니다. 한국의 1998 년도는 2000 년도 보다 이산화 탄소 배출량 비율이 작았습니다.

Region 그룹 / Country	Year 1990 배출 비율	1991 배출 비율	1992 배출 비율	1993 배출 비율	1994 배출 비율	1995 배출 비율	1996 배출 비율	1997 배출 비율	1998 배출 비율	1999 배출 비율	2000 배출 비율
합계	100.00%	100.00%	100.00%	100.00%	100.00%	100.00%	100.00%	100.00%	100.00%	100.00%	100.00%
+ Africa & Eurasia & MEA	24.41%	23.50%	22.36%	21.06%	19.61%	18.94%	18.12%	17.43%	17.49%	17.84%	17.88%
− Asia & Oceania	24.35%	25.51%	26.49%	27.73%	29.25%	29.97%	29.99%	30.93%	30.36%	30.62%	30.44%
Afghanistan	0.01%	0.01%	0.01%	0.01%	0.01%	0.01%	0.01%	0.01%	0.01%	0.01%	0.01%
American Samoa	0.00%	0.00%	0.00%	0.00%	0.00%	0.00%	0.00%	0.00%	0.00%	0.00%	0.00%
Australia	1.24%	1.25%	1.28%	1.31%	1.29%	1.31%	1.34%	1.44%	1.42%	1.08%	1.10%
Bangladesh	0.07%	0.07%	0.08%	0.08%	0.09%	0.10%	0.10%	0.10%	0.11%	0.12%	0.12%
Bhutan	0.00%	0.00%	0.00%	0.00%	0.00%	0.00%	0.00%	0.00%	0.00%	0.00%	0.00%
Brunei	0.02%	0.01%	0.01%	0.01%	0.01%	0.02%	0.02%	0.02%	0.01%	0.02%	0.02%
Burma (Myanmar)	0.02%	0.02%	0.02%	0.02%	0.03%	0.03%	0.03%	0.03%	0.04%	0.04%	0.04%
Cambodia	0.00%	0.00%	0.00%	0.00%	0.00%	0.01%	0.01%	0.01%	0.01%	0.01%	0.01%
China	10.50%	11.02%	11.43%	12.14%	12.99%	12.92%	12.82%	13.39%	12.98%	12.42%	12.00%
Cook Islands	0.00%	0.00%	0.00%	0.00%	0.00%	0.00%	0.00%	0.00%	0.00%	0.00%	0.00%
Fiji	0.00%	0.00%	0.00%	0.00%	0.00%	0.00%	0.00%	0.00%	0.00%	0.01%	0.01%
French Polynesia	0.00%	0.00%	0.00%	0.00%	0.00%	0.00%	0.00%	0.00%	0.00%	0.00%	0.00%
Guam	0.01%	0.01%	0.01%	0.02%	0.02%	0.02%	0.01%	0.02%	0.01%	0.01%	0.01%
Hawaiian Trade Zone	0.00%	0.00%	0.00%	0.00%	0.00%	0.00%	0.00%	0.00%	0.00%	0.00%	0.00%
Hong Kong	0.19%	0.20%	0.21%	0.22%	0.21%	0.21%	0.21%	0.20%	0.23%	0.22%	0.23%
India	2.68%	2.89%	3.08%	3.19%	3.37%	3.93%	3.67%	3.78%	3.95%	4.14%	4.23%
Indonesia	0.72%	0.79%	0.84%	0.92%	0.96%	0.97%	1.06%	1.07%	1.05%	1.14%	1.12%
Japan	4.84%	4.96%	5.01%	4.92%	5.13%	5.04%	5.06%	5.03%	4.85%	4.98%	5.06%
Kiribati	0.00%	0.00%	0.00%	0.00%	0.00%	0.00%	0.00%	0.00%	0.00%	0.00%	0.00%
Korea, North	0.57%	0.54%	0.49%	0.42%	0.47%	0.38%	0.32%	0.29%	0.26%	0.28%	0.29%
Korea, South	1.12%	1.25%	1.37%	1.53%	1.61%	1.72%	1.76%	1.83%	1.66%	1.82%	1.86%
Laos	0.00%	0.00%	0.00%	0.00%	0.00%	0.00%	0.00%	0.00%	0.00%	0.00%	0.00%
Macau	0.01%	0.01%	0.01%	0.01%	0.01%	0.01%	0.01%	0.01%	0.01%	0.01%	0.01%
Malaysia	0.30%	0.31%	0.34%	0.36%	0.40%	0.40%	0.45%	0.44%	0.45%	0.46%	0.49%
Maldives	0.00%	0.00%	0.00%	0.00%	0.00%	0.00%	0.00%	0.00%	0.00%	0.00%	0.00%

14. 그러나 임계값을 % 비율로만 하면 데이터들이 좁은 구역에 몰려 있는 경우 적합하지 않습니다. 배출 비율이 높은 국가들만 표시할 수 있도록 임계값을 전체 비율을 기준으로 하지

않고 배출 백분율의 절대값이 1% 이상, 5% 이상, 10% 이상인 경우로 바꾸어 보겠습니다. 다시 임계값 편집기로 들어갑니다.

15. 임계값 편집기의 [기반한]에서 가장 오른쪽 [가장 낮은 %]를 [값]으로 변경합니다. 그 아래 색상 밴드에서 삼각형 아이콘을 클릭하면 기준 값이 나타납니다. 표시된 값을 마우스로 클릭하여 값을 직접 편집하거나 삼각형 아이콘을 드래그 하여 값을 조절합니다.

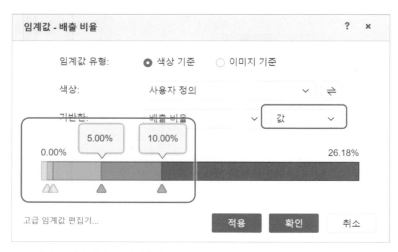

▲ 값으로 임계값 구간 입력

16. 값 부분에 순서 대로 0.5%, 1% , 5% , 10% 로 입력합니다. 변경된 임계값을 적용하면 연도별로 배출 비율이 높았던 국가들이 좀 더 확실하게 표시됩니다.

Region 그룹 / Year / Country	1990 배출 비율	1991 배출 비율	1992 배출 비율	1993 배출 비율	1994 배출 비율	1995 배출 비율	1996 배출 비율	1997 배출 비율	1998 배출 비율	1999 배출 비율	2000 배출 비율	2001 배출 비율	2002 배출 비율	2003 배출 비율	2004 배출 비율
합계	100.00%	100.00%	100.00%	100.00%	100.00%	100.00%	100.00%	100.00%	100.00%	100.00%	100.00%	100.00%	100.00%	100.00%	100.00%
+ Africa & Eurasia & MEA	24.41%	23.50%	22.36%	21.06%	19.61%	18.94%	18.12%	17.43%	17.49%	17.84%	17.88%	17.73%	17.74%	17.72%	17.41%
− Asia & Oceania	24.35%	25.51%	26.49%	27.73%	29.25%	29.97%	29.99%	30.91%	30.36%	30.62%	30.44%	31.08%	32.53%	33.93%	36.36%
Afghanistan	0.03%	0.01%	0.01%	0.01%	0.01%	0.01%	0.01%	0.01%	0.01%	0.01%	0.01%	0.00%	0.00%	0.00%	0.00%
American Samoa	0.00%	0.00%	0.00%	0.00%	0.00%	0.00%	0.00%	0.00%	0.00%	0.00%	0.00%	0.00%	0.00%	0.00%	0.00%
Australia	1.24%	1.25%	1.26%	1.31%	1.29%	1.37%	1.44%	1.44%	1.47%	1.53%	1.50%	1.55%	1.52%	1.46%	1.41%
Bangladesh	0.07%	0.07%	0.08%	0.08%	0.09%	0.10%	0.10%	0.10%	0.11%	0.12%	0.12%	0.14%	0.14%	0.14%	0.14%
Bhutan	0.00%	0.00%	0.00%	0.00%	0.00%	0.00%	0.00%	0.00%	0.00%	0.00%	0.00%	0.00%	0.00%	0.00%	0.00%
Brunei	0.02%	0.01%	0.01%	0.01%	0.01%	0.02%	0.02%	0.02%	0.02%	0.01%	0.02%	0.02%	0.02%	0.02%	0.02%
Burma (Myanmar)	0.02%	0.02%	0.02%	0.02%	0.03%	0.03%	0.04%	0.04%	0.04%	0.04%	0.04%	0.04%	0.04%	0.04%	0.04%
Cambodia	0.00%	0.00%	0.00%	0.00%	0.00%	0.01%	0.01%	0.01%	0.01%	0.01%	0.01%	0.01%	0.01%	0.01%	0.01%
China															
Cook Islands	0.00%	0.00%	0.00%	0.00%	0.00%	0.00%	0.00%	0.00%	0.00%	0.00%	0.00%	0.00%	0.00%	0.00%	0.00%
Fiji	0.00%	0.00%	0.00%	0.00%	0.00%	0.00%	0.00%	0.00%	0.00%	0.01%	0.01%	0.01%	0.01%	0.01%	0.01%
French Polynesia	0.00%	0.00%	0.00%	0.00%	0.00%	0.00%	0.00%	0.00%	0.00%	0.00%	0.00%	0.00%	0.00%	0.00%	0.00%
Guam	0.01%	0.00%	0.01%	0.02%	0.02%	0.02%	0.01%	0.02%	0.01%	0.01%	0.01%	0.01%	0.01%	0.00%	0.01%
Hawaiian Trade Zone	0.00%	0.00%	0.00%	0.00%	0.00%	0.00%	0.00%	0.00%	0.00%	0.00%	0.00%	0.00%	0.00%	0.00%	0.00%
Hong Kong	0.19%	0.20%	0.21%	0.22%	0.21%	0.21%	0.21%	0.20%	0.23%	0.27%	0.25%	0.25%	0.27%	0.27%	0.28%
India	2.66%	2.83%	3.06%	3.19%	3.37%	3.30%	3.67%	3.78%	3.95%	4.14%	4.23%	4.20%	4.13%	3.99%	4.10%
Indonesia	0.72%	0.79%	0.84%	0.82%	0.96%	0.97%	1.06%	1.07%	1.05%	1.14%	1.12%	1.74%	1.17%	1.14%	1.12%
Japan	4.60%	4.90%	5.07%	4.92%	5.13%	5.09%	5.03%	5.19%	4.85%	4.98%	5.00%	6.03%	4.87%	4.84%	4.57%
Kiribati	0.00%	0.00%	0.00%	0.00%	0.00%	0.00%	0.00%	0.00%	0.00%	0.00%	0.00%	0.00%	0.00%	0.00%	0.00%
Korea, North	0.57%	0.56%	0.49%	0.48%	0.42%	0.38%	0.32%	0.29%	0.26%	0.28%	0.29%	0.30%	0.28%	0.27%	0.26%
Korea, South	1.12%	1.25%	1.37%	1.23%	1.61%	1.72%	1.76%	1.91%	1.60%	1.82%	1.91%	1.89%	1.90%	1.84%	1.77%
Laos	0.00%	0.00%	0.00%	0.00%	0.00%	0.00%	0.00%	0.00%	0.00%	0.00%	0.00%	0.00%	0.00%	0.00%	0.00%
Macau	0.01%	0.00%	0.01%	0.00%	0.00%	0.01%	0.01%	0.01%	0.01%	0.00%	0.01%	0.01%	0.01%	0.01%	0.01%
Malaysia	0.20%	0.31%	0.34%	0.30%	0.40%	0.40%	0.45%	0.44%	0.40%	0.46%	0.49%	0.52%	0.55%	0.56%	0.52%
Maldives	0.00%	0.00%	0.00%	0.00%	0.00%	0.00%	0.00%	0.00%	0.00%	0.00%	0.00%	0.00%	0.00%	0.00%	0.00%
Mongolia	0.04%	0.04%	0.04%	0.04%	0.00%	0.04%	0.00%	0.04%	0.00%	0.00%	0.00%	0.04%	0.00%	0.04%	0.00%

▲ 국가별 배출 비율

요약

이번 챕터에서는 데이터를 직접 보여주는 그리드 시각화를 활용하는 법을 배웠습니다. 그리드는 데이터를 표시하는 것 외에도 다양한 분석 기능을 같이 제공합니다.

기본 정렬과 애트리뷰트와 부분 합계를 활용한 고급 정렬로 데이터를 파악하기 쉽게 표현할 수 있습니다. 또한 여러 항목들을 하나로 묶을 수 있는 그룹 기능은 다양한 관점으로 데이터를 바라볼 수 있도록 해줍니다.

기존 메트릭을 이용하여 다양한 방식으로 수치를 분석할 수 있는 바로 가기 메트릭 기능은 사용자가 복잡한 수식과 함수를 몰라도 쉽게 그리드 시각화에 다양한 분석·메트릭을 추가할 수 있는 편리한 기능입니다.

다음 챕터에서는 데이터를 추가하고 정제해서 모델링한 데이터 세트를 시각화 대시보드에서 활용할 수 있게 해주는 데이터 가져오기 기능에 대해서 배우겠습니다.

6. 데이터 가져오기

분석에 사용되는 데이터 종류가 많은 만큼 데이터가 저장된 데이터 소스 유형도 많습니다. 개인이 직접 만드는 텍스트나 스프레드 시트 데이터부터 조직에서 공용으로 활용하기 위해 데이터 베이스에 저장된 DW 데이터, 빅데이터, 클라우드 데이터, 외부 응용 프로그램의 API 데이터들까지 다양한 데이터 소스들이 분석에 활용됩니다. 도씨에는 여러 유형의 데이터 소스를 사용자가 쉽게 활용할 수 있도록 지원하고 있습니다.

데이터 추가

도씨에에서 사용하는 데이터 소스는 **시맨틱 레이어** 기반 데이터 세트와 사용자가 업로드해서 사용할 수 있는 외부 데이터 유형의 두 종류가 있습니다. 이 교재에서 다루는 내용의 범위상 외부 데이터를 가져오고 활용하는 방법 위주로 자세하게 설명하고, OLAP 데이터 세트에 대해서는 도씨에에 추가하는 법과 간단한 작성법만 설명하겠습니다.

OLAP 데이터 세트 사용

OLAP 데이터는 데이터 집계와 정제가 완료된 DW 의 데이터를 시맨틱 레이어로 매핑한 정보를 이용하기 때문에 쿼리 작성이나 모델링없이 바로 사용할 수 있습니다.

웹 환경으로 서버에 접속한 상태라면 도씨에 상단 데이터 추가 부분에 **기존 데이터 세트**와 **기존 개체들**을 볼 수 있습니다. 이 두가지 소스가 사전에 메타로 정의된 시맨틱 레이어의 데이터입니다. 워크스테이션에서 서버에 연결하지 않고 실습하는 환경에서는 이 메뉴가 보이지 않습니다.

기존 데이터 세트

[기존 데이터 세트]를 선택하면 서버에 저장된 데이터 세트 목록을 볼 수 있고 데이터 세트를 도씨에에 추가할 수 있습니다. 사용자가 직접 만든 데이터 세트를 저장한 [내 리포트] 공간과 업무별 공용 리포트가 있는 [공유 리포트] 폴더에서 데이터 세트를 선택해 가져올 수 있습니다.

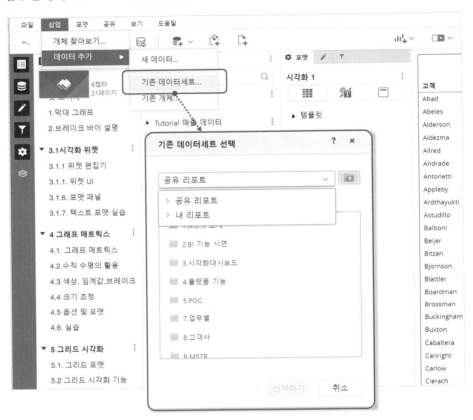

▲ 기존 데이터 추가

사용할 데이터 세트를 선택하여 도씨에에 추가하면 왼쪽 데이터 세트 패널에 데이터 세트이름이 표시되고 그 밑에 트리 형식으로 데이터 세트에 있는 애트리뷰트와 메트릭 개체들이 표시됩니다.

데이터 세트 가져오기에서는 OLAP 데이터 세트와 데이터 가져오기로 저장한 외부 데이터 세트도 같이 리스트로 표시되고, 도씨에로 가져올 수 있습니다.

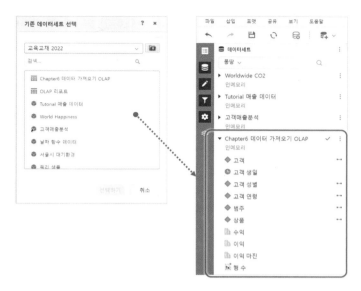

▲ 공유 리포트에서 데이터 세트를 추가한 후 도씨에 데이터 세트 패널에 표시된 데이터 세트

기존 개체

데이터 추가 시에 선택할 수 있는 **기존 개체**는 시각화 내부에서 시맨틱 레이어에 있는 애트리뷰트와 메트릭 개체를 이용하여 OLAP 데이터 세트를 만들 수 있는 기능입니다. 데이터 추가 메뉴에서 [기존 개체…]를 선택하면 애트리뷰트와 메트릭 리스트를 보여주는 편집창이 표시됩니다. 여기서 원하는 개체를 더블 클릭하거나 오른쪽 선택 창으로 드래그 하면 데이터 세트를 구성할 수 있습니다.

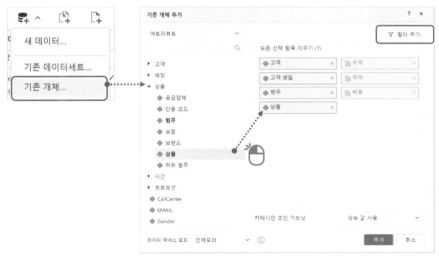

▲ 기존 개체 추가 편집기

위의 예에서는 고객 정보를 가진 애트리뷰트와 매출 관련 메트릭을 선택하였습니다. 실행하게 되면 전체 고객 리스트를 가져오게 됩니다. 오른쪽 상단 [필터 추가…]를 클릭하여 원하는 범위의 데이터만 가져올 수 있도록 리포트 필터를 정의할 수 있습니다. 다음은 필터에서 [2016년 수익 상위 100 명]인 조건을 필터에서 만든 모습입니다.

▲ 연도 2017 의 수익 상위 100 위 필터

필터까지 입력 후 [추가]를 눌러 저장하면 선택 개체로 구성된 OLAP 데이터 세트가 도씨에에 추가됩니다. 데이터 세트를 저장하면 자동으로 SQL 문을 생성하여 실행하고 결과를 도씨에에 데이터 세트로 가져옵니다.

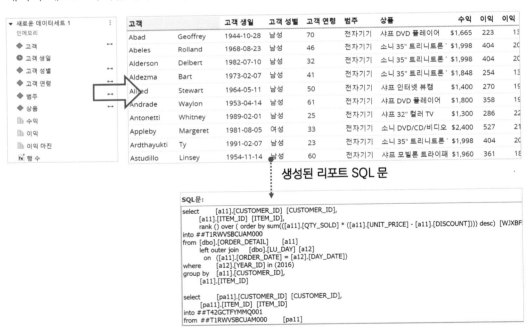

▲ 새로운 데이터세트로 추가된 결과와 쿼리문

OLAP 개체를 이용해서 만든 데이터 세트는 사용자가 신경 쓰지 않아도 마이크로스 트레티지 쿼리 엔진이 자동으로 쿼리를 생성하고 실행합니다. 또한 개체들도 자동 관리되어 분석 개체가 변경되거나 OLAP 데이터 세트 정의가 변경되는 경우 연관된 데이터 세트와 도씨에가 같이 변경됩니다. 이 방식은 쿼리를 익히기 어려운 일반 사용자들이 쉽게 데이터를 뽑을 수 있고 DW와 같은 전사 데이터 시스템을 기반으로 분석할 때 데이터 정합성을 보장하면서 데이터 세트와 시각화 대시보드 관리를 용이하게 해주는 장점이 있습니다.

외부 데이터 가져오기

시맨틱 레이어에 정의된 개체를 이용하는 OLAP 데이터 세트와 달리 외부 데이터는 사용자가 업로드한 엑셀 파일이나 텍스트 파일과 SQL 쿼리를 데이터베이스에 실행한 결과 데이터들입니다. 이런 외부 데이터를 추가하는 것을 **데이터 가져오기**라고 합니다.

외부 데이터는 도씨에를 만들 때 추가하여 개별 도씨에 내에서만 사용하는 방식과 데이터를 먼저 추가하여 저장한 데이터 세트를 도씨에로 불러오는 방법이 있습니다. 데이터 세트를 저장하고 사용하면 도씨에끼리 데이터 세트를 공유하여 사용할 수 있습니다. 단 데이터 공유는 서버 환경으로 접속했을 때만 가능합니다.

웹 환경에서는 첫 화면이나 폴더 리스트에서 [생성] -> [외부 데이터 추가]를 선택하여 데이터를 추가할 수 있습니다.

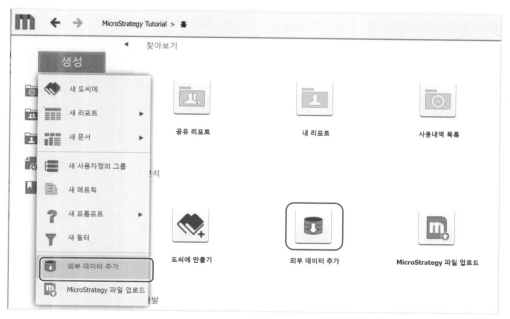

▲ 웹 환경에서 외부 데이터 추가

마이크로스트레티지 서버에 연결되어 있는 워크스테이션에서는 왼쪽 내비게이션 메뉴의 데이터 세트 옆의 ⊕ 아이콘을 누르면 외부 데이터 추가 대화창이 나타납니다.

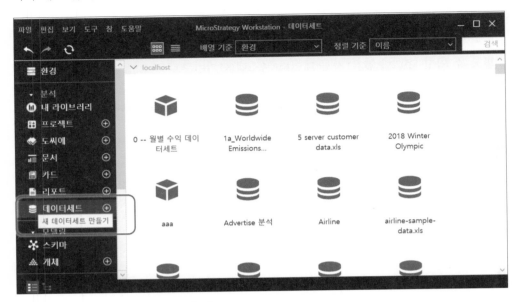

▲ 워크 스테이션의 데이터세트 추가

도씨에 편집 화면에서 데이터 세트를 추가하면 그 도씨에 내부에서만 사용하게 됩니다. 도씨에 상단 메뉴의 [삽입]이나 데이터 추가 🗃️ 아이콘을 클릭하고 [새 데이터…]를 선택하면 도씨에 내부에서 사용할 데이터 세트를 추가할 수 있습니다.

▲ 도씨에 편집 화면에서 새 데이터 추가

외부 데이터 추가 vs 도씨에 내부 데이터?

외부에 저장한 데이터 세트와 도씨에 내부에 저장한 데이터 세트는 사실 모두 같은 데이터 구조로 되어 있습니다. 외부에 저장한 데이터 세트는 서버에서 여러 도씨에가 참조 방식으로 공유하여 사용할 수 있습니다. 데이터 세트의 데이터가 업데이트 되거나 구조가 변경되면 참조하고 있는 도씨에가 모두 바뀐 내용을 자동으로 반영합니다. 그러나 도씨에 내부에서 저장한 데이터 세트는 변경이 발생해도 그 도씨에에만 영향을 미칩니다. 만약 작업중에 도씨에를 저장하지 않고 닫으면 가져온 외부 데이터도 사라지게 됩니다.

한가지 주의할 점은 도씨에 내부 데이터 세트는 도씨에가 복사되면 생기면 데이터 세트도 같이 복사가 됩니다. 복사본이 많아지게 되면 그만큼 서버 메모리나 개인 메모리 공간을 낭비하게 되고 버전 관리도 어려워집니다. 공용으로 사용할 데이터 세트가 많거나 도씨에 복사본을 많이 만들 것 같다면 외부에 데이터 세트를 저장하고 사용하는 게 좋습니다. 도씨에 내부에 추가한 데이터 세트도 나중에 데이터 세트 컨트롤 메뉴에서 [데이터 세트 저장]로 외부에 저장할 수 있습니다.

▲ 데이터 세트 외부 저장 기능

외부 데이터 연결

데이터 추가에서 [새 데이터…]를 클릭하면 데이터 유형을 선택하고 연결할 수 있는 [데이터 연결] 창이 표시됩니다.

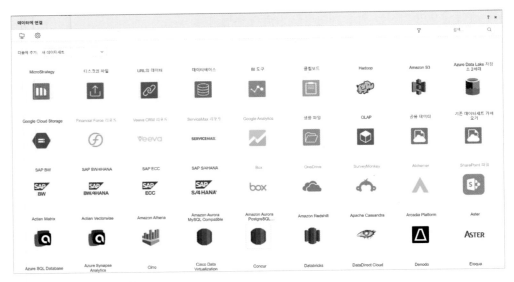

▲ 데이터 소스 선택창

연결을 지원하는 데이터 유형들은 크게 다음과 같이 나눌 수 있습니다.

■ **파일 데이터** - 엑셀, Text, CSV, JSON, SAS7BAT, 맵 시각화를 위한 GEOJSON 과 KML 유형을 업로드할 수 있습니다. 파일은 로컬 PC 나 서버의 폴더, URL 로 접근되는 경로와 AWS, Azure, Google 클라우드 저장소를 지원합니다.

■ **데이베이스** - Oracle, MySQL, SQL Server 등과 같은 일반적인 RDBMS 소스입니다. 미리 관리자가 구성해서 마이크로스트레티지 서버에 구성된 데이터 베이스 연결을 사용하거나 새 데이터 소스를 생성할 권한이 있다면 사용자가 새 연결을 만들 수 있습니다.

■ **OLAP** - MSAS, SAP BW, Oracle EssBase 같은 MDB 형식의 MOLAP 소스입니다.

■ **응용 프로그램 과 커뮤니티 확장** - SasS 방식의 Salesforce 등의 CRM 도구, Google Analytics 와 같은 분석 어플리케이션에 연결할 수 있는 소스들입니다.

■ **빅 데이터** - 빅 데이터와 연관된 소스들이 모여 있습니다. Hive, Impala, Presto 등의 SQL on Hadoop 방식의 빅 데이터 소스와 Amazon S3, Azure Datalake, 클라우드 스토리지에 파일을 저장해 놓은 파일 유형의 소스들을 지원합니다.

파일 유형 데이터 추가

데이터 소스에서 [디스크의 파일]을 선택하고 확인을 누르면 파일을 선택하는 대화창이 나타납니다. 파일을 선택하거나 업로드 창으로 드래그 앤 드롭 하면 [데이터 준비]가 활성화됩니다.

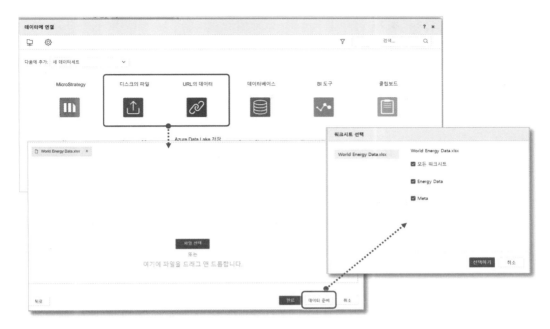

▲ 파일 선택 창 및 시트 선택

데이터 준비를 선택하면 파일이 업로드 됩니다. 시트가 여러 개 있는 엑셀 파일은 사용할 시트를 선택할 수 있습니다. 시트 선택 후 데이터가 업로드 되면 모델링을 할 수 있는 **미리보기** 작업창으로 연결됩니다. 여기서는 애트리뷰트와 메트릭 개체들을 구성하고 데이터 테이블을 연결할 수 있습니다. 모델링에 대해서는 다음 파트에서 상세히 설명하겠습니다. 하단의 [완료]를 클릭하면 업로드한 데이터가 데이터 세트로 저장됩니다.

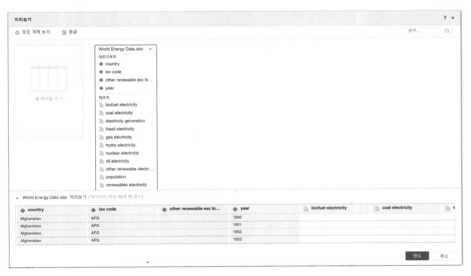

▲ 데이터 미리보기

데이터베이스 유형 추가

데이터 베이스 유형에서 데이터를 가져오는 절차는 다음과 같습니다.

❶ 가져오는 방식을 선택 – 테이블 선택, **쿼리 작성, 쿼리 입력**중에서 선택할 수 있지만 어느 방식을 선택해도 쿼리 엔진이 데이터 베이스에 쿼리를 실행하고 결과를 가져오는 것은 동일합니다.

❷ 데이터 베이스 연결 – 데이터 베이스에 쿼리를 실행하려면 우선 데이터 소스 연결 정보를 이용하여 연결해야 합니다. 연결 정보는 관리지가 서버에 미리 만들어 공유한 소스를 사용하거나 사용자가 필요한 연결 정보를 입력하여 만들 수 있습니다.

❸ 쿼리 구성 – 데이터 베이스 연결에 성공하면 데이터 베이스에 있는 테이블들 중에 사용할 테이블을 선택하거나 쿼리를 작성하여 필요한 데이터를 가져올 수 있습니다. 선택이나 작성 후 완료를 누르면 쿼리가 실행되고 실행 결과를 확인할 수 있습니다.

❹ 미리 보기 – 바로 저장을 하여 완료하거나 데이터 준비를 선택하여 데이터 미리보기 창으로 이동하여 모델링 작업을 하고 완료할 수 있습니다.

❺ 연결 방식 선택 – 저장 시에 실시간 연결과 인메모리 연결 중에 선택할 수 있습니다.

데이터 베이스 가져오기 옵션

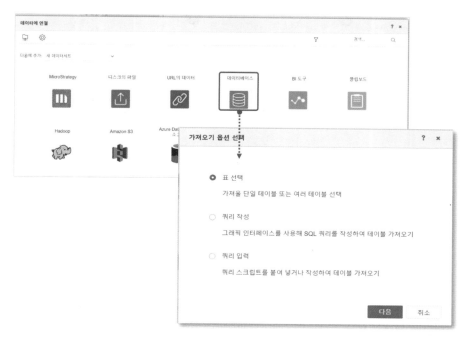

▲ 데이터 베이스 소스 선택 후 가져오기 옵션

데이터 베이스 유형을 선택하면 먼저 **표 선택 (테이블 선택)**, **쿼리 작성**, **쿼리 입력**의 세가지 가져오기 옵션 중에 하나를 선택해야 합니다.

📊 표 선택 – 데이터 소스의 테이블들을 선택합니다. 테이블 선택은 선택된 테이블 데이터 전체를 접근하게 됩니다. 데이터가 많지 않다면 모든 데이터를 가져와 **인메모리** 데이터 세트로 저장할 수 있지만 보통은 **실시간 접근** 모드로 처리하는 경우가 많습니다. 실시간 모드를 사용하면 시각화에서 사용하는 개체만 쿼리하여 실시간으로 데이터를 요청하여 가져오게 됩니다. 지역, 국가, 연도별 탄소 배출량 테이블을 선택하고 실시간으로 접근하겠다고 지정하면 시각화에서 연도와 배출량을 사용할 때 두개 데이터 항목만 쿼리하여 가져오게 됩니다. 표 선택은 다음 절차로 이루어집니다.

▲ 테이블 선택화면

❶ **데이터 소스 선택 –** 사용할 데이터 베이스 소스를 선택합니다. 상단의 ⊕ 아이콘을 눌러 데이터 소스를 추가할 수 있습니다. ODBC 나 JDBC 연결 정보가 필요합니다.

❷ **사용 가능한 테이블 –** 선택한 소스에 있는 테이블들 리스트입니다. 데이터 베이스 종류에 따라 테이블 스페이스나 소유자를 골라야 하는 경우가 있습니다. 여기서 선택한 테이블을 오른쪽 선택 창으로 추가할 수 있습니다.

❸ **선택된 테이블들 –** 현재 추가된 테이블들 리스트가 보입니다. 테이블을 제거하거나 추가할 수 있습니다.

📊 쿼리 작성

GUI 로 쿼리를 작성할 수 있는 쿼리 편집기입니다. 데이터 소스를 선택하여 사용 가능한 테이블 리스트를 조회한 다음에 테이블을 선택하여 추가하면 편집 영역에 테이블들이 표시됩니다. 편집 영역에서는 테이블간 조인을 설정, 조회할 컬럼 선택, 집계 함수를 설정할 수 있고 쿼리 실행 결과를 아래 **샘플 미리보기**에서 확인할 수 있습니다.

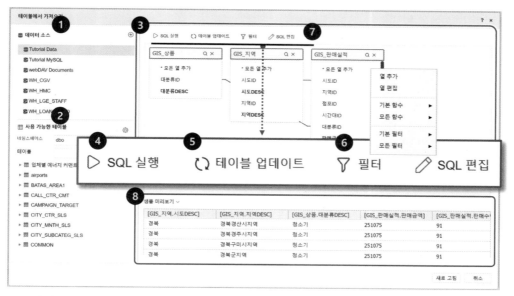

▲ 쿼리 편집기 UI

❶ **데이터 소스 선택** – 사용할 데이터 베이스 소스를 선택합니다. 상단의 ⊕ 아이콘을 눌러 데이터 소스를 추가할 수 있습니다. ODBC 나 JDBC 드라이버 연결 정보가 필요합니다.

❷ **사용 가능한 테이블** – 선택한 소스에 있는 테이블들 리스트입니다. 여기서 선택한 테이블을 오른쪽 선택 창으로 추가하면 테이블 컬럼 목록이 나타납니다.

❸ **테이블 편집 영역** – 선택한 테이블들이 표시됩니다. 테이블간 조인을 설정할 수 있고, 사용할 컬럼을 추가하거나, 테이블을 삭제할 수 있습니다.

❹ **SQL 실행** – 쿼리를 실행하여 결과를 아래 샘플 미리보기에 표시합니다.

❺ **테이블 업데이트** – 데이터 소스의 테이블이 변경된 경우 다시 불러옵니다.

❻ **필터** – 쿼리의 조건을 설정할 수 있습니다.

❼ **SQL 편집** – 쿼리 생성기에서 만들어진 쿼리를 확인하고 편집하는 SQL 편집기로 변경합니다. 사용할 방식에서 쿼리 입력을 선택한 것과 동일합니다. SQL 편집에서 수정하게 되면 다시 쿼리 편집기로는 변경할 수 없습니다.

❽ **샘플 미리보기** – 쿼리를 실행하고 결과를 확인합니다. 자동으로 1000 건만 가져오도록 쿼리에 limt 1000, rownum < 1000 등 데이터 소스에 맞는 쿼리 제한 문이 추가되어 실행됩니다.

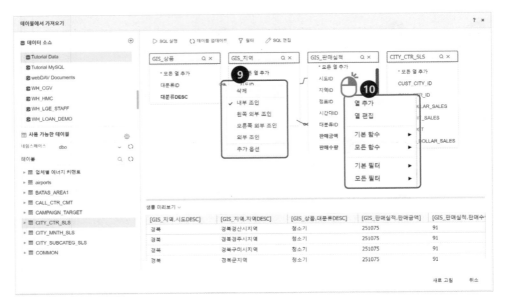

▲ 컬럼 컨트롤

❾ **조인 설정 –** 테이블 간 조인은 연결할 컬럼을 다른 테이블 컬럼으로 드래그 앤 드롭 하여 정의합니다. 기본 조인 설정은 내부 조인이지만 조인 연결 선을 우 클릭하면 조인 방식을 변경할 수 있습니다.

❿ **열 추가와 편집 –** 컬럼을 더블 클릭하면 SQL 문의 Select 대상으로 컬럼이 추가됩니다. 컬럼을 우 클릭하면 컬럼에 집계 함수와 필터를 설정할 수 있습니다. 집계 함수는 도씨에서도 변경할 수 있지만 쿼리 수준에서 Sum, Avg, Count 함수를 설정할 수 있습니다.

📊 쿼리 입력

사용하는 쿼리문을 바로 붙여서 사용할 수 있습니다. 기본 UI는 앞서 본 쿼리 편집기와 동일합니다. 데이터 소스를 선택하고 테이블 리스트를 볼 수 있습니다. 만약 테이블을 드래그하여 편집창으로 가져오면 모든 컬럼을 가져오는 Select 문이 추가됩니다. 쿼리 입력으로 시작하면 쿼리 편집기로 전환할 수 없습니다. 입력한 쿼리를 분석하여 다시 테이블 연결 구조로는 만들 수 없기 때문입니다.

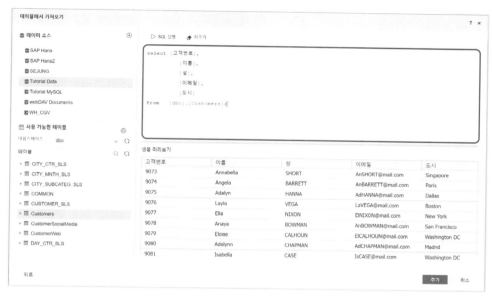

▲ 쿼리 입력기

데이터 액세스 모드

테이블을 선택하거나 쿼리를 사용하는 방식으로 데이터 베이스에서 데이터를 가져오게 되면 데이터 접근 방식을 정할 수 있습니다. **실시간 연결**과 **인메모리 데이터세트로 가져오기** 옵션 중에 선택할 수 있습니다.

▲ 데이터 엑세스 모드 선택

실시간 연결을 선택하면 도씨에 시각화에서 그 데이터 세트를 사용할 때마다 선택한 개체를 기반으로 쿼리를 생성하여 실행합니다. **인메모리**를 선택하면 데이터 세트의 결과 전체를 메모리로 로딩합니다. 이 방식은 시각화에서 데이터를 사용할 때 미리 메모리에 로딩된 데이터에서 연산하므로 속도가 매우 빠릅니다. 실시간인 경우는 데이터 소스의 속도와 데이터 양에 따라 속도가 가변적입니다.

데이터 접근 방식을 좀 더 자세히 설명하겠습니다. 데이터가 도씨에와 리포트에서 활용되기 위해서는 쿼리엔진에서 쿼리한 결과를 일단 서버 메모리로 로딩해야 합니다. 이 결과 데이터를 **캐쉬**라고 합니다. 캐쉬는 보통 데이터양이 작고 사용이 끝나면 메모리에서 내려가서 파일로 저장되거나 도씨에나 리포트를 저장하지 않고 닫는 경우 없어지기도 합니다. **인메모리**방식은 이 캐쉬를 확장하여 주로 대용량 데이터나 쿼리 실행이 오래 걸리는 결과를 메모리로 로딩하여 데이터를 빠르게 분석할 수 있게 해줍니다. 또한 데이터를 장기간 보관하면서 스케줄에 의해 업데이트, 추가, 삭제하는 작업과 모니터링 할 수 있는 관리 편의성을 제공합니다. 인메모리 유형에 로딩된 데이터 세트를 **인메모리 데이터세트**라고 합니다.

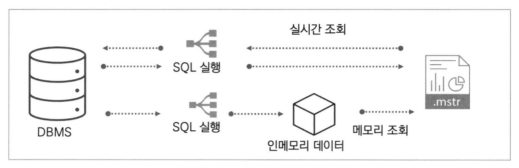

▲ 마이크로스트레티지의 데이터 조회 방식

실시간 연결은 실행시마다 SQL을 실행하고 그 결과를 가져와 잠시 메모리에 캐쉬로 가지고 있는 쿼리 방식이고 인메모리 데이터세트로 가져오기는 결과 데이터를 인메모리로 가져오는 방식입니다. 단, DBMS나 SQL on Hadoop과 같이 쿼리 실행을 지원하는 데이터 소스에서만 데이터 접근 방식을 선택할 수 있습니다. 파일 데이터들은 실시간 쿼리를 지원하지 않기 때문에 모두 인메모리 데이터세트로 저장됩니다.

사용자들이 많은 양의 데이터 가져오기로 데이터를 업로드하여 사용하면 서버 메모리에 문제가 없을까요? 보통 서버 메모리 공간은 사용자 PC 보다 크기 때문에 수백만에서 수억 건까지의 대용량의 데이터도 인메모리로 저장하여 사용할 수 있습니다. 그래도 서버 공간이 무제한은 아니기 때문에 제한이 있습니다. 그래서 사용자별 사용 가능한 개별 메모리 공간 최대치를 제한할 수 있고 서버 전체의 사용 공간 제한, 필요한 사람에게만 더 많은 메모리 공간을 할당해 주는 관리 기능이 있습니다.

데이터 가져오기 대화 창 하단의 링크를 클릭하면 표시되는 **데이터 저장소** 관리 화면에서 사용자들이 직접 업로드한 데이터 세트를 확인하고 얼마만큼의 메모리를 사용하고 있는지 확인할 수 있으며 편집, 삭제, 업데이트 등의 작업도 할 수 있습니다.

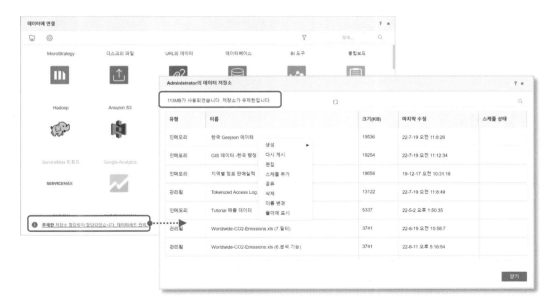

▲ 데이터 업로드 공간과 관리

데이터 가져오기 실습

앞서 실습에서 국가별 CO2 배출량 샘플 데이터를 사용했습니다. 여기에 다른 에너지 관련 데이터를 추가하여 에너지와 사용 트렌드를 같이 분석해 보려고 합니다. 사용할 엑셀 파일 [World Energy Data.xlsx]는 전 세계 국가별로 전기를 생산하는데 소비한 에너지의 종류별, 연도별 데이터입니다. 데이터 시트인 [Energy Data]에는 국가 명, 국가 코드와 같이 석탄, 가스, 수소, 석유, 풍력, 바이오 원료, 원자력 등 전기 생산에 소비된 에너지원별로 생산한 전기 생산량 메트릭들이 있습니다. 전기 생산 데이터는 주로 1985 년도부터 있고 인구수 메트릭은 1900 년도부터 데이터가 존재합니다. [Meta]시트에는 데이터를 설명하는 메타 정보가 있습니다.

▲ 데이터 샘플과 메타 정보

앞에서 하나의 엑셀 파일만 업로드 해서 사용했지만 데이터 가져오기는 여러 파일들을 업로드하여 같이 사용하는 것이 가능합니다. 기존 데이터 세트에 추가해서 이 데이터를 추가하겠습니다.

파일 가져오기

01. 기존 데이터 세트에 새로운 엑셀 데이터를 추가하려고 합니다. 도씨에에서 작업하는 경우 도씨에의 데이터 세트 이름을 우 클릭하여 [데이터 세트 편집…]을 클릭합니다. 데이터 세트에서 작업하는 경우는 데이터 세트를 우 클릭하여 [편집…]을 선택합니다.

▲ 데이터 세트 편집

도씨에 내부에서 편집을 실행하면 이 데이터 세트 자체를 변경하여 이 데이터 세트를 같이 사용하는 다른 도씨에도 같이 적용되게 하는 [데이터 셋 편집] 옵션과 아니면 데이터 세트를 복제하여 이 도씨에 내부에서만 사용하게 할 수 있는 [변경 사항 한정] 중에 선택할 수 있습니다. 됩니다. 둘 중에 아무 옵션이나 선택해도 되지만 [데이터 셋 편집]을 선택해 변경사항을 모두 공유할 수 있도록 하겠습니다.

02. 데이터 미리 보기 창이 열렸습니다. 여기서 왼쪽의 [새 테이블 추가]를 클릭합니다.

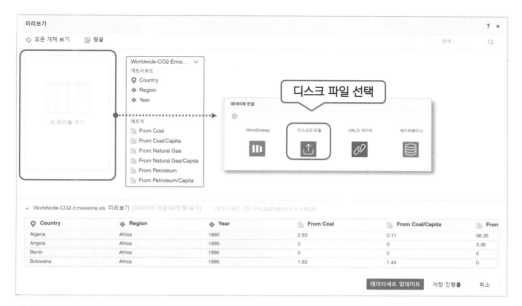

03. 데이터에 연결 창이 나타납니다. 데이터 소스 중에서 [디스크의 파일]을 클릭하고 엑셀 파일을 선택합니다. 파일 업로드 창에 파일을 끌어오거나 [파일 선택]을 클릭하여 대화창에서 파일을 선택합니다. 워크스테이션은 웹과 다르게 끌어오는 동작은 할 수 없으니 [파일 선택] 버튼을 이용하세요.

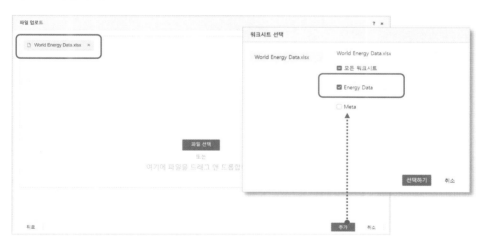

▲ 파일 업로드와 시트 선택

04. [추가]를 클릭하면 시트가 여러 개 있는 경우에 엑셀 파일내의 워크시트를 선택하는 창이 나타납니다. 어떤 시트들을 사용할지 선택할 수 있습니다. 여기서는 데이터만 사용하기 위해서 [Energy Data]만을 선택합니다. [Meta] 시트는 데이터 컬럼 정의와 설명이 있습니다. 엑셀에서 확인해 볼 수 있습니다.

05. 기존 데이터 외에 새로 추가된 엑셀 데이터가 옆에 나란히 표시됩니다. 이렇게 데이터

세트 편집기에는 여러 데이터들이 존재할 수 있습니다. 각각의 데이터들을 편의상 **데이터 테이블**이라고 부르겠습니다. 만약 실수로 [Meta] 데이터 시트를 같이 업로드 하셨다면 상단 아이콘을 누르고 데이터 테이블 제어 메뉴에서 삭제를 선택하면 데이터 테이블이 삭제됩니다.

▲ 새 데이터 업로드 후

06. 데이터 테이블이 여러 개 있으면 각 데이터 테이블을 같이 연계하여 분석할 수 있습니다. 데이터 테이블을 보면 [Country]와 [Year] 애트리뷰트 옆에 연결선이 표시됐습니다.

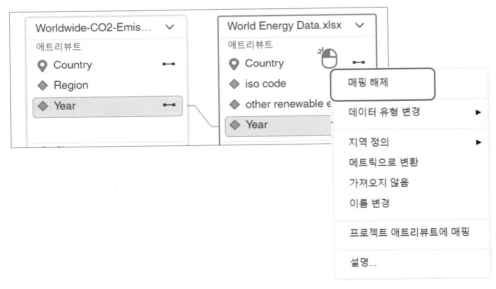

▲ 애트리뷰트 매핑과 해제

이 연결선이 있는 애트리뷰트는 두 테이블에 나눠져 있지만 같은 개체로 매핑된 것을 의미합니다. 두 데이터 테이블을 같이 사용할 때 이 매핑 애트리뷰트를 사용합니다. 매핑할 애트리뷰트가 있으면 다음 그림처럼 개체를 드래그 하여 매핑할 테이블의 컬럼 쪽으로 드롭합니다. 매핑 체크 버튼을 클릭하면 두 개체가 매핑됩니다.

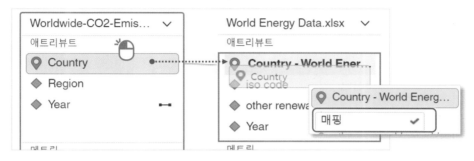

▲ 애트리뷰트를 드래그 하여 다른 테이블과 매핑 설정

07. 이제 미리보기 창 하단 [데이터 세트 업데이트] 버튼을 클릭하여 데이터 세트를 저장합니다. 기존 데이터 항목은 변경이 없었기 때문에 그대로 있고 새로 업로드한 데이터 파일이 업데이트 됩니다.

▲ 데이터 세트 업로드

08. 성공적으로 데이터가 업데이트되면 도씨에 편집창으로 돌아오게 됩니다. 데이터 세트 부분을 보면 새로 추가한 데이터의 애트리뷰트와 메트릭들이 표시됩니다.

09. 지금은 데이터가 한 세트로 표시되어 데이터 테이블간 구분이 어렵습니다. 데이터 세트 상단 컨트롤 아이콘을 클릭하여 메뉴에서 보기를 [평면 보기]에서 [테이블 보기]로 변경합니다. 데이터세트가 테이블별로 나눠진 트리 형식으로 표시됩니다. 데이터 개체가 어느 데이터 테이블 소스에서 왔는지 명확하게 볼 수 있습니다.

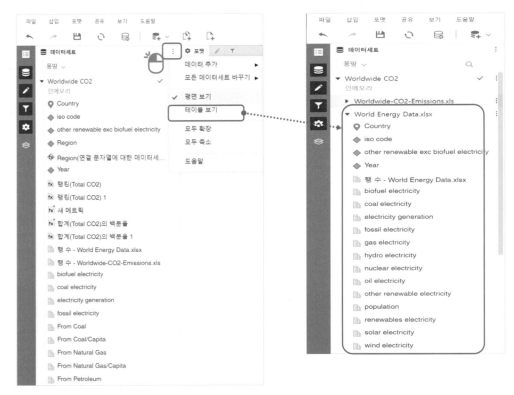

▲ 데이터 세트에 새로 추가된 항목들과 보기 방식 변경

데이터 확인해 보기

이제 시각화로 데이터를 확인하고 데이터 모델링과 데이터 정제 파트에서 데이터를 어떻게 정제하면 될지 생각해 보겠습니다. 업로드한 데이터는 국가별, 연도별, 생산 소스별 전기 생산량에 대한 메트릭을 담고 있습니다. 막대 차트로 확인하겠습니다.

10. 시각화를 추가하고 세로 누적 막대 차트를 선택합니다. 차트의 편집기에서 수평에는 [Year], 수직에는 [coal electricity], [oil electricity], [gas electricity] 순으로 메트릭을 배치합니다. 순서대로 데이터세트에서 항목들을 더블 클릭해도 차트가 표시됩니다.

11. 브레이크 바이에 [메트릭 이름]을 추가하고 브레이크 바이 유형을 [스택]으로 변경합니다. 다음 그림처럼 편집기에 애트리뷰트와 메트릭 개체를 배치하면 됩니다. 데이터는 1900년도부터 있지만 메트릭 데이터가 1985년부터 있기 때문에 스크롤해서 오른쪽으로 이동해야 전기 생산량에 대한 막대 항목이 표시될 것입니다.

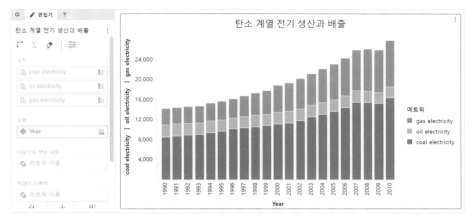

▲ 새로운 차트의 개체 항목들

12. 여기에 기존 [Total CO2] 메트릭을 오른쪽 축으로 추가하여 선으로 변경하는 이중 축으로 표시합니다. 여기 사용한 전기 생산 원천 메트릭은 모두 탄소 계열이니, 전기 생산과 총 탄소 배출량의 관계가 궁금합니다. 다음 차트를 보면 둘 사이의 증가에 대한 연관성이 있어 보이나요?

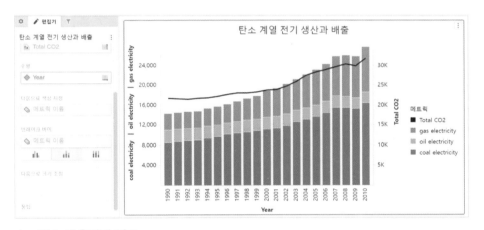

▲ 탄소 배출량과 비교

13. 전기 생산 메트릭을 재생 에너지로 바꾼 막대 차트도 의미가 있을 것 같습니다. 다음처럼 기존 시각화 차트를 복제하고 편집기에서 메트릭을 [other renewable electricity], [wind electricity], [solar electricity]로 교체하고 [Total CO2]는 제거합니다. 풍력 발전과 태양광 발전이 많이 증가한 것을 알 수 있습니다.

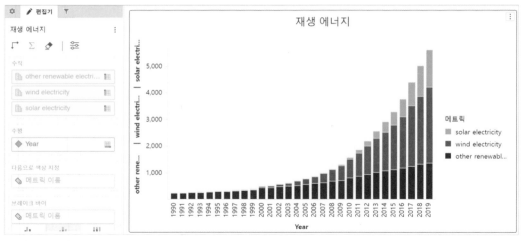

데이터의 범위가 1900 년~ 2019 년인데 전기 관련 데이터는 1985 년도부터 수집되었기 때문에 데이터가 표시되지 않습니다. 과거의 비어 있는 데이터는 제거하는 게 좋을 것 같습니다. 다음 파트에서 데이터를 정제하여 필요한 데이터만 가져올 수 있도록 하겠습니다.

데이터 정제를 하기 전에 차트에 필요한 데이터만 표시하고 싶다면 앞에서 사용했던 챕터 필터나 도씨에 필터를 이용하여 표시되는 기간을 조절할 수 있습니다.

다른 방법으로는 시각화의 추가 옵션에서 [메트릭 Null 및 0 숨기기]를 선택하면 비어 있는 값인 Null 과 0 인 데이터는 표시되지 않습니다.

▲ 필터와 Null 값 숨기기로 데이터 표시

데이터 가져오기의 미리보기 편집창

외부 데이터를 가져오는 경우 사용자가 분석에 적합한 형태로 데이터 관계를 구성해 주고 애트리뷰트와 메트릭 개체에 데이터를 매핑해 주는 작업을 수행해야 한다고 했습니다. 이런 분석 개체 구성과 매핑 작업을 **데이터 모델링**이라고 합니다. 데이터를 업로드 후 [미리보기] 창에서 다음과 같이 데이터와 분석 개체를 편집하는 기능들을 사용할 수 있습니다.

▲ 데이터 가져오기 미리보기 편집창 , 데이터 테이블 우 클릭 메뉴와 분석 개체 우 클릭 메뉴

이름 변경

데이터 항목 창에서 애트리뷰트나 메트릭을 우 클릭하고 메뉴에서 [이름 변경]을 선택하면 이름을 변경할 수 있습니다. 또는 개체를 더블 클릭하여 바로 변경할 수 있습니다. 데이터 미리보기 영역의 개체 헤더에서도 마찬가지로 개체를 선택하여 변경할 수 있습니다.

유형 변경

데이터를 업로드하면 분석 엔진이 자동으로 데이터 유형과 내용을 보고 애트리뷰트와 메트릭으로 개체를 매핑해 줍니다. 데이터 가져오기 엔진은 텍스트, 날짜 유형인 경우 애트리뷰트로 판단하고, 숫자 유형도 0,1,2 등의 몇 개의 정수들이 반복적으로 나타나면 메트릭 보다는 애트리뷰트 속성이라고 판단합니다. 숫자 유형의 분포가 불규칙 적인 경우는 메트릭으로 판단합니다. 이런 자동 매핑 유형은 개체를 우 클릭하고 메뉴에서 메트릭과 애트리뷰트로 서로 유형을 바꿔줄 수 있습니다. 또는 개체를 선택해서 애트리뷰트 영역과 메트릭 영역으로 드래그 앤 드롭으로 간편하게 변경할 수 있습니다.

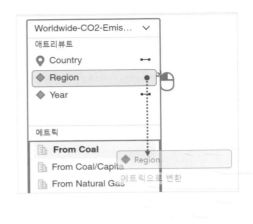

▲ 개체에서 우 클릭으로 유형 변환과 드래그 앤 드롭 방식으로 유형 변환

다중 폼 속성

애트리뷰트가 하나 이상의 폼을 가진 것을 **다중 폼 속성**이라고 합니다. 예를 들어 ISO 국가 코드와 국가 이름 컬럼을 가진 데이터가 있다면 이 두개 컬럼을 하나의 국가 애트리뷰트로 만들고 시각화에서는 필요에 따라 폼을 표시해서 사용할 수 있습니다. 데이터 가져오기로 다중 폼 속성을 만들 때는 다중 폼 애트리뷰트로 만들 컬럼들을 컨트롤 키를 누른 상태로 2 개 이상 선택하고 우 클릭합니다. 메뉴에서 [다중 폼 속성 만들기]를 클릭하면 폼 편집 대화창이 나타납니다. 여기서 폼 범주에 어떤 컬럼을 매핑할지 결정하고 다시 삭제하는 작업을 할 수 있습니다.

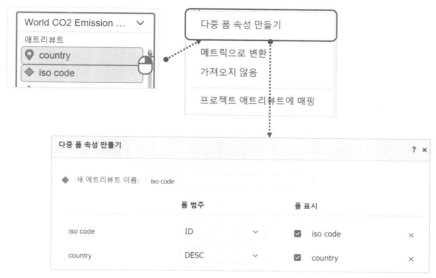

▲ 다중 폼 속성 만들기 대화창

완료 후에 데이터 미리 보기 창을 보면 애트리뷰트 밑에 폼이 여러 개 있는 형식으로 데이터
가 표시됩니다.

구문 분석

데이터 가져오기에서 사용하는 파일의 데이터 구성이 모두 동일하지는 않습니다. 보통 데이
터 첫 번째 행에 열 헤더 정보가 있는 경우가 많지만 그냥 첫 번째 행부터 데이터가 있는 경우
도 있습니다. 컬럼 구분자도 csv 파일처럼 보통 콤마기호[,]를 자주 사용하지만 탭 기호나 공
백 기호를 쓰는 경우도 있고 컬럼 데이터의 범위를 표시하기 위해 따옴표나 쌍 따옴표로 둘러
싸는 데이터도 있습니다.

데이터 배치도 다른 경우가 있습니다. 일반적으로 자주 사용하는 배치 형식은 열에 애트리뷰
트와 메트릭 개체가 있는 **테이블** 형식이지만 애트리뷰트 항목이 행과 열에 모두 있는 **크로스
탭** 유형도 있습니다.

구문 분석은 이러한 데이터 구성과 포맷을 변경할 수 있는 기능입니다. 예시를 위해 크로스탭
유형의 데이터를 사용하겠습니다. 사용할 샘플 데이터는 [사고유형별 법규위반별 교통사고통
계.csv] 데이터입니다.

01. 데이터를 업로드 하면 [분류 1], [분류 2] 애트리뷰트와 각 [법규 위반]별 건수 메트릭이 있
습니다. 물론 이대로도 사용할 수 있지만 메트릭이 각각 나누어져 있으면 분석 함수를 사용하
거나 데이터를 정렬할 때 번거로울 수 있습니다. 각각 나누어진 메트릭을 사용하지 않고 법규

위반 구분을 애트리뷰트로 만들고 메트릭은 [건수] 하나만 사용하고 싶습니다.

02. 데이터 테이블의 컨트롤 메뉴를 클릭하고 메뉴에서 [구문 분석…]을 선택하면 데이터 파싱을 위한 편집창이 열립니다.

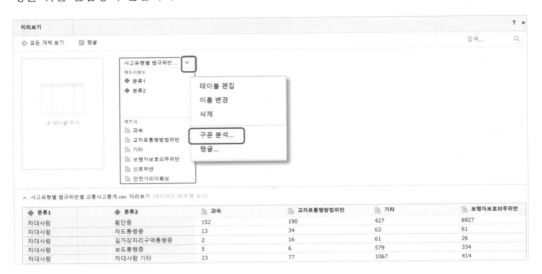

▲ 구문 분석 선택

03. 구문 분석 대화 창 상단에 구문 분석 옵션이 보이고 그 아래에 옵션에 따라 파싱된 결과 샘플 데이터가 표시됩니다.

구문 분석 대화 창의 각 기능은 다음과 같습니다.

▲ 구문 분석 옵션

❶ **보기** – 테이블 형식과 크로스 탭 형식 중에 선택할 수 있습니다. 크로스 탭으로 변경시에는 미리보기에서 열 컬럼을 조정해 줘야 합니다.

❷ 새 열 헤더 삽입 – 데이터의 첫 번째 행이 컬럼 헤더가 아니고 데이터인 경우에 선택합니다. 새로운 헤더가 삽입됩니다.

◆ Column 1	◆ Column 2	🗎 Column 10	🗎 Column 3
분류1	분류2	기타	과속
차대사람	횡단중	427	152

▲ 삽입된 열 헤더

❸ 건너 뛰기 – 데이터 상단에 공백 행이 있는 경우 건너뛸 행 수를 입력합니다.

❹ 구분 기호 – 콤마, 세미 콜론, 탭, 공백, 직접 구분자를 입력하는 사용자 정의 중에 선택할 수 있습니다.

❺ 인용 부호 – 데이터를 구분하기 위해서 사용하는 기호입니다. 작은 따옴표와 큰 따옴표 중에 선택할 수 있습니다.

❻ 적용 – 앞 파싱 옵션 대로 데이터를 파싱해서 미리보기에 표시합니다. 크로스 탭으로 선택하더라도 데이터 파싱을 먼저 해줘야 하기 때문에 앞 옵션들을 변경했다면 보기 모드를 바꾸기 전에 꼭 적용을 눌러줘야 합니다.

보기에서 [크로스 탭]을 선택하면 다음처럼 편집창이 변경됩니다. 데이터 파싱은 앞에서 선택한 옵션으로 적용해서 파싱 옵션은 없어지고, 데이터의 영역을 어떻게 구분할지만 나오게 됩니다.

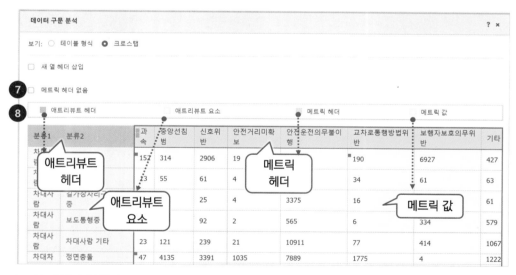

▲ 각 데이터 영역의 구분

❼ 메트릭 헤더 없음 – 각각 존재하는 메트릭 헤더를 무시하고 그 항목 값을 애트리뷰트로 변

환합니다. 선택하면 다음처럼 메트릭 헤더가 사라지고 애트리뷰트 항목으로 표시됩니다.

☑ 메트릭 헤더 없음

	애트리뷰트 헤더		애트리뷰트 요소		메트릭 헤더	

분류1	분류2	과속	중앙선침범	신호위반	안전거리미확보	안전운전의무불이행	교차로통행방법위반
차대사람	횡단중	152	314	2906	19	15888	190
차대사람	차도통행중	13	55	61	4	3331	34

❽ **분석 개체 항목 구분 영역** – 애트리뷰트 헤더와 항목, 메트릭 헤더와 값 영역을 색상으로 구분하고 있습니다. 아래 데이터 미리 보기에 파란 선과 점은 메트릭 데이터의 영역을 조정하는 컨트롤입니다. 선은 수평 수직으로 움직이고 점은 대각선 방면으로 움직입니다. 아래 예시를 보면 파란색 선을 클릭하여 드래그 한 경우와 점을 클릭하여 이동하는 경우 데이터 판단 범위가 어떻게 달라지는 지를 알 수 있습니다.

▲ 드래그하여 애트리뷰트를 메트릭으로 변경

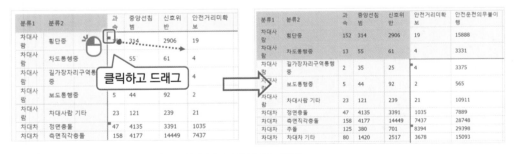

▲ 상단 점을 클릭하여 드래그 하여 애트리뷰트를 확장

04. 이 데이터는 항목 구분을 변경할 필요는 없이 [크로스탭]으로 보기를 바꾼 후 [메트릭 헤더 없음]만 체크해주면 다음과 같이 메트릭 항목들이 애트리뷰트로 변환될 수 있습니다.

05. 적용을 누르고 닫으면 데이터 미리보기로 돌아옵니다. 메트릭을 구분하던 열 헤더 항목은[Column3]로, 각 메트릭 값은 [Metrics]라고 새로 컬럼이 생겼습니다. 새 애트리뷰트 컬럼은 [법규 위반 구분], Metrics 는 [건수]로 변경합니다.

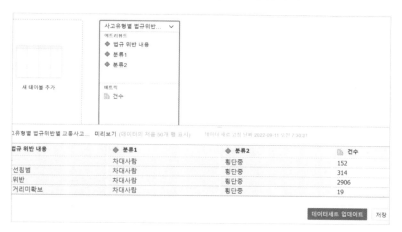

▲ 구문 분석 후의 데이터 미리보기

06. [데이터 세트 업데이트]를 눌러 새로운 데이터 세트를 저장합니다.

🐱 그리드 시각화나 그래프 매트릭스에서 데이터 열과 행을 바꾼 피봇팅처럼 이 구문 분석에서 테이블로 바꾼 것은 데이터 피봇팅입니다.

데이터 항목 필터

데이터 테이블에서 사용하지 않을 항목은 그 개체를 우 클릭하고 메뉴에서 [가져오지 않음]으로 제거할 수 있습니다.

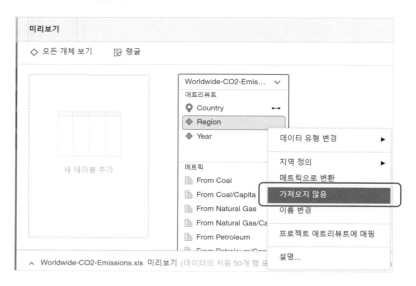

이렇게 제거한 항목은 데이터 테이블의 컨트롤 메뉴에서 다시 [모든 열 표시]로 다시 추가할 수 있습니다.

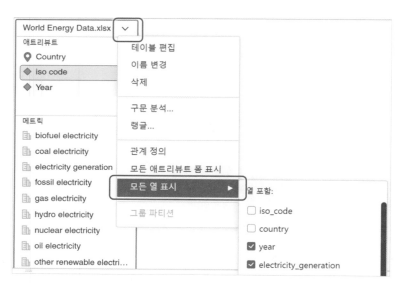

▲ 모든 열 표시로 다시 데이터 추가

데이터를 업로드 한 이후에 편집하는 경우 [모든 열 표시]가 메뉴에 나타나지 않는 경우가 있습니다. 이 때는 [테이블 편집]으로 다시 원본 데이터를 업로드하면 됩니다.

데이터 유형 변경

마이크로스트레티지에서 사용하는 데이터 유형은 크게 **텍스트**, **숫자**, **날짜**의 세 가지 형태가 있습니다. 숫자의 경우는 정수, 부동, 실수 등의 유형을 지원합니다. 데이터 가져오기를 하면 우선 데이터의 샘플로 데이터 유형을 유추하여 자동으로 설정합니다. 그러나 사용자가 직접 데이터 유형을 변경해줘야 하는 경우들이 있습니다. 예를 들어 상품 코드처럼 0010011, 0010012 같은 데이터의 앞 2 자리를 잘라서 대분류 코드를 만들고 싶거나 앞의 00 을 그대로 유지하고 싶다면 텍스트 유형으로 바꾸어야 합니다.

반대로 수치 값이 텍스트라면 집계가 되지 않기 때문에 숫자형으로 바꾸어야 합니다. 예를 들어 시각화에서 메트릭 값의 유형이 숫자가 아닌 텍스트로 되어 있는 경우, 상세 데이터에는 표시되지만 집계했을 때는 표시되지 않습니다. 텍스트의 합계, 평균, 표준 편차는 계산할 수 없기 때문입니다. 또 데이터의 숫자가 큰 경우 실수나 Big Decimal 등의 큰 숫자 유형으로 변경해야 Overflow 에러로 데이터가 표시되지 않는 것을 예방할 수 있습니다.

▲ 왼쪽 : 애트리뷰트에서 선택 가능한 데이터 유형, 오른쪽: 메트릭에서 선택 가능한 유형

애트리뷰트는 기본 유형 외에도 다른 유형 몇 가지를 더 선택할 수 있습니다. 위 그림을 보면 애트리뷰트는 HTML 태그, URL, 기호 등을 더 선택할 수 있습니다.

데이터 테이블 연결

데이터 가져오기는 엑셀 시트, 텍스트 파일, DB 소스, 외부 어플리케이션 등 여러 데이터를 하나의 데이터 세트로 만들어 사용할 수 있습니다. 이 때 동일한 데이터 테이블들을 연결하면 데이터 테이블들을 연계 분석할 수 있습니다.

데이터 테이블 연결은 컬럼 이름과 데이터 유형이 동일한 경우에 자동으로 매핑 되는 자동 방식과 수동으로 연결해주는 수동 방식이 있습니다. 수동으로 연결하더라도 데이터 유형은 동일해야 연결이 가능합니다. 매핑이 안된다면 데이터 유형이 같은 지 먼저 확인해 봅니다. 연결할 때는 애트리뷰트 개체를 다른 데이터 테이블 애트리뷰트로 드래그 앤 드롭해서 연결합니다. 연결을 끊을 때는 연결된 애트리뷰트를 우 클릭하여 메뉴에서 [매핑 해제]로 연결을 끊을 수 있습니다.

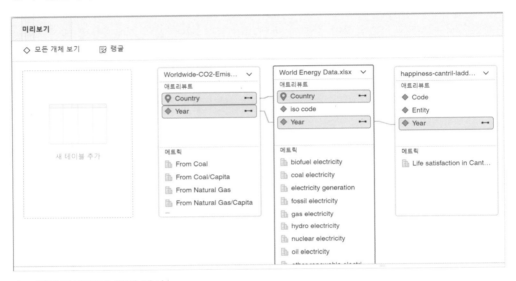

▲ 데이터 테이블 연결 예시

이렇게 연결한 후에 시각화에서 여러 데이터 테이블의 데이터를 사용하면 내부적으로는 분석 엔진에서 연결 애트리뷰트를 기준으로 조인을 수행합니다. [연도별 탄소 배출량]과 [전기 생산량]을 같이 표시했다면 분석 엔진이 연도를 기준으로 두 데이터를 조인합니다. 생각한 대로 데이터가 표시되지 않거나, Null 로만 나오거나, 한 메트릭이 동일한 값들만 표시되어 나오면 데이터 연결이 잘 되었는지 확인해 보세요. 데이터 테이블 간 조인 방식은 연결한 데이터 사이에 매칭되지 않는 데이터가 있더라도 누락되지 않도록 [풀 아우터] 조인방식을 사용합니다. 이 조인 방식은 자동으로 관리되므로 임의로 변경할 수 없습니다.

개체 관계 정의

애트리뷰트 항목들의 연관 관계에서 **상-하위** 관계를 설정하는 것을 **관계 정의**라고 합니다. 예를 들어 연도, 월, 일자 애트리뷰트가 있을 때, 연도는 월과 일의 상위에 해당합니다. 일자는 연도와 월의 하위 애트리뷰트에 해당됩니다. 하나의 데이터 세트나 데이터 테이블을 사용할 때는 굳이 애트리뷰트의 상-하위 관계를 지정하지 않아도 되지만 여러 데이터 세트들이 연계될 때는 데이터 간의 조인과 정확한 집계를 위해서 상-하위 관계를 지정해야 할 경우가 있습니다.

상-하위 관계는 데이터 개체 헤더를 우 클릭하여 메뉴에서 [관계 정의]를 선택하면 열리는 편집 창에서 새 관계를 정의하거나 기존 관계를 변경하고 삭제할 수 있습니다.

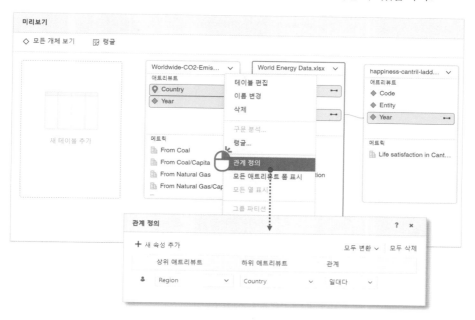

관계는 [일대다], [일대일] 중에서 선택할 수 있습니다. 샘플 데이터처럼 국가 코드와 국가 명은 하나의 코드에 하나의 국가명이 일치하므로 [일대일 관계]입니다. [Region]과 [Country]처럼 하나의 지역에 여러 국가가 있는 경우는 [일대다 관계]에 해당됩니다.

모든 개체 보기

가져오기 편집창의 가장 왼쪽 상단에는 [모든 개체 보기] 기능이 있습니다. 여러 데이터 테이블에서 가져온 애트리뷰트와 메트릭을 한눈에 확인할 수 있어 편리합니다. 미리 보기에서는 각각의 데이터 테이블에서 했던 개체 변환 작업, 데이터 유형 변경 등의 편집 작업을 한 번에 할 수 있습니다.

▲ 모든 개체 보기와 편집 기능

개체 편집 외에도 애트리뷰트 검색 속도 향상을 위해 미리 인덱싱을 할 수 있습니다. 애트리뷰트 옆의 체크 버튼을 체크하여 지정하면 해당 애트리뷰트는 항목들이 인덱싱이 되어 필터에서 검색시에 빠르게 검색할 수 있습니다. 파티션 애트리뷰트를 지정하면 대량 데이터를 애트리뷰트 기준으로 여러 개의 파티션으로 나눠 로딩하여 적재할 수 있는 데이터 양이 늘어납니다. 보통 파티션 개수는 서버 CPU 코어수 만큼 지정합니다.

데이터 정제

시각화에서 사용하는 데이터가 정확하지 않다면 잘못된 결과를 표시하거나 의사 결정에 잘못된 영향을 주게 됩니다. 정확하지 않은 데이터로 시각화를 아무리 보기 좋게 구성해 봐야 결국엔 예쁜 쓰레기를 만들어 버릴 수 있습니다. 그래서 데이터 과학자들이나 데이터 엔지니어들은 데이터 분석에 있어서 가장 중요한 것이 데이터 정합성이라고 얘기합니다. 실제 데이터 분석 작업 시간 중에 제일 많은 시간을 쓰는 부분도 데이터 정제와 준비 작업입니다.

개인 분석 작업에서는 정제가 잘 되어 있지 않아도 큰 문제가 되지 않을 수 있지만 조직내에서 의사 결정 작업을 위해 활용하는 데이터의 정합성은 매우 중요합니다. 그래서 많은 기업들이 이런 작업을 위한 데이터 부서와 Data Warehouse 나 Data Mart 시스템을 운영하여 사용자들이 쉽게 정합성 있는 데이터를 이용할 수 있도록 하고 있습니다.

그러나 사용자가 직접 업로드한 데이터는 사용자가 직접 데이터 정합성을 책임져야 합니다.

마이크로스트레티지는 사용자가 간단히 데이터를 정제할 수 있는 **데이터 랭글(Wrangle)** 기능을 제공하고 있습니다. 데이터 랭글은 원본 데이터를 변경하여 다른 유형의 데이터로 변환하는 프로세스를 뜻합니다.

데이터 정합성 확인해보기

랭글 기능을 사용해 보기 앞서 업로드한 데이터에서 수정할 사항이 없는지 확인해 보도록 하겠습니다. 그리드 시각화에 [Year], [Country] 와 [Total CO2], [electricity generation] 메트릭을 추가해 검토해 보면 몇 가지 수정해야 할 점이 있는 걸 확인할 수 있습니다.

📊 **데이터 기간** – 1900 년도부터 데이터가 존재하지만 특정 연도 이전은 대부분의 데이터가 공백이라서 필요가 없습니다.

Country	Year	Total CO2	electricity generation
Afghanistan	1997	1.42	
Afghanistan	1998	1.39	
Afghanistan	1999	1.41	
Afghanistan	2000	1.33	0.467
Afghanistan	2001	0.85	0.592
Afghanistan	2002	0.85	0.687
Afghanistan	2003	0.68	0.939

📊 **지역이 국가와 같은 레벨에 위치** – 데이터 중에 국가가 아닌 지역합계가 같이 들어 있습니다. 데이터를 보면 "Afghanistan" 아래에 "Africa"가 표시되어 있고 더 살펴보면, "North America", "Asia Pacific", "World" 등도 합계 데이터입니다. 이 데이터를 그냥 사용하면 총합계가 중복되어 틀린 데이터가 나옵니다. 데이터 단계에서 정제하는 게 좋습니다.

📊 **국가 이름이 변경 되거나 데이터 세트에 따라서 다른 이름으로 존재** – 대한 민국도 "South Korea", "Republic of Korea"와 같이 여러 개가 혼용되는 것처럼 데이터에 따라서 국가를 다르게 표시한 경우가 있습니다. 이전에 사용한 데이터 [Worldwide-CO2-Emissions.xls]는 "Korea, South"를 국가명으로 쓴 반면 새로 올린 데이터 [World Energy Data.xlsx]는 "South Korea"를 사용했습니다. 서로 다른 이름의 같은 항목 데이터를 하나로 통일하고 싶습니다.

Country	Total CO2	electricity generation
Korea, North	1,649.98	
Korea, South	8,927.44	
North Korea	0.00	376.295
South Korea	0.00	11567.69

이제 데이터 랭글을 이용하여 데이터를 정제하면서 이런 부분들을 고쳐 보도록 하겠습니다.

데이터 정제 UI 열기

데이터 정제는 실제 데이터를 보면서 바로 정제 결과를 바로 확인할 수 있는 **WYSYWIG** 형식의 에디터를 제공합니다. 데이터세트 편집화면에서 실습으로 진행하겠습니다.

01. 도씨에 데이터세트 패널에서 [데이터세트 편집...]을 클릭합니다. 데이터 테이블 중, 업로드 했던 엑셀 파일 [World Energy Data.xlsx] 헤더 아이콘을 클릭하고 메뉴에서 [랭글]을 선택합니다.

02. 데이터 세트를 이미 저장한 경우, 다시 엑셀 파일을 업로드 해줘야 합니다. 파일 선택창에서 파일을 업로드 해줍니다.

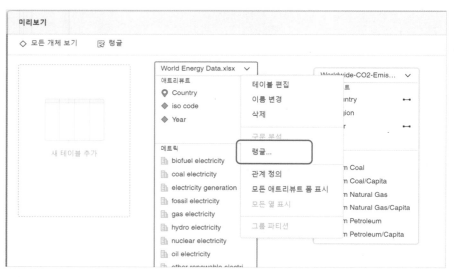

03. 데이터 랭글 에디터가 오픈 됩니다.

다음은 랭글 에디터 각 부분의 기능입니다.

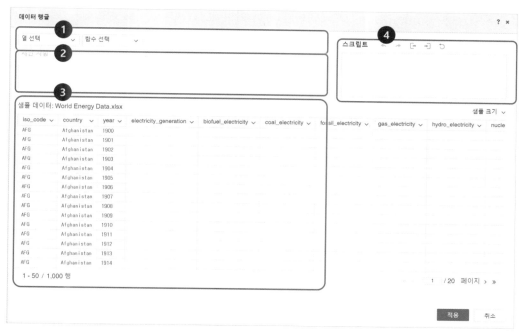

❶ **열 선택** – 데이터의 컬럼들을 선택할 수 있습니다. 샘플 데이터 탭의 컬럼을 선택하면 그 컬럼으로 바뀌게 됩니다. 함수 선택은 그 열에 적용할 작업들을 선택할 수 있습니다. 데이터 분할, 추출, 삭제, 찾기 바꾸기 등과 같은 데이터 유형 변경과 같은 함수들이 있습니다.

❷ **제안 사항** – 선택한 열이나 선택한 데이터 항목에 대해 자주 사용하는 기능들을 표시합니다. 예를 들어 텍스트 컬럼을 선택하면 [비어 있는 경우 행을 삭제]와 같은 추천 기능이 표시됩니다.

❸ **샘플 데이터** – 데이터 샘플 1,000 개를 보여줍니다. 변형 작업시에 어떤 모습이 될지 미리 보여주기도 합니다. 오른쪽 샘플 크기에서 보여줄 행 개수를 최대 10,000 개까지 지정할 수 있고, 첫번째 행수를 기준으로 할지, 랜덤하게 표시할지 선택할 수 있습니다.

❹ **스크립트** – 랭글 작업들은 단계적으로 이루어지게 됩니다. 스크립트 창에서는 적용한 단계를 되돌리거나 재 적용하는 등의 실행 취소와 재실행을 할 수 있습니다. 최종 스크립트를 다운로드해서 보관하거나 보관한 스크립트를 다시 업로드 할 수 있습니다.

랭글은 상당히 많은 기능을 가지고 있습니다. 모두 설명하는 것보다는 자주 사용하는 기능과 앞서 점검했던 데이터의 개선점을 반영하는 방식으로 진행하도록 하겠습니다.

데이터 삭제하기

우선 불필요한 데이터를 삭제하겠습니다. 랭글 UI 에 처음 진입하면 파일의 앞부분이 순서대로 표시됩니다. "Afghanistan"의 데이터가 가장 먼저 표시됩니다. 전체 데이터 규모를 파악하기 위해서 데이터 표시를 랜덤하게 바꾸도록 합니다. 에디터의 샘플 데이터 탭의 오른쪽 상단의 [샘플 크기]를 이용해서 조절할 수 있습니다.

데이터 창을 이용한 데이터 삭제

04. 샘플 크기를 클릭합니다. 선택 창에서 [첫 번째]를 [임의]로 변경하고 적용을 눌러서 샘플 크기를 반영합니다. 옆의 행수를 늘리거나 줄여서 랭글 엔진이 판단할 데이터 건수를 바꿀 수 있습니다. 최대 값은 10,000 행입니다. 데이터가 랜덤하게 표시된 걸 확인할 수 있습니다. 데이터 표시 부분의 아래쪽 페이지 부분에서 다른 페이지로 이동할 수 있습니다.

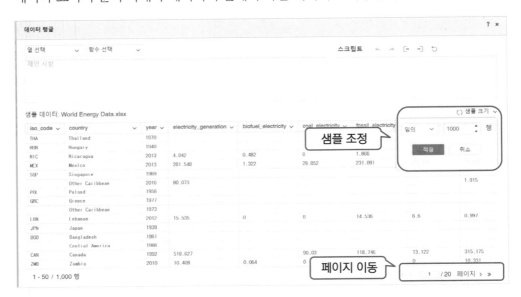

▲ 샘플 크기 지정 과 페이지 이동

05. 데이터를 보면 지역 합계 데이터인 행에는 국가 3 자리 코드인 [iso_code]가 없습니다. 이 필드가 비어 있는 데이터는 삭제해서 국가별 데이터만 나오도록 합니다. 데이터에서 iso_code 컬럼 헤더를 클릭하면 자동으로 상단 드롭 다운에도 같은 컬럼이 선택됩니다. 그 아래 제안 사항 영역에는 컬럼에 적용할 수 있는 변경 작업들이 표시됩니다. 선택 항목을 스크롤하여 [셀이 비어 있는 행 제거[iso_code]]를 클릭합니다. 이 작업은 [iso_code] 컬럼의 값이 비어 있는 행을 삭제합니다.

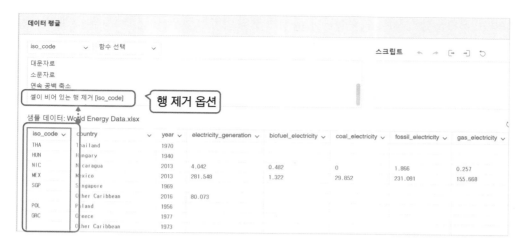

06. 클릭 후 데이터를 보면 비어 있는 행이 삭제되었습니다. 오른쪽 스크립트 탭에는 방금 정제한 작업이 보이게 됩니다. 삭제된 행의 개수도 표시됩니다. 여기서 삭제된 행은 샘플 데이터만을 대상으로 하기 때문에 실제 적용될 행 수 와는 다를 수 있습니다.

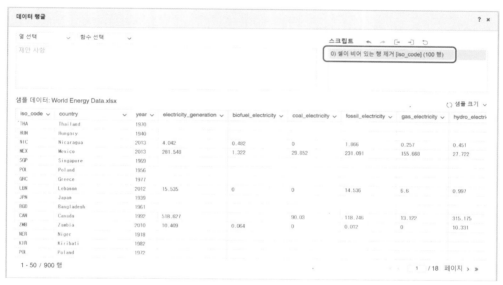

▲ 작업 후 랭글 편집기 화면

07. 다시 데이터를 보면 전 세계 합계인 "World"는 [iso_code] 값이 있었기 때문에 남아 있습니다. 이 데이터도 삭제해야 합니다. 임의로 데이터가 표시되기 때문에 "World" 항목이 안 보일 수 있습니다. 아래쪽 페이지 이동 버튼으로 [Country]에 "World" 항목이 나타날 때까지 다른 페이지로 이동합니다.

08. [Country]컬럼에서 항목을 찾으면 마우스로 "World" 항목을 드래그하여 선택하면 상단의 데이터 제안 부분이 선택한 텍스트에 따라 변경됩니다. 그 중에 아래 부분에 있는 [셀에

"World"가 포함된 행 삭제]를 클릭합니다. 7 개의 행이 삭제된 것이 상단스크립트 창에 표시됩니다.

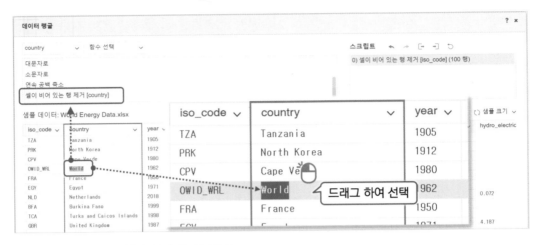

▲ 데이터를 드래그하여 선택 후 행 제거

열 선택기를 이용한 데이터 삭제

마우스로 삭제할 항목을 샘플 데이터에서 클릭하지 않아도 상단 열 선택기를 이용하여 같은 작업을 할 수 있습니다. 열 선택기에서 열을 선택하면 아래에는 자주 사용하는 함수들이 표시되고 열 바로 옆의 드롭 다운에는 랭글에 적용가능한 전체 함수들이 나타납니다.

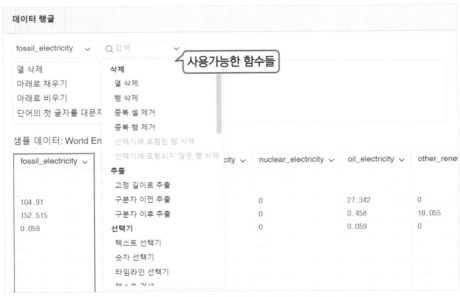

열을 먼저 선택 후 함수를 이용해서 데이터를 삭제해 보겠습니다.

09. [Country] 열을 선택 후에 오른쪽 함수 창에 표시된 함수들 중에서 [행 삭제]를 선택합니다. 함수 오른쪽에 조건을 입력하는 창이 나타납니다. 먼저 셀 위치에서 삭제할 조건을 선택합니다.

10. [같음]은 정확히 일치하는 값을 찾습니다. [포함]은 텍스트 중에서 입력한 텍스트가 존재하는 경우입니다. [다음으로 시작], [다음으로 종료] 같은 경우는 첫 부분이나 끝 부분에 텍스트를 확인합니다.

11. [같음]을 선택후에 "World"를 입력하고 적용 버튼을 클릭합니다. "World"가 포함된 데이터 행들은 삭제됩니다. 영문은 대소문자를 구분하니 주의하세요.

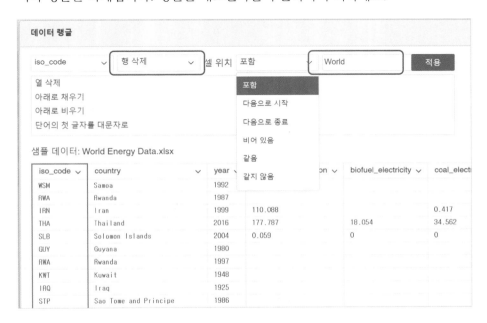

선택기를 이용한 변환

변환할 데이터가 많은 경우에 일일이 찾아서 조건을 적용하는 게 번거로울 수 있습니다. 샘플 데이터는 1900년도부터 데이터가 있지만 측정되지 않은 값들이 많아 의미가 없기에, 1990년 이전 데이터는 삭제하려고 합니다. 일일이 연도를 찾아서 삭제하지 않아도 **선택기**를 이용해서 한 번에 범위를 삭제할 수 있습니다.

선택기를 이용하면 먼저 해당 열에 존재하는 데이터 값들을 확인할 수 있습니다. 확인한 값들 중에서 삭제할 항목들을 쉽게 선택할 수 있어 반복적인 변환 작업에 유용하게 사용할 수 있습니다. 선택기는 데이터 유형에 따라서 두가지 방식이 있습니다.

■ **텍스트 선택기** – 데이터가 텍스트 유형인 경우에 항목들의 개별 값과 건수를 보여줍니다.

📊 숫자 선택기 – 데이터가 숫자 유형(정수나 부동 소수를 모두 포함)인 경우 막대 그래프 방식으로 데이터의 분포를 보여주고 삭제할 범위를 선택할 수 있습니다.

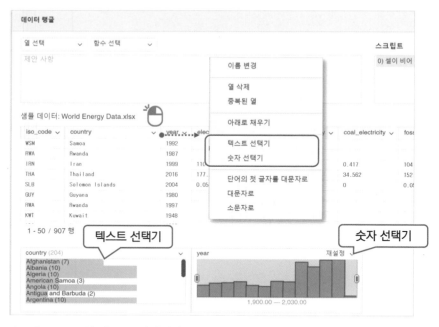

▲ Country 의 텍스트 선택기와 year 의 숫자 선택기

🐱 선택기에서 사용하는 데이터의 분포는 샘플 데이터의 분포입니다. 더 넓은 범위의 데이터를 확인해 보기 원한다면 샘플 데이터의 크기를 조정해 주세요.

이제 숫자 선택기를 이용하여 연도를 조정해 보겠습니다.

12. 샘플 데이터의 열에서 [Year] 컬럼의 아래쪽 화살표를 클릭하고 메뉴에서 [숫자 선택기]를 클릭합니다 샘플데이터 하단에 막대 그래프가 표시됩니다. 해당 데이터는 1900 년도부터 2030 년까지 존재하는 것을 볼 수 있습니다.

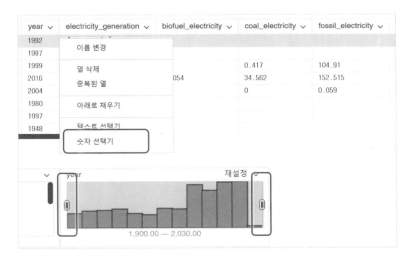

13. 그래프에 범위를 조정할 수 있는 핸들이 보입니다. 왼쪽과 오른쪽 핸들을 클릭하여 조정해 봅니다. 하이라이트 된 영역이 줄어들면서 아래쪽에 있는 연도의 시작 값이 변경됩니다. 1990 년이 표시될 때까지 드래그 하여 이동합니다. 마찬가지로 오른쪽의 버튼도 클릭하고 왼쪽으로 드래그하여 2020 년 까지만 나타나게 조정합니다.

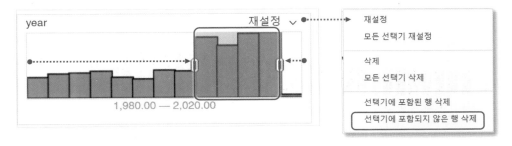

▲ 오른쪽 선택기 선택

14. 막대 그래프 상단의 [재설정]을 클릭하면 선택 영역에 대한 옵션이 표시됩니다. 메뉴에서 선택기의 설정을 재설정하거나 선택기 자체를 삭제할 수도 있습니다. 아래쪽 [선택기에 포함되지 않은 행 삭제]를 클릭하면 현재 범위에 포함되지 않은 데이터가 삭제됩니다. 선택하면 막대 차트도 1990 년부터 2020 년 까지만 나오게 업데이트되고 나머지 선택되지 않은 데이터는 삭제됩니다. 여기서 다시 분포를 보고 작업할 수 있습니다.

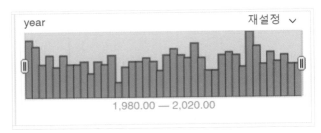

▲ 선택으로 데이터 삭제 후의 데이터 분포

15. 적용 버튼을 눌러 랭글 작업을 종료합니다. 데이터 세트 편집 화면에서 [데이터 세트 업데이트] 버튼을 눌러서 저장합니다. 앞서 수행한 랭글 작업은 샘플 데이터만을 대상으로 하였습니다. 완료를 눌러 저장할 때 전체 데이터에 대해 랭글 작업을 적용하고 다시 게시하게 됩니다. 데이터 건수가 많은 경우에는 시간이 조금 걸릴 수도 있습니다.

이제 정제한 결과를 확인해 보겠습니다. 막대 차트로 [Year], [electricity generation]를 표시하면 1990년도부터 데이터가 표시됩니다. 연도를 [Country]로 교체해서 확인해 보면 지역 합계나 전 세계 합계 없이 각 국가들만 나타납니다.

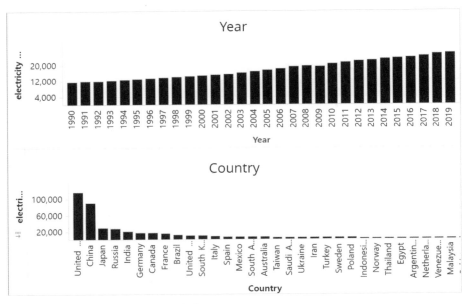

▲ 랭글링 후의 업데이트 된 시각화

데이터 변경

데이터에서 한국을 찾아보면 한국 영문명을 "South Korea", "Korea, South"로 각 데이터 테이블이 다르게 사용하고 있습니다. "South Korea"로 통일해 보겠습니다. 그러려면 "Korea,

South"를 변경해야 합니다. 두개의 데이터 세트 중에서 [Worldwide-CO2-Emissions]에서 항목 데이터를 수정하겠습니다.

16. 다시 데이터 세트 편집기에서 해당 데이터 세트를 선택하고 [랭글]을 선택합니다. 그러면 다시 샘플 데이터를 업로드해야 합니다. 샘플 데이터 재 업로드가 완료되면 데이터 랭글 편집창이 열립니다.

17. [Country]에서 "Korea, South" 항목을 찾기 위해서 샘플 크기를 [임의]로 변경합니다. 이제 [Country] 열을 클릭 후에 메뉴에서 [텍스트 선택기]를 선택합니다. 아래 선택기 영역에 [Country] 항목들과 빈도 리스트가 나타납니다.

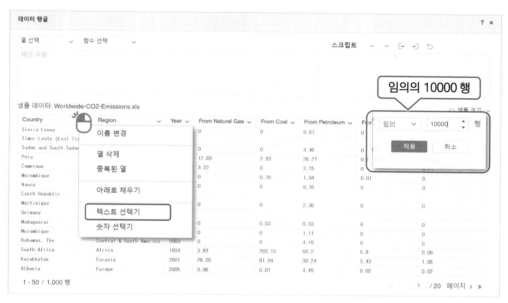

▲ 임의 데이터 선택과 텍스트 선택기 활성화

18. 스크롤 바를 내려 "Korea, South" 항목을 찾은 후에 [편집]을 클릭합니다. 마우스를 항목에 올린 후 편집을 클릭하고, 입력창에 기존 텍스트를 지운 후 "South Korea"를 입력합니다. 적용 아이콘을 클릭하거나 엔터키를 눌러 편집을 완료합니다.

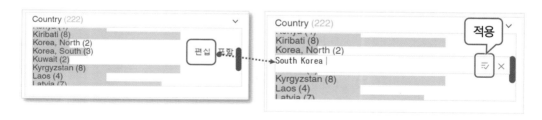

19. [적용] 버튼을 클릭하여 데이터 랭글을 종료합니다. 데이터 세트 편집기에서도 [데이터

세트 업데이트]를 클릭하여 편집을 종료합니다.

완료 후에 필터나 시각화 차트에서 데이터를 확인해 보면 "South , Korea"만 나타나는 걸 확인할 수 있습니다.

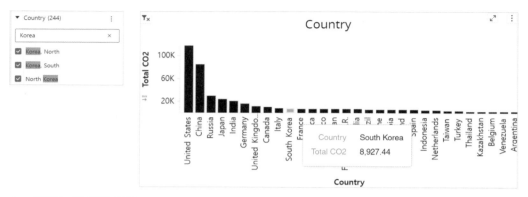

▲ 필터링 된 결과 확인

랭글에는 앞서 실습해 본 기능 외에도 데이터 편집을 위한 다양한 기능들이 있습니다. 여러 종류의 데이터로 테스트 해보시기 바랍니다. 마이크로스트레티지 도움말에서 랭글로 검색하면 자세한 설명들이 나옵니다.

데이터 블렌딩

기존 데이터 세트안에서 여러 데이터 테이블을 연결하여 사용하는 방법 외에 도씨에에 여러 데이터 세트들이 있는 경우 그 데이터 세트들을 서로 연결하여 분석할 수 있는 기능을 제공합니다. 이런 기능을 데이터를 혼합한다는 의미로 **데이터 블렌딩**이라고 합니다.

실제 데이터 블렌딩이 어떤 식으로 작동하는지 다른 데이터 세트를 가져와서 사용해 보겠습니다. 사용할 데이터는 Our World in Data [https://ourworldindata.org/] 사이트에서 제공한 국가별 연도별 행복도에 대한 조사 데이터 [happiness-cantril-ladder.csv] 입니다.

01. 데이터를 업로드한 후 미리 보기에서 컬럼 이름을 [Entity]는 [Country]로, [Code]는 [Country Code]로 변경했습니다.

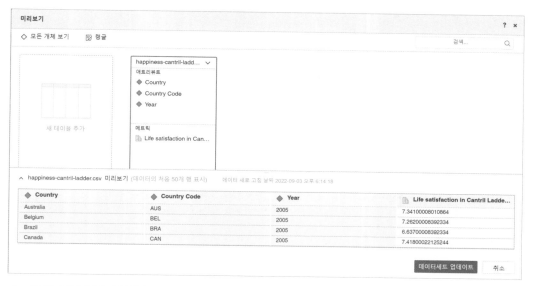

▲ 국가 행복 지수 데이터

02. [데이터세트 업데이트]를 클릭하고 데이터를 저장하면 도씨에 데이터세트 영역에 새로 추가된 데이터 세트가 보입니다. 기존 데이터와 새 데이터 모두 [Country] 애트리뷰트를 가지고 있습니다. 이제 두개의 데이터를 같이 연계 분석하기 위해서 국가 애트리뷰트를 연결해 보도록 하겠습니다. 연결할 [Country] 애트리뷰트를 우 클릭 후 [다른 데이터세트에 연결…]을 선택합니다.

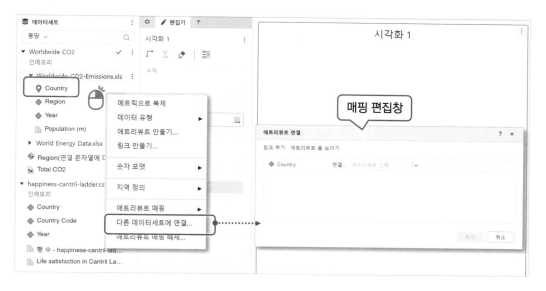

03. 애트리뷰트 연결 대화창이 나타납니다. 여기서 다른 데이터세트의 연결할 애트리뷰트를 선택합니다. 여러 개의 데이터 세트를 연결할 때는 [링크 추가]로 다른 데이터 세트를 추가로 연결할 수 있습니다. 혹은 다른 폼과 연결하기 위한 [애트리뷰트 폼 보이기]를 선택할 수 있

습니다.

04. 애트리뷰트 선택 드롭 다운에서 [Country]를 선택하여 연결한 다음 같은 방식으로 [Year]도 연결하도록 합니다. 두 개 애트리뷰트 연결이 완료되면 아래처럼 서로 연결되었다는 ↔ 아이콘이 표시됩니다.

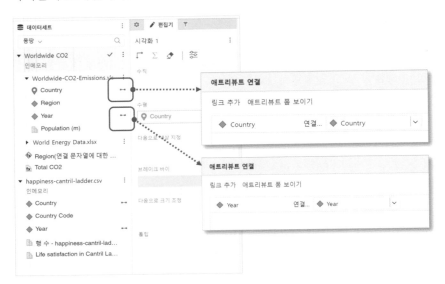

▲ 연결 편집 및 데이터 세트의 연결 표시 아이콘

05. 시각화 [막대] -> [콤보 차트]를 추가해서 양쪽 데이터가 연결되어 분석되는지 확인해 보겠습니다. 콤보 차트 수평에 새로 올린 행복 지수 데이터 세트의 [Year] 애트리뷰트와 수평 축에 [Life Satisfaction] 메트릭을 추가합니다.

06. 기존 데이터 세트에서 인구수를 가져오겠습니다. 그러나 [World Wide CO2]에는 2010년 까지만 데이터가 있기 때문에 [Population (m)] 이 아닌 [World Energy Data]의 [Population] 메트릭을 차트의 오른쪽(Y2) 축에 배치합니다. 이제 연도별로 두개의 지표가 그래프에 표시됩니다.

07. [Country]를 매트릭스 수직 축에 행으로 배치하면 [Country]까지 같이 연동되는 것을 확인할 수 있습니다. 다음은 [Country] 중에 "China"와 "United States" 만 필터로 표시했습니다. 중국의 [삶에 대한 만족도]가 미국 보다 지속적으로 증가한 것을 알 수 있습니다.

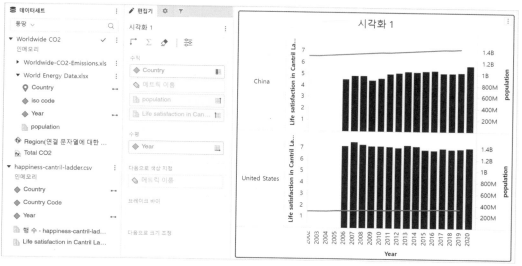

▲ 연도별 행복지수와 인구수 추이

만족도 지수는 2006 년도부터, 인구수는 1990 년도부터 존재합니다. 그러나 차트에는 두가지 데이터가 모두 표시되어 연도는 1990 년부터 2006 년까지 나타납니다.

데이터 블렌딩은 데이터 세트들을 시각화에서 필요에 따라 연결하여 분석할 수 있게 해주는 유용한 기능입니다. 블렌딩으로 데이터 세트를 연결하면 각 데이터 세트의 메트릭 항목을 시각화나 그리드에 같이 표시할 수 있고, 사칙 연산 계산이나 함수에 같이 사용할 수 있습니다.

데이터 가져오기의 **데이터 테이블 연결**과 도씨에 데이터 세트의 **블렌딩**의 차이는 테이블 연결을 사용하면 데이터 세트 레벨에서 연결되어 데이터 세트로 저장하지만, 데이터 블렌딩은 도씨에 시각화에서 분석 엔진이 필요에 따라 데이터를 연결한다는 점입니다.

데이터 세트는 연결을 수정하려면 다시 데이터 미리보기에서 수정해야 합니다. 그러나 블렌딩은 도씨에 시각화에 있는 여러 데이터 세트들을 필요에 따라 연결할 수 있어 더 유연합니다. 하지만 데이터 세트의 데이터가 많은 경우 데이터 세트내에서 연결한 것이 속도가 더 빠릅니다. 데이터 사이즈와 시각화 요건에 따라 선택하여 사용하기 바랍니다.

요약

필요에 따라서 외부데이터와 개인 데이터를 대시보드에 사용해야 하는 경우가 많이 있습니다. 데이터 가져오기 기능은 개인별 데이터들을 업로드하여 도씨에 대시보드에서 활용할 수 있게 해줍니다. 파일, 데이터베이스 소스에서 데이터를 가져오고 분석 개체로 매핑하는 편집 기능을 사용자가 직접 할 수 있는 유연함이 있습니다.

데이터 랭글을 이용하면 가져온 데이터를 정제하여 분석하기 용이한 형태로 변환하여 활용할 수 있습니다.

시각화 레벨에서 여러 데이터 세트를 연결하는 데이터 블렌딩은 서로 다른 데이터를 연계하여 분석할 때 유용하게 사용할 수 있습니다.

다음 챕터에서는 데이터 세트에 있는 애트리뷰트와 메트릭을 활용해 새로운 애트리뷰트와 메트릭 개체를 만들어내는 파생 개체 기능을 배우겠습니다.

7. 파생 개체들

데이터 분석 작업을 수행할 때 기존 개체를 활용하여 새로운 분석 개체들을 만들어야 할 필요가 있습니다. 날짜를 이용하여 연도나 월 같은 다른 날짜 관련 항목을 만들 수도 있고 매출액을 고객수로 나눠서 고객 당 매출액을 분석하는 것처럼 기존 메트릭을 이용하여 새로운 메트릭을 계산하는 경우도 있습니다. 그 외에도 다양한 데이터 분석 함수를 사용할 수 있습니다. 이처럼 도씨에서 기존 애트리뷰트와 메트릭을 활용하여 새롭게 만들어내는 애트리뷰트와 메트릭을 **파생 개체**라고 합니다. 이번 챕터에서는 파생 개체를 만드는 법과 파생 개체에 사용할 수 있는 함수들은 어떤 것들이 있는지 설명합니다.

함수와 연산 데이터 계산 수준

앞으로 설명할 파생 개체에는 함수와 연산들이 많이 사용됩니다. 도씨에서 사용하는 여러 함수와 연산은 유형에 따라 계산이 적용되는 **데이터 레벨**이 다릅니다. 데이터 레벨은 연산의 대상이 되는 데이터 개체들이 모여 있는 수준입니다. 이 데이터 레벨에는 **데이터 세트 레벨**과 **시각화 레벨** 두 종류가 있습니다.

데이터 세트 레벨은 데이터 세트의 상세 데이터들이 모두 계산 대상이 되는 영역입니다. 시각화 레벨은 시각화를 구성한 분석 개체에서 이루어지는 계산입니다.

알기 쉽게 설명하기 위해 최대한 단순화한 다음 데이터로 설명하겠습니다.

	A	B	C
1	Year	Country	Total CO2
2	2009	Japan	1,104.61
3	2009	Korea, South	531.07
4	2010	Japan	1,164.47
5	2010	Korea, South	578.97

Year	Total CO2
2009	1,635.68
2010	1,743.44

▲ 2009,2010 년 한국 일본 탄소 배출량 데이터 세트와 Year 별 배출량 그리드 시각화

위 예시에서 [Year], [Country], [Total CO2] 전체 데이터가 있는 레벨이 데이터 세트 레벨이 됩니다. 이 데이터 세트에서 [Year]와 [Total CO2]만 가져와서 오른쪽처럼 시각화를 만들었다면 이 2 개 데이터 [Year]와 [Total CO2]가 시각화레벨이 됩니다.

이 데이터를 이용하여 다른 계산 함수를 적용한 메트릭을 추가해 보겠습니다. 아래 그림에서 Sum 을 사용한 [Total CO2]와 AVG 를 사용한 [평균 배출량]〈Avg([Total CO2])〉 메트릭은 데이터 세트 수준에서 계산됩니다. [이동 평균]과 [이전 항목과의 비율], [순위] 함수는 시각화 실행 결과인 [시각화 수준]에서 연도별 탄소 배출량 데이터만을 대상으로 계산됩니다.

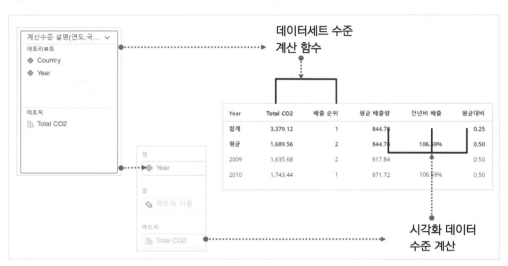

▲ 데이터 영역과 함수별 계산 수준

함수가 계산될 때 어느 레벨에서 계산되어야 하는지는 함수 종류별로 이미 정해져 있습니다. 함수들 중에 Sum, Avg, Min, Max 와 같은 **그룹 함수**들과 애트리뷰트 필터 조건들은 데이터 세트 레벨에서 계산됩니다. 시각화 합계, 순위 함수, 이동 평균과 같은 **OLAP 함수**들, 시각화 메트릭 필터 조건은 시각화 레벨에서 계산됩니다.

계산 레벨은 도씨에서 파생 개체 생성, 데이터 연산, 필터에 중요한 개념입니다. 생각한 것과 다른 데이터 결과가 나오거나 데이터가 제대로 표시되지 않는다면 계산 레벨을 제대로 고려하여 함수를 사용했는지 점검해 봅시다.

파생 메트릭 만들기

앞 챕터에서 **바로가기 메트릭**을 이용해서 메트릭 집계 기준을 바꾸었습니다. 이 때 새로운 집계 함수가 적용된 메트릭이 만들어졌습니다. 이렇게 도씨에 내에서 생성된 계산된 메트릭을

파생 메트릭이라고 합니다. 이번에는 메트릭 편집기를 이용하여 파생 메트릭을 편집하고 만드는 법과 고급 옵션을 적용하는 방법을 배워 보겠습니다.

메트릭 편집기

메트릭 편집기는 새롭게 메트릭을 생성하거나 기존에 만들어진 메트릭의 옵션을 수정하는데 사용됩니다. 먼저 기존에 만들어진 메트릭을 편집해 보도록 하겠습니다. 함수가 적용된 추가된 메트릭을 우 클릭하고 **편집**을 선택하면 메트릭 편집기가 나타납니다. 메트릭 편집기의 기본 모습은 다음과 같습니다.

▲ 메트릭 편집기

❶ **표시 이름** – 파생 메트릭 이름을 변경합니다.

❷ **설명** – 사용자가 메트릭 항목에 마우스를 올렸을 때 툴팁으로 보여줄 설명을 입력합니다.

❸ **함수** – 이 파생 메트릭에 적용된 함수를 보여줍니다. 다른 함수로 변경하거나 적용할 메트릭을 변경할 수 있습니다.

❹ **함수 매개 변수** – 함수의 계산 속성에 들어갈 매개 변수를 정의합니다.

❺ **레벨** – 메트릭에서 사용하는 계산 레벨을 지정합니다.

❻ **필터** – 메트릭에 적용될 필터를 만들거나 편집합니다.

❼ **함수 설명** – 메트릭 함수에 대한 간단한 설명입니다. [세부 사항…] 링크를 선택하면 홈페이지 도움말로 연결됩니다.

❽ **수식 편집기로 전환** – 편집기 선택창에서 메트릭 수식을 직접 입력할 수 있는 텍스트 입력창으로 전환합니다.

메트릭 편집기는 메트릭의 단일 함수만 표시할 수 있습니다. 메트릭에 여러 함수가 중첩해서 사용되었다면 가장 바깥의 함수만 표시할 수 있습니다. 여러 메트릭을 이용하여 만들어진 **복합 메트릭**은 편집기에서 표시할 수 없고 수식 편집기를 사용해서 편집해야 합니다.

수식 편집기

메트릭 편집기에서 편집한 내용은 내부적으로 수식으로 변환되어 저장됩니다. 수식 편집기에서 이 메트릭 수식을 확인하고 직접 편집할 수 있습니다.

▲ 메트릭 수식 편집기

❶ **함수 선택 –** 함수를 검색하거나 함수 카테고리를 선택합니다.

❷ **상세 함수 리스트 –** 함수 카테고리내의 함수들의 리스트를 보여줍니다. 함수를 선택후에 **편집**을 누르면 그 함수의 매개변수를 선택하고 적용할 수 있는 함수 편집창이 나타납니다. 여기에서 메트릭을 선택하여 확인버튼을 누르면 수식창에 해당 함수가 적용된 메트릭 수식이 입력됩니다.

❸ **개체 –** 시각화 대시보드내의 데이터 세트들과 개체들을 보여줍니다. 원하는 개체를 검색하여 찾을 수 있습니다. 원하는 개체를 수식 창으로 끌어와서 사용할 수 있습니다.

❹ **표시 이름 –** 메트릭 이름을 입력하거나 변경합니다.

❺ **설명 –** 마우스 툴팁으로 보여줄 설명입니다.

❻ **수식 –** 수식 텍스트를 직접 입력하거나 편집할 수 있습니다.

❼ **유효성 검사 –** 수식을 올바르게 입력했는지 확인할 수 있습니다. 틀린 수식이 있다면 저장되지 않습니다.

메트릭을 정의하는 수식은 **함수명 (개체명) {집계 레벨} 〈조건〉** 형식으로 되어 있습니다. 조금 복잡하지만 메트릭의 함수는 직접 입력하는 경우보다는 편집기를 이용해 입력할 수 있게 되어 있어 수식을 외워 입력할 필요는 거의 없습니다.

다음예는 함수를 사용한 2 개 파생 메트릭을 이용하여 서로 간에 다시 사칙 연산을 사용한 예입니다.

Avg([coal electricity]){~+} 함수와 Avg([From Natural Gas]){~+} 사이에 나누기 연산자가 사용되었습니다. 메트릭 수식에서는 주로 함수명을 수정하거나 사칙 연산을 만드는 작업을 많이 합니다.

사용할 수 있는 데이터 세트 개체들이 함수 수식의 왼쪽 창에서 보입니다. 이 개체들을 오른쪽 입력 창으로 드래그 앤 드롭 하면 수작업으로 입력하지 않아도 개체를 바로 가져와 사용할 수 있습니다.

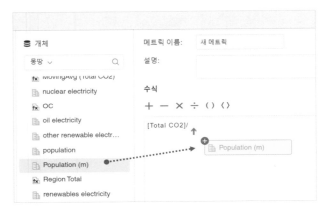

▲ 개체창에서 수식 창으로 배치

메트릭 함수 편집기

파생 메트릭을 만들 때 함수 편집기를 이용하면 쉽게 함수 수식을 적용하여 메트릭을 만들 수 있습니다. 함수 편집기는 메트릭 편집기 왼쪽에 함수 리스트가 보이는 방식입니다. 데이터 세트에서 [메트릭 만들기…]로 새 메트릭을 만들거나 기존 메트릭의 수식 편집기에서 [함수 편집기로 전환]를 눌러 표시할 수 있습니다. 왼쪽 리스트에서 함수를 선택하면 메트릭 편집기가 선택한 함수에서 필요한 입력 인자 종류에 맞추어 편집기의 입력 항목들을 변경하여 표시합니다.

예를 들어 기본 함수 중 하나인 Count 함수를 선택하면 다음처럼 Count 에 사용할 수 있는 개체들 리스트가 나타납니다. Count 함수의 대상으로 [Country] 애트리뷰트가 선택되었고 그 아래에 계산 레벨과 필터를 지정할 수 있는 항목이 나타납니다.

▲ Count 함수 편집창 예시

다른 함수를 선택한 경우를 보겠습니다. 함수 중에 메트릭의 이동 평균을 계산하는 [MovingAvg] 함수를 선택하면 함수 편집기가 다음처럼 표시됩니다.

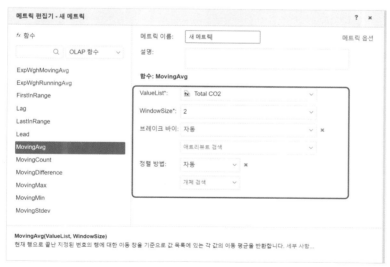

▲ MovingAvg 함수 편집창

편집창에 선택할 수 있는 매개 변수 항목들이 [WindowSize], [브레이크 바이], [정렬 방법]으로 변경되었습니다. 간단한 Count 나 Sum 함수들은 수식 입력 창을 이용하여 금방 만들 수 있지만 이처럼 인자와 옵션을 많이 사용하는 함수는 수식을 수동으로 입력하지 않고 유형에 맞게 선택하기만 하면 되므로 많이 사용합니다.

함수 매개 변수

함수 매개 변수는 일종의 함수 옵션이라고 생각하면 됩니다. 계산 함수들 중에는 함수 매개 변수를 설정하는 것에 따라서 계산이 달라지는 경우가 있습니다. Count 함수가 대표적으로 옵션에 따라 결과가 달라지는 함수입니다. 데이터 중에서 항목의 모든 발생 빈도를 세는 단순 Count 와 발생 빈도 중에서 중복해서 나타난 경우는 1 번으로 Count 하는 중복 제거(Distinct Count) 인지에 따라 결과가 달라집니다. 웹 로그 데이터에서 사용자 방문 횟수는 Count 로 할 수 있지만 방문한 사용자 수는 중복 제거 Count 로 계산해야 합니다.

함수 매개 변수는 메트릭 편집기의 함수 명 바로 아래의 [함수 매개 변수]를 클릭하면 됩니다.

▲ 함수 매개 변수

❶ **고유 요소 포함** – 중복을 배제하고 Count 할지 중복을 포함해서 Count 할지 선택합니다. **참**을 선택하면 중복을 배제하여 Count 하게 됩니다. 수식 창에는 함수 옵션 〈〉 안에 Distinct=True 가 포함되어 Count〈Distinct=True〉(Country@ID) 수식이 만들어집니다.

❷ **애트리뷰트에 대한 룩업 사용** – 애트리뷰트에 있는 항목들을 기준으로 함수를 적용할 지 아니면 팩트에 있는 항목들을 사용할 지 지정할 수 있습니다. 예를 들어 애트리뷰트에는 상품이 100 개가 있지만 판매 데이터 팩트에서는 50 종류의 상품만 판매되었다면 둘 중에 어느 데이터를 기준으로 할지 정할 수 있습니다.

❸ **메트릭 가이드 –** 팩트 데이터가 여러 개 있을 때 어느 팩트를 기준으로 할 것인지 지정합니다. 예를 들어 판매 데이터와 재고 데이터에 상품 수 팩트가 있을 때 둘 중에 어느 팩트 데이터를 사용하는지에 따라 상품 수 메트릭 계산 값이 달라지게 됩니다.

메트릭 함수 유형들

이제 함수 편집기를 사용하여 여러 함수들을 사용해 보겠습니다. 편집기나 수식창에서 함수들은 여러 유형으로 묶어서 표시되어 있습니다. 자주 사용하는 함수 유형들과 그 유형들 중에서 대표적인 함수를 설명하겠습니다.

▲ 함수 유형들 선택

기본 함수

기본 함수 분류에는 Sum, Avg , Count 처럼 데이터를 집계 연산하는 데 사용할 수 있는 **그룹 값** 함수들과 사칙 연산을 위한 함수, 통계 함수 중 많이 사용되는 함수들이 모여 있습니다.

그룹 값 함수는 데이터 세트레벨에서 계산되는 함수들입니다. 데이터 세트레벨의 컬럼을 이용하여 합산, 횟수, 평균등의 데이터를 집계하는 그룹 작업을 수행하기 때문에 그룹 값이라고 합니다.

그룹 값 함수는 다른 함수와 다른 특성 몇 가지를 가집니다.

- 계산시에 메트릭과 애트리뷰트 개체를 모두 계산 대상 개체로 사용할 수 있습니다.

- 앞에서 설명한 함수 매개 변수를 설정할 수 있습니다.

- 집계 레벨을 설정해서 그룹 함수가 적용될 때 계산할 레벨을 지정할 수 있습니다.

- 계산에 포함시킬 데이터를 필터링 하는 필터를 함수에 추가할 수 있습니다.

예를 들어 매출 평균을 구할 때 판매 건 전체에 대한 평균이 아니라 상품별로 평균을 내고, 그 중에서도 특정 상품그룹에 대해서만 계산할 수 있습니다. 지금은 조금 어려울 수 있습니다. 레벨과 필터는 뒤에서 하나씩 차근차근 살펴보도록 하겠습니다.

그룹 값 함수의 대표적인 함수들은 다음과 같습니다.

📊 SUM – 메트릭이나 애트리뷰트의 값들을 합산하는 함수입니다.

📊 Count – 개수를 세는 함수입니다. 고객수, 주문번호 수, 상품 수와 같이 발생 횟수를 셀 때 사용합니다.

📊 Avg – 데이터의 평균을 계산합니다.

📊 Median – 데이터의 중앙 값을 계산합니다.

📊 Min , Max – 메트릭이나 애트리뷰트의 값들 중에서 최소값, 최대값을 계산합니다.

📊 Last , First – 메트릭이나 애트리뷰트의 값들 중에서 첫 번째, 마지막 값을 계산합니다.

하지만 첫 번째와 마지막은 어떤 기준으로 선택하게 될까요? 그래서 Last, First 함수는 정렬 옵션을 추가로 선택할 수 있습니다. 아래처럼 Last 함수를 선택하게 되면 정렬 방법에서 데이터 중에 어떤 항목을 기준으로 정렬하여 값을 찾을 것인지를 지정할 수 있습니다.

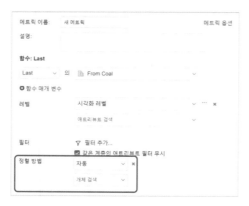

▲ Last 함수의 정렬 방식 선택

Median - 데이터의 중앙 값을 표시합니다. 통계적으로 편향된 데이터가 있는 경우에 평균을 좀 더 잘 나타내 줄 수 있습니다.

그룹 값 함수들은 계산 대상으로 애트리뷰트도 사용할 수 있다고 했습니다. 그래서 그룹 값 함수들의 편집기에서 개체 선택 창을 보면 데이터 세트의 애트리뷰트와 메트릭이 같이 표시됩니다.

애트리뷰트는 폼을 1 개 이상 가질 수 있으므로 함수에서 애트리뷰트의 어떤 폼을 계산 대상으로 할 지를 꼭 지정해야 합니다. 예를 들어서 고객수를 중복 제거한 Distinct Count 로 셀 때 고객 이름으로 하는 경우와 ID 로 하는 경우에 따라 결과가 달라질 수 있습니다. (우리 고객 중 동명이인은 몇 명이나 될까요?) 그래서 애트리뷰트를 사용한 함수 수식을 보면 Count(고객@id)처럼 애트리뷰트 이름 뒤에 @가 붙고 폼이름이 붙어 있습니다.

OLAP 함수

OLAP 함수는 데이터 값들의 범위를 설정하고 이 범위안에서 여러 연산을 수행하는 함수들입니다. 누적, 이동 평균, 백분율 비교 등에 사용할 수 있습니다. 이 함수들은 대표적인 시각화 레벨에서 계산되는 함수들입니다. 함수 매개 변수 설정이나 레벨, 필터 설정 없이 사용합니다.

OLAP 함수에는 몇 가지 공통적인 부분이 있습니다. 먼저 계산을 적용할 범위를 지정할 수 있습니다. 이런 범위를 **윈도우(Window) 사이즈**라고 합니다. 예를 들어 5 일간의 이동 평균, 20 일 이동평균과 같은 데이터를 계산할 때 5 일, 20 일이 계산 범위인 윈도우 사이즈에 해당됩니다.

또 하나는 **정렬 기준**입니다. 범위를 이동하며 계산하기 때문에 기간을 기준으로 한다면 오름차순인지, 내림차순인지에 따라서 결과가 달라질 수 있습니다.

다음으로는 계산을 묶는 기준으로 하는 **브레이크 바이**가 있습니다. OLAP 함수는 여기에 지정된 애트리뷰트를 기준으로 항목별로 그룹을 나누고 그 안에서 계산을 합니다. 이 애트리뷰트의 다른 항목으로 바뀌면 새롭게 계산을 시작하게 됩니다.

예를 들어 5 개월 간의 이동 평균을 월순서대로, 상품별로 나누어 계산하는 [MovingAvg(매출)] 함수를 빨간 색 라인으로 이동 평균을 나타낸 아래 차트를 보시기 바랍니다.

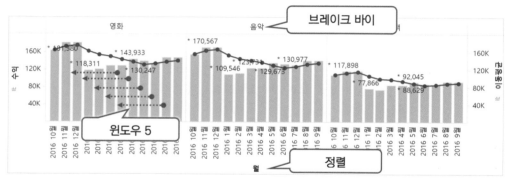

각 값을 계산하는 Window 사이즈, 월은 정렬 기준 (오름 차순), 상품은 브레이크 바이에 해당됩니다.

다음은 자주 사용하는 OLAP 함수들입니다.

■ **MovingAvg** – 이동 평균을 계산합니다. 메트릭을 대상으로 하여 이전 몇 개의 데이터를 사용할 지를 Window Size 에 지정할 수 있습니다. 아래 예는 앞의 차트에서 5 개 구간의 이동평균을 계산하는데 사용되었습니다. Country 가 바뀔 때 마다 새롭게 이동 평균 계산을 하고, 연도 ID 값의 오름 차순으로 정렬하여 계산합니다.

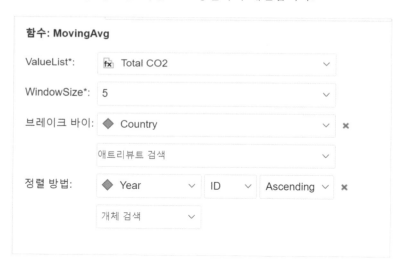

■ **기타 Moving 함수** – Moving 함수는 평균 외에 범위 안의 합산을 위한 Sum, 범위 안의 개수를 세는 Count, 이전 위치와의 차이를 계산하는 Difference, 최소값과 최대값 연산에 사용하는 Min, Max 및 표준 편차등을 계산하는 함수들이 있습니다.

■ **OLAPAvg, OLAPSum, OLAPCount, OLAPMin , OLAPMax** – Moving 함수와 비슷하지만 사용할 계산 함수를 변경할 수 있고 윈도우 사이즈를 더 상세하게 지정할 수 있는 OLAP 함수입니다. 아래 예처럼 시작 위치와 종료 위치를 더 세밀하게 지정할 수 있습니다.

메트릭 편집기 - OLAPAvg (Total CO2)

표시 이름: OLAPAvg (Total CO2)　　　　　　　　　　　메트릭 옵션

설명:

Avg　　　의　📊 Total CO2

시작: 이전　　　2 현재의 이전 행

멈춤: 현재

브레이크 바이: 자동
　　　　　애트리뷰트 검색

정렬 방법: 자동
　　　　　개체 검색

▲ OLAPAvg 편집기

사용할 함수 종류도 바꿀 수 있습니다. Sum 의 경우 범위안의 데이터의 합산, Count 는 범위 안에 있는 개수의 누적 Count, Min 과 Max 는 범위 안에서 각각 최소와 최대입니다.

▣ **RunningAvg** - 윈도우 사이즈가 데이터의 처음으로 고정되어 있는 함수입니다. 마찬 가지로 Sum, Count, Min, Max 등을 계산하는 Running 함수군들이 있습니다.

내부 함수

주로 수식에 조건을 사용할 수 있는 Case 문, If 문이 있습니다. 그 외에 범위를 계산하는 Banding 함수들이 있습니다.

▣ **Case** - 개체 값의 조건을 지정하고 해당 조건인 경우에 값을 표시합니다. 주문 건수가 3 만건 이상이면 주문 건수를 표시하고 그 이하면 미달로 표시하고 싶다면 아래처럼 Case 문에 조건을 사용하여 변환할 수 있습니다.

▲ Case 함수 편집기

이렇게 입력하고 나면 조건에 따라 데이터가 변환됩니다.

하위 범주	주문 달성 여부	주문 건수
공포	초과달성	21,625
과학 및 기술	달성	10,805
나라	초과달성	22,695
대체	초과달성	22,945
드라마	달성	19,703
락	초과달성	22,213

▲ Case 적용 결과 그리드

CASE 문의 수식은 **CASE (조건 1 , 조건 1 의 결과 , 조건 2 , 조건 2 의 결과 ,…, 앞의 조건에 해당하는 않는 경우의 디폴트 값)** 순으로 입력합니다.

앞의 **이익 마진**처럼 개체 이름 사이에 공백이 있는 경우에는 수식 입력창에 개체 이름을 [] 기호로 둘러 싸서 [이익 마진]이라고 해야 개체를 제대로 인식할 수 있습니다. 수식에 오류가 있다고 표시되는 경우 개체 이름 사이에 공백이 있는지 확인하시기 바랍니다.

조건문에 여러 조건이 있는 경우 And 나 Or 로 여러 조건을 줄 수 있습니다. 또한 조건들은 괄호( )로 구분해 줄 수 있습니다. 앞서 입력한 수식을 다시 편집기로 열어 보게 되면 자동으로 조건 괄호 기호로 둘러싸서 표시되어 있습니다. 수식 창에 추가 수식을 입력하여 조건을 세밀하게 적용할 수 있습니다.

수식

$+$ $-$ $\times$ $\div$ $(\ )$ $\langle\ \rangle$ 지우기

Case(([주문 건수]>20000), "초과달성", ([주문 건수]>10000), "달성", "부족")

▲ 수식 창에서 편집

많은 Case 문 조건을 입력할 때는 함수 편집기 보다 수식 입력창이 더 사용하기 편합니다.

📊 **CaseV 함수** - 메트릭 값 (Value)에 대해서 값별로 조건을 지정할 수 있는 경우에 사용합니다. 수식은 CaseV(개체, 값 1, 변환값 1, 값 2, 변환값 2, …, 조건에 해당 안 될 경우 기본 값)으로 정의됩니다. 범위 지정은 안되지만 정확하게 값이 일치하는 경우에만 조건을 주고 싶을 때는 Case 보다 편합니다.

📊 **Banding, BandingC, BandingP** - 메트릭 값을 **구간별(밴딩)**로 나누고 구간에 해당하는 정수를 반환하는 함수입니다. 내부 함수 그룹에서 찾을 수 있습니다.

▲ Banding 적용

- ❖ **Banding** 은 시작 값 , 끝 값을 동일한 값으로 나누어 줍니다. 예를 들어 0 과 1000 사이를 값 100 을 구간으로 나누고 싶다면 StartAt 에 0 을, StopAt 에 1000 을, Size 에는 구간 값 100 을 넣으면 구간을 (1000-0) / 100 로 계산하여 10 개의 구간으로 나누게 됩니다. 위 예시는 이익 값을 1000 단위 구간으로 나눠본 예입니다.

- ❖ **BandingC** 는 시작 값 , 끝 값을 구간 수로 나누어 줍니다. 예를 들어 0 과 1000 사이를 5 개의 구간으로 나눠 줄 수 있습니다. 각 구간은 200 씩의 구간 간격을 가지게 됩니다.

- ❖ **BandingP** 는 나눌 포인트를 임의로 지정할 수 있습니다. 예를 들어 10 과 1000 사이에 10, 100 , 250 , 1000 의 4 개의 구간으로 임의로 나눠 줄 수 있습니다.

Banding 과 BandingC 는 입력 값 형태가 정수 (Integer 유형) 여야 합니다. 소수점으로 나오는 데이터(이익률, 지지율 등의 퍼센트 데이터)를 이용하고 싶다면 메트릭 값에 숫자를 곱하여 정수형으로 만들어주고 사용하시기 바랍니다.

널/0 함수

데이터에 존재하는 널 값의 여부를 체크하거나 널 값을 0 으로 0 을 널 값으로 변환할 때 사용합니다.

■ **IsNull, IsNotNull** – 널 조건 함수입니다. 메트릭 값이 Null 인지 아닌지를 체크합니다. Case 문처럼 조건을 사용하는 파생 메트릭에서 주로 사용하게 됩니다.

■ **NullToZero, ZeroToNull** – 0 과 Null 을 서로 변환합니다. 예를 들어 데이터에 Null 값이 있는지를 Case 문에서 확인하고 변환하려고 하면 **Case(IsNull(수익), 0, 수익)** 와 같은 수식을 사용할 수 있습니다. 이 수식은 수익 메트릭이 널 값이면 0 으로 표시하고 Null 값이 아니면 원래 수익 메트릭 값을 표시합니다.

도씨에는별도로 Null 개체를 제공하지 않기 때문에 만약 Null 값을 사용하고 싶다면 **ZeroToNull(0)**을 이용해서 0 을 Null 로 변환하여 사용합니다. 이 함수들은 선 그래프에 Null 값이 발생해서 표시가 되지 않고 점으로 나타날 때 유용합니다. 아래 차트의 위쪽에 사용된 메트릭은 Null 을 그대로 사용합니다. Null 값은 아예 표시되지 않고 원점도 0 이 아닙니다. 이에 비해서 그 밑에 차트에서는 메트릭에 NullToZero(메트릭) 함수를 사용하여 Null 인 경우 0 이 표시되게 하여 선이 나타나게 처리하였습니다.

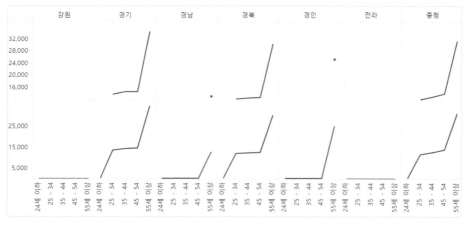

▲ 널값의 차트 표시 방식

Null 을 처리하는 방식은 어느 쪽이 맞다고 할 수는 없습니다. 상품별 매출액 데이터의 매출이 없는 상품이나 휴일은 매출액이 Null 일 것입니다. 이런 경우는 0 으로 판단할 수 있습니다. 그런데 미세먼지 수치 데이터에서 값이 기록되지 않은 날 역시 Null 이지만 이 경우는 0 으로 판단하면 안 됩니다.

날짜 및 시간 함수

날짜 변환에 사용하거나 날짜 개체를 이용하여 연도나 일자, 요일등을 계산할 수 있는 함수들이 있습니다. 파생 메트릭에서 사용하는 경우는 주로 시간 차이를 계산하는 작업에 많이 사용됩니다. 예를 들어 ([퇴근 시간] – [출근 시간])/[직원수] 같은 평균 근무 시간 메트릭을 계산할 때 활용할 수 있습니다.

■ **DateDiff –** 두 개의 시간 사이의 차이를 계산합니다. [DateDiff (날짜 1, 날짜 2, 차이 유형)] 으로 정의됩니다. 첫번째 인자 날짜 1 에서 두번째 인자인 날짜 2 의 차이를 계산합니다. 차이 유형은 일자, 시간, 분등의 시간 단위를 나타냅니다. 예를 들어 [날짜 1]이 2021 년 1 월 2 일 오후 1 시이고 [날짜 2] 가 그 전날인 2021 년 1 월 1 일 오전 11 시라면 차이 유형이 일자일 때는 1(일), 차이 유형이 시간일 때는 26(시간)으로 계산됩니다. 차이 유형에 사용된 시간 단위는 날짜를 다루는 함수들에 공통적으로 사용되니 외워 두시면 좋습니다. 영어 시간 단위의 앞 글자를 사용합니다.

- ❖ **일자 (days)** – "d" (day)

- ❖ **주 (weeks)** – "w" (week)

- ❖ **월 (Months)** – "m" (month)

- ❖ **연도 (Year)** – "y" (year)

- ❖ **시간 (Hours)** – "h" (hour)

- ❖ **초 (Seconds)** – "s" (second)

- ❖ **분 (Minutes)** – "mn" (minute)

다만 시간 단위에서 월은 month 에서 앞 글자 **m** 을 사용하고 분 단위는 minute 의 줄임 말인 **mn** 을 사용합니다. 이 두개는 헷갈리기 쉬우니 주의하시기 바랍니다. 날짜에 관련한 상세 옵션은 함수 편집기에서 도움말 링크를 클릭하면 자세한 내용을 볼 수 있습니다. 편집기에 시간 단위를 입력할 때는 쌍 따옴표를 사용하지 않아도 수식 편집기에서는 자동으로 시간 단위 앞뒤로 쌍 따옴표를 붙이게 됩니다.

아래 예를 보면 시간 단위가 날짜인 경우와 분인 경우의 차이를 확인할 수 있습니다.

▲ 시간 단위에 따른 차이

■ **DaysBetween** − DateDiff 와 마찬 가지로 날짜 차이를 계산하지만 시간 단위가 일자로 고정되어 있습니다. 날짜 두개를 매개변수로 받고, 앞의 날짜에서 뒤의 날짜를 뺍니다.

■ **AddDays , AddMonths** − 날짜에 일자 혹은 월을 더하는 함수입니다. 날짜 인자와 더할 일자나 더할 월 숫자 값을 인자로 받습니다. 현재 일자에서 12 개월 후의 날짜를 구하려고 한다면 다음처럼 AddMonths(CurrentDate() , 12) 로 수식을 쓰면 됩니다.

■ **CurrentDate , CurrentDateTime, CurrentTime** − 현재 날짜, 현재 날짜와 시간, 현재 시간을 반환합니다. 매개 변수 없이 바로 사용합니다.

■ **Year, Quarter, Month, Week, Date** − 날짜 인자를 입력 받고 그 일자에 해당하는 연도, 분기, 월, 주차, 일자 값을 반환합니다. 예를 들어 현재 일자의 연도를 구하고 싶다면 Year(CurrentDate())를 사용하면 됩니다.

날짜와 시간 함수는 파생 애트리뷰트를 만들 때도 많이 사용합니다. 파생 애트리뷰트에서 날짜 함수들을 다시 만나 볼 수 있습니다.

메트릭 필터

데이터 중 특정 조건에 해당하는 값들만 계산하고 싶을 때 메트릭에 필터를 정의하여 범위를 줄여 계산할 수 있습니다. 예를 들어 국가별 탄소 배출량 데이터에서 어느 나라에서 탄소 배출이 많았는지 비교해 보고 싶다고 할 때, 데이터를 정렬해서 분석할 수도 있지만, 아래 차트처럼 특정 국가의 배출량을 파생 메트릭으로 만들어 전체와 비교해 볼 수 있습니다.

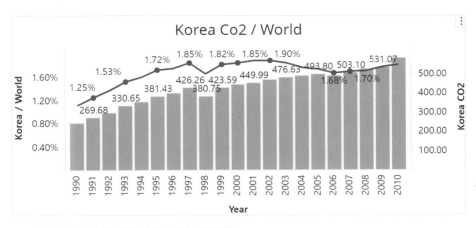

Korea Co2 / World

▲ 전 세계 배출량 대비 한국 배출량 비율

메트릭 집계에 필터를 사용해 보겠습니다. 메트릭 함수 편집기에서 기본 함수 중 Sum 함수를 선택하고 오른쪽 편집기 창의 필터 부분을 보면 [필터 추가…] 링크가 있습니다.

▲ 메트릭 필터 추가

[필터 추가] 텍스트를 클릭하면 필터 편집창이 나타납니다. 필터로 사용할 애트리뷰트나 메트릭을 선택하여 필터를 추가할 수 있습니다. 아래 예시는 국가에서 Korea 로 검색하여 한국을 조건으로 지정하였습니다.

필터 조건을 추가하고 확인 버튼을 클릭하여 저장하면 함수 편집기에는 필터가 적용되었다는
의미의 ▼• 아이콘이 표시됩니다.

여기서 [지우기]를 클릭하면 필터를 삭제할 수 있습니다. 필터가 적용된 메트릭을 그리드에 추
가해서 확인해보면 다음처럼 전체 배출량과 함께 한국 CO2 배출량을 같이 볼 수 있습니다.

Year	Total CO2	Korea CO2
2010	31,780.36	578.97
2009	29,777.69	531.07
2008	30,317.95	521.77
2007	29,590.47	503.10
2005	28,291.50	493.80
2004	27,464.04	485.91
2006	28,885.32	484.21

메트릭 필터는 Sum, Avg 와 같은 그룹 값 함수에서만 사용할 수 있습니다. OLAP 함수와 같
은 분석 함수에는 바로 사용하지 못하니 주의해 주세요. OLAP 함수에 사용하고 싶다면 그룹
값 함수에 먼저 필터를 사용하여 새로운 메트릭을 만들고 그 메트릭을 사용하면 됩니다.

필터 부분에 **같은 계층의 애트리뷰트 필터 무시**라는 체크박스가 있습니다. 이 옵션은 시각화에 적용된 필터와 메트릭에 적용된 필터가 연관 관계가 있을 때 어떻게 처리할지를 지정하는 옵션입니다. 예를 들어 2010 년을 필터로 사용한 메트릭이 시각화에 있는데 다른 시각화에서 2009 년을 선택하여 이 시각화에 2009 년을 필터를 적용하게 하면 어떻게 될까요? 메트릭에는 2009 년 필터와 2010 년 필터가 동시에 적용됩니다. 당연히 2009 년이면서 동시에 2010 년인 데이터는 없기 때문에 메트릭에는 아무 값도 나타나지 않습니다. 마찬가지로 2010 년 5 월이 시각화에 필터로 적용되어도 데이터가 나타나지 않습니다.

이런 경우는 처음 메트릭에 필터를 사용하여 만든 의도와 어긋나게 됩니다. 이럴 때 현재 메트릭에 적용된 필터에서 사용하고 있는 애트리뷰트나 그 애트리뷰트와 연관되는 애트리뷰트 (연,월,일과 같이 서로 관련이 있는 경우)에 필터가 적용되면 그런 필터를 무시하게 되어 있습니다. 체크를 해제하면 같은 애트리뷰트에 대한 필터라고 해도 적용하게 됩니다.

메트릭 레벨

앞서 메트릭에 한국을 필터로 적용한 메트릭을 만들어 그리드에 국가별로 표시했을 때 다른 국가들에는 한국 배출량 메트릭 값이 0 으로 표시되거나 널 값으로 표시되었습니다. 한국만 조건으로 하는 메트릭이기 때문에 당연히 다른 국가들을 기준으로 하는 경우에는 값이 없을 수밖에 없습니다.

그러면 다른 나라에 비해 한국의 배출량이 몇 퍼센트인지 비교해보려면 어떻게 해야 할까요? [한국 배출량] / [Total Co2] 로 파생 메트릭을 만들어도 한국을 제외하면 모두 비어 있는 널 값이기 때문에 0%로 표시됩니다. 의도대로 분석하기 위해서는 국가에 상관없이 한국이란 필터만 적용한 CO_2 배출량 메트릭이 필요합니다.

Country	Total CO2	Korea CO2	Korea / Rest
Korea, South	8,927.44	8,927.44	100.00%
Afghanistan	30.86		0.00%
Albania	77.25		0.00%
Algeria	1,862.93		0.00%
American Samoa	12.56		0.00%
Angola	319.97		0.00%

▲ 국가별 한국 대비 배출량

다른 경우도 생각해 보겠습니다. Asia 내에서 한국의 CO_2 배출량은 몇 %나 될까요? 전 세계를 기준으로 했을 때 각 국가들은 배출량의 몇 %를 차지하고 있을까요? 이런 경우는 [지역별 배출량 합계], [전 세계 배출량 합계] 메트릭이 있어야 계산이 가능합니다.

이럴 때 사용하는 것이 **메트릭 레벨** 옵션입니다. 레벨은 계산의 기준이 되는 애트리뷰트를 뜻합니다. 이 레벨에 따라 데이터를 집계하거나 적용되는 필터를 무시할 수 있습니다. 레벨을 지정하여 집계를 변경한 메트릭을 **레벨 메트릭**이라고 합니다. 그동안 사용한 메트릭들도 사실 레벨이 적용된 레벨 메트릭입니다. 시각화에 국가, 연도 등을 추가했을 때 자동으로 각 국가와 연도별로 데이터를 집계하여 표시했는데 이것은 따로 지정하지 않아도 시각화에 추가된 애트리뷰트를 사용하는 **시각화 레벨**이라는 기본 레벨이 적용되어 있기 때문입니다.

메트릭 편집기의 레벨 부분을 보면 현재 적용된 레벨이 표시됩니다. 기본으로 시각화 레벨이 드롭 다운에 선택되어 있습니다. 이 시각화 레벨 외에 다른 방식으로 계산하도록 하려면 현재 시각화 레벨을 X 버튼을 눌러 삭제하거나 새로운 레벨을 아래 드롭 다운에서 선택해야 합니다.

▲ 레벨 추가 와 편집

레벨을 추가할 때는 애트리뷰트 드롭 다운에서 레벨에 추가할 애트리뷰트를 선택합니다. Country 를 선택했다면 이 메트릭은 Country 레벨에서 데이터를 계산하게 됩니다. 애트리뷰트 옆의 […] 아이콘을 클릭하면 아래 그림에 있는 것처럼 레벨 옵션 상세 설정에 있는 **리포트 필터 옵션**과 **메트릭 집계 옵션** 두가지를 볼 수 있습니다. 여기서 메트릭이 집계되는 방식과 필터가 적용되는 방식을 변경해야 실제 레벨 메트릭의 동작을 제어할 수 있습니다.

"Country" 레벨 옵션 창의 내용:

리포트 필터와 관계:

없음 - 지정되지 않음 - 선택한 레벨 및 그룹 구성 요소가 필터를 정의합... ∨

표준 - 메트릭은 필터에서 발견된 요소에 대해서만 계산됩니다.

절대 - 가능한 경우 계산을 선택한 레벨로 올립니다.

무시 - 선택한 레벨 및 해당 관련 애트리뷰트에 기초하여 필터링 조건을 생략합니다.

없음 - 지정되지 않음 - 선택한 레벨 및 그룹 구성 요소가 필터를 정의합니다.

메트릭 집계:

표준 - 메트릭은 가능한 경우 선택한 레벨에서 계산됩니다. ∨

표준 - 메트릭은 가능한 경우 선택한 레벨에서 계산됩니다.

없음 - SQL의 GROUP BY 절에서 선택한 레벨 및 하위를 제외합니다.

시작 룩업 - 룩업 테이블의 첫 번째 값을 사용합니다.

끝 룩업 - 룩업 테이블의 마지막 값을 사용합니다.

시작 팩트 - 팩트 테이블의 첫 번째 값을 사용합니다.

끝 팩트 - 팩트 테이블의 마지막 값을 사용합니다.

▲ 레벨 옵션

옵션이 적용된 결과를 명백히 볼 수 있도록 시각화 레벨을 레벨에서 제거하고 옵션에 따라 메트릭이 어떻게 계산되는지 확인해보겠습니다.

리포트 필터와 관계

첫 번째 **리포트 필터와 관계**는 시각화에 사용되는 필터를 메트릭에 어떻게 적용하는지를 결정합니다.

▥ **표준 – 메트릭은 필터에서 발견된 요소에 대해서만 계산됩니다. –** 기본 동작입니다. 현재 선택된 애트리뷰트로 데이터를 집계합니다. 시각화 레벨을 제거한 상태에서 [Region]을 추가하면 [Country]가 시각화에 있어도 Region 별로 집계하게 됩니다.

Region	Country	지역별 합계	Total CO2
Africa	**합계**	502,667.64	19,431.00
	Algeria	502,667.64	1,862.93
	Angola	502,667.64	319.97
	Benin	502,667.64	38.27
	Botswana	502,667.64	76.76

▲ 지역별 합계

🔳 **절대 – 가능한 경우 계산을 선택한 레벨로 올립니다. –** 시각화에 다른 애트리뷰트를 무시하고 레벨 애트리뷰트를 기준으로 **가능하면** 집계하여 사용하게 됩니다. 보통 앞의 표준과 동일합니다. 그런데 왜 가능하면 이란 조건이 붙을까요? Region 과 Country 와 같이 서로 관계가 있는 항목들은 자동으로 이런 애트리뷰트를 무시하고 Region 으로 계산할 수 있지만, Region 과 Year 처럼 서로 관련이 없는 애트리뷰트들은 이렇게 할 수 없습니다. 이럴 땐 기존에 있던 시각화 레벨을 삭제하면 Year 를 무시하고 계산할 수 있습니다. 단, 나중에 다른 애트리뷰트 별로 계산하고 싶다면 수동으로 레벨을 추가해 줘야 합니다.

🔳 **무시 – 선택한 레벨 및 해당 관련 애트리뷰트에 기초하여 필터링 조건을 생략합니다.** 이 옵션이 선택되면 시각화에 해당 애트리뷰트에 대한 조건이 지정되어도 그 필터 조건을 메트릭에는 사용하지 않습니다. 필터에 관계없이 전체 데이터 합계가 필요한 경우에 사용할 수 있습니다. 이 다음에 설명하는 메트릭 집계 옵션의 **없음**과 같이 사용하면 데이터 세트 전체의 합계가 표시됩니다.

레벨 메트릭

Country	Country 무시	Country 없음	Total CO2
Afghanistan	526,046.23	1,971.04	30.86
Albania	526,046.23	1,971.04	77.25
Algeria	526,046.23	1,971.04	1,862.93

▲ Country 무시는 전체 데이터 합계를, 없음은 시각화 내의 데이터를 계산

🔳 **없음 – 지정되지 않음 – 선택한 레벨 및 그룹 구성 요소가 필터를 정의합니다.** 지정된 애트리뷰트가 시각화에 있으면 그 레벨에서 집계되지만, 같은 계층 안에 있는 애트리뷰트가 있다면 무시하고 현재 지정된 애트리뷰트를 기준으로 집계합니다. 메트릭 집계 옵션의 **없음**과 같이 사용하여 시각화에 있는 데이터 합계를 계산할 때 사용합니다. 앞의 무시 옵션과 다른 점은 필

터를 적용하여 집계하기 때문에 위 그림의 [Country 없음] 은 시각화에 현재 Country 들의 합계를 계산합니다.

메트릭 집계

메트릭 집계는 애트리뷰트 레벨에서 메트릭을 어떻게 집계할지를 설정하는 옵션입니다. 기본 옵션은 애트리뷰트를 기준으로 하여 그룹 값 함수를 적용합니다. 집계의 다른 옵션을 이용해서 애트리뷰트를 무시하고 집계하거나 데이터의 끝이나 처음 값을 가져오도록 집계할 수 있습니다.

■ **표준 – 메트릭은 가능한 경우 선택한 레벨에서 계산됩니다.** 기본 옵션으로 사용되며 시각화 레벨이 메트릭에 없다면 이 애트리뷰트 레벨에서 집계합니다.

■ **없음 – SQL 의 Group BY 절에서 선택한 레벨 및 하위를 제외합니다.** 해당 애트리뷰트를 집계할 때 기준으로 사용하지 않습니다. 예를 들어 Country 를 레벨에서 이 옵션을 선택하면 Country 를 무시하고 집계하게 됩니다. Country 합계를 계산하는 것과 비슷합니다.

■ **시작 룩업, 끝 룩업 – 애트리뷰트를 기준으로 첫번째 혹은 마지막에 있는 값만 가져옵니다.** [월초 재고]처럼 합산하지 않고 레벨의 첫 번째 값을 가져오고 싶을 때 사용합니다.

■ **시작 팩트, 끝 팩트 – 팩트 데이터를 기준으로 첫번째 혹은 마지막에 있는 값만 가져옵니다.** [월말 재고]처럼 합산하지 않고 레벨의 마지막 값을 가져오고 싶을 때 사용합니다.

이 메트릭 레벨 옵션은 보통 사용자들이 이해하기 쉽지 않은 부분입니다. 사용하기 어렵다면 앞서 배운 **바로 가기 메트릭**을 사용하시기 바랍니다. 바로 가기 메트릭은 복잡한 메트릭 레벨과 집계를 자동으로 설정하여 만들고 계산해 줍니다.

필터와 레벨을 적용한 메트릭

앞서 한국의 CO_2 배출량이 다른 나라에서는 Null 로 표시되어 비교할 수 없었습니다. 이제 레벨설정을 이용해서 한국 CO_2 배출량을 만드는 실습을 해보겠습니다.

01. 앞서 사용한 [한국 CO2 배출량] 메트릭을 우 클릭하여 편집을 선택합니다.

02. 레벨 부분에 [Country]를 선택하여 추가하고 나서 Country 옆의 […] 아이콘을 클릭하여 상세 설정에 들어갑니다.

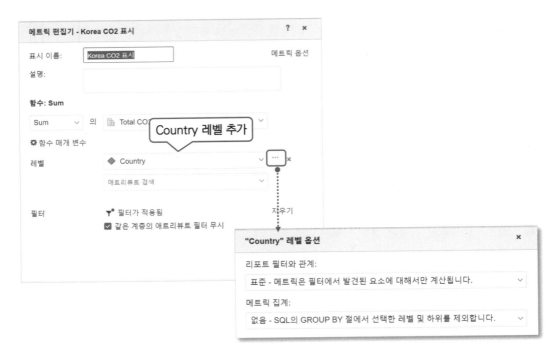

03. 설정에서 [리포트 필터와 관계]는 기본 옵션인 [표준]으로 선택합니다. 이제 메트릭 필터에서 지정한 "South Korea"만 집계 대상이 됩니다.

04. 메트릭 집계는 두번째 옵션인 [없음 – SQL 의…]로 선택합니다. 이제 Country 를 무시하고 집계합니다. 결과적으로 필터의 "South Korea" 데이터를 국가와 상관없이 계산할 수 있게 됩니다.

05. 확인을 누르고 저장하면 시각화에 다음과 같이 한국 데이터가 각 나라별로 동일하게 표시됩니다. 이제 비율을 구하는 [Korea CO2] / [Total CO2] 파생 메트릭도 제대로 계산됩니다.

Country	Total CO2	Korea CO2 표시	Korea 2 / Total CO2
China	85,440.49	8,927.44	10.4%
Japan	24,369.30	8,927.44	36.6%
United States	117,307.44	8,927.44	7.6%

▲ 한국 CO2 와 다른 나라의 비교

메트릭 함수 수식 기호

앞서 편집기에서 설정했던 함수, 레벨 옵션, 필터 설정을 추가하여 메트릭을 만들면 도씨에 내부적으로는 이 내용을 수식으로 저장합니다.

수식

$+ - \times \div$ ( ) 〈 〉

Sum([Total CO2]){!Country+}< ⊤°;@2;->

▲ 레벨과 필터가 설정된 메트릭의 수식 예

메트릭의 함수 수식은 다음과 같은 구조를 가집니다.

분석 함수 ([개체 이름]) { 레벨 설정 1 , 레벨 설정 2, … } 〈필터 속성〉

메트릭에 사용된 필터는 수식 편집기에선 삭제만 가능하고 편집은 함수 편집기를 이용해야 합니다. 레벨 메트릭 설정은 수식으로 편집은 가능하지만, 구조가 복잡하여 역시 함수 편집기를 이용합니다. 수식 편집기는 주로 기본 함수를 사용하거나 메트릭 간 사칙 연산을 할 때 사용합니다.

파생 애트리뷰트

앞서 그리드 시각화 실습 과정에서 애트리뷰트를 이용하여 그룹을 만들어 보았습니다. 그룹은 애트리뷰트 여러 항목을 통합하여 분석할 수 있는 새로운 애트리뷰트를 만든 것과 같습니다. 이렇게 기존 애트리뷰트로 다른 애트리뷰트를 만드는 기능을 [파생 애트리뷰트]라고 합니다.

애트리뷰트 편집기

데이터 세트나 시각화 편집기에 있는 개체를 우 클릭하여 [애트리뷰트 만들기] 메뉴를 선택하면 파생 애트리뷰트를 만들 수 있는 애트리뷰트 편집기가 표시됩니다. 사용할 분석 개체를 선택하고 적용할 함수와 연산자를 입력하면 파생 애트리뷰트를 만들 수 있습니다. 애트리뷰트 편집기의 각 기능은 다음과 같습니다.

▲ 애트리뷰트 편집기

❶ **함수 선택 –** 함수를 검색하거나 함수 카테고리를 선택할 수 있습니다.

❷ **상세 함수 리스트 –** 함수 카테고리내의 함수 리스트를 보여줍니다. 함수를 선택 후 [편집]을 누르면 해당 함수의 인자를 선택하거나 입력할 수 있는 대화창이 나타납니다. 여기서 개체를 선택하고 추가 버튼을 누르면 수식창에 해당 함수가 적용된 애트리뷰트 수식이 입력됩니다.

❸ **개체 –** 시각화 대시보드내의 데이터 세트들과 개체들을 보여줍니다. 원하는 개체를 검색하여 찾을 수 있습니다. 원하는 개체를 수식 창으로 끌어와서 사용할 수 있습니다.

❹ **애트리뷰트 이름 –** 새로 생성된 애트리뷰트 이름을 입력하거나 변경합니다.

❺ **설명 –** 이 파생 애트리뷰트의 설명을 입력하면 사용자가 마우스를 개체에 올릴 때 툴팁으로 보여줍니다.

❻ **애트리뷰트 폼** – ID 폼 외에 Desc 폼이나 다른 유형의 애트리뷰트 폼을 추가합니다.

❼ **수식** – 수식 텍스트를 직접 입력하거나 편집할 수 있습니다.

❽ **데이터 유형** – 새로 만들어진 애트리뷰트의 데이터 유형을 문자열, 날짜, 숫자 중에서 선택할 수 있습니다.

❾ **유효성 검사** – 입력한 수식의 문법을 체크해줍니다. 저장시에 자동으로 검사합니다.

애트리뷰트 편집기의 함수 항목에는 모든 함수가 표시되지 않습니다. 메트릭 함수들 중에 집계에 사용했던 그룹 값 기본 함수들(Sum , Min , Max , Avg, …) 은 사용할 수 없습니다. 애트리뷰트는 데이터의 기준이 되는 것이므로 집계 함수와 같은 수치 값을 합산하거나 집계하는 함수들을 사용할 수 없습니다. 파생 애트리뷰트에는 문자열 함수나 날짜 함수, Case 문 과 같은 변환 함수들을 주로 사용할 수 있습니다.

애트리뷰트 만들기 사례

파생 애트리뷰트에 많이 사용하는 사례와 함수들을 설명하겠습니다.

Case 문 사용하기

Case 는 조건에 따라서 다른 값으로 변환해주는 함수입니다. Case 를 이용하면 조건을 상세하게 지정하여 파생 애트리뷰트를 정의할 수 있습니다. 예를 들어 Country 가 "Korea, South" 인 경우는 "한국"으로 표시하고 나머지는 "기타"라고 표시할 수 있습니다.

▲ CASE 문으로 애트리뷰트 지정과 실행 결과

앞에서 설명한 것처럼 애트리뷰트를 사용할 때는 어느 폼과 비교해야 하는지를 명확하게 지정해줘야 합니다. Case (**Country** = "Korea, South"), "한국", "기타")는 폼이 지정되지 않아 에러가 발생합니다. Case (**Country@id** = "Korea, South"), "한국", "기타")처럼 **[애트리뷰트 이름]@[폼 이름]** 형식으로 명확히 폼을 지정해줘야 합니다. 메트릭에서 Case 를 사용한 것과 마찬 가지로 조건은 여러 개를 같이 사용할 수 있습니다.

날짜 애트리뷰트 변환

앞에서도 설명했던 날짜와 시간 함수들을 이용하여 여러 날짜 관련 애트리뷰트를 만들 수 있습니다. 그런데 날짜처럼 보이는 데이터가 실제 유형이 날짜가 아닌 텍스트인 경우가 많습니다. 예를 들어 "2021 년 9 월 15 일"을 "20210915"와 같은 식으로 사용하는 경우가 많지만, 이런 형식은 데이터 유형으로 사용할 수 있는 날짜 유형이 아닙니다. 이런 형식의 데이터는 먼저 날짜 유형으로 변환해야 날짜 함수들을 사용할 수 있습니다.

ToDateTime 함수를 사용해서 날짜 형식으로 데이터 변환을 수행할 수 있습니다.

▲ 텍스트 유형을 날짜 데이터로 변환하는 ToDateTime

ToDateTime 함수는 변환할 개체와 개체의 **날짜 변환 패턴**을 입력으로 받습니다. 예를 들어 앞의 "20210915"는 "yyyymmdd"로 패턴을 지정하여 변환할 수 있습니다. 날짜 포맷에 자주 사용되는 변환 문자열 표는 다음과 같습니다.

- 일자 - "d" , 두 자리 일자인 경우 "dd"

- 요일 - "ddd"

- 주 - "w", 두 자리 주차 – "ww"

- 두 자리 월 - "MM", 세 자리 월 – "MMM"

- 두 자리 연도– "yy" , 네 자리 연도 – "yyyy"

- 한자리 시간 – "h", 두 자리 시간 – "hh"

- 한자리 초 – "s", 두 자리 초 – "ss"

- 분 – "mm"

연도는 소문자 y , 날짜는 소문자 d 인 것에 주의해 주세요. 월은 대문자 M, 분은 소문자 m 이라서 틀리기 쉽습니다. 변환 사용시 주의해야 합니다.

시간 애트리뷰트 만들기

복잡한 수식을 사용하지 않아도 날짜 유형 파생 애트리뷰트를 데이터 세트 메뉴에서 간단하게 만들 수 있는 방법이 있습니다. 날짜 유형 애트리뷰트를 우 클릭하면 메뉴에서 **시간 애트리뷰트 만들기** 메뉴가 나타납니다. 여기서 년, 분기, 월, 요일, 주와 같이 시간 관련 항목을 선택하는 것 만으로 쉽게 날짜 파생 애트리뷰트를 만들 수 있습니다.

▲ 시간 애트리뷰트 만들기

여기서 각 항목을 선택하면 변환에 필요한 함수를 적용한 폼들이 자동으로 추가된 파생 애트리뷰트가 만들어집니다. 아래는 연도의 월(1 월, 2 월, 3 월 등)을 선택했을 때 만들어진 애트리뷰트 폼 형식입니다.

▲ ID 와 DESC 폼에 각각 적용된 함수

시간 애트리뷰트 만들기 메뉴를 사용하여 간단하게 파생 애트리뷰트를 만들고 나중에 필요한 부분만 수식 편집기에서 수정하면 쉽게 만들 수 있습니다.

날짜 함수 사용

날짜 관련 애트리뷰트를 만들 때 자주 사용하는 함수들은 다음과 같습니다.

- **Year** – 날짜에서 연도를 숫자 4 자리로 반환합니다.
- **Month** – 날짜에서 월을 1 에서 12 까지 사이로 반환합니다.
- **MonthEndDate** – 날짜 해당월의 마지막 날짜를 반환합니다. 30 이나 31 일 혹은 2 월의 경우 28 이나 29 를 반환합니다.
- **Week** – 날짜에서 주차를 1 에서 54 까지 사이로 반환합니다.

날짜 애트리뷰트를 사용하다 보면 그리드나 차트에 표시될 때 포맷이 제대로 표시되지 않는 경우가 있습니다. 예를 들어 2021-12-15 이 표시되어야 하는데 숫자로 44545 가 표시되는 경우가 있습니다. 이런 경우는 개체의 데이터 표시 **숫자 포맷**이 날짜로 지정되지 않고 **자동**이나, **숫자**가 적용되어 그럴 수 있습니다. 이럴 땐 데이터 세트나 시각화에서 개체 **숫자 포맷**을 날짜와 시간 포맷으로 변경하면 제대로 표시가 됩니다.

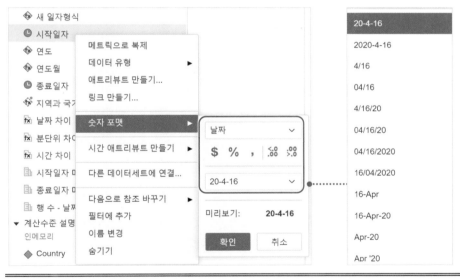

자세한 날짜와 시간 포맷에 대한 내용은 다음 날짜 함수의 날짜 포맷 도움말을 참고하시기 바랍니다. https://unicode-org.github.io/icu/userguide/format_parse/datetime/

문자열 함수

문자열 함수군에는 문자열 자르기, 치환하기, 특정 문자가 있는지 확인하기, 대/소문자 변환,

숫자를 문자로, 문자를 숫자로 변환하기 와 같이 문자열을 다루는 함수들이 있습니다. 대표적인 몇 가지를 살펴보겠습니다.

▣ **ToString** – 날짜,숫자 등 다른 데이터 유형을 문자열로 변환합니다. 앞서 본 ToDateTime 함수와 비슷하게 변환할 개체와 변환에 필요한 패턴, 두가지 매개 변수를 받습니다. 변환하려는 개체가 숫자인 경우에는 패턴을 입력하지 않아도 문자 형태로 자동 변환을 해주지만 변환할 데이터 원본이 날짜인 경우에는 패턴을 입력해주어야 문자열로 바르게 변환합니다. 예를 들어 날짜 데이터를 20220214 형식의 텍스트로 바꾸고 싶다면 패턴 부분에 "yyyyMMdd"라는 날짜 패턴을 넣어주어 ToString⟨Pattern="yyyymmdd"⟩([일자형식]@ID) 로 하면 됩니다. 패턴 유형은 앞서 ToDateTime 에서 설명한 내용과 동일하니 해당 패턴 부분 설명을 참고하시기 바랍니다.

애트리뷰트 편집기 - ToString		변환	
표시 이름: ToString		일자형식	ToString
설명:		2021-1-1	20210101
함수: ToString			
DateTime/Number*: ◆ [새 일자형식]@ID			
Pattern: yyyymmdd			

▣ **LeftStr, RightStr** – 문자열을 LeftStr()은 왼쪽에서 RightStr()은 오른쪽에서 문자열을 자릅니다. 20220314 인 텍스트에서 LeftStr("20220314" , 4)로 수식을 입력하면 "2022"가 반환됩니다. RightStr("20220314",2)로 수식을 입력하면 뒷부분 "14"가 반환됩니다.

▣ **SubStr** – 문자열 중간에서 자르는 함수입니다. SubStr(개체, 시작위치, 자를 길이) 형식으로 사용하고, 문자열 시작위치는 1 부터 계산합니다. SubStr("20220314" , 5, 2)로 수식을 입력하면 5 번째 위치에서 2 글자 "03"이 반환됩니다.

▣ **Replace** – 문자열을 치환하는 함수입니다. Replace (원본, 찾을 문자열, 바꿀 문자열) 형식입니다. Replace("바꿀 문자열", "찾을 문자열", "바꿀 문자열")로 수식을 입력하면 바뀐 문자열이 반환됩니다.

▣ **Concat** – 여러 개체들의 문자를 더해서 붙이는 함수입니다. Concat ⟨Delimiter=" "⟩ (개체 1, 개체 2 , …) 형식입니다. 여기서 Delimiter 는 개체 구분자입니다. 예를 들어 Concat 함수를 사용한 Concat⟨Delimiter="의"⟩(Region@ID, Country@ID)는 지역과 국가를 문자열로 붙이고 구분자로 "의"를 두 개체 사이에 붙여 [지역]의[국가] 항목들을 가진 파생 애트리뷰트를 만듭니다.

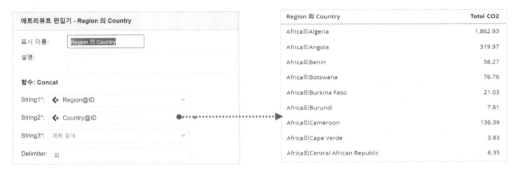

▲ Concat 으로 지역과 국가 결합한 실행 결과

애트리뷰트 폼 추가하기

새로운 애트리뷰트를 만들 때 애트리뷰트 폼 역시 여러 개를 추가할 수 있습니다. 앞서 날짜 애트리뷰트를 만든 것을 예로 들면 기본 ID 폼 이외에 월/일자를 표시하는 DESC 폼을 추가 하거나 요일을 표시하는 요일 폼을 추가할 수 있습니다. 폼 추가는 애트리뷰트 폼 편집기에서 기존 생성된 폼 옆의 + 버튼을 클릭하면 새로운 폼 편집기 창에서 할 수 있습니다.

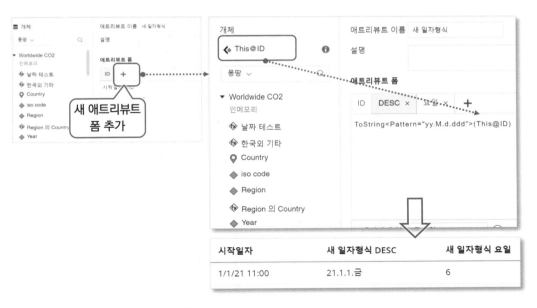

▲ 애트리뷰트 폼 추가와 This@ID

새로운 폼 편집기를 사용할 때는 개체 항목 위에 **This@ID** 라는 개체가 개체 리스트 위에 나 타납니다. 이 개체는 현재 애트리뷰트의 ID 폼을 의미합니다. 새로운 폼을 만들 때 애트리뷰 트 ID 를 사용할 수 있도록 해주는 개체입니다. 예를 들어 날짜 애트리뷰트를 월/일 형식으로 표시하는 폼을 만들고 싶다면 다음처럼 월/일 변환 함수 ToString〈Pattern="MM/dd"〉 (This@ID)를 입력하면 됩니다. 나중에 혹시 ID 의 함수를 수정하더라도 자동 반영되니 편리합니다.

실습 - 대기 환경 데이터 활용

이번 챕터에서 배운 파생 메트릭과 파생 애트리뷰트를 실습해 보겠습니다. 데이터 파일중에서 [기간별_일평균_대기환경_정보_2020년.csv]를 사용합니다. 이 데이터는 서울시 각 권역과 그 권역의 구별 측정소에서 일자별로 측정한 미세먼지($\mu g/m^3$), 오존(ppm), 이산화질소농도 (ppm), 일산화탄소농도(ppm), 아황산가스농도(ppm), 초미세먼지($\mu g/m^3$) 정보를 가지고 있습니다.

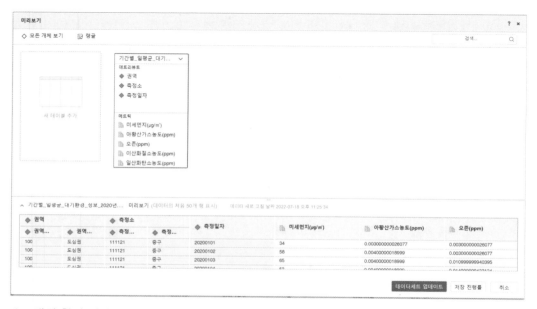

▲ 대기 환경 데이터 소스

원본 데이터는 서울시 공공 데이터 포털에서 다운로드 받았습니다. 이 데이터는 뒤에서도 활용하게 됩니다.

데이터 가져오기

앞서 배운 데이터 가져오기로 데이터 파일을 업로드하고 미리보기에서 애트리뷰트와 메트릭을 확인합니다.

01. 데이터 소스에서 파일 유형을 선택후에 대기 환경 데이터 파일을 추가합니다. 완료를 누

르지 말고 [데이터 준비]를 클릭해서 데이터모델 편집창으로 들어갑니다.

02. [권역 코드]와 [권역명] 두 컬럼은 통합하여 권역 애트리뷰트를 만듭니다. [측정소 코드]와 [측정소명] 역시 통합해서 [측정소] 애트리뷰트를 만듭니다. 각각 코드는 ID 로, 명은 Desc 폼으로 매칭합니다.

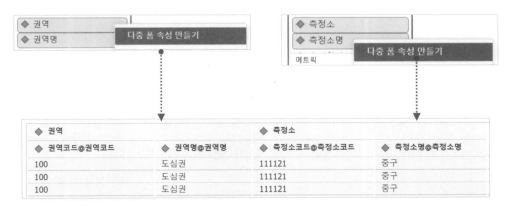

▲ 권역과 측정소 다중 폼 만들기

03. 측정 일자의 데이터 유형을 확인합니다. 만약 데이터 유형이 정수로 설정되어 있다면 측정 일자를 우 클릭하여 [데이터 유형 변경] -> [텍스트]로 바꾸어 주시기 바랍니다.

04. [저장]을 눌러 데이터 세트를 저장합니다.

파생 메트릭 만들기

가져온 데이터의 일자별 추이를 보겠습니다. 시각화 위젯의 [선 차트]를 선택하여 추가하고 수평에는 [측정일자]를, 수직에는 [미세먼지(㎍/㎥)]를 배치합니다. 다음과 같은 선 차트가 그려집니다.

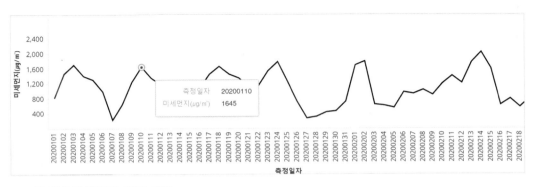

▲ 일자별 미세먼지 합계 차트

그런데 한 가지 수정해야 할 점이 있습니다. 시각화에 메트릭을 사용할 때 집계 옵션을 따로 지정하지 않으면 분석 엔진은 자동으로 데이터를 합산하는 Sum 집계 함수를 적용해서 계산합니다. 그런데 미세먼지 같은 측정 데이터를 합산해서 분석하는 게 의미가 있을까요? 그리드 시각화에 미세먼지만 넣어 확인해 보면 321,360(!)로 합산되어 표시됩니다. 이런 데이터는 의미가 없습니다. 여기서는 미세먼지 평균 값으로 측정 값을 분석하는 게 맞습니다.

집계 메트릭 추가

평균 미세먼지를 계산하는 파생 메트릭을 만들겠습니다.

01. 데이터 세트의 메트릭 중 하나를 우 클릭하고 메뉴에서 [메트릭 만들기…]를 선택합니다.

02. 함수 그룹을 [기본 함수]로 변경하고 아래에서 [Avg] 함수를 선택합니다.

03. 오른쪽 함수 인자에서 사용할 개체를 [미세먼지($\mu g/m^3$)]로 선택하고 메트릭 이름을 [평균 미세먼지]로 변경 후 [저장]을 눌러 메트릭을 저장합니다.

▲ 평균 미세먼지 메트릭

04. 기존 차트의 메트릭을 새로 만든 평균 메트릭으로 교체합니다. 일자별 평균 미세먼지 추이를 보면 축의 범위가 0 에서 100 사이로 줄어 든 것을 알 수 있습니다.

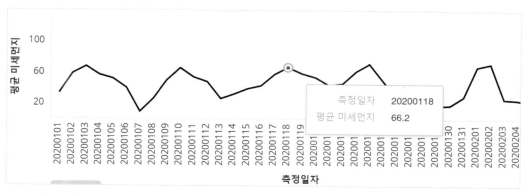

▲ 평균 미세먼지 추이

05. 이번에는 평균 이외에 최대와 최소 집계 메트릭을 추가해 보겠습니다. 앞서처럼 데이터 세트에서 [메트릭 만들기…]를 선택 후 기본 함수를 [Max]로 선택하여 [최대 미세먼지] 메트릭을 만듭니다. 같은 방식으로 [Min]함수를 적용하여 [최소 미세먼지] 메트릭을 만듭니다.

06. 두 메트릭을 시각화에 추가하고 [메트릭 이름] 개체를 브레이크 바이에 배치하면 다음과 같이 최소, 최대, 평균 미세먼지 추이가 표시됩니다.

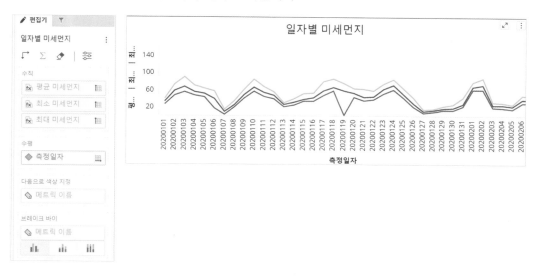

07. 여기에 "동남권" 지역 미세먼지 추이만 보는 메트릭을 만들어 전체 추이와 비교 분석해 보겠습니다. [메트릭 만들기]로 새로운 메트릭 편집기를 오픈합니다. 여기에 [기본 함수] -> [Avg]를 선택하고 [미세먼지(㎍/㎥)] 개체를 선택합니다.

08. 필터에서 [필터 추가…]를 선택합니다. [새 제한 추가]를 클릭하여 새로운 필터를 추가합니다. [새 자격] 창에서 [권역]애트리뷰트를 선택하고 항목들 중에서 "동남권"을 선택합니다. 저장을 눌러 필터를 적용합니다.

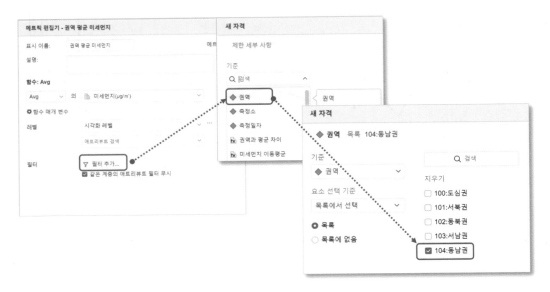

09. 편집기에서 [동남권 평균 미세먼지]라고 이름을 변경하고 저장을 눌러 저장합니다.

10. 앞서 추가했던 최대, 최소 메트릭은 제거하고 왼쪽 축에 새로 생성한 메트릭을 추가합니다. 가시성을 위해서 동남권 측정치는 막대로 모양을 바꾸어 봅니다.

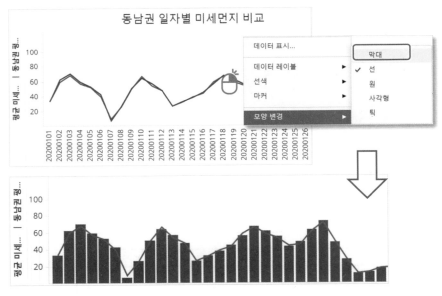

▲ 특정 지역과 전체 평균 비교, 막대로 항목 변경

대체로 전체 추이와 동남권 지역 추이가 일치하는 모양을 보입니다.

이동 평균 메트릭

미세먼지 측정치는 등락이 꽤 많은 데이터입니다. 추이를 더 살펴보기 위해 **이동 평균**을 사용해 보겠습니다.

11. [메트릭 만들기…]에서 OLAP 함수 군에 있는 [MovingAvg] 함수를 선택합니다. [ValueList]에는 미세먼지 메트릭을 선택하고, [WindowSize]에는 7 을입력하여 7 개 항목의 평균을 보도록 하겠습니다.

12. 마지막으로 [정렬 방법]에 측정 일자를 넣어야 일자를 기준으로 이동평균을 계산할 수 있습니다. 아래의 정렬 방법에 [측정 일자 ID]로 [Ascending]을 선택해 주세요. 기존 차트에 이동 평균 메트릭을 추가하면 다음처럼 여러 일자에 걸친 추이를 확인할 수 있습니다.

▲ 이동 평균 : MovingAvg 설정

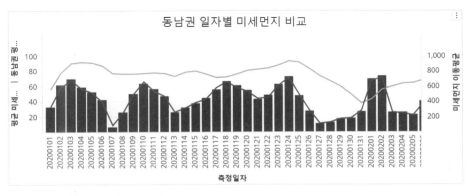

▲ 이동 평균 추가 후의 차트

새로 추가된 이동 평균과 전체 추이를 비교해 볼 수 있습니다.

권역과 비교

[동남권 지역] 메트릭과 전체를 표시하는 [미세먼지 평균] 메트릭을 비교하여 해당 지역이 전체 대비 높은 지 낮은지를 판단해 보겠습니다.

13. [메트릭 만들기]에서 수식 편집창으로 변경합니다. 기존 생성된 수식은 [수식편집기] 위의 [지우기]로 지웁니다. 이제 동남권 메트릭에서 미세먼지 메트릭을 빼도록 왼쪽 개체창에서 두 메트릭을 가져와 다음처럼 사칙 연산을 적용합니다. [권역과 평균 차이]로 표시 이름을 변경 후 저장합니다.

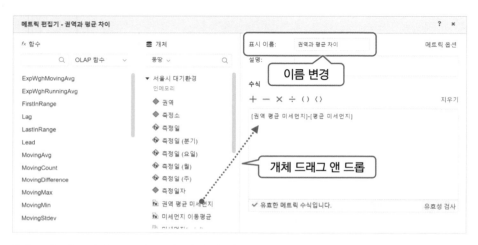

14. 이 메트릭이 0 보다 크면 권역이 평균 보다 미세먼지가 많은 것이고 0 보다 작으면 평균 보다 작은 것입니다. 이 메트릭을 다시 CASE 함수를 이용해 변환하겠습니다. 데이터 세트에서 [메트릭 만들기…]로 메트릭 편집기를 열고 함수에서 [내부 함수] -> [Case]를 선택합니다.

15. [Condition1]에 "[권역과 평균 차이] > 0"를 입력하고 두번째 [Result1]에는 "1"을 입력합니다. 세번째 [Conditons2, Result2…]에는 "-1"을 입력하여 0 보다 작은 경우는 모두 -1 로 표시하도록 하겠습니다. 권역과 평균 차이 메트릭 이름에 사이에 공백이 있으므로 꼭 [] 로 메트릭을 감싸 [권역과 평균 차이]로 사용해야 합니다. 메트릭 표시 이름을 [CASE 평균 비교]로 입력하고 저장합니다.

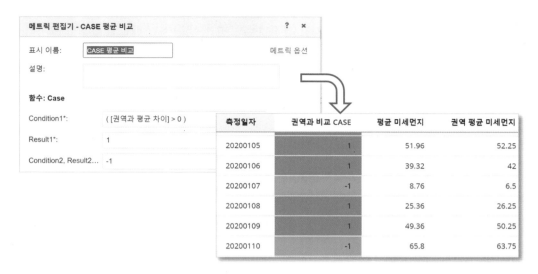

▲ CASE 로 평균과 비교후 그리드에 임계값으로 표시 한 예

16. 임계값으로 많고 적음을 표시하기 위해 차트 편집기의 [다음으로 색상 지정]에 [CASE 평균 비교] 메트릭을 추가합니다. 다음처럼 각 항목들에 색깔로 비교치가 표시됩니다. 추가로 색상을 더 눈에 띄게 표시하기 위해 임계값을 다른 색상으로 변경해 봅니다.

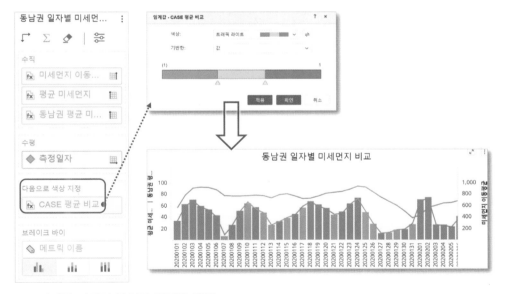

▲ 시각화 편집기 구성과 임계값 결과

17. 두개 메트릭 차이를 계산한 메트릭을 색상에 바로 사용해도 됩니다. 그러나 여기서는 높은가 낮은가 만을 판단하기 위해서 값을 1, -1 로 변환하여 사용하여 임계값에 좀더 사용하기 쉽게 만들었습니다.

"1", "-1"만 있는 메트릭의 임계값 편집기를 보면 색상 단계가 메트릭 값보다 크지만, 메트릭 범위의 최소 값은 가장 가까운 작은 값의 색상이 사용되고, 최대 값은 가장 가까운 큰 값의 색상이 선택됩니다.

파생 애트리뷰트 만들기

미세 먼지 데이터의 측정 일자 범위는 2020 년 1 월 1 일부터 12 월 31 일로 1 년간입니다. 측정일자를 이용하여 시간 애트리뷰트를 만들면 1 년간의 추이를 분기, 월, 주, 요일 등 다양한 관점으로 분석할 수 있습니다. 우선 유형 변환으로 측정일자를 날짜 유형으로 변경하겠습니다.

새 일자 애트리뷰트 만들기

01. 데이터 세트에서 임의의 애트리뷰트를 우 클릭하고 메뉴에서 [애트리뷰트 만들기…]를 선택합니다.

02. 새 애트리뷰트 편집기에서 함수를 날짜 및 시간 함수로 변경하겠습니다. 함수에서 [ToDateTime]을 찾아 편집을 클릭합니다.

03. 함수 편집기의 개체선택 드롭 다운에서 [측정일자@ID]를 선택하고 아래 [Pattern] 부분에는 [년월일형식]인 "yyyyMMdd"를 입력합니다. 애트리뷰트 편집기에 [추가]를 누르면 ToDateTime〈Pattern="yyyyMMdd"〉(측정일자@ID) 수식이 자동으로 추가됩니다.

04. 애트리뷰트 이름을 [측정일]로 입력하여 저장합니다.

▲ 날짜 유형 변경 방식

05. 메뉴에서 데이터 유형을 선택하고 유형 선택을 날짜로, 그 아래의 포맷은 [yyyyMMdd]로 입력해도 같은 작업을 할 수 있습니다.

▲ 데이터 유형으로 날짜 만들기

06. 이제 데이터 세트에 새로운 [측정일] 애트리뷰트가 생성됩니다. 차트에 사용한 측정일자를 새로 만든 날짜 유형의 측정일로 변경해봅니다. 축에 날짜/시간 유형으로 라벨이 표시됩니다. 보기 편한 형태로 표시하기 위해 데이터 세트의 측정일을 우 클릭하여 [숫자 포맷]을 선택한 후 [날짜]로 표시 유형을 변경합니다. 다음은 [년/월/일] 형식으로 표시한 예입니다. 사용자 정의로 더 상세한 포맷 역시 가능합니다.

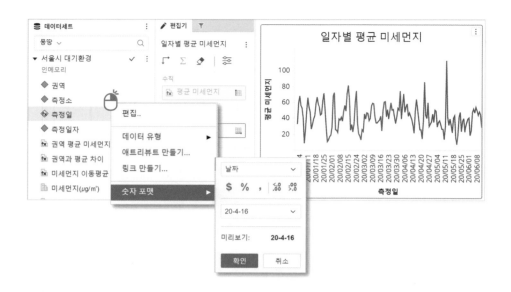

날짜 유형 선택 창에 없는 날짜 유형은 숫자 포맷의 **사용자 포맷**에서 포맷을 변경할 수 있습니다. 예를 들어 20/01/03 식으로 표시하고 싶다면 [yy/MM/dd]를 사용자 포맷에 입력하면 됩니다.

시간 애트리뷰트 만들기

날짜 유형으로 변환 후에는 파생 시간 애트리뷰트를 쉽게 만들 수 있습니다.

07. 데이터 세트에서 [측정일] 애트리뷰트를 우 클릭하여 메뉴에서 [시간 애트리뷰트 만들기]를 선택합니다. 시간과 관련된 애트리뷰트 체크박스들이 표시됩니다. 이 중에서 주, 월, 분기, 요일을 복수 선택합니다.

▲ 시간 애트리뷰트 만들기

08. 그리드에 만들어진 시간 관련 파생 애트리뷰트들을 추가하여 확인해봅니다. 분기, 월, 주는 표시 형식을 바꾸면 좋을 것 같습니다. 여기 표시된 애트리뷰트들의 DESC 폼을 애트리뷰트 편집기에서 수정하겠습니다.

측정일	측정일 (분기)	측정일 (요일)	측정일 (월)	측정일 (주)
20/01/01	2020 ,1분기	수	2020, 01월	2020 ,1주
20/01/02	2020 ,1분기	목	2020, 01월	2020 ,1주
20/01/03	2020 ,1분기	금	2020, 01월	2020 ,1주
20/01/04	2020 ,1분기	토	2020, 01월	2020 ,1주
20/01/05	2020 ,1분기	일	2020, 01월	2020 ,2주
20/01/06	2020 ,1분기	월	2020, 01월	2020 ,2주
20/01/07	2020 ,1분기	화	2020, 01월	2020 ,2주

▲ 시간 애트리뷰트 데이터

09. [측정일 (분기)] 애트리뷰트를 우 클릭하여 편집을 선택합니다. 애트리뷰트 폼에서 DESC 를 선택합니다. 기존 수식은 [Concat] 함수를 이용해서 연도, 분기를 가져와서 합쳐서 표시하고 있습니다. 다음처럼 Concat(Year(측정일@ID), " ,", Quarter(측정일@ID), "분기") 수식으로 수정합니다.

10. 마찬가지로 월 애트리뷰트도 다음 수식으로 DESC 를 변경합니다. Pattern 에 들어가는 텍스트를 다음처럼 연도 4 자리와 두 자리 월 숫자 뒤에 "월"이 표시되도록 "yyyy.mm 월"을 입력합니다. ToString〈Pattern="yyyy, mm 월"〉(측정일@ID)

11. 주 애트리뷰트의 DESC 도 다음처럼 변경해 주세요. Concat(Year(측정일@ID) , " , ", Week(측정일@id) , "주")

12. 기존 [일자별 미세먼지 추이] 시각화를 복제하고 X 축의 측정일 애트리뷰트를 바꿔보겠습니다. 우선 월로 변경하고 나서 요일로도 바꾸겠습니다.

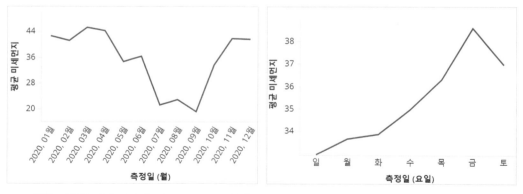

▲ 왼쪽 : 월별 미세먼지 추이, 오른쪽: 요일별 미세먼지 추이

13. 미세먼지 수치가 월과 요일에 따라 추이가 많이 달라지는 것을 알 수 있습니다. 각 차트에 분기를 수직 행으로 넣어 그래프 매트릭스로 표시하겠습니다. 월과 요일의 분기별 추이가 표시됩니다.

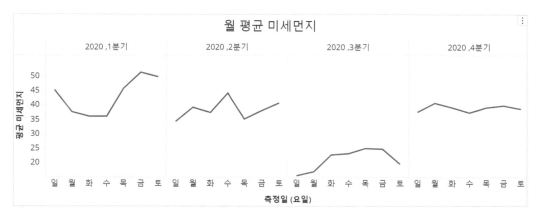

▲ 분기별 요일별 미세먼지 추이

애트리뷰트와 메트릭 변환

실습에 사용한 대기 환경 데이터에서 미세 먼지 측정값은 메트릭에 해당이 되고 측정일은 애트리뷰트입니다. 그런데 각 미세 먼지 측정값별로 해당하는 측정일이 몇 개나 되는지 알고 싶다고 하면 이 때는 미세 먼지 측정값이 애트리뷰트가 되고 그 값에 해당하는 일자를 Count한 숫자가 메트릭이 됩니다. 이런 분석 방법을 **히스토그램**이라고 합니다.

히스토그램으로 분석하려면 데이터 모델링에서 다시 개체 유형을 바꾸어 만들 수도 있지만 그렇게 하면 다른 집계 작업(예를 들어 일자별 평균 미세먼지 계산)이 어려워집니다.

이런 경우 도씨에 데이터 세트에서 애트리뷰트와 메트릭을 서로 변환하거나 복제하여 사용할 수 있습니다. 도씨에에서 변환하면 기존 개체는 그대로 두고 새롭게 복제한 파생 개체를 만들게 됩니다.

01. 먼저 메트릭을 애트리뷰트로 복제할 때는 데이터 세트에서 복제할 메트릭을 우 클릭하고 [애트리뷰트로 복제]를 선택합니다. 미세먼지 메트릭을 애트리뷰트로 변환하면 새로운 [미세먼지(㎍/㎥)] 애트리뷰트가 생성됩니다. 만들어진 애트리뷰트를 편집기에서 확인해 보면 개체의 메트릭 항목이 그대로 애트리뷰트 ID에 사용되었습니다.

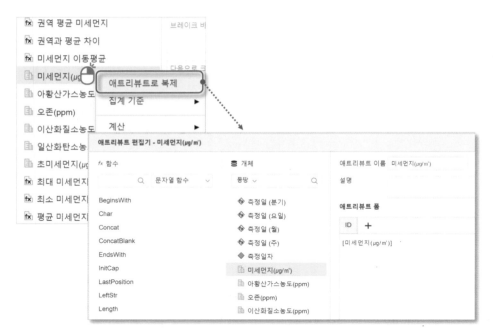

▲ 메트릭에서 애트리뷰트로 복제

02. 애트리뷰트를 메트릭으로 복제할 때도 마찬가지로 변환하려는 [측정일자] 애트리뷰트를 우 클릭하고 [메트릭으로 복제]를 선택합니다.

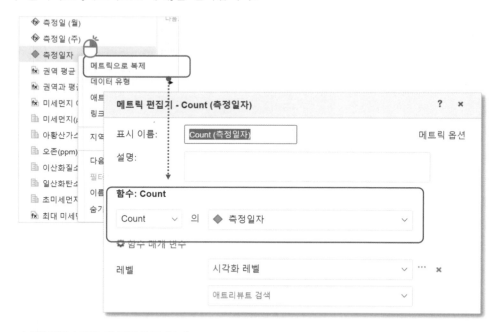

▲애트리뷰트를 메트릭으로 복제

03. 애트리뷰트를 메트릭으로 복제할 때는 분석 함수가 적용된 형태로 변환됩니다. 애트리

뷰트가 텍스트 유형인 경우 Count 가, 숫자인 경우 Sum 이 기본 집계 함수로 사용됩니다.

04. 막대 차트를 추가하여 수평 축에는 미세먼지 애트리뷰트를 수직 축에는 측정일자수 메트릭을 추가합니다. 다음처럼 히스토그램 형식 그래프가 그려집니다.

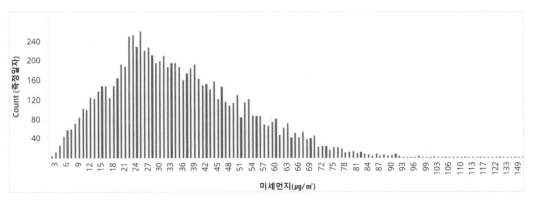

▲ 미세먼지 수치별 날자수

두가지 변환 모두 수식창이나 편집창에서 데이터 세트 개체를 가져와서 사용하는 것과 동일합니다. 여러 개체를 합치거나 함수를 적용해서 파생 개체를 만드는 것도 가능합니다.

요약

기존 개체 항목을 이용하여 새로운 개체 항목을 만들어 내는 파생 개체 기능은 데이터 분석에서 자주 사용하는 기능입니다.

파생 메트릭은 기존 메트릭끼리 연산하여 새로운 메트릭을 만들어 낼 수 있습니다. 또한 계산 대상이 되는 데이터에 필터를 설정하거나 집계 레벨을 변경하는 방식으로 계산을 수행하기도 합니다. 애트리뷰트를 계산하는 파생 메트릭도 가능합니다.

파생 애트리뷰트 역시 기존 애트리뷰트를 이용하여 새로운 애트리뷰트를 만들어 냅니다. 파생 애트리뷰트를 이용하면 시각화에서 더 다양환 관점으로 데이터를 분석할 수 있습니다.

또한 애트리뷰트와 메트릭은 서로 변환하여 사용한 것도 가능합니다. 새로운 컬럼을 데이터 소스에 만들지 않고도 여러 관점과 지표를 분석할 수 있습니다.

다음 챕터에서는 데이터 조건으로 사용되는 필터 기능에 대해 배우겠습니다.

8. 필터

필터는 방대한 데이터 중에서 원하는 범위의 데이터를 찾고 분석하기 위한 기능입니다. 필터를 이용하면 최근 1 개월 간 실적이나 특정 범위의 데이터끼리 비교하는 시각화를 만들 수 있습니다. 도씨에 필터는 사용자 요구사항에 따라 도씨에 전체부터 상세 메트릭 레벨까지 그 범위를 다양한 대상에 적용할 수 있습니다. 이번 챕터에서는 필터의 종류와 속성에 대해 알아보고 대상에 따라 사용할 수 있는 필터 기능을 설명하겠습니다.

필터의 종류

필터는 분석 개체를 이용하여 데이터를 제한하는데 사용됩니다. 필터는 조건으로 사용하는 분석 개체에 따라 **메트릭 필터, 애트리뷰트 필터** 유형이 있습니다. 애트리뷰트 필터는 애트리뷰트 항목들을 선택할 수 있고, 메트릭 필터는 메트릭 값에 대한 범위 지정, 순위 등의 조건을 지정할 수 있습니다. 날짜 범위를 고르거나 미세 먼지 수치가 특정 수치 이상인 조건을 만들 수 있습니다.

필터 위젯 개체가 배치되는 위치를 기준으로 하면 페이지에 있는 시각화에 조건을 적용할 수 있고 도씨에 캔버스에 사용되는 위젯은 **캔버스내 필터**입니다. 도씨에 **필터 패널** 영역에서 사용되고 챕터 전체에 적용되는 것은 **필터 패널의 필터**입니다. 유형은 달라도 필터의 모양과 구성은 비슷합니다. 필터는 앞서 파생 메트릭에서 사용한 것처럼 메트릭을 정의할 때도 사용할 수 있고 시각화 위젯에 조건으로도 사용할 수 있습니다.

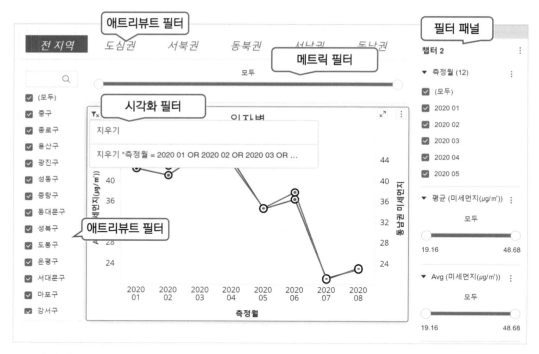

▲ 필터의 여러 유형들

앞서 캔버스에 배치하는 필터를 첫 시각화를 만들 때 사용했습니다. 우선 **필터 패널**의 애트리뷰트 필터와 메트릭 필터 사용법을 설명하고 캔버스 필터 위젯을 설명하겠습니다. 예시로 사용하는 데이터는 앞서 파생 개체 챕터에서 실습으로 만들었던 서울시 대기환경 데이터 세트 [기간별_일평균_대기환경_정보_2020년.csv] 입니다.

필터 패널

필터 패널은 필터들만 들어갈 수 있는 영역이며 여기에 있는 필터에서 조건을 선택하면 챕터 내 모든 페이지와 시각화에 적용됩니다. 만약 필터 패널이 보이지 않는다면 도씨에 상단 메뉴에서 [보기] -> [편집기 패널]이 체크되어 있는지 확인해 보시기 바랍니다.

필터 패널에 필터를 추가할 때는 데이터 세트에서 분석 개체를 선택하여 필터 패널 영역으로 드래그 앤 드롭으로 가져오면 됩니다. 또는 개체를 우 클릭하여 메뉴에서 [필터에 추가]를 선택하여 추가할 수 있습니다.

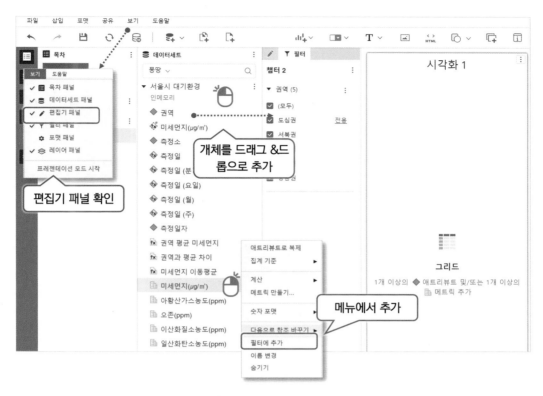

▲ 필터 패널 확인과 개체를 필터 패널에 추가하는 법

필터 패널에 애트리뷰트를 추가하면 애트리뷰트 항목의 개수가 적은 경우 체크박스로, 많은 경우는 검색 상자로 필터 스타일이 자동 표시됩니다. 메트릭 개체를 추가한 경우는 데이터 범위를 슬라이더로 표시합니다.

필터 패널에서 필터 조건을 변경하거나 항목을 선택하면 챕터와 페이지내의 시각화에 필터가 적용된 결과가 바로 표시됩니다. 아래 예시에서 왼쪽 필터 패널에서 분기, 권역, 평균 미세먼지 항목을 조절하면 오른쪽 시각화 영역의 차트와 표가 모두 영향을 받습니다. 필터 패널이 있는 챕터에 다른 페이지가 있다면 그 페이지로 이동해도 동일한 필터 패널이 표시되고 조건도 같이 적용됩니다.

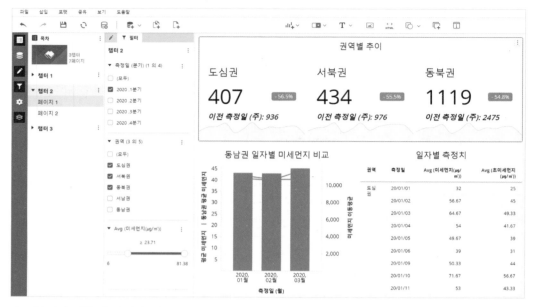

▲ 필터가 적용된 시각화 페이지 1

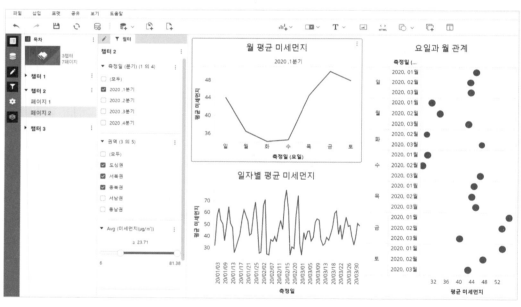

▲ 페이지 2에 동일한 필터 패널이 유지되고 같이 적용

필터 스타일

기본 표시된 필터 유형을 사용자가 원하는 형태로 변경할 수 있습니다. 필터 패널의 컨트롤 ⋮ 아이콘을 클릭하면 필터 관련 메뉴가 나타납니다. 표시 스타일을 선택하여 스타일을 변경

할 수 있습니다.

▲ 필터 스타일 변경 유형

다음은 각 필터 유형들입니다. 캔버스 필터 위젯에도 같은 유형이 있습니다.

📊 **확인란 –** 체크 박스 모양으로 항목들이 표시됩니다. 항목 수가 많은 경우 검색 상자가 같이 표시되어 애트리뷰트 항목을 검색할 수 있습니다. 체크 박스는 여러 항목들을 복수 선택할 수 있습니다. 단일 항목만 빠르게 선택하고 싶으면 항목에 마우스를 올렸을 때 오른쪽에 표시되는 [전용] 텍스트를 클릭하면 그 항목만 단독 선택할 수 있습니다.

📊 **슬라이더 –** 항목이 많은 숫자 유형인 경우 슬라이더로 [From – To]를 선택할 수 있습니다.

■ **검색 상자 –** 애트리뷰트 항목을 검색하여 찾을 수 있습니다. 검색 창에 텍스트를 입력하면 그 검색 항목이 포함된 모든 항목들을 찾아 줍니다. 검색 결과 위에 [모든 검색 결과]를 선택하면 검색된 항목이 모두 선택됩니다. 선택후에는 항목 옆의 X 버튼을 눌러 제거할 수 있습니다.

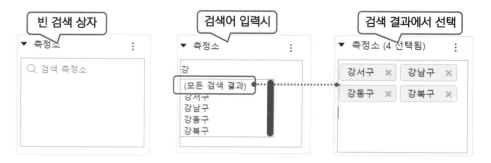

■ **라디오 버튼 –** 확인란과 비슷하지만 단일 선택만 지원하는 스타일입니다.

■ **풀다운 –** 드롭 다운이라고도 하는 스타일입니다. 체크 박스와 비슷하게 항목이 많으면 검색 창이 표시됩니다. 복수 선택이 가능한 경우 체크 박스가 표시되어 여러 항목을 선택할 수 있습니다.

■■ **달력 –** 날짜 유형의 애트리뷰트를 필터로 사용하면 캘린더 형태 필터가 만들어집니다. 달력을 보면서 날짜를 선택할 수 있습니다. 또, 캘린더의 동적 날짜 체크박스를 체크하면 자동으로 오늘 날짜 더하기 빼기로 필터를 설정할 수 있습니다. 예를 들어 조회기간을 항상 이틀전부터 어제로 기본 설정하고 싶다면 시작일의 동적 날짜를 마이너스 2 일로 지정하고 종료일의 동적 날짜는 마이너스 1 일로 지정하면 언제나 그 기간의 데이터가 필터로 사용됩니다.

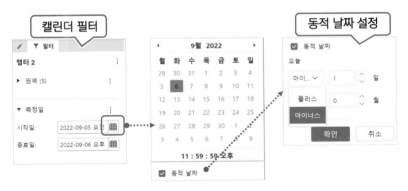

▲ 캘린더 필터와 동적 날짜

메트릭 필터

메트릭 필터는 메트릭 값을 기반으로 조건을 지정하는 필터입니다. 데이터 세트에서 메트릭 개체를 드래그하여 필터 패널에 추가해 만들 수 있습니다. 메트릭 필터 유형에는 메트릭 값을 기준으로 하는 **값 제한**과 메트릭 값 순위를 기준으로 하는 **순위 제한**이 있습니다. 기본 유형은 값 제한입니다. 또 유형 외에 필터를 표시하는 스타일은 **슬라이더 스타일**과 **제한 스타일** 두가지 종류가 있습니다.

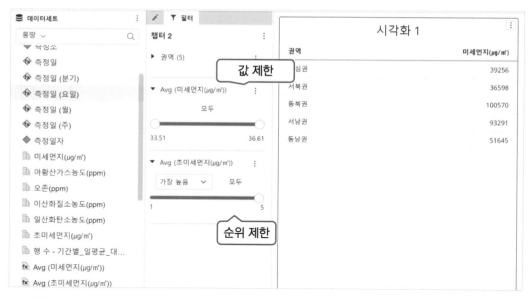

▲ 메트릭 필터 종류

값 제한 유형 – 대상 시각화 차트들의 메트릭 값의 하한 값과 상한 값 중에서 슬라이더를 조절하여 필터를 적용할 수 있습니다. 슬라이더의 시작 / 끝 값을 직접 입력하고 싶을 때는 슬라이더 양쪽 끝의 동그라미 ○ 아이콘을 클릭하여 표시되는 입력창에 값을 입력하면 됩니다.

▲ 슬라이더 사용 필터

순위 제한 유형 – 대상 시각화 차트들의 메트릭 값 순위의 1 등부터 마지막 등수 중에 선택할 수 있습니다. 필터에서 컨트롤 ⋮ 아이콘을 클릭하고 순위 제한으로 변경하여 만들 수 있습니다. 순위 제한으로 변경하면 필터 조건에서 조건 유형을 선택하게 됩니다.

▲ 순위 제한으로 변경 후 필터의 조건창

순위 제한 조건은 다음을 선택할 수 있습니다.

- **가장 높음** – 메트릭값이 높은 순위 필터입니다. 1 은 첫번째에 해당합니다.

- **가장 낮음** – 메트릭값이 낮은 순위 필터입니다. 1 은 마지막에 해당합니다.

- **가장 높은 %**, **가장 낮은 %** – 순위 대신에 %를 사용합니다. 가장 높은 %에서 10 을 입력하면 상위 10%를 뜻합니다.

표시 스타일로 메트릭 필터의 UI 를 변경할 수 있습니다. 시각화 컨트롤 메뉴 항목 중 **표시 스타일**을 선택하면 [슬라이더 스타일]과 [제한 스타일] 중에서 선택할 수 있습니다.

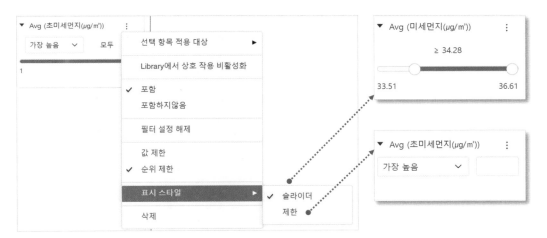

슬라이더는 범위 제한을 줄 때 편리하고, 제한 스타일은 조건을 세밀하게 입력하여 사용할 때 편리합니다.

메트릭 필터에 표시되는 범위의 최대 값과 최소 값은 대상이 되는 시각화 차트들 전체를 대상으로 하여 계산됩니다. 애트리뷰트와는 다르게 메트릭은 집계 함수를 비롯한 연산이 적용되는 개체이기 때문입니다. 예를 들어 보겠습니다. 대상이 되는 챕터에 [날짜] 애트리뷰트와 [평균 미세 먼지] 메트릭을 그리드로 추가했습니다. 메트릭 정렬을 바꿔가며 그리드로 확인해 보면 최소값은 4.8, 최대값은 112 입니다. 필터 패널의 메트릭 필터에 이 최대값과 최소값이 선택할 수 있는 범위로 나타납니다.

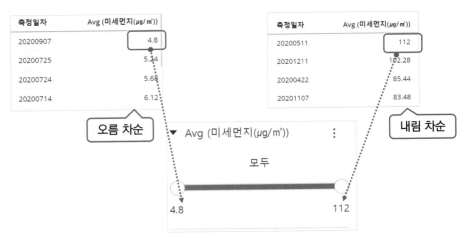

▲ 메트릭 필터의 최대 최소

그러면 챕터 내에서 다른 시각화가 있어서 메트릭 최대값과 최소값이 바뀌면 어떻게 될까요? 그리드에 측정소를 추가해서 최대 값과 최소값을 확인해 보면 메트릭 필터도 범위가 바뀌는 것을 알 수 있습니다.

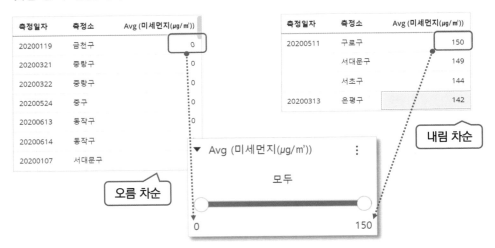

▲ 측정소별, 일자별 최대, 최소 값의 변화와 메트릭 필터의 변화

이렇게 대상이 되는 시각화의 애트리뷰트 항목들을 기준으로 계산된 결과에 따라서 메트릭 필터의 범위가 달라지게 됩니다.

필터의 대상

필터 패널의 필터는 챕터에 있는 시각화를 대상으로 하는게 기본이지만 필터 패널에 있는 다른 필터를 제한할 때도 사용할 수 있습니다. 예를 들어 권역 필터에서 한 권역을 선택하면 그권역에 속하는 측정소들만 측정소 필터에 표시되게 할 수 있습니다. 필터에서 컨트롤 메뉴를클릭하고 [대상 선택]을 보면 필터 패널에 있는 다른 필터들이 표시됩니다. 여기서 측정소 필터를 선택하면 계층적인 필터 선택이 가능합니다.

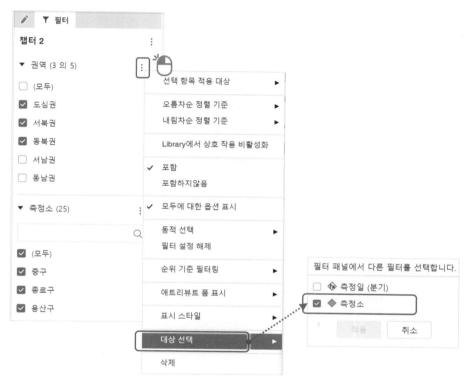

▲ 필터 계층 선택

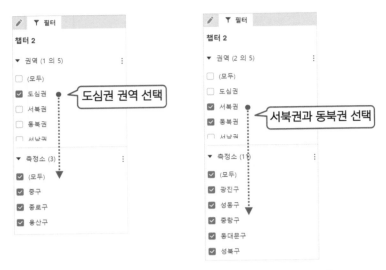

▲ 권역 선택시 측정소 필터에 선택한 권역의 측정소만 표시

동적 필터

날짜의 캘린더 필터 스타일에서 동적인 필터를 정의한 것처럼 다른 필터 유형에서도 동적으로 조건을 설정할 수 있습니다. 예를 들어 [조회월] 조건을 시점에 상관없이 최근 1 개월로 설정하고 싶다면 필터 세부 속성에서 **동적 선택**을 사용할 수 있습니다. 동적 선택은 [처음 N 개 요소], [마지막 N 개 요소]중에 선택할 수 있습니다. 조회월이 오름 차순 정렬이라면, 마지막 N 개 요소를 선택하고 수량에 1 을 입력하면 도씨에가 실행되는 시점의 조회월 중 마지막 달 1 개(최근 1 개월) 가 선택됩니다. 반대로 처음 N 개라면 조회월 중 첫번째가 선택됩니다.

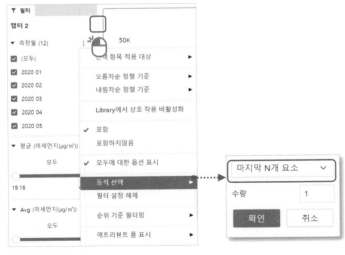

▲ 동적 필터 선택 설정

필터 패널 컨트롤 메뉴

필터 패널을 제어하는 설정과 작업은 필터 패널 상단의 챕터 이름 옆의 컨트롤 ⋮ 아이콘
을 클릭하면 표시되는 메뉴에서 할 수 있습니다. 필터 패널 메뉴에는 다음과 같은 기능이 있
습니다.

▲ 필터 패널 컨트롤 메뉴

❶ **필터 추가** – 필터 패널에서 데이터 세트에 있는 애트리뷰트와 메트릭을 선택하면 바로 필
터가 만들어집니다. 대량으로 필터 조건들을 만들 때 유용합니다.

❷ **시각화 필터 추가** – 시각화 차트를 필터로 사용할 수 있는 기능입니다. 선택하면 캔버스에
서 시각화를 만든 것과 같은 형태의 시각화 편집 화면이 나타납니다. 시각화를 구성하고 [완
료]를 누르면 여기서 만든 시각화를 필터로 사용할 수 있게 됩니다. 아래 예는 권역별 미세먼
지 세로 막대 차트를 필터로 사용할 수 있게 설정한 것입니다. 시각화를 필터로 사용하면 데
이터를 기반으로 해서 주목해야 할 부분을 쉽게 판단할 수 있어 사용자가 항목을 선택할 때
유용합니다. 뒤에 설명하는 캔버스내의 시각화 차트를 이용하는 [대상 시각화 선택]도 비슷한
용도로 이용할 수 있지만 필터 패널의 시각화 필터는 모든 필터에 적용할 수 있고, 캔버스 공
간도 아낄 수 있는 장점이 있습니다.

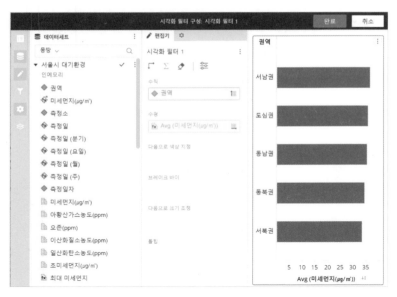

▲ 시각화 필터 편집 화면

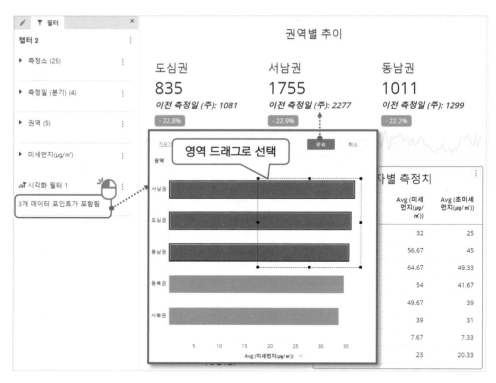

▲ 필터 패널에서 시각화 필터를 클릭하여 필터링 작업

❸ **모든 필터 설정 해제** – 선택된 모든 필터를 초기 상태로 돌립니다.

❹ **자동 적용 필터** – 필터 패널에서 필터를 변경하면 챕터에 변경된 필터가 즉시 적용됩니다.

만약 선택할 항목이 많고, 시각화가 많아 데이터 업데이트에 시간이 많이 걸린다면 자동 적용을 수동으로 변경하여 필터 선택이 끝나고 나서 버튼을 클릭하여 수동으로 적용하게 할 수 있습니다. 메뉴에서 자동 적용 필터를 체크를 해제하면 필터 패널 상단에 [적용] 버튼이 표시됩니다. 이제 필터를 변경해도 바로 반영되지 않고 사용자가 적용 버튼을 눌러줘야 반영됩니다.

❺ **아래 모든 필터 대상 / 모든 대상 지우기** - 앞서 설명한 필터에서 다른 필터를 대상으로 했던 기능을 순차적으로 상단에서 하단으로 설정해 줍니다. 지우기를 하면 설정된 대상을 한 번에 지워줍니다.

❻ **모두 확장 / 축소** - 접혀 있거나 펼쳐져 있는 필터 항목을 한 번에 확장하거나 축소합니다.

필터 옵션들

필터 항목 각각은 필터 옵션 메뉴로 컨트롤 할 수 있습니다. 주로 필터 항목들의 표시 포맷과 작동법을 설정할 수 있습니다. 옵션 중에 중요한 기능은 다음과 같습니다.

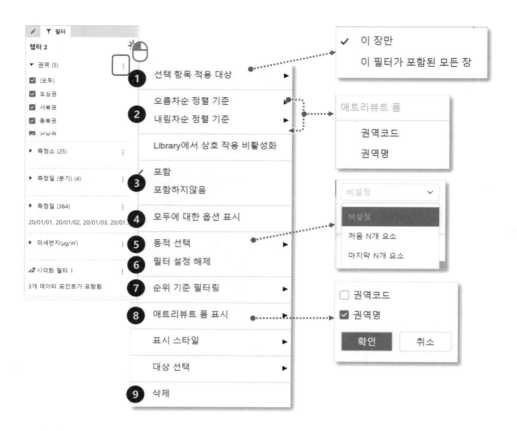

❶ **선택 항목 적용 대상** – 이 필터가 현재 챕터에만 적용될지 전체 도씨에 적용되게 할지 정할 수 있습니다. 필터 적용 범위를 다른 챕터에도 반영하고 싶다면 [이 필터가 포함된 모든 장]을 선택합니다. 다른 챕터에 같은 필터가 있다면 현재 선택한 필터 항목이 그 챕터에도 같이 적용됩니다. 이 때 **같은 필터**는 스타일은 달라도 같은 애트리뷰트나 메트릭 개체를 사용하는 필터입니다. 다른 챕터에도 적용되는 필터는 필터 이름 옆에 링크 아이콘   🔗   이 표시되어 구별할 수 있습니다.

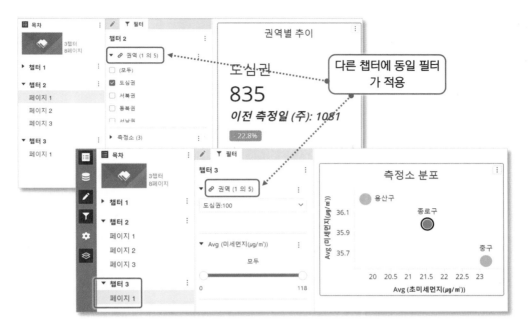

▲ 다른 챕터에도 적용된 필터

❷ **정렬 기준** - 오름 차순 , 내림 차순으로 설정할 수 있으며 애트리뷰트 폼이 여러 개 있는 경우 정렬할 폼을 선택할 수 있습니다.

❸ **포함 , 포함하지 않음** - 선택한 항목만 필터로 적용할 지, 선택한 항목만 제외하는 방식의 필터를 사용할지 선택할 수 있습니다. [포함하지 않음]으로 하는 경우에는 선택 항목이 대상에서 빠진다는 의미로 선택한 항목 이름에 취소선이 표시됩니다.

▲ 포함하지 않음 경우의 표시

❹ **모두에 대한 옵션 표시** - 체크박스나 라디오 버튼, 풀 다운에서 전체 항목을 선택하는 [모두]에 대한 옵션 표시 여부입니다.

❺ **동적 선택** – 첫번째 N 개, 마지막 N 개 항목을 자동으로 선택합니다. 몇 개 항목을 자동 선택하고 싶을 때 사용합니다.

❻ 필터 설정 해제 - 설정한 필터 조건을 없앱니다.

❼ 순위 기준 필터링 - 현재 필터의 애트리뷰트를 기준으로 하는 순위 메트릭 필터를 만듭니다.

❽ 애트리뷰트 폼 표시 - 폼이 여러 개 있는 경우 애트리뷰트에서 어떤 폼을 필터 항목에 표시할 지 선택합니다. 폼을 여러 개 선택하면 : 문자가 폼 사이의 구분자로 사용됩니다.

```
▼  🔗 권역 (2 의 5)              ⋮
☐ (모두)
☑ 도심권:100
☑ 서북권:101
☐ 동북권:102
☐ 서남권:103
☐ 동남권:104
```

▲ 여러 애트리뷰트 폼 표시 예

❽ 삭제 - 현재 필터를 필터 패널에서 삭제합니다.

필터 위젯

필터 패널 외에 시각화 차트가 있는 캔버스에도 필터를 배치하여 사용할 수 있습니다. 이 유형의 필터들은 다른 시각화 위젯과 마찬가지로 자유롭게 위치를 설정하여 배치할 수 있습니다. 필터 위젯 중에 요소/값 필터는 필터 패널에 사용된 필터들과 거의 동일합니다. 필터 패널의 필터와 가장 큰 차이점은 필터 패널이 자동으로 챕터를 대상으로 한다면 필터 위젯은 대상이 되는 시각화나 개체를 사용자가 직접 선택해야 하고 필터 대상도 한 페이지내에 있는 위젯들로 제한된다는 것입니다. 필터 위젯의 사이즈, 위치, 포맷은 다른 시각화 위젯처럼 편집기 포맷 패널에서 설정할 수 있습니다.

캔버스내 필터 개체는 다음 세 종류가 있습니다.

❶ **요소/값 필터** – 애트리뷰트 항목 필터와 메트릭 값 필터를 캔버스에 추가합니다.

❷ **속성/메트릭 선택기** – 여러 개의 애트리뷰트 개체와 메트릭 개체중에 시각화에 표시하고 싶은 개체를 선택할 수 있는 개체 선택기 기능입니다.

❸ **패널 선택기** – 패널 스택에 있는 여러 패널을 선택할 수 있는 기능입니다. 도씨에 디자인 챕터의 패널 부분에서 설명하겠습니다.

위 3 가지중에 요소/값 필터와 속성/메트릭 선택기를 설명하겠습니다.

요소/값 필터

요소/ 값 필터는 애트리뷰트와 메트릭의 값을 사용하여 데이터를 필터링합니다. 앞서 필터 패널의 필터들과 거의 동일합니다. 필터를 생성하면서 기능을 설명하겠습니다.

애트리뷰트 필터 만들어 보기

01. 상단 메뉴의 [필터] -> [요소/ 값 필터]를 선택해 필터를 추가합니다.

02. 필터 위젯이 시각화 캔버스 위에 생성됩니다. 처음엔 아무 개체도 배치되지 않아 빈 영역이 표시됩니다. 데이터 세트 영역에서 [권역] 개체를 가져와 필터 위젯 위에 배치합니다. 권역의 항목들이 표시되고 [대상 선택] 버튼이 나타납니다.

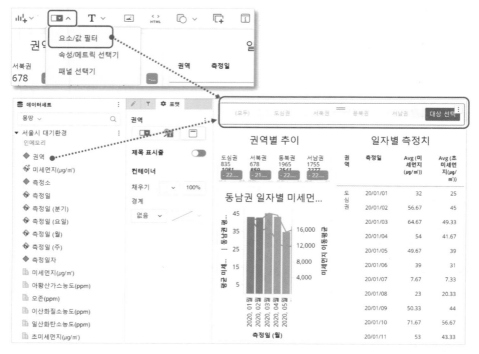

▲ 필터 위젯 추가 후 애트리뷰트를 드래그 앤 드롭으로 추가

03. 대상 선택 버튼을 클릭하면 다른 시각화들을 대상으로 선택하는 화면으로 전환됩니다. 대상 시각화를 현재 페이지에서 모두 선택합니다. 선택 완료 후 [적용]을 클릭합니다.

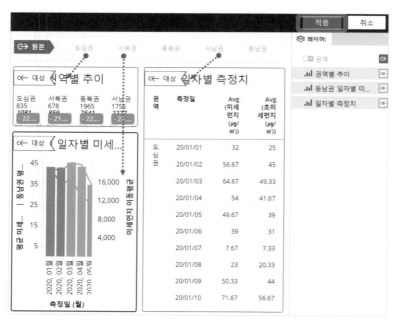

▲ 필터 위젯의 대상 시각화 선택

04. 클릭 후에는 버튼 형식으로 필터 위젯이 표시됩니다. 항목을 선택하면 필터가 대상 시각화로 적용됩니다. 필터 위젯 선택 상태에서 상단 컨트롤 메뉴를 클릭해 보면 필터 패널에서 본 것과 비슷한 필터 컨트롤 메뉴가 표시됩니다.

▲ 필터 포맷과 컨트롤 메뉴

05. 이번에는 같은 방식으로 메트릭 필터를 만들겠습니다. 새로 필터를 추가하고 나서 빈 영역에 [평균 미세 먼지] 메트릭을 드래그 하여 배치합니다.

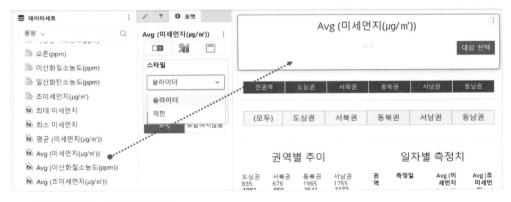

▲ 메트릭 개체 드래그 & 드롭

06. 슬라이더 스타일의 메트릭 필터가 만들어집니다. 포맷이나 위젯 컨트롤 메뉴에서 [슬라이더]나 [제한]으로 스타일을 변경할 수 있습니다.

07. 메트릭 필터의 최소값과 최대값은 대상으로 선택한 시각화들의 시각화 레벨에 따른 메트릭 최소값과 최대값 범위입니다.

필터 위젯 포맷

필터 위젯 선택 상태에서 포맷 패널을 보면 현재 필터 위젯의 포맷을 설정할 수 있습니다. 포맷에서 [선택기 옵션], [텍스트 및 폼], [제목 및 컨테이너 탭]을 선택할 수 있습니다. 포맷 중에 많은 부분은 시각화 위젯과 비슷하므로 필터 위젯만의 기능과 많이 사용되는 기능을 설명하겠습니다. 특히 확인란, 슬라이더 등의 스타일은 필터 패널에도 있었지만, [링크 막대]와 [버튼 막대]는 필터 위젯에만 있는 스타일입니다. 포맷 옵션에서 이 두 개 스타일에 관련한 속성과 포맷을 지정할 수 있습니다.

▲ 필터 포맷 탭

❶ **스타일** – 필터 위젯의 스타일을 변경합니다. 링크 막대와 버튼 막대를 선택할 수 있습니다. 이 두 스타일은 버튼 모양으로 표시되는 형식으로 주로 가로로 긴 형태나 세로로 긴 형태로 항목들을 표시할 수 있습니다. 버튼 막대는 링크 막대와 비슷하지만 테두리가 있습니다.

▲ 링크 막대와 버튼

❷ **모두에 대한 옵션 표시** – 전체를 한 번에 선택하거나 취소하는 역할을 하는 **모두** 항목을 사용할지 여부를 선택합니다.

❸ **별칭** – 앞의 모두 항목에 대한 별칭을 줄 수 있습니다. 다음은 모두를 [전권역]으로 바꿔본 예입니다.

전권역	도심권	서북권	동북권	서남권	동남권

▲ 모두를 전권역으로 별칭 지정

❹ **선택** – 링크 막대와 버튼 막대의 항목 나열을 가로 혹은 세로로 지정할 수 있습니다. 자동으로 하는 경우 항목이 최대한 잘 표현될 수 있도록 반응형으로 가로나 세로로 변형됩니다.

❺ **채우기** – 링크 막대에서 사용할 수 있습니다. 텍스트 및 폼에서 링크 막대와 버튼 막대에 대해서 선택된 항목 색상을 설정해서 강조할 수 있습니다.

❻ **제목 표시줄** – 필터 위젯도 제목을 표시하고 컨테이너 색상을 변경할 수 있지만 항목명만 봐도 어떤 필터인지 명확한 경우가 많고 필터에도 제목이 있으면 화면을 너무 많이 차지하므로 기본 옵션은 표시하지 않는 것으로 되어 있습니다.

다른 필터 선택

캔버스 내 필터에서는 시각화 이외에도 필터를 대상으로 지정할 수 있습니다. 예를 들어 권역을 선택하면 해당 권역에 있는 측정소만 나오도록 연결할 수 있습니다. 대상 선택에서 시각화를 선택하듯이 필터를 선택하면 됩니다.

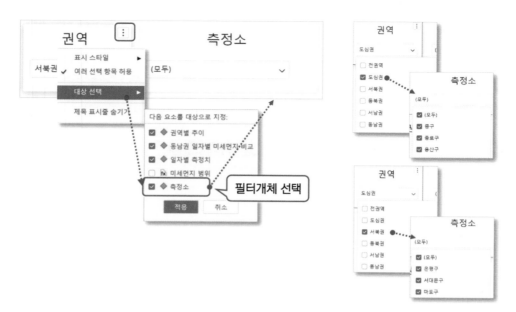

▲ 필터 연결과 연결에 의해 변경되는 필터 개체 예시

위 그림처럼 필터에서 대상 선택으로 시각화나 필터를 선택할 수 있습니다. 필터를 대상으로
선택하면 앞 필터가 변경될 때 거기에 해당하는 데이터로 대상 필터의 데이터가 변경됩니다.

속성/메트릭 선택기

앞서 본 필터들은 애트리뷰트 항목, 메트릭 범위, 순위와 같이 항목이나 값을 선택하는 방식
이었습니다. 이와 다르게 **속성/메트릭 선택기**는 애트리뷰트 개체와 메트릭 개체를 선택하여 시
각화에서 분석 개체를 변경하는 선택기입니다. 그래서 **개체 선택기**라고 부르기도 합니다. 예
를 들어 기간별로 미세 먼지 추이를 보여주는 선 그래프가 있을 때, 경우에 따라 다양한 시계
열 관점으로 데이터를 보고 싶을 수 있습니다.

쉽게 생각해 보면 [연도별 추이], [월별 추이], [계절]이나 [요일별], [시간대별 추이]와 같이 여러
기간 항목을 분석하고 싶을 때, 편집 모드에서 개체를 변경하여 분석하거나 이 모든 시계열
개체를 가지고 있는 차트들을 만들 수도 있습니다. 도씨에는 시각화 복제 기능도 있으니까 기
존 시각화를 복제하고 시계열 애트리뷰트만 교체하면 빨리 할 수 있을 것 같습니다.

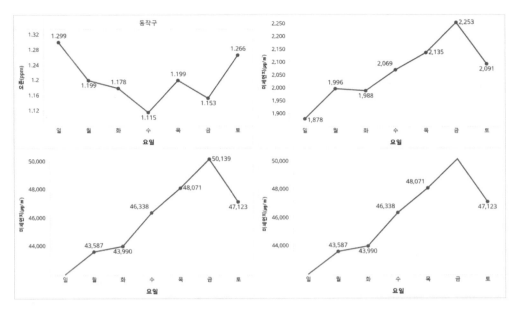

▲ 다양한 시계열 관점의 차트를 구성

그런데 미세먼지만이 아니라 오존, 아황산 가스와 같이 다른 메트릭을 보고 싶은 경우면 어떨까요? 역시 모든 차트를 다 그려야 할까요? 그럴 경우 얼마나 많은 공간과 페이지가 생겨날지 생각해 보면 애트리뷰트 6 개에 메트릭 4 개라면 24 개 차트를 만들어야 합니다. 그런데 차트 포맷을 바꾸려고 하면 24 개를 다 바꾸어야 합니다!

그래서 이렇게 하나씩 만들어 내는 대신 사용자가 보고 싶은 개체 항목을 선택하게 하면 하나의 차트로 여러 분석 요구사항을 만족시킬 수 있습니다. 이런 역할을 하는 기능이 **속성/메트릭 선택기**입니다. 여기서 속성은 애트리뷰트를 의미합니다. 만드는 과정을 보면서 어떤 기능을 하는지 알아보겠습니다.

01. 대상이 될 시각화를 만듭니다. 선 차트를 추가 후 수평에는 [분기]를, 수직에는 대기질에 관련한 아무 중 하나를 넣습니다. 예시에는 [오존(ppm)] 메트릭을 사용했습니다.

02. 상단 메뉴의 선택기 추가에서 [속성/메트릭 선택기]를 클릭하여 선택기를 추가합니다.

03. 데이터 세트에서 [분기], [요일], [일자], [주] 애트리뷰트를 컨트롤 키를 누른 상태로 클릭하여 여러 개를 선택 후 선택기의 영역으로 드래그 앤 드롭 합니다.

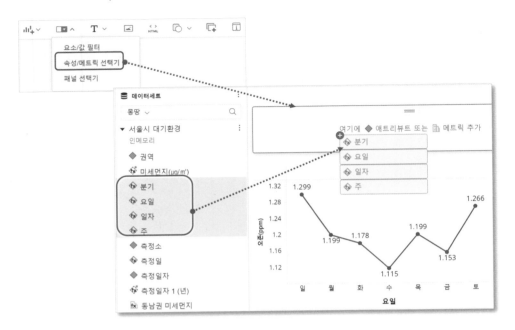

▲ 애트리뷰트 선택기에 일자 개체 배치

메트릭과 애트리뷰트를 같이 선택하여 선택기에 추가해도 한 종류의 개체 유형만 나타납니다. 처음 배치한 개체가 메트릭이면 메트릭만, 애트리뷰트라면 애트리뷰트만 추가됩니다. 속성/메트릭 선택기는 한 종류의 개체만 사용할 수 있습니다.

04. 이제 선택기에 [대상 선택] 부분이 나타납니다. 앞서 시각화를 선택한 것처럼 방금 만든 분기별 오존 선 차트를 선택해 줍니다.

05. 시각화를 대상으로 선택하면 [바꿀 개체 사용]이란 팝업이 나타납니다. 여기서 바꿀 대상이 될 애트리뷰트를 지정합니다. 예를 들어 시각화 차트에 [측정소]와 [분기] 애트리뷰트가 있을 때 대상을 [분기]로 선택하면 선택기에서 고른 개체는 분기와 교체됩니다.

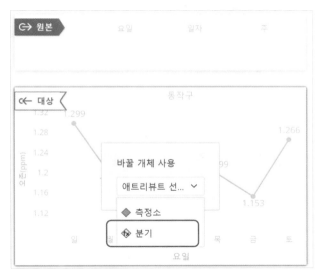

▲ 대상 시각화 선택 후, 여러 항목이 있는 경우 변경할 대상 선택

06. 이제 완료 후 선택기의 개체를 선택하면 차트에서도 항목이 바뀌는 것을 확인할 수 있습니다.

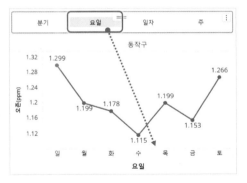 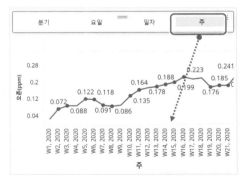

▲ 왼쪽 : 요일 선택시, 오른 쪽 : 주를 선택시 변경되는 시각화 차트

07. 속성/메트릭 선택기는 여러 개를 같이 사용할 수 있습니다. 기간 선택기 외에 지표 항목을 선택하는 선택기를 추가해 봅니다. 마찬 가지로 속성/메트릭 선택기를 추가후에 이번에는 여러 대기 지표 개체들을 선택해서 선택기에 추가합니다.

08. 선택기의 대상 시각화를 선택합니다. 마찬가지로 변경할 개체를 기존 [오존] 메트릭으로 선택 후 [적용]을 눌러 대상 선택을 완료합니다.

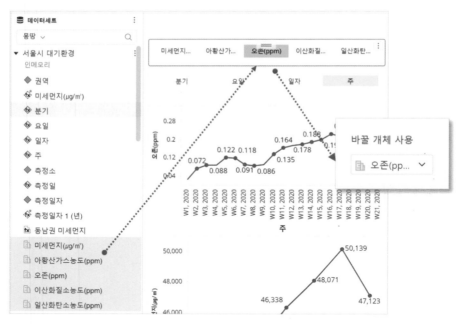

▲ 메트릭 개체 선택

개체 선택기도 포맷 패널에서 옵션과 포맷을 수정할 수 있습니다. 편집기에는 선택기에 있는
개체 리스트가 나타나고 개체를 추가하거나 삭제할 수 있습니다.

▲ 개체 선택기의 편집기와 포맷

속성/메트릭 선택기를 이용하면 하나의 차트에서 다양한 관점과 지표를 원하는 요구사항을
만족시킬 수 있습니다. 애트리뷰트와 메트릭만 달라지는 비슷한 여러 차트가 있는 경우 적용
을 고려해 보시기 바랍니다.

시각화 필터

시각화 필터는 시각화 차트를 필터로 이용하여 다른 시각화에 필터를 적용하는 기능입니다. 필터로 사용할 차트에서 항목을 선택하면 대상 시각화 차트에 필터로 작용하게 됩니다. 아래 그림처럼 권역을 하나 선택할 때 마다 다른 차트에는 선택한 권역의 측정소만 표시됩니다.

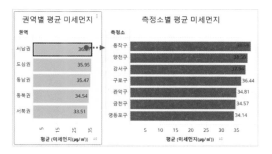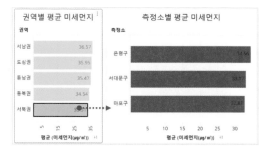

▲ 왼쪽 : 서남권을 선택시 측정소 데이터, 오른쪽 : 서북권 선택시의 측정소 차트

차트를 이용하여 필터를 사용하면 전체 트렌드와 데이터를 보면서 원하는 부분만 빠르게 필터링 할 수 있는 장점이 있습니다. 위 예시의 경우 가장 미세먼지 측정치가 높은 지역과 낮은 지역을 쉽게 파악하고 측정소에 대한 필터로 사용할 수 있습니다.

대상 시각화 선택

시각화 필터를 만들면서 기능을 살펴보겠습니다.

01. 기존 도씨에 새로운 페이지를 추가하고 다음 예를 참고하여 세로 막대 시각화를 2 개 구성합니다.

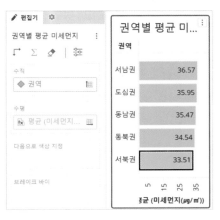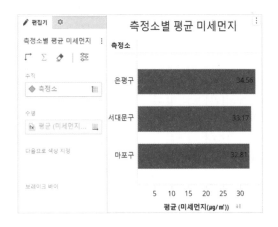

▲ 사용할 시각화 구성

02. 필터로 사용할 시각화의 컨트롤 ⋮ 아이콘을 클릭합니다. 메뉴에서 [대상 시각화 선택]을 클릭하면 다른 시각화 차트들을 대상으로 선택할 수 있게 화면이 전환됩니다. 측정소 막대 차트를 클릭하여 [대상]으로 선택하고, [적용]을 눌러 완료합니다.

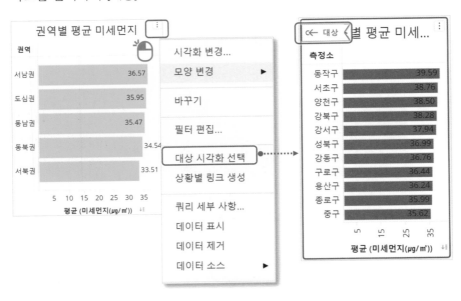

▲ 대상 시각화 편집

03. 이제 권역별 막대 차트에서 권역을 선택하면 대상 시각화에는 권역에 속하는 측정소만 표시됩니다. 차트 배경의 빈 공간을 클릭하면 적용되었던 필터가 사라지게 됩니다.

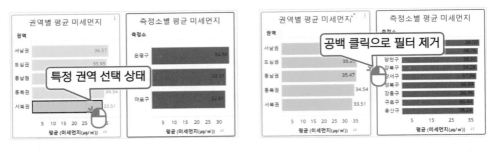

04. 차트 빈 영역을 클릭하여 필터 조건을 지우는 기능을 비활성화할 수 있습니다. 보통 대상 데이터가 많은 경우 필터 없이 전체 데이터가 표시되어 시각화 차트에 항목이 너무 많이 표시될 가능성이 있는 경우에 비활성화 합니다. [대상 시각화 지정/편집]시 상단의 [완료]옆에 톱니바퀴 모양 ⚙ 아이콘을 클릭하면 [사용자가 모든 선택 항목을 지울 수 있도록 허용] 체크박스가 있습니다. 체크를 해제하면 빈 영역을 클릭하거나 필터 해제를 선택해도 필터가 해제되지 않습니다.

▲ 필터 선택 조건

다른 페이지 / 챕터의 시각화 선택

시각화 필터는 다른 페이지나 다른 챕터의 시각화를 대상으로 선택할 수 있습니다. 예를 들어
측정소를 선택하여 상세 내용을 여러 개의 시각화로 보여주려고 합니다. 그런데 현재 페이지
에서 모든 시각화와 데이터를 보여주기에는 내용이 많아 한 페이지에 구성이 어려울 수 있습
니다. 이럴 때는 자세한 상세 내용을 가진 시각화들을 다른 페이지에 배치하고 시각화 필터는
그 상세 페이지에 있는 시각화로 선택하면 시각화 필터를 선택할 때 상세 페이지로 이동하게
할 수 있습니다.

05. 앞서 선택한 것과 마찬가지로 시각화 차트 컨트롤 메뉴에서 [대상 시각화 선택] 혹은 이
미 시각화를 대상으로 선택했다면 [대상 시각화 편집]을 클릭하여 시각화 선택 화면으로 전환
합니다. 선택 화면을 보면 같은 페이지 내의 차트들과 함께 목차의 다른 페이지도 선택할 수
있도록 활성화되어 있는 것을 볼 수 있습니다.

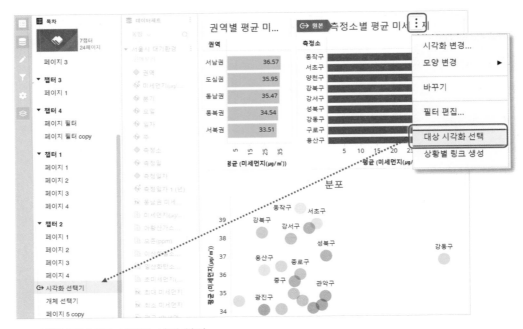

▲ 다른 페이지로 시각화 선택 연결

06. 시각화 대상 편집 시에 현재 페이지에는 링크 원본 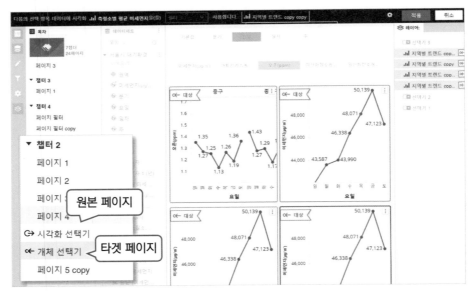 아이콘이 표시되어 있습니다. 소스가 되는 페이지라는 의미입니다. 다른 페이지를 클릭하면 화면이 그 페이지로 전환되고 그 페이지 내의 시각화를 선택할 수 있습니다. 여기서 페이지의 시각화를 대상으로 선택하면 그 페이지에 타겟 ⇽ 아이콘이 나타나 대상 페이지라는 것을 표시해 줍니다.

▲ 다른 페이지의 대상 시각화 선택

07. 적용을 눌러 완료하면 원래 페이지로 돌아오게 됩니다. 선택기 차트에서 항목을 클릭해도 반응이 없습니다. 다른 페이지 링크인 경우 우 클릭을 해야 필터로 사용할 수 있습니다. 우 클릭을 하면 메뉴에 [페이지로 이동 : 페이지 명]이 나타납니다. 클릭하면 대상 페이지로 이동하면서 선택한 항목이 필터로 적용되게 됩니다. 시각화 상단의 필터 ▼ 아이콘을 클릭하면 필터가 적용된 것을 확인할 수 있습니다.

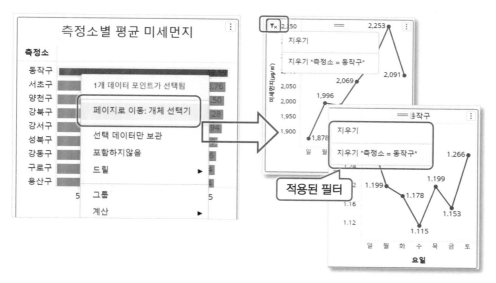

▲ 페이지로 이동

이렇게 페이지 간 링크를 이용하면 하나의 차트에서 더 세부적인 정보를 가진 상세 페이지로 이동하면서 순차적으로 분석할 수 있는 분석 워크 플로우를 구성할 수 있습니다.

대상 시각화 필터 편집 및 지우기

08. 시각화를 필터로 사용한 후에 필터 조건을 삭제하려고 하면 원본 시각화 메뉴에서 [대상 시각화 편집]을 선택합니다. 대상인 시각화가 하이라이트 됩니다. 다른 페이지의 시각화를 대상으로 하였다면 그 페이지로 전환됩니다.

09. 여기서 선택된 시각화들을 다시 한번 클릭하여 대상에서 제거해 주거나 새로운 시각화를 클릭하여 선택합니다. 상단에서 [적용]을 누르면 편집 내용이 적용됩니다.

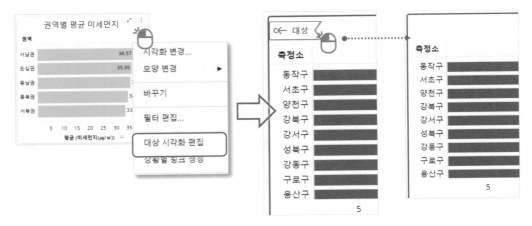

▲ 대상 시각화 편집 후에 기존 대상 시각화를 재클릭하여 대상에서 제거

여러 필터의 대상이 되었을 때 동작

시각화 차트에 여러 필터와 시각화가 대상이 될 수 있습니다. 하나의 차트에 월, 지역 필터가 대상으로 사용되고 다른 시각화의 대상 시각화로 설정되기도 합니다. 이 필터들은 선택조건이 대상에 각각 조건으로 적용됩니다. 예를 들어 "2020 년 1 월" 항목을 선택하고 측정소는 "동작구"로 선택했다면 대상 시각화는 "2020 년 1 월"과 "동작구"인 조건이 같이 적용되는 게 기본 설정입니다.

그런데 원본 필터가 서로 같이 적용될 수 없는 경우는 어떻게 될까요? 권역 시각화와 측정소 시각화가 상세 데이터를 대상으로 하고 있다고 할 때, 권역은 "도심권"을 선택하고 측정소에서는 도심권에 있는 "종로구"를 선택했다면 아무 문제가 없이 표시됩니다.

▲ 도심권의 종로구

그런데 측정소만 다른 권역 "서남권"에 있는 "동작구"를 선택하면 어떻게 될까요? 상세에 데이터가 표시되지 않고 [이 보기에 대한 데이터가 복귀되지 않았습니다. 이것은 적용된 필터가 모든 데이터를 제외시키기 때문일 수도 있습니다.] 라는 텍스트만 표시됩니다.

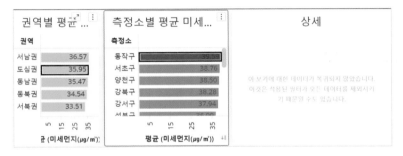

▲ 도심권과 동작구 조건을 선택했을 때 빈 시각화 표시 메시지

이것은 상세 데이터 시각화 입장에서 보면 권역은 "도심권"인데 측정소는 서남권에 있는 "동작구" 데이터를 요청하니 두 조건을 만족시키는 데이터가 없기 때문에 발생합니다. 이럴 때는 옵션을 조절하여 여러 조건들이 선택될 때 조건들을 같이 적용하지 않고 마지막 선택한 조건만을 적용하게 할 수 있습니다.

10. 대상이 되는 시각화 컨트롤 아이콘을 클릭하고 메뉴에서 [추가 옵션]을 선택합니다. 추가 옵션 대화창의 [필터링] 부분에서 [모든 선택 항목의 교집합]에서 [마지막 선택 항목만]으로 변경합니다. [저장]을 눌러 옵션창을 닫습니다.

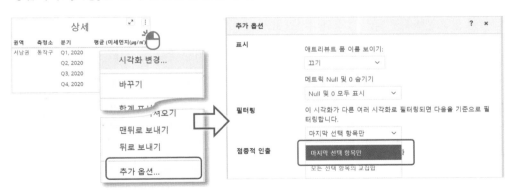

11. 이제 각각의 필터가 선택될 때마다 대상 시각화에 있는 다른 필터들은 제거되고 지금 선택한 필터만 적용됩니다. "도심권"을 선택한 상태에서 "동작구"를 선택하면 권역 필터는 해제되고 "동작구"로 자동 변경되어 표시됩니다.

권역별 평균 ...		측정소별 평균 미세...	상세			
권역		**측정소**	**권역**	**측정소**	**분기**	**평균 (미세먼지(µg/㎥))**
서남권	36.57	동작구 39.5	서남권	동작구	Q1, 2020	50.08
도심권	35.95	서초구 38.76			Q2, 2020	41.49
동남권	35.47	양천구 38.50			Q3, 2020	25.13
동북권	34.54	강북구 38.28			Q4, 2020	42.01
서북권	33.51	강서구 37.94				
		서북구				
균 (미세먼지(µg/㎥))		평균 (미세먼지(µg/㎥))				

▲ 동작구 측정소 선택시 동작구만 표시

12. 권역에서 다른 권역을 선택하면 동작구 조건은 사라지고 그 권역 데이터가 나타납니다.

권역별 평균 ...		측정소별 평균 미세...	상세			
권역		**측정소**	**권역**	**측정소**	**분기**	**평균 (미세먼지(µg/㎥))**
서남권	36.57	동작구 39.59	동남권	강남구	Q1, 2020	39.46
도심권	35.95	서초구 38.76			Q2, 2020	34.34
동남권	35.47	양천구 38.50			Q3, 2020	20.59
동북권	34.54	강북구 38.28			Q4, 2020	34.09
서북권	33.51	강서구 37.94		서초구	Q1, 2020	48.2
		서북구			Q2, 2020	44.12
					Q3, 2020	21.22
균 (미세먼지(µg/㎥))		평균 (미세먼지(µg/㎥))			Q4, 2020	41.87

▲ 동남권 권역 선택시 동남권 전체 데이터가 표시

시각화 필터는 대시보드가 정적인 모습에 머물지 않고 사용자들이 도씨에의 여러 시각화 차트들과 상호 작용하면서 분석할 수 있도록 해줍니다. 트렌드와 인사이트를 담은 집계 정보를 가진 차트에서 상세 데이터와 다른 관점의 데이터를 가진 차트들을 연동하므로 대용량 데이터를 다수의 관점과 지표로 도씨에에 표현하는 것이 가능합니다. 다양하게 활용하여 효과적인 데이터 분석 대시보드를 만들어 보세요.

시각화에 필터 지정

지금까지 필터 패널, 필터 위젯, 시각화 필터가 동적으로 작동하는 것을 보았습니다. 도씨에에는 동적인 필터 조건 외에도 정적으로 필터 조건을 시각화에 적용할 수 있습니다. 정적인 필터는 시각화 위젯에 고정된 조건을 적용하여 항상 원하는 범위의 데이터만 표시합니다. 예를 들어 [미세먼지 지표 상위 10 측정소]를 조건으로 하는 시각화나 "동남권", "서남권"만을 표시하는 시각화를 만들 수 있습니다.

시각화에 필터 지정 만들기

01. [측정소별 평균 미세먼지] 시각화 위젯을 복제하거나 새로운 페이지로 복사하여 사용합니다. 복사한 시각화의 컨트롤 메뉴 ⋮ 아이콘을 클릭하고 [필터 편집…]을 클릭합니다.

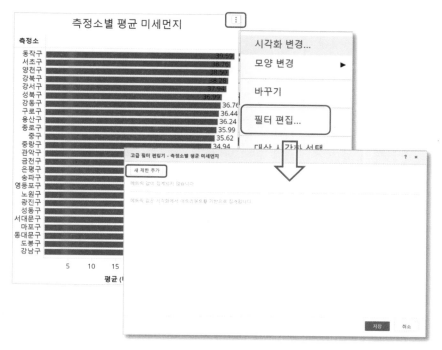

▲ 시각화 필터 편집

02. 필터 편집 창이 나타납니다. 기존 필터가 없기 때문에 아무 필터도 보이지 않습니다. [새 제한 추가]를 클릭하면 필터 지정 화면으로 이동합니다. [새 자격] 조건에서 데이터 세트에 있는 애트리뷰트와 메트릭 개체들이 표시됩니다. 애트리뷰트를 선택하면 [목록에서 선택]이나 [폼 항목에 대한 제한] 중에서 조건을 지정할 수 있습니다. 메트릭을 선택하면 [값 제한], [%], [순위]에 대해 조건을 지정할 수 있습니다.

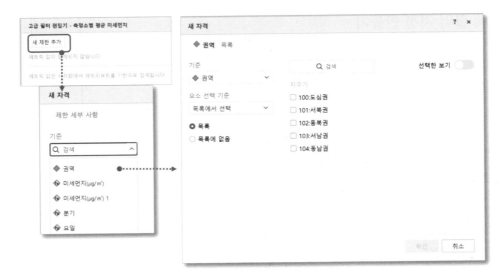

▲ 필터 편집에 애트리뷰트 자격 조건 지정

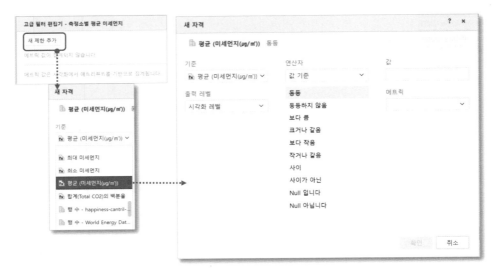

▲ 필터 편집에 메트릭 자격 조건 지정

03. [권역] 애트리뷰트를 선택하고 "동남권", "서남권"을 체크하고 [확인]을 눌러 저장합니다.

04. 저장을 눌러 조건을 적용하고 대화창을 닫으면 시각화 위젯에 필터 조건이 적용되어 두

개 권역 측정소만 표시됩니다. 필터 조건이 적용된 시각화 위젯의 제목줄에 마우스를 올리면 필터 ▽ 아이콘이 표시되어 이 시각화에 필터가 사용되고 있다는 것을 표시해 줍니다. 필터 아이콘에서 [고급 제한]을 클릭하면 바로 필터를 편집할 수 있습니다.

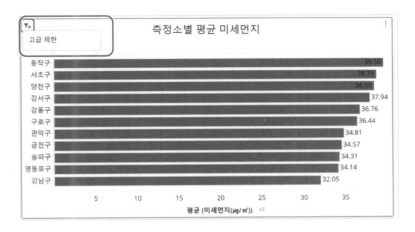

메트릭 필터의 출력 레벨

시각화에 필터를 지정하는 대화창은 파생 메트릭에 필터를 적용했던 것과 같은 UI를 사용합니다. 다만 시각화에 필터를 지정할 때는 애트리뷰트 외에 메트릭도 필터 조건으로 사용할 수 있습니다. 이번에는 메트릭으로 필터를 지정해 보겠습니다.

05. 컨트롤 메뉴에서 [필터 편집…]을 선택하거나 제목 줄 필터 아이콘에서 [고급 제한]을 선택합니다.

06. [새 제한 추가]를 선택하고 기준을 [평균 미세먼지]로 선택합니다. 사용자가 데이터 세트에서 집계 메트릭을 만들었다면 [Avg(미세먼지)]일 수도 있습니다. 어느 쪽이든 평균으로 집계함수를 변경한 미세 먼지 메트릭을 사용합니다.

07. 출력 레벨은 [시각화 레벨]로 두고 연산자를 [보다 큼]으로 선택 후 값은 35를 입력합니다.

▲ 평균 미세먼지 35 마이크로그램 이상 메트릭 자격 조건

08. 시각화 차트에는 권역이 동남권, 서남권인 필터가 적용되면서 동시에 평균 미세먼지는 35 이상인 측정소만 나타나게 됩니다.

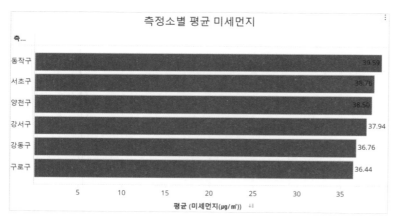

▲ 필터 적용 후

앞서 파생 개체를 설명할 때 도씨에 데이터 연산은 데이터 세트 레벨에서 이뤄지는 계산과 사용자가 시각화에 배치한 개체 데이터만 대상으로 하여 계산되는 시각화 레벨이 있다고 했습니다. 이 데이터 계산 레벨에 가장 영향을 많이 받는 것이 메트릭 계산 함수였습니다. 마찬가지로 메트릭 필터 조건도 계산 레벨을 고려해야 합니다.

예를 들어 측정소별 평균 미세먼지를 계산한 후에 결과 값이 35 이상인 경우만 필터를 주는 것과 데이터 세트 레벨에서 미세먼지가 35 이상인 데이터들로 제한하고 평균을 계산하는 것은 그 결과가 다릅니다. 실제 차트에 메트릭 필터로 적용하여 어떤 차이가 있는지 보겠습니다.

09. 다시 필터 편집으로 진입합니다. [새 제한 추가]로 새로운 조건을 추가합니다. 기준에서 집계 함수가 적용되지 않은 원본 [미세먼지] 메트릭을 선택합니다.

10. 선택 후 기준 아래의 [출력 레벨]을 [시각화 레벨]에서 [데이터세트 레벨]로 변경합니다. 연산자는 [보다 큼]을 선택 후 값에 35 를 입력합니다.

▲ 메트릭 출력 레벨 변경

11. 확인을 눌러 조건 창을 닫으면 현재 시각화에 적용된 조건 리스트가 보입니다. 애트리뷰트 필터와 방금 지정한 미세먼지 데이터 세트 레벨 필터가 같이 묶여 있습니다. 설명에는 [메트릭 값이 집계되지 않습니다.]라고 되어 있습니다. 이 두개 필터는 집계 없이 데이터 세트 레벨에서 조건이 적용됩니다. 즉 데이터 세트에서 미세먼지가 35 이상인 행들을 필터링해서 가져옵니다.

아래 그림에 평균 미세먼지 시각화 레벨 필터가 구분되어 있습니다. [메트릭 값은 시각화에서 애트리뷰트를 기반으로 집계됩니다] 라고 되어 있습니다. 이 필터는 시각화에 있는 측정소 애트리뷰트 기준으로 미세먼지 값을 집계하고 나서 조건을 적용합니다.

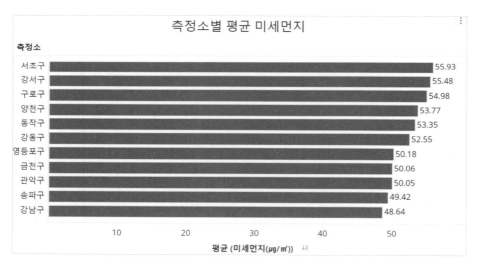

고급 필터 편집기 - 측정소별 평균 미세먼지   ?   ✕

새 제한 추가

메트릭 값이 집계되지 않습니다.

◆ **권역 목록** 103:서남권, 104:동남권

AND

📄 **미세먼지(µg/㎥) 보다 큼** 35

메트릭 값은 시각화에서 애트리뷰트를 기반으로 집계됩니다.

📄 **평균 (미세먼지(µg/㎥)) 보다 큼** 35

▲ 데이터 세트 레벨 필터와 시각화 레벨 필터 차이

12. 저장을 눌러 필터 창을 닫고 차트결과를 확인해 보겠습니다. 앞서와는 달리 "동남권", "서남권"의 10개 측정소가 모두 보입니다. 또 바뀐 점은 평균 미세먼지 데이터 값이 48 이상으로 커졌습니다. 이것은 데이터 세트 레벨에서 미세먼지 35 이상인 데이터 만을 대상으로 했기 때문에 평균값이 증가했기 때문입니다.

측정소별 평균 미세먼지

측정소

측정소	평균 (미세먼지(µg/㎥))
서초구	55.93
강서구	55.48
구로구	54.98
양천구	53.77
동작구	53.35
강동구	52.55
영등포구	50.18
금천구	50.06
관악구	50.05
송파구	49.42
강남구	48.64

평균 (미세먼지(µg/㎥)) ↓↑

▲ 35 이상인 미세먼지가 있던 데이터만 대상으로 한 결과

13. 이번에는 평균 미세 먼지를 수치 값 조건이 아닌 순위 기준 조건으로 바꿔보겠습니다. 시각화 필터 편집을 다시 클릭하고 평균 미세먼지 조건을 클릭하면 편집 창이 열립니다. 여기서 [연산자]를 [순위 기준] -> [가장 높음]으로 선택 후, 값에 5를 입력합니다.

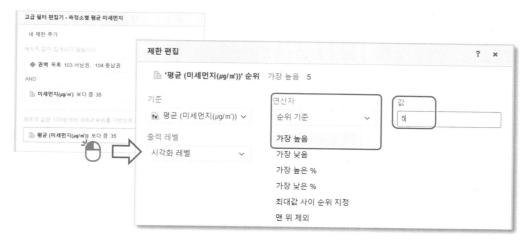

▲ 순위 기준으로 메트릭 필터 변경

14. 결과를 보면 상위 5 개 측정소가 필터 되었습니다. 측정소별로 평균을 계산하고 나서 그 중에 상위 5 개를 고른 것이기 때문에 앞서 결과와 같이 평균 미세먼지 메트릭 값은 변하지 않았습니다.

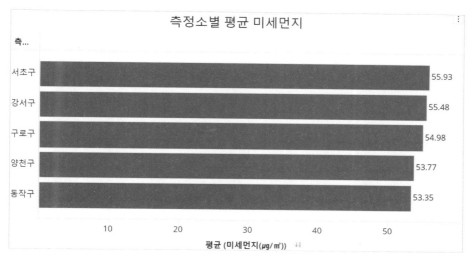

▲ 상위 5 개 측정소

애트리뷰트 필터 조건은 무조건 데이터 세트 레벨에서 이뤄집니다. 그러나 메트릭은 이렇게 데이터 세트레벨인지 시각화 레벨인지에 결과가 달라지므로 다양하게 적용할 수 있습니다.

요약

데이터를 선택하고 결과를 제한하는 다양한 필터 개체에 대해서 배웠습니다.

필터 패널을 이용하여 챕터 전체의 시각화 데이터를 제어할 수 있습니다. 빠르게 필터 개체를 배치할 수 있도록 기본 포맷과 유형이 정해져 있지만 사용자가 원하는 형태로 스타일을 바꿀 수 있습니다.

필터 위젯은 자유롭게 캔버스안에 배치할 수 있고 대상이 되는 시각화도 자유롭게 선택할 수 있습니다. 선택기 위젯은 시각화 개체 자체를 바꾸기 때문에 다양한 요구사항을 하나의 시각화로 처리할 때 유용합니다. 시각화 차트 자체를 필터로 사용하면 사용자가 데이터를 파악하면서 동적으로 도씨에 대시보드를 활용할 수 있습니다.

마지막으로 시각화 차트 자체에 항상 고정된 조건으로 필터를 사용하여 필요한 범위의 데이터를 시각화차트로 표시하는 법을 배웠습니다.

다음 챕터에서는 여러가지 다양한 시각화 위젯의 사용법을 배우겠습니다.

9. 다양한 시각화 위젯 활용하기

지금까지는 기본 시각화 중심으로 사용법과 분석 기능을 설명했습니다. 이번 챕터에서는 분석 목적에 맞게 다양하게 활용할 수 있는 여러 시각화 위젯들의 사용법을 배우겠습니다. 여러 유형의 시각화가 나오지만 기본적인 편집기, 포맷, 제목 등 UI 는 모든 시각화 위젯이 공유하여 사용하므로 어렵지 않게 접근할 수 있습니다.

복합 그리드와 그리드(최신)

도씨에의 그리드 시각화는 세 종류가 있습니다. 앞서 기본 **그리드** 시각화를 통해 그리드 사용법과 포맷, 분석 기능을 배웠습니다. 기본 그리드 기능에 추가적으로 더 많은 정보를 효율적으로 활용할 수 있고, 복잡한 유형의 표도 지원할 수 있게 2021 버전에 추가된 **복합 그리드**가 있습니다. 그리고, 복합 그리드 유형에 새롭게 셀 안에 선, 막대 차트를 작게 표시할 수 있는 **그리드(최신)**이 2021 Update2 부터 지원됩니다.

▲ 3 가지 그리드 유형들

복합 그리드와 일반 그리드의 가장 큰 차이는 **열 세트**기능입니다. 기본 그리드 편집기의 열에 배치된 애트리뷰트와 메트릭들을 하나의 세트라고 하면, 복합 그리드는 이런 세트를 여러 개 열 쪽에 가지는 그리드 시각화입니다. 복합 그리드의 세트는 다른 세트와 독립적으로 애트리뷰트와 메트릭을 사용하여 열 구성을 다양하게 할 수 있습니다. 다음 시각화는 복합 그리드 시각화의 열에 여러 세트들을 구성하여 데이터를 표시한 예 입니다.

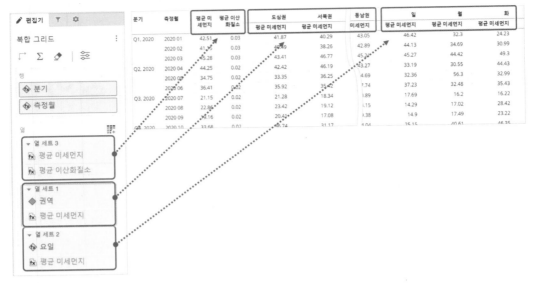

▲ 복합 그리드 편집기와 열 세트

위 복합 그리드는 편집기에 열 세트를 3 개 가지고 있습니다. 메트릭 만으로 이루어진 [평균 미세먼지], [평균 이산화질소] 세트, [권역]과 [평균 미세먼지]로 구성된 세트, [요일]과 [평균 미세먼지]로 구성된 세트가 있습니다. 행에 있는 [분기]와 [측정월]은 다른 세트들이 서로 공유해서 사용합니다.

복합 그리드는 행 축을 공유하는 여러 개의 그리드 시각화를 합친 것이라고 생각할 수 있습니다. 그렇다면 위 그리드의 경우는 3 개 그리드를 합친 게 됩니다. 그래서 복합 그리드의 각 열 세트는 각각 포맷과 시각화 필터 조건도 다르게 설정할 수 있습니다.

복합 그리드를 만들어 보도록 하겠습니다.

01. 시각화 추가에서 [그리드] -> [복합 그리드]를 선택합니다. 행 축에는 데이터 세트의 [서울시 대기 환경] 데이터에서 [분기]를 추가합니다.

02. 추가된 복합 그리드의 편집기를 보면 열 부분에 [열 세트 1] 이 보입니다. [평균 미세먼지] 메트릭을 열 세트 1 에 추가합니다. 다른 열 세트를 추가하려면 열 옆에 있는 그리드에 + 가 붙은 🔲 아이콘을 클릭합니다. 아이콘을 두 번 클릭하여 열 세트를 3 개 만들도록 합니다. [열 세트 + 번호] 형식의 이름을 가진 열 세트가 만들어집니다.

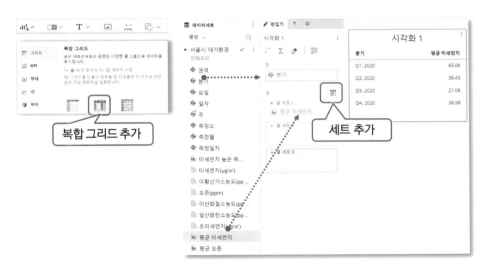

03. [열 세트 2] 영역으로 데이터 세트에서 애트리뷰트나 메트릭을 가져와 배치합니다. 이 때 개체 항목의 배치를 나타내는 파란 선이 배치하려는 열 세트안에 나타나야 그 세트안으로 배치됩니다. [열 세트 2]에 [권역]과 [평균 미세먼지]를 추가합니다. [열 세트 3]에는 [요일]과 [평균 미세먼지]를 배치합니다.

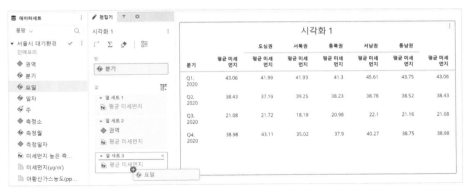

▲ 열 세트에 각각 개체 배치

만약 열 세트 바깥 쪽으로 개체를 가져가면 그 위치에 파란 직선이 나타나고 개체를 배치하면 열 세트가 새롭게 만들어집니다. 열 세트의 이름을 클릭하면 이름을 변경할 수 있습니다.

04. 포맷 탭에서 열 세트의 헤더와 값에 대한 포맷을 변경할 수 있습니다. [텍스트 및 폼]의 헤더, 열, 값을 선택하면 그 아래에 열 세트 리스트가 표시됩니다. 리스트에서 열 세트를 선택하면 그리드의 포맷 변경과 동일하게 글꼴, 배경 색 등을 변경할 수 있습니다. [모든 열]을 선

택하면 열 세트 모두에 포맷을 설정할 수 있습니다.

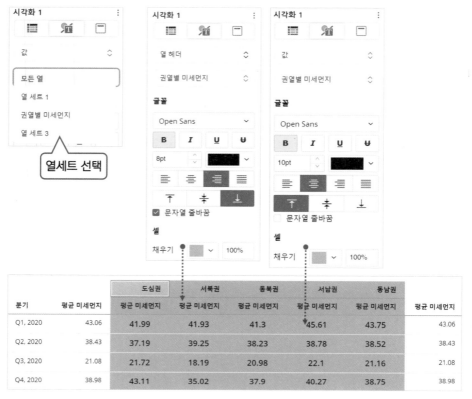

▲ 열 세트 헤더와 값 포맷 속성

05. 각 열 세트는 별도로 필터 제한 조건을 가질 수 있습니다. 시각화 컨트롤 메뉴의 [필터 편집…]을 선택하면 필터 편집기가 표시됩니다.

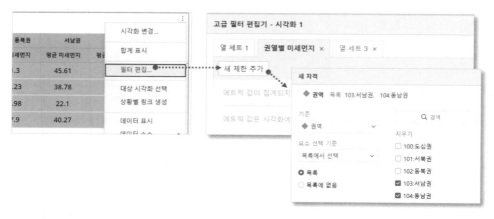

▲ 복합 그리드 필터 편집

06. 필터 편집기 상단에는 열 세트가 탭으로 표시되어 있습니다. [권역별 미세먼지]를 클릭하

고 [새 제한 추가]를 눌러 필터를 지정합니다. 권역을 선택하고 "동남권", "서남권"만 체크합니다. 필터 편집기가 각 열별 탭으로 나눠져 있는 것만 빼면 필터 기능은 다른 시각화에서 필터를 설정하는 것과 동일합니다.

분기	평균 미세 먼지	서남권 평균 미세먼지	동남권 평균 미세먼지	일 평균 미세 먼지	월 평균 미세 먼지	화 평균 미세 먼지	수 평균 미세 먼지	목 평균 미세 먼지	금 평균 미세 먼지	토 평균 미세 먼지
Q1, 2020	43.06	45.61	43.75	45.37	37.7	35.95	36.11	45.7	51.39	49.9
Q2, 2020	38.43	38.78	38.52	34.11	39.22	37.45	44.2	35.05	38.16	40.81
Q3, 2020	21.08	22.1	21.16	15.52	16.91	22.67	23.19	24.86	24.79	19.42
Q4, 2020	38.98	40.27	38.75	37.6	40.75	39.28	37.29	39.29	39.92	38.7

▲ 권역에만 필터를 적용한 복합 그리드

복합 그리드는 열 세트에 여러 애트리뷰트를 넣어서 사용하거나, 메트릭만 넣어서 합계 데이터를 표시하는 등 여러가지로 활용이 가능하니 다양하게 디자인 해보시기 바랍니다.

KPI 시각화

KPI는 핵심 성과 지표(Key Performance Indicator)를 뜻합니다. KPI에는 대표적으로 매출액, 이익, 달성율, 성장률과 같은 지표들이 있습니다. KPI 위젯은 이런 지표 값을 표시하는 데 최적화된 시각화입니다. 메트릭 값을 KPI 차트에 넣으면 위젯 영역에 맞게 수치 값 크기를 맞추어 표시하고, 애트리뷰트를 추가하면 애트리뷰트 항목 수에 맞추어 데이터 영역을 만들고 메트릭을 표시합니다. KPI 위젯은 메트릭 데이터를 강조하는 유형입니다.

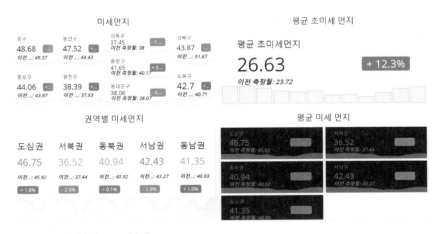

▲ 여러 유형의 KPI 위젯

KPI 시각화 편집기 만들기

01. 시각화 추가에서 [KPI] -> [KPI]를 선택하여 KPI 시각화를 추가합니다.

02. 편집기의 [메트릭]에 [평균 미세먼지], [브레이크 바이]에는 [권역], [추세]에는 [측정월]을 차례로 추가합니다. 권역별 데이터가 표시되면서 측정월별 영역 차트가 카드 아래에 표시됩니다. KPI 위젯 편집기에는 [메트릭], [브레이크 바이], [추세]의 세가지 드롭 존이 있습니다.

❶ **메트릭 –** KPI 지표 값으로 표시할 메트릭입니다.

❷ **브레이크 바이 –** 브레이크 바이에 있는 애트리뷰트의 항목 수만큼 메트릭을 카드로 나누어 표시합니다. 권역을 브레이크 바이에 추가하면 권역 항목별로 KPI 값들이 표시됩니다. 위 예에서는 5개 권역의 메트릭 값이 표시되었습니다.

❸ **추세 –** 추세 애트리뷰트 축으로 사용되는 영역 차트가 하단에 표시됩니다. 추세가 추가되면 KPI 지표 값은 추세 애트리뷰트의 정렬된 항목 중 가장 마지막 값으로 바뀝니다. KPI 위젯에는 표시된 값과 바로 그 전 값을 비교한 증감치와 증감률이 표시됩니다.

편집기는 간단하지만 포맷 옵션을 변경하면 여러 유형의 KPI 시각화를 만들 수 있습니다.

KPI 위젯 포맷 속성

대시보드의 가장 앞에는 중요 지표와 요약 지표를 표시하는 경우가 많습니다. 그래서 핵심 메트릭들을 표시하는 KPI 시각화를 첫 페이지나 페이지 상단에 많이 사용합니다. 이 때 원하는 유형으로 KPI 시각화를 표현할 수 있도록 다양한 옵션을 제공합니다.

스타일

시각화 옵션의 상단 **템플릿**에서 스타일을 선택할 수 있습니다. 스타일은 사전 정의된 카드 포맷을 **카드 영역**과 **추세**의 포맷으로 자동 적용해 줍니다. 여기서 설정된 영역 채우기 색상, 추세 채우기 색상은 다시 텍스트 및 폼에서 원하는 색상과 불투명도로 조정할 수 있습니다.

03. 포맷의 시각화 옵션에서 [템플릿] -〉 [스타일]에서 [야간]을 선택합니다.

04. 다시 [텍스트 및 폼] 탭으로 이동하면 하단에 [모양]이 있습니다. 여기서 영역과 추세 색상을 변경할 수 있습니다. 스타일은 다시 [옅은]으로 변경합니다.

▲ 템플릿으로 KPI 시각화 스타일 변경

배치

배치에는 카드의 레이아웃을 변경할 수 있는 여러가지 옵션이 있습니다. 한 줄에 정해진 개수의 애트리뷰트 항목 수를 표시하거나, 한 줄에 모든 항목을 표시하는 등 다양한 형식으로 배치할 수 있습니다. 기본 옵션과 스타일 변경만으로도 충분한 경우가 있지만 필요에 따라 다양한 형태로 사용할 수 있습니다. 배치에서 여러 유형으로 직접 KPI 위젯을 바꾸어 보면서 적합한 형태의 KPI 시각화 모양을 생각해 보시기 바랍니다.

▲ 배치 옵션

🔲 **그리드** - 기본 형식입니다. 아래 열 항목에 지정한 개수만큼 한 줄에 표시합니다. 기본 열 값은 4 입니다. 한 줄의 개수를 넘어서면 다음 줄에 카드가 나타납니다. 또한 이 모드에서는 카드의 높이가 자동으로 결정되지만 (최소는 75px 입니다.) [카드 높이를 바로잡으십시오]를 체크하면 카드의 높이 사이즈를 수동으로 지정할 수 있습니다.

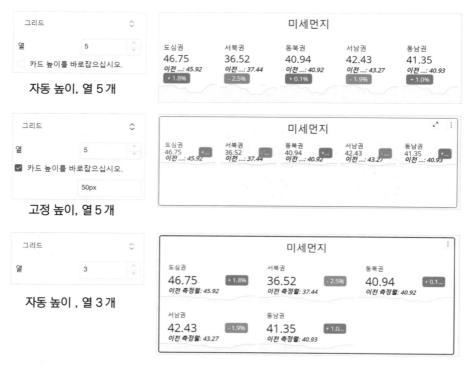

▲ 여러 유형의 KPI 그리드 형식

🔲 **스택** - 카드를 여러 개 표시하는 대신 하나씩 표시하고 하단의 점 버튼에서 다른 카드를 선택할 수 있습니다. 속성에서 [자동 재생]이 체크되어 있으면 3 초가 지나면 다른 카드로 자동 변경됩니다. 이전 버전 마이크로스트레티지에는 [누적]으로 되어 있습니다.

▲ 스택으로 자동 변경되는 KPI 카드

■ **수평, 수직** – 수평은 가로로 모든 카드를 표시하고 수직은 세로로 모든 카드를 표시합니다. 항목 개수가 고정되어 있다면 간결하게 표시하기 좋지만 항목이 가변적이면 항목 수에 따라 너무 작게 나오거나 크게 표시될 수 있으니 주의하시기 바랍니다.

▲ 수직과 수직 KPI

■ **자동** – 항목 수에 따라 위젯 영역에 가장 적합하게 배치하여 표시합니다.

▲ 자동으로 적용한 스타일의 항목별 표시

📊 **메트릭 이름 표시** – 이 옵션이 체크되어 있으면 브레이크 바이가 있는 경우 [메트릭 이름 + 애트리뷰트 항목] 형식으로 이름 표시 옵션이 조정됩니다. 체크하지 않으면 항목 이름만 표시 됩니다.

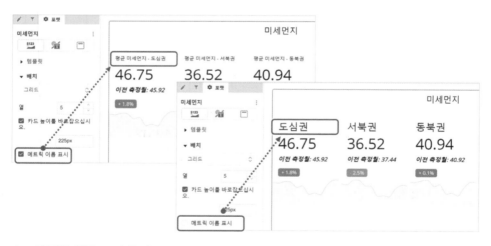

▲ 메트릭 이름 표시 옵션

📊 **이전 값 및 추세 레이블** – 이 두가지는 추세 애트리뷰트가 있을 때 활성화됩니다. [이전 값의 레이블]은 카드에 표시되는 이전 메트릭 값 표시 이름을 변경할 수 있습니다. 텍스트 입력 창에서 입력하면 됩니다.

[추세 지표]는 이전 값과 현재 값의 비교를 표시할 지와 표시할 때 방식을 설정합니다. 토글 버튼으로 없음을 선택하면 이전 값 비교가 나타나지 않습니다. 표시후에는 아래 [% 백분율] 은 이전 값 대비 증감율을, [123 값]은 두 개 데이터 차이를 표시합니다.

▲ 이전 값 레이블 설정과 추세 지표 %,123 비교

05. 배치 유형은 [그리드]로 하고, 권역은 5개가 고정이니 열 개수는 입력창에 5를 입력합니다.

06. 메트릭은 이름 표시를 하지 않습니다. 대신 제목을 [권역별 미세먼지]로 바꿉니다. 이전 값 레이블은 [이전비]로 입력하고 추세 지표 역시 표시하면서 %로 사용합니다.

▲ 구성한 KPI 시각화

텍스트 및 폼

KPI 위젯의 유형별 글꼴 포맷과 카드 배경, 추세선 색상, 지표 표시 배경에 대한 포맷 옵션을 설정할 수 있습니다.

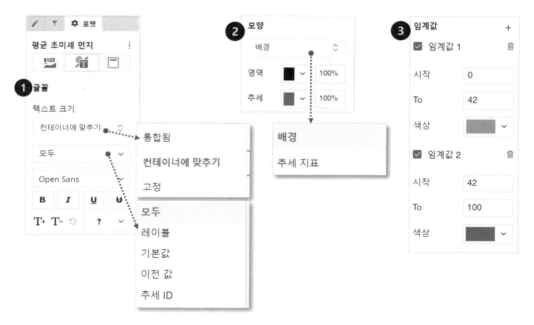

▲ 텍스트 및 폼 옵션

❶ **글꼴** – 카드의 글꼴을 위젯의 사이즈에 따라 자동 맞춤 혹은 고정 값으로 지정할 수 있는 옵션입니다.

   ❖ **텍스트 크기** – [컨테이너에 맞추기]를 선택하면 메트릭 값, 레이블 사이즈가 자동 조정됩니다. 자동 맞춤을 하더라도 비례로 사이즈 조정을 하기 위한 버튼이 있습니다. [T-]버튼으로 축소, [T+] 버튼으로 확대합니다. [고정]을 선택하면 각 항목 글꼴 사이즈를 고정하여 설정할 수 있습니다.

   ❖ **각 텍스트 레이블 옵션** – KPI 위젯 각 항목의 글꼴 유형, 색상을 조정할 수 있습니다.

❷ **모양** – 카드 배경, 추세선 색상을 설정합니다. [배경]을 선택하면 카드 영역과 카드의 추세 포맷을 변경할 수 있습니다. [추세 지표]는 추세비교 값이 양수일 때 배경색과 음수일 때 배경색을 선택할 수 있습니다.

❸ **임계값** – 텍스트 및 폼 가장 하단에는 임계값 옵션이 있습니다. 지표 값 범위에 따라서 텍스트 표시 포맷 색상을 변경할 수 있습니다. 임계값 포맷은 제한 없이 추가할 수 있습니다.

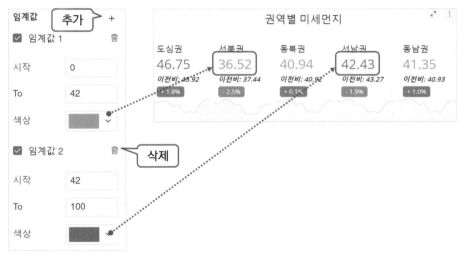

▲ KPI에 임계값 적용

다른 KPI 위젯 유형들

마이크로스트레터지 2021 Update 5(2022년 3월 출시)에는 기존 KPI 위젯에 새로운 기능을 추가한 KPI 위젯이 추가되었습니다. 사용하는 방법은 KPI 위젯과 거의 동일해서 KPI 위젯에 익숙하면 금방 익힐 수 있습니다.

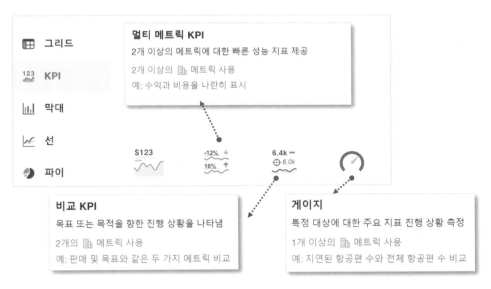

▲ KPI 차트들

멀티 메트릭 KPI

KPI 위젯이 메트릭 하나만 사용 가능 한데 비해 멀티 메트릭은 여러 개를 사용할 수 있습니다. 메트릭이 여러 개 있다면 각 메트릭별로 카드를 만들어 냅니다. [브레이크 바이]에 애트리뷰트가 있으면 [메트릭 수 * 애트리뷰트 항목 수] 만큼 카드가 생겨납니다. 다음은 메트릭 2개에 브레이크 바이와 추세를 배치한 예입니다.

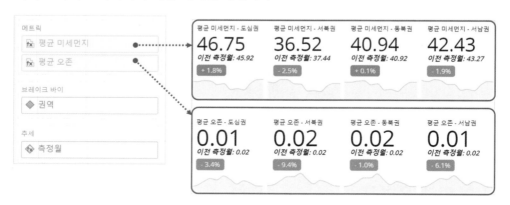

▲ 각 권역별 메트릭 KPI

KPI 위젯과 다른 점이 또 있습니다. 포맷의 시각화 옵션에 [추세 모양]에서 추세 차트 모양을 영역, 막대, 선 차트로 변경할 수 있습니다. 또 [축 배율]을 그래프 매트릭스와 비슷하게 각 카드별로 계산하거나, 메트릭끼리 배율을 분리해서 하거나 메트릭에 상관없이 전체를 기준으로 축 배율을 사용하게 지정할 수 있습니다.

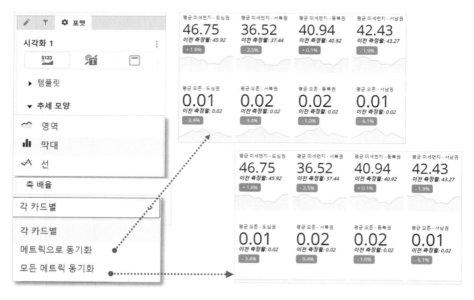

▲ 선으로 추세 표시 한 예, 축 배율 비교

위 예시를 보면 위 차트는 [메트릭으로 동기화]는 메트릭별로 최대, 최소를 적용하여 각 카드별로 추이를 비교하기 좋습니다. 이에 비해 [모든 메트릭 동기화]는 메트릭에 상관없이 최대, 최소를 동일하게 축 배율에 적용합니다. 미세먼지 보다 측정치가 작은 오존은 추이가 거의 보이지 않습니다. 메트릭을 하나만 사용하면 원래 KPI 차트와 동일하지만 더 많은 옵션을 제공하니 기본 KPI 대신에 활용해 보시기 바랍니다.

비교 KPI

주로 두 개 이상의 메트릭을 비교하여 증감비와 차이를 표시할 때 사용합니다. 기본 KPI와 멀티 KPI는 추세 기준으로 같은 메트릭의 이전 값과 현재 값을 비교하지만 비교 KPI는 명시적으로 비교할 메트릭을 지정할 수 있습니다. 예를 들어 평균 미세먼지와 최대 미세먼지를 비교하고 싶다면 각각 편집기의 [메트릭]과 [비교 항목] 드롭 존에 배치하면 됩니다.

▲ 비교 KPI 예시

KPI 위젯은 간단하게 만들 수 있으면서도 포맷 유형이 다양합니다. 도씨에 대시보드에서 주목받을 포인트로 잘 활용해 보시기 바랍니다.

거품 차트

거품 차트는 X 축과 Y 축의 메트릭을 기준으로 하여 항목들이 어떻게 분포되는지를 나타내는 데 사용됩니다. 표시된 항목들은 X 축과 Y 축의 상관 관계가 있는지를 분석하는데 사용될 수 있습니다. 다른 용어로는 **버블 차트**, **분포 차트**로도 불립니다. 앞서 도씨에 실습에서 거품 차트로 각 국가들의 인구와 탄소 배출의 상관 관계를 분석해 보았습니다. 거품 차트도 그래프 매트릭스의 한 유형이라 사용법이 어렵지 않습니다. 편집기 수직, 수평 축에 메트릭을 배치하고 브레이크 바이에 애트리뷰트를 사용하면 됩니다.

편집기

가장 기본 거품 차트는 수직, 수평에 각각 메트릭이 축으로 사용되고 브레이크 바이나 색상에 애트리뷰트가 있으면 그 애트리뷰트 항목들의 메트릭 값에 따라 위치가 차트에 표시됩니다.

01. 시각화 추가에서 [자세히] -> [거품 차트]를 선택하여 시각화를 추가합니다.

02. 수직에는 [평균 초미세먼지]를, 수평에는 [평균 미세먼지]를 추가합니다. 단일 거품이 하나 표시됩니다.

03. 항목을 나누기 위해서 [다음으로 색상 지정]에 측정소 애트리뷰트를 추가합니다. 자동으로 브레이크 바이에도 측정소가 추가됩니다. 색상을 나누는 것도 브레이크 바이의 일종입니다.

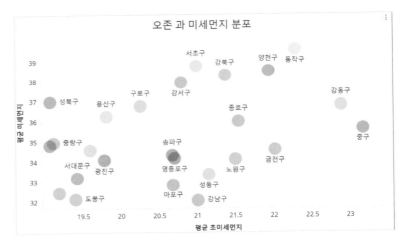

▲ 거품 차트 기본 모양

분포를 보니 미세먼지와 초미세먼지가 모두 높은 곳은 동작구, 강동구, 중구가 있습니다. 강남구와 마포구는 미세먼지 보다 초미세먼지가 더 높은 경향을 보이는 것 같습니다.

04. 각 측정소 위치의 원 거품 사이즈가 모두 같습니다. 원 사이즈를 다른 메트릭으로 지정하여 어떤 차이가 있는지를 표시해 봅니다. 데이터 세트에서 [평균 오존] 메트릭을 [다음으로 크기 조정]에 추가합니다. 각 측정소의 원형 사이즈가 평균 오존 메트릭값에 의해 다르게 표시됩니다. 거품 차트에서 원 사이즈를 나타내는 메트릭을 Z 축이라고도 합니다.

05. 다음으로 각 측정소의 라벨을 표시해서 구별합니다. 시각화 항목을 우 클릭하고 메뉴에서 [데이터 레이블] -〉[문장], [값]을 모두 체크 표시합니다. 값은 [(X 축값 , Y 축값)] 형식으로 표시됩니다. 모든 레이블을 없애고 싶을 때는 [없음]을 선택하면 됩니다.

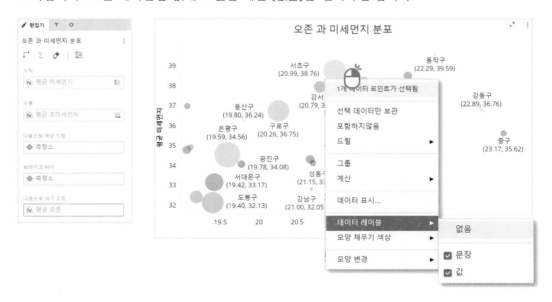

▲ 크기 조정과 데이터 레이블 표시

거품 차트도 그래프 매트릭스 유형이기 때문에 수직, 수평 영역에 있는 개체에 따라 차트를 행/열로 분할하거나 다른 유형으로 변경할 수 있습니다. 예를 들어 기본 차트에서 권역과 분기를 추가로 수직 행, 수평 열에 배치하면 매트릭스 형태의 거품 차트가 표시됩니다.

06. 데이터 세트에서 [권역]애트리뷰트를 차트 수직 축에 드래그하여 메트릭 위쪽에 행으로 추가합니다. 행으로 사용되는 ▦ 아이콘이 표시되는지 확인합니다. 마찬가지로 [분기]애트리뷰트를 수평 축에 열로 ▦ 배치합니다. 권역과 분기를 행/열로 배치하고 나면 그래프 매트릭스 형태 거품차트가 만들어집니다.

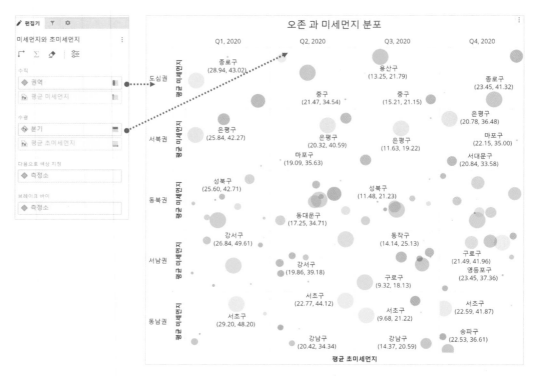

▲ 권역별 분기별 측정소 분포

추세선 표시

거품 차트는 메트릭 상관관계가 있는지를 확인할 때도 자주 사용됩니다. 상관 관계를 한눈에 파악하려면 [추세선]을 넣어 보는 것이 좋습니다. 거품 차트에서 축 메트릭을 우 클릭하고 메뉴에 [추세선 활성화]를 선택하여 추세선을 표시할 수 있습니다.

추세선과 함께 추가 참조 선도 추가하여 사용할 수 있습니다. 참조 선으로 메트릭의 평균을 표시해 보거나 상수 값으로 기준 선을 추가해 보면 범위를 벗어난 이상 데이터를 보거나 항목들이 몰려 있는 군집을 확인하기 편해 차트를 보는 사람이 더 이해하기 쉽습니다.

07. [평균 미세먼지] 축을 우 클릭합니다. 메뉴에서 [추세선 활성화]를 클릭합니다. 추세선이 표시됩니다.

08. 추세선의 모델을 [시각화 포맷] -> [시각화 옵션] -> [추세선] -> [모델]에서 선형으로 바꾸어 표시합니다.

09. 참조선도 같은 방식으로 추가합니다. [평균 초미세먼지] 메트릭을 우 클릭하여 [평균]을 선택합니다. 세로 방향으로 평균 참조선이 표시됩니다.

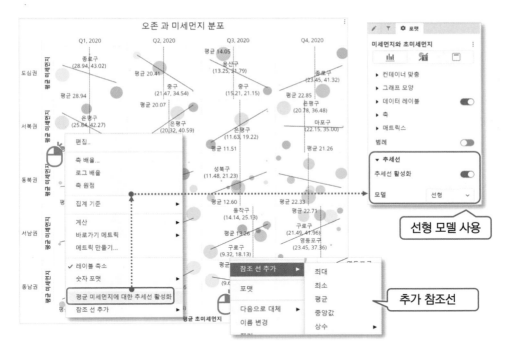

▲ 추세선 활성화 및 참조선 추가

모양과 멀티 축

원형으로 표시하기 때문에 거품 차트라고 하지만 다른 모양도 사용할 수 있습니다. 항목 모양을 바꿔보겠습니다.

10. 거품 항목을 우 클릭하고 메뉴에서 [모양 변경]을 클릭합니다. 원 이외에 [사각형]과 [틱] 모양이 있습니다. 사각형으로 변경합니다.

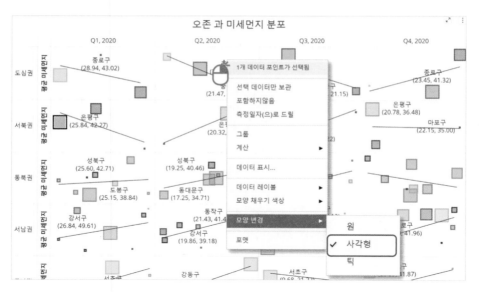

▲ 사각형 으로 변경된 거품 차트 모양

매트릭스 방식으로 표시하는 것 외에 축에 메트릭을 여러 개 사용하는 방식이 있습니다. 수직 축과 수평 축에 2 개 이상 배치하면 각 메트릭의 교차 형식으로 거품 차트가 나타납니다. 맨 처음 만들었던 기본 차트에 [평균 미세먼지]와 [평균 초미세먼지]와 함께 축에 [평균 오존], [평균 이산화질소]를 추가하면 다음과 같이 각각 메트릭의 분포 모습이 나타납니다.

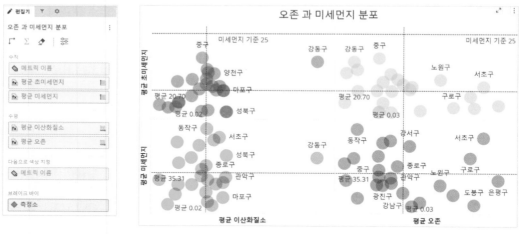

▲ 여러 메트릭으로 구성된 거품 차트

축에 여러 개의 메트릭과 행과 열에 애트리뷰트를 같이 사용해도 됩니다.

11. 차트 축에 다른 메트릭을 더 추가합니다. 수직 축에 [평균 이산화질소], 수평 축에 [평균 오존]을 넣습니다. 매트릭스 셀의 차트에 각 메트릭끼리 분포를 표시하는 차트가 나타납니다.

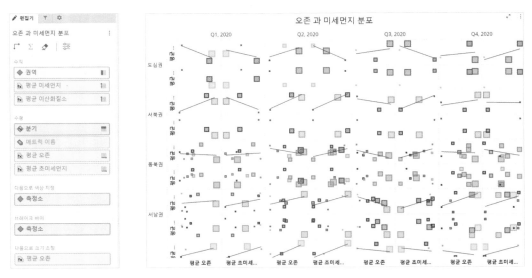

▲ 축에 멀티 메트릭을 사용한 거품 차트

파이 차트

아마도 파이 차트는 대시보드를 만들 때나 보고 자료에 차트를 넣을 때 가장 많이 사용되는 차트일 것 같습니다. 대시보드에 돋보이는 디자인 요소를 넣고 싶을 때, 파이차트나 게이지만 큼 좋은 게 없습니다. 그러나 파이 차트를 사용할 때는 차트에 표시되는 항목 수에 주의해야 합니다. 아래 예시의 두 파이 차트를 예시로 보겠습니다.

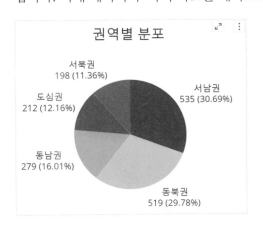

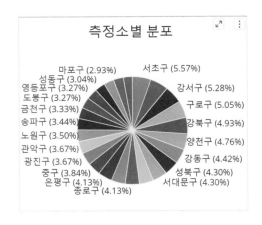

왼쪽은 6 개 권역 데이터 비중이 잘 보이지만 오른쪽은 항목이 많다 보니 비중이 잘 보이지 않고 데이터 가시성도 떨어집니다. 그래서 항목이 많은 경우에는 사용이 꺼려집니다. 일반적으로 파이그래프가 효율적으로 보이려면 항목 개수가 많지 않은 것이 좋습니다. 10 개 이상의 항목을 표시하려고 한다면 파이 대신에 뒤에 배울 열 지도 형식이나 막대 차트가 적합할 수

있습니다.

파이 차트를 만들어 보면서 기능을 확인해보겠습니다.

편집기

01. 실습에는 [미세먼지 높은 측정일 날수] 메트릭을 사용해 어느 지역이 미세먼지가 특정 값 이상인 날들이 많았는지 비중을 표시해보려고 합니다. 데이터 세트에서 [메트릭 만들기⋯]로 메트릭 편집기 대화창을 엽니다. 함수나 수식에는 Count 를 사용하여 [Count(측정일자@ID)]를 입력하고 필터에는 [미세먼지(µg/㎥) > 50] 인 조건을 적용하여 파생 메트릭을 만듭니다.

▲ 사용할 메트릭 만들기

02. [시각화 추가] -> [파이] -> [파이 차트]를 선택하여 시각화를 추가합니다. 파이 차트 유형은 [링 차트] 형식도 제공되지만 파이 표시 형식만 다른 동일한 시각화입니다. 표시 모양은 나중에 차트 포맷의 [그래프 모양]에서 변경할 수 있습니다.

▲ 파이 차트 유형 선택

03. 파이 차트 편집기 [각도]에는 [미세먼지 높은 측정일 날수] 메트릭을 배치합니다. 그 아래

[다음으로 색상 지정]에는 [권역] 애트리뷰트를 추가합니다. 파이 차트가 그려집니다. 서남권과 동북권이 미세먼지가 높았던 날이 많았던 것을 알 수 있습니다.

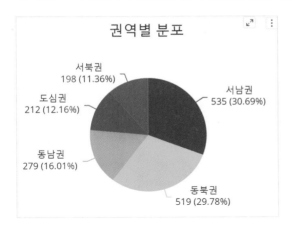

파이 차트 편집기의 각 영역들은 다음과 같은 특성을 가집니다. 파이 차트 고유의 영역 외에 [수직], [수평], [브레이크 바이], [다음으로 크기 조정]처럼 그래프 매트릭스와 공통된 특징도 가지고 있습니다.

 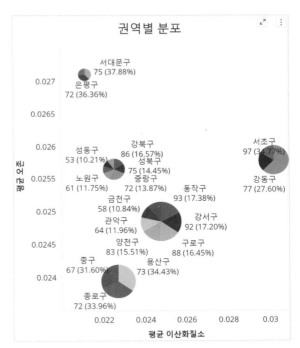

▲ 파이 차트와 편집기 속성

❶ **각도** – 메트릭 값으로 비중을 계산하여 각도로 각 파이 조각의 크기를 결정합니다.

❷ **다음으로 색상 지정** – 애트리뷰트 항목별로 색상으로 표시하거나 메트릭이 추가된 경우 메

트릭 임계값을 색상으로 표현합니다.

❸ **조각** – 애트리뷰트 항목 수만큼 파이 조각을 나눕니다. 여러 개 애트리뷰트를 사용할 수 있습니다.

❹ **수직** – 애트리뷰트를 추가하면 그래프 매트릭스처럼 행이 나눠지게 됩니다. 메트릭을 추가하면 거품 차트처럼 Y 축에 메트릭 값을 사용하여 파이의 Y 좌표가 결정됩니다.

❺ **수평** – 애트리뷰트를 추가하면 그래프 매트릭스처럼 열이 나눠지게 됩니다. 메트릭을 추가하면 거품 차트처럼 X 축에 메트릭 값을 사용하여 파이의 X 좌표가 결정됩니다.

❻ **브레이크 바이** – 수직이나 수평 중 하나 이상에 메트릭을 추가하는 경우 활성화되고 애트리뷰트를 추가할 수 있습니다. 여기에 추가된 애트리뷰트의 항목들이 각각 파이 그래프의 그룹처럼 표시됩니다.

❼ **다음으로 크기 조정** – 메트릭을 추가하면 메트릭 값에 따라 파이 차트 원의 사이즈가 다르게 표시됩니다.

각 영역에 분석 개체를 추가하면서 파이 차트의 특성을 더 살펴보겠습니다.

04. 조각에 측정소 애트리뷰트를 드래그하여 추가하면 권역과 측정소가 같이 표시됩니다.

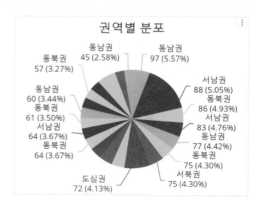

05. 측정소의 항목들이 많기 때문에 각 권역별로 나누어 봅니다. 시각화 편집기의 [수평]으로 권역 애트리뷰트를 이동합니다. [다음으로 색상 지정]에서는 권역을 빼고 측정소로 변경합니다. 파이 차트가 권역별로 나누어 표시됩니다. 수평에서는 [행], [축]으로 배치를 변경할 수 있습니다.

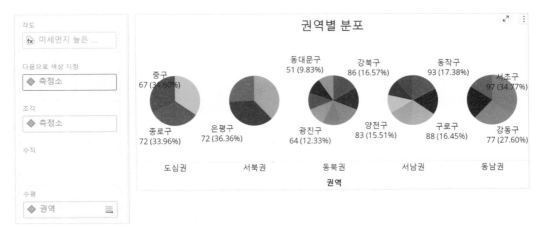

▲ 항목 재조정과 파이 차트 수평축 시

06. 이제 어느 권역이 오존 발생이 높은 지 알아보겠습니다. 수직 항목에 [평균 오존 발생] 메트릭을 배치하면 거품 차트처럼 수직 축을 따라 각 권역의 파이 그래프가 표시됩니다.

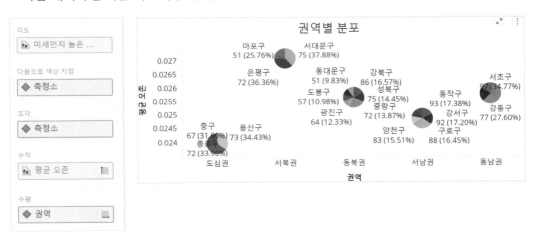

▲ 평균 오존별 각 권역 파이 차트

07. 더욱 분포 차트처럼 만들어 보려고 합니다. 먼저 수평 축에 있는 권역을 [브레이크 바이]로 옮겨봅니다. 파이 차트가 권역별로 세로로 나눠지게 됩니다. 수평 축에 다른 메트릭 [평균 이산화질소]를 추가하면 메트릭 버블 차트에 권역별 측정소별 파이 차트를 나타내는 시각화가 표현됩니다.

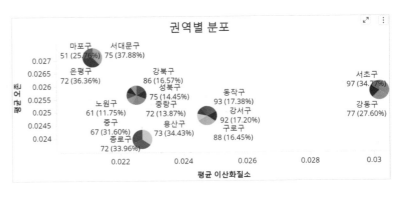

08. 마지막으로 [다음으로 크기 조정]에 메트릭을 추가하면 파이 그래프의 각 사이즈까지 조절할 수 있습니다. [평균 미세먼지]를 여기에 넣어 봅니다.

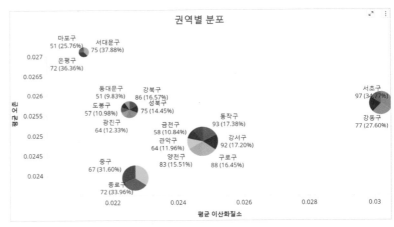

동남권 권역의 측정소와 서북권 측정소의 이산화 질소 값의 차이가 명확히 보입니다. 도심권과 서남권은 평균 미세먼지 수치가 높습니다.

파이 차트가 많아지면서 각 조각들의 비중이 잘 보이지 않는 점은 좀 아쉽습니다. 이 점은 뒤에 열 지도에서 다시 살펴보겠습니다. 파이그래프 편집기에 다양한 분석 항목들을 활용하면 단일 파이 차트 이상으로 효과적인 데이터 시각화를 표시할 수 있습니다.

포맷 옵션

파이 차트 포맷 옵션에는 그래프 모양과 차트에 표시되는 데이터 값 표시와 지시선 표시 모양을 조정할 수 있습니다. 파이 차트 시각화 옵션에서 중요한 속성은 다음과 같습니다.

▲ 파이 차트 시각화 옵션

❶ **그래프 모양** – 파이 모양을 꽉 채운 파이 모양으로 할지, 링 모양으로 할지 결정할 수 있습니다. 링 형태 디자인은 가운데가 뚫려 있어 공간이 더 여유 있어 보입니다.

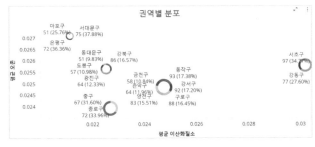

▲ 링 차트

❷ **최대 / 최소 크기** – 다음으로 크기 조정에 메트릭이 있으면 활성화됩니다. 파이의 상대적 원 지름을 지정합니다.

❸ **데이터 레이블** – 차트에 데이터 값을 표시할 지 여부와 함께 표시되는 항목 이름과 항목 수치 값을 선택할 수 있습니다. [abc](문장)은 애트리뷰트 항목 값, [123](값)은 메트릭의 수치 값, %는 각 조각의 전체 대비 비중 값입니다.

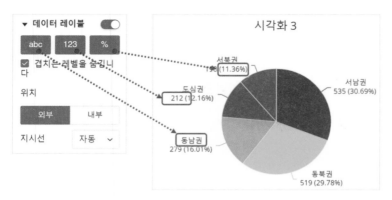

▲ 레이블 표시 옵션

❹ **겹치는 레벨을 숨깁니다** – 레이블 항목이 많을 때 겹치는 레이블을 선택적으로 숨깁니다.

❺ **위치** – 레이블의 위치를 파이 외부나 내부 중에 선택합니다. 내부로 하면 파이 안에 레이블이 표시됩니다.

❻ **지시선** – 위치를 외부로 한 경우 지시선이 표시됩니다. 그런데 파이 항목들이 많아지면 지시선도 복잡하게 표시될 수 있습니다. [자동]으로 선이 겹치지 않게 조정하거나, [보이기]로 선을 항상 표시하거나, [숨기기]로 아예 감출 수 있습니다. 지시선의 선 색은 파이 조각의 색과 같은 포맷이 사용됩니다.

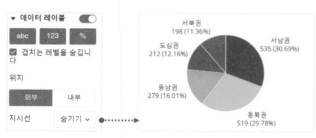

▲ 지시선 숨긴 파이 차트

열 지도

열 지도 시각화는 파이 차트처럼 항목들의 비중을 표시하는 시각화 유형입니다. 열 지도는 애트리뷰트 항목들을 메트릭 값에 따라 다른 넓이의 사각형으로 표시합니다. 사각형으로 표시하면 파이에 비해 항목들의 공간을 더 효율적으로 표시할 수 있어서 비교할 항목들이 많은 경우에 효과적입니다. 또 여러 개의 애트리뷰트를 사용하면 대분류-세분류식의 계층적 차트를 표시할 수 있어 **트리맵**이라고도 합니다.

편집기

열지도는 시각화 위젯들 중에 여러 유형의 시각화들이 있는 **자세히** 그룹에 있습니다. 열 지도 편집기는 **그룹**, **크기**, **색상**의 세가지 영역을 가지고 있어 구성이 간단한 편입니다.

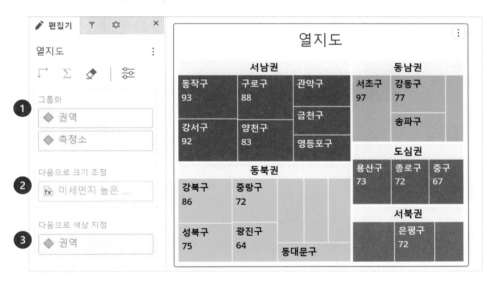

▲ 열지도 예

❶ **그룹화** – 애트리뷰트 항목별로 사각형이 생겨납니다. 파이 차트 조각과 비슷하지만 여러 애트리뷰트를 사용할 수 있습니다. 애트리뷰트가 2 개 이상 있다면 첫번째 애트리뷰트 항목의 메트릭 합계로 각 사각형이 표시되고 그 사각형안에 다음 번 애트리뷰트 항목의 사각형이 역시 메트릭 값별로 사각형 사이즈가 표시됩니다.

❷ **다음으로 크기 조정** – 항목의 사각형 사이즈를 결정할 메트릭을 1 개 사용할 수 있습니다.

❸ **다음으로 색상 지정** – 처음 열지도 그룹화에 추가된 애트리뷰트가 자동으로 색상 부분에 들어갑니다. 여기에 애트리뷰트를 더 추가하거나 메트릭으로 교체하여 임계값 형식으로 바꿀

수 있습니다.

직접 열 지도를 만들어 보도록 하겠습니다.

01. [시각화 추가] -> [자세히] -> [열 지도]를 선택합니다. 시각화 편집기 [그룹 영역]에 [권역] 항목을 추가합니다. [다음으로 색상 지정]에 권역이 같이 추가됩니다. 사각형이 권역별로 표시됩니다. 색상은 나중에 변경하겠습니다.

02. [다음으로 크기 조정]에 [미세먼지 높은 측정일수]를 값에 추가합니다. 각 권역의 사각형 크기가 메트릭 값에 따라 달라집니다.

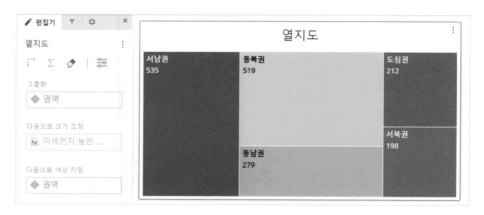

03. 그룹화에 [측정소] 애트리뷰트를 추가합니다. 색상은 권역으로 유지되면서 측정소 사각형들이 나타납니다. 측정소들이 속한 각 권역 그룹 밑에 표시됩니다.

04. [다음으로 색상 지정]에 [권역]을 다른 메트릭으로 변경합니다. [평균 미세먼지]로 변경하면 색상이 메트릭 임계값 형식으로 변경됩니다. 임계값은 임계값 편집기로 편집할 수 있습니다.

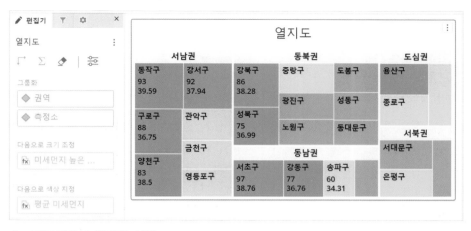

▲ 메트릭으로 임계값 설정

포맷

포맷의 시각화 옵션에는 레이아웃과 데이터 레이블이 있습니다. 텍스트 및 폼 탭에서는 표시된 각 텍스트의 포맷을 변경할 수 있습니다.

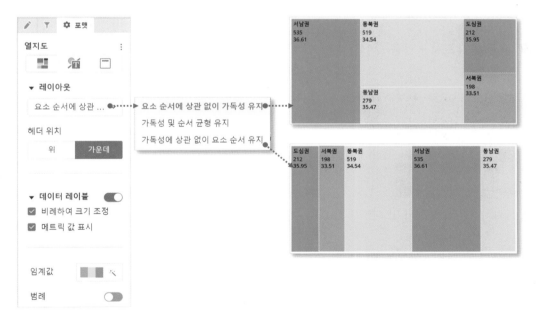

■ **레이아웃** – 열지도 항목의 표시 방식을 바꿀 수 있습니다. 다음 세가지 옵션이 있습니다.

   ❖ **요소 순서에 상관 없이 가독성 유지** – 메트릭의 크기 순으로 자동으로 정렬하여 표시합니다.

- **가독성 및 순서 균형 유지** – 메트릭 크기 순을 유지하면서 동시에 항목의 정렬을 반영하려고 합니다. 비슷한 크기면 항목 정렬을 우선으로 하려고 합니다.
- **가독성 상관 없이 요소 순서 유지** – 크기에 상관없이 항목 정렬을 우선으로 사각형들이 배치됩니다.

헤더 위치 – 그룹화에 여러 애트리뷰트가 있을 때 상위 애트리뷰트의 그룹 헤더를 가운데에 표시할지, 상단 제목으로 표시할지 선택할 수 있습니다. 상단으로 설정하면 왼쪽 상단 정렬이, 가운데로 설정하면 가운데로 텍스트가 정렬됩니다.

레이블 – 열지도에 표시되는 사각형의 항목 레이블을 표시하거나 끌 수 있습니다. 또 한 가지 옵션으로 [비례]를 선택할 수 있습니다. 비례는 사각형 사이즈에 따라 레이블의 사이즈도 같이 커지거나 작아지게 합니다.

메트릭 값 표시 – 항목 레이블 외에 메트릭의 값을 같이 표시할지 결정합니다.

▲ 레이블 값 비례 표시 및 메트릭 값 표시

텍스트 및 폼의 [데이터 레이블 및 모양]에서 사각형 색상 포맷과 텍스트 글꼴을 설정할 수 있습니다.

 **글꼴** – 표시되는 레이블의 글꼴 유형과 사이즈를 조정합니다. 헤더와 레이블에 각각 글꼴을 설정할 수 있습니다. 다만 사이즈는 상대 값으로만 조정이 가능합니다. 글꼴 크기 옆 버튼의 [T+], [T-]를 사용하여 글꼴 사이즈를 키우거나 줄입니다.

 **헤더 채우기** – 색상에 애트리뷰트가 사용되면 헤더 그룹의 색상을 변경할 수 있습니다.

 **임계값** – 색상이 메트릭인 경우 임계값 편집기가 나타납니다.

열 지도는 비율을 나타낼 때 항목이 많을 때 파이보다 유리한 점이 있습니다. 적극적으로 사용해 보시기 바랍니다.

네트워크

네트워크 시각화는 두개 애트리뷰트 간에 연결을 표현하고 관계성을 나타내는 시각화입니다. 다음 예는 [범죄 분류] 항목과 [피해자 구분]과의 관계를 나타내고 있습니다. 각 항목의 관계는 [범죄 건수] 메트릭으로 판단합니다. 각 항목 간 연관성이 메트릭 값이 클수록 높다고 보는 것입니다. 네트워크 차트의 각 항목을 **노드**, 연결된 선은 **링크**라고 합니다.

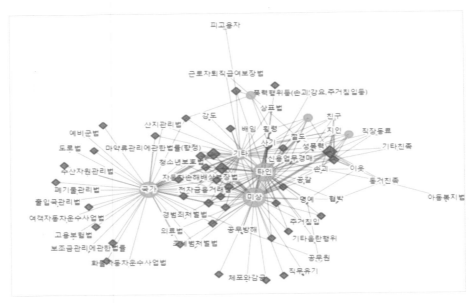

▲ 범죄 분류와 피해자 구분 간의 관계도

편집기

또 다른 네트워크 차트 예를 보겠습니다. 아래는 레스토랑에서 같이 팔린 음식들의 관계를 분석한 차트입니다. [선주문 메뉴] 노드는 사각형으로, [후주문 메뉴] 노드는 차트에 원형으로 표시하고 있습니다. 노드를 연결하는 선의 색상과 굵기, 노드 크기는 각 메트릭 값에 의해 결정됩니다. 편집기 영역 분류의 [가장자리 색상], [가장자리 크기]에서 가장자리는 연결선을 뜻합니다.

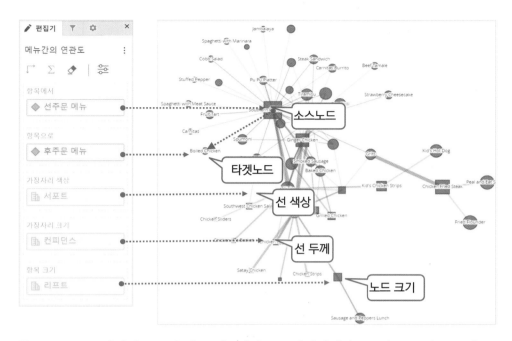

■ **항목에서** – 관계의 소스가 되는 애트리뷰트를 지정합니다. **소스**(Source) 노드라고도 합니다.

■ **항목으로** – 관계의 타겟이 되는 애트리뷰트를 지정합니다. **타겟**(Target) 노드에 해당합니다.

■ **가장자리 색상** – 항목 간 연결선 (링크) 색상을 표시할 때 사용하는 메트릭입니다. 색상 범위는 메트릭 임계값 편집기 형식입니다.

■ **가장자리 크기** – 항목 간에 연결되는 선(링크) 굵기를 표시하는데 사용하는 메트릭을 지정합니다.

■ **항목 크기** – 노드의 도형 사이즈 (원 모양의 경우 지름, 사각형의 경우 넓이)를 표시할 메트릭입니다. 크기에 대한 집계 함수는 합계가 기본이지만 최대, 최소, 평균등의 다른 집계 함수를 옵션에서 변경하여 사용할 수 있습니다.

위 차트에 사용된 메트릭들은 다음과 같은 의미를 가집니다. 연결선의 색상 [서포트] (Support)는 연계된 두 항목의 빈도입니다. 연결선의 굵기로 사용된 [컨피던스] (Confidence)는 두 항목의 연계된 조건부 확률입니다. 높을수록 연계도를 신뢰할 수 있습니다. 항목의 크기인 [리포트] (Lift)는 다른 항목의 판매에 긍정적 영향을 끼치는 지표입니다. 1 을 기준으로 클수록 영향이 높습니다.

네트워크 차트 만들기

네트워크 차트를 만들어 보겠습니다. 데이터는 [대검찰청_범죄자와 피해자의 관계.csv] 데이터를 사용합니다. 먼저 데이터를 업로드하고 살펴보겠습니다.

01. 새로운 데이터를 추가합니다. 파일 업로드에서 [대검찰청_범죄자와 피해자의 관계.csv] 파일을 선택하고 업로드 합니다.

02. 데이터를 보면 [범죄분류]는 애트리뷰트지만 메트릭에는 [피해자 분류]별 건수가 있습니다. 피해자 분류를 애트리뷰트로 만들어야 네트워크 차트로 만들 수 있습니다. 데이터 테이블에서 컨트롤 메뉴를 클릭하고 [구문 분석…]을 선택합니다.

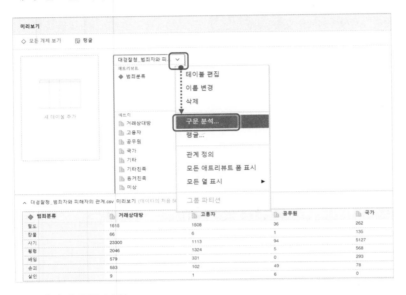

▲ 데이터 구문 분석

03. 보기에서 [크로스탭]으로 변경합니다. 아래의 [메트릭 헤더 없음]을 선택하면 메트릭 헤더들이 애트리뷰트 항목으로 변경됩니다. 적용을 눌러 미리 보기로 돌아옵니다.

데이터 구문 분석   ? ✕

보기: ○ 테이블 형식   ● 크로스탭

☐ 새 열 헤더 삽입

☑ 메트릭 헤더 없음

	애트리뷰트 헤더		애트리뷰트 요소		메트릭 헤더		메트릭 값								
범죄분류	국가	공무원	고용자	피고용자	직장동료	친구	애인	동거친족	기타친족	거래상대방	이웃	지인	타인	기타	미상
절도	262	36	1508	447	731	1193	675	115	233	1615	1367	2165	82119	3834	10356
장물	135	1	6	0	3	15	0	2	0	66	4	22	2274	259	344
사기	5127	94	1113	478	951	1857	1103	64	403	23300	879	6785	53309	17562	110097
횡령	568	5	1324	389	393	190	66	21	234	2046	261	651	12138	2857	15172
배임	293	0	331	82	120	9	1	1	45	579	65	130	791	1439	6183
손괴	78	49	102	48	216	254	1634	2329	682	683	2036	1082	18700	1627	5965
살인	0	6	1	3	40	40	86	180	48	9	50	92	230	40	161
강도	0	1	6	6	8	35	28	6	7	57	25	80	1002	74	162

▲ 데이터 구분 분석

04. 자동으로 매칭된 개체 이름을 Column1 애트리뷰트는 [피해자구분]으로, Metrics 는 [건수]로 변경합니다. 완료를 눌러 저장하여 데이터를 업로드합니다.

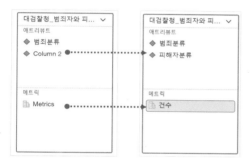

▲ 컬럼 이름 변경

05. [시각화 추가] -> [자세히] -> [네트워크]를 선택하여 네트워크 시각화를 추가합니다.

06. 데이터 세트에서 [범죄분류], [피해자분류], [건수]를 컨트롤 키를 누르고 선택하여 시각화 차트에 드래그하여 추가합니다. 하나씩 클릭해서 배치해도 됩니다.

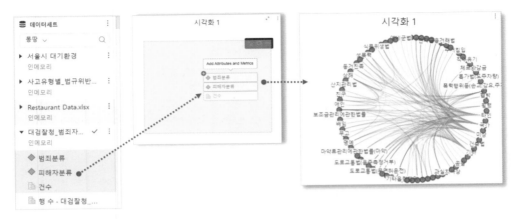

▲ 분석 개체 배치

컨트롤 포맷

시각화 영역에 마우스를 올리면 차트의 유형과 확대 축소를 조작할 수 있는 컨트롤이 양쪽에 표시됩니다. 왼편에는 확대/축소와 이동/선택 컨트롤이 표시됩니다. 최대 200%에서 50%까지 확대 축소가 가능합니다. 마우스 휠 버튼으로도 확대 축소가 동작합니다. 그 아래 십자가 모양 ✛ 버튼으로 그래프를 이동할 수 있고, 아래 사각형 ⬚ 버튼은 여러 항목을 선택할 수 있게 마우스 드래그시의 작동방식을 변경합니다.

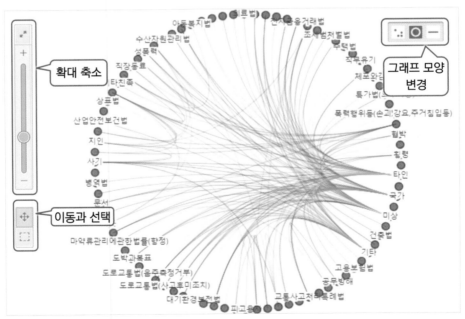

오른쪽 상단의 컨트롤로 그래프 표시 모양을 변경할 수 있습니다. 다음은 각 형식에 따른 차트 모양입니다.

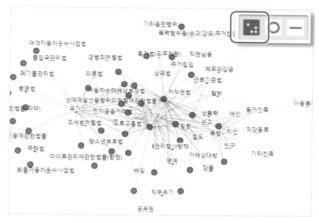

▲ 분포 형식 그래프 연결 – 노드들을 중심으로 방사형으로 연결

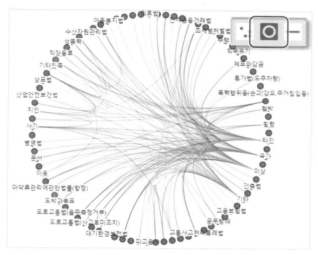

▲ 원형 그래프 연결 – 소스와 타겟을 원형으로 모두 배치하고 연결

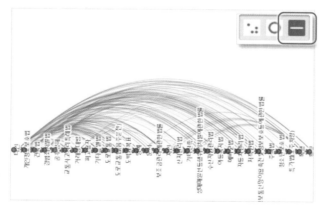

▲ 선형 그래프 연결 – 소스와 타겟을 선형에 배치하고 연결

범죄 유형별로 피해자와의 관계를 적합하게 표현하는 표시 옵션으로 바꿔보도록 합시다.

포맷 속성

시각화 포맷에서는 네트워크 표시 방식, 항목 크기, 텍스트 포맷 속성을 조정할 수 있습니다.

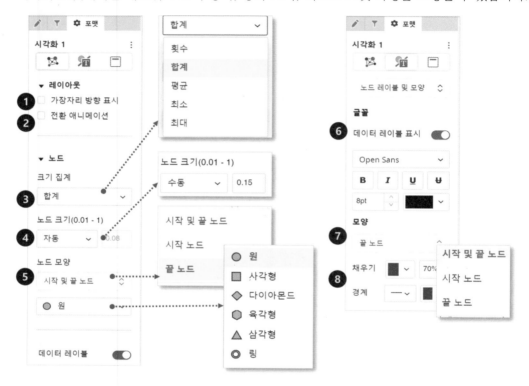

❶ **가장자리 방향 표시** – 항목에서 항목으로 연결되는 선의 화살표를 표시합니다.

❷ **레이아웃 전환 애니메이션** – 컨트롤 키로 네트워크 레이아웃이 원형, 선형, 분포형으로 변화될 때 애니메이션을 사용합니다.

❸ **항목 크기 집계** – 항목의 집계함수를 변경합니다. 메트릭 집계 함수 유형에 따라서 합계를 사용하면 안 되는 경우에 평균, 횟수 등으로 변경하여 사용합니다.

❹ **노드 크기** – 최대 크기를 수동으로 줄일 수 있습니다. 최대 값 대비 최소 값 크기입니다. 작은 데이터 노드도 눈에 보이게 표시하고 싶다면 수치를 늘려줍니다. 0.1 은 10% , 1 은 100%로 표시됩니다.

❺ **노드 모양** – 시작 노드 , 끝 노드를 선택하고 아래 모양에서 원하는 모양으로 변경합니다.

❻ **데이터 레이블 표시** – 노드의 텍스트 레이블을 표시합니다.

❼ **모양 –** 포맷을 변경할 노드 유형을 선택합니다.

❽ **채우기, 경계 –** 선택한 노드의 색상과 경계선 유형을 선택합니다.

네트워크 그래프는 적절히 사용해야만 효과가 있습니다. 예를 들어 앞서 미세먼지 데이터를 네트워크로 표시하면 그냥 상/하위 관계를 가진 분포 그래프처럼 표시됩니다. 관계성 역시 파악하기 어렵고, 데이터를 분석하는 목적에도 맞지 않습니다.

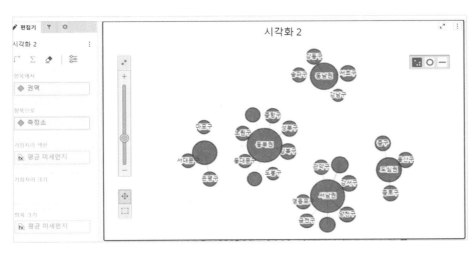

▲ 권역과 측정소의 네트워크 차트

네트워크 차트는 연관관계가 메트릭 값에 의해 동적으로 변하는 데이터들 예를 들어 같이 많이 팔리는 상품, 소셜 네트워크 관계와 같은 데이터를 표현할 때 적합합니다. 효율적으로 사용하면 큰 효과를 볼 수 있는 시각화이니 데이터 성질에 맞게 활용하시기 바랍니다.

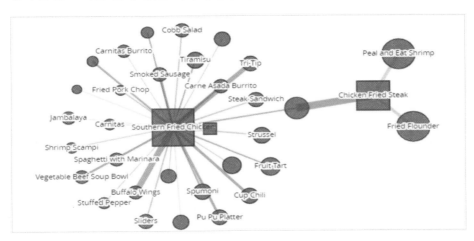

▲ 레스토랑에서 같이 많이 팔린 메뉴들 관계

상자 영역

흔히 **박스 플롯** (Box Plot) 이라고도 하고 상자 수염 그림이라고도 하는 차트입니다. 데이터를 백분위로 나눈 후, **최대**, **최소**, **1/4 분위**, **중앙값**, **3/4 분위**의 데이터를 표시하고 최대 값과 최소 값을 넘어가는 **Outlier**를 같이 표시해 줍니다. 많은 양의 데이터를 해석해야 하는 경우 데이터의 분포를 간략하게 표시하여 빠르게 전체 데이터 분포를 판단할 수 있습니다. 그래프에 표시되는 상자 영역의 각 선과 박스 그리고 박스에 표시된 수염은 다음과 같이 해석됩니다.

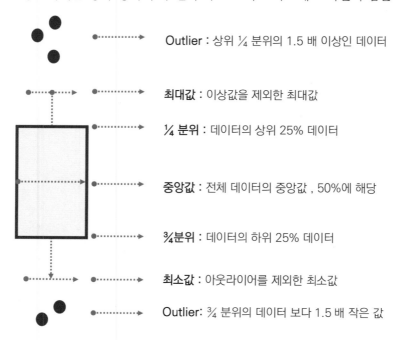

Outlier : 상위 ¼ 분위의 1.5 배 이상인 데이터

최대값 : 이상값을 제외한 최대값

¼ 분위 : 데이터의 상위 25% 데이터

중앙값 : 전체 데이터의 중앙값 , 50%에 해당

¾분위 : 데이터의 하위 25% 데이터

최소값 : 아웃라이어를 제외한 최소값

Outlier: ¾ 분위의 데이터 보다 1.5 배 작은 값

▲ 상자 영역의 각 부분 의미

상자 수염의 상세한 설명은 Wikipedia 의 다음 링크를 참고하시기 바랍니다. [https://ko.wikipedia.org/wiki/상자_수염_그림]

상자 영역 편집기

상자영역 시각화는 데이터 분포를 자동으로 상자 영역에 맞춰 구분하고 표시합니다. 이때 수평축 메트릭과 브레이크 바이에 있는 애트리뷰트가 기준이 됩니다. 다른 시각화에서는 애트리뷰트 기준이 수평이나 수직이 우선이었던 것과 조금 다르기 때문에 주의해야 합니다. 실제 만들면서 확인해 보겠습니다.

01. 시각화 추가에서 [자세히] −> [상자 영역]을 선택합니다.

상자 영역

여러 데이터 포인트를 사용하여 평균, 중앙값, 범위, 이상치를 시각화합니다

1+ ◆ 속성 및 1+ 📊 메트릭 사용

예: 설문 조사 질문마다 고객 만족도 점수가 어떻게 다른지 보여줍니다

02. 시각화 편집기에서 평균 미세먼지를 수직 축에, 측정소를 수평으로 추가하면 다음과 같이 각 측정소별 가로선이 표시됩니다. 아직 박스는 보이지 않습니다. 박스 영역으로 표시할 수 있는 기준 항목이 없기 때문입니다.

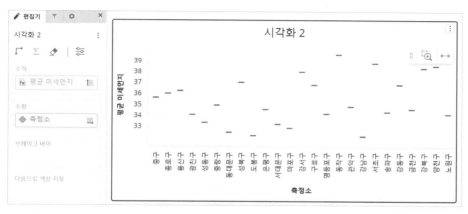

▲ 측정소별 평균 미세먼지

03. 브레이크 바이에 있는 애트리뷰트가 상자의 기준으로 사용됩니다. [측정일자]를 가져와 브레이크 바이에 배치하면 상자 수염 차트가 그려집니다. 상자 항목에 마우스를 올려 보면 툴팁으로 해당 상자의 상세 정보가 표시됩니다.

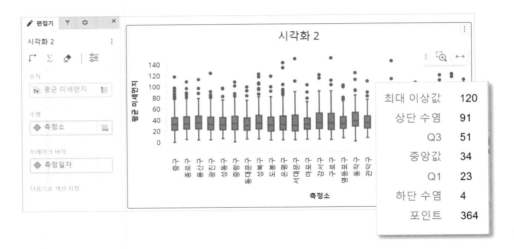

최대 이상값	120
상단 수염	91
Q3	51
중앙값	34
Q1	23
하단 수염	4
포인트	364

▲ 측정소별 상자 수염

툴팁에 표시된 **상단 수염**과 **하단 수염**은 각각 최대, 최소를 의미합니다. **Q3**는 1/4 분위, **Q1**은 3/4 분위입니다. **중앙값**도 같이 표시되고 있습니다. 가장하단에 표시된 **포인트**는 해당 상자에 포함되는 애트리뷰트 항목 수입니다.

04. 추가로 색상 부분에 애트리뷰트를 넣어서 각 상자들을 구별할 수 있습니다. [권역]애트리뷰트를 [색상 지정]에 추가하면 다음처럼 각 권역별 색상이 표시됩니다.

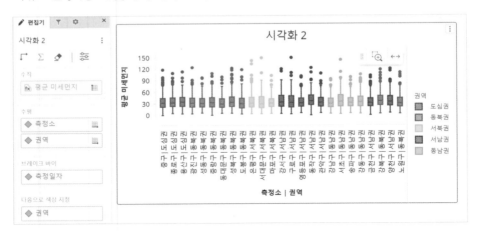

포맷과 참조 선

포맷 탭의 상자 영역에 옵션에는 표시되는 상자 모양 그래프에 대한 설정과 각 상자 그래프를 분석하는데 필요한 참조 선 속성을 지정할 수 있습니다.

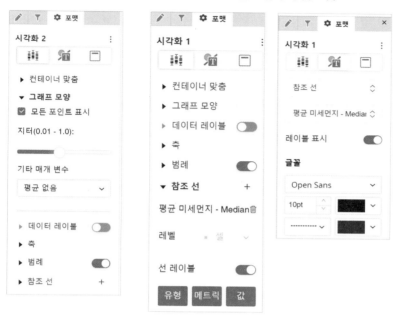

그래프 모양   참조 선 추가 및 포맷

▲ 상자 영역 포맷 옵션

상자 영역 옵션의 [그래프 모양]은 상자에 표시되는 데이터에 대한 옵션입니다. [모든 포인트 표시]옵션으로 상자 영역에 포인트를 다 표시하거나 생략할 수 있습니다. 지터 슬라이더는 모든 포인트가 한 선에 나타나지 않게 포인트 위치를 흩트려서 표시해 줍니다. 지터는 흔들림, 편차등을 뜻하는 단어입니다.

05. 모든 포인트 옵션을 체크 후 지터를 슬라이드로 조절하여 박스 영역에 각 측정일자가 표시되게 합니다. 어느 범위에 데이터가 많이 모여 있는지 확인할 수 있습니다. 지터 값을 0.4로 조정합니다. 상자 영역에 각 포인트가 분산되어 표시됩니다.

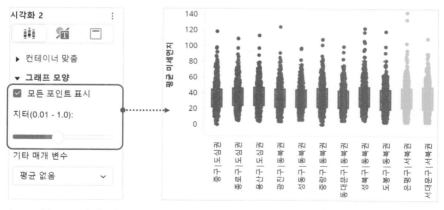

▲ 포인트 표시와 지터 조정

기타 매개변수는 평균 및 표준 편차를 박스 영역에 같이 표시할지 선택할 수 있습니다.

06. 기타 매개 변수를 선택하여 평균 및 표준 편차를 선택합니다. 점선 마름모꼴 모양으로 두 데이터가 같이 표시됩니다. 툴 팁에도 선택한 통계 값이 표시됩니다.

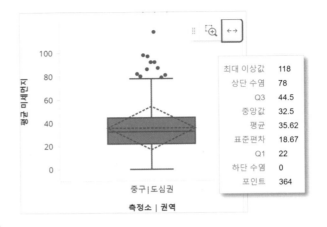

▲ 평균 및 표준 편차 선택

참조 선은 상자 영역 전체 데이터의 통계 값을 표시해줍니다. 평균, 중앙값, 최대, 최소, 상수를 그래프 영역에 표시하여 서로 다른 상자영역을 비교할 때 사용할 수 있습니다.

07. 포맷 편집기에서 참조 선 추가 ⊕ 아이콘을 클릭하고 최대, 최소, 중앙값을 선택합니다. 상자 영역 차트에 참조선들이 그려지고 라벨이 표시됩니다. 참조 선 상세 포맷은 각 참조 선 옵션에서 설정할 수 있습니다.

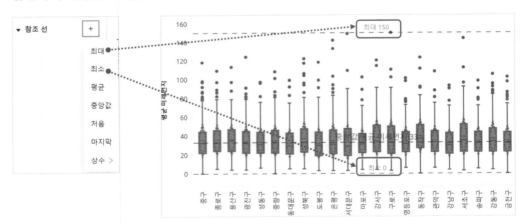

히스토그램

히스토그램은 데이터의 통계적인 분포를 막대 형태로 표시하는 차트입니다. 막대 그래프와 비슷해 보이지만 히스토그램은 가로축에 메트릭을 사용하여 구간들을 표시하고 세로축에는 각 구간에 속하는 애트리뷰트의 항목 수를 막대의 길이로 사용합니다.

01. [시각화 추가] -> [자세히] -> [히스토그램]을 선택하여 히스토그램을 추가합니다.

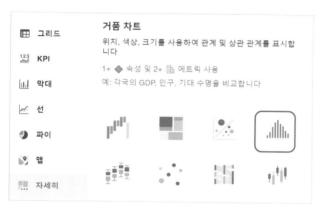

02. 히스토그램의 편집기는 [메트릭]과 [집계 기준] 두 개로 구성되어 있습니다. 메트릭에는 가로축에 사용할 [평균 미세먼지] 메트릭을 배치하고, 집계 기준에는 [측정일자] 애트리뷰트를 배치합니다. 히스토그램은 자동으로 각 메트릭 구간에 속하는 애트리뷰트 항목 개수를 세서 막대로 표시합니다.

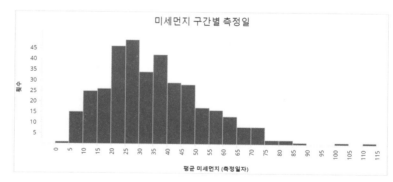

03. 평균 미세먼지와 측정일자를 배치하면 위 그림처럼 5 단위로 나누어진 각 구간에 측정 일자의 개수가 표시됩니다. 미세먼지가 약 15 에서 150 사이가 대부분이고 100 을 넘었던 날이 드물게 나타납니다.

히스토그램의 포맷에 축 제목과 레이블을 표시하는 옵션이 있습니다. 일반적인 차트 포맷 옵션과 동일합니다. 여기서는 차트 메트릭 구간을 조정하는 **Bin 구성**을 설명하겠습니다.

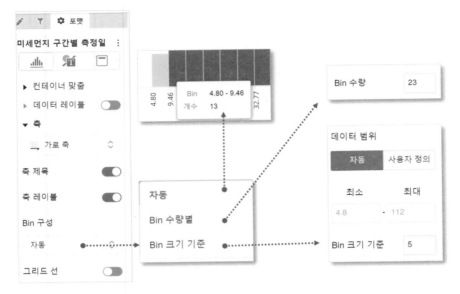

▲ Bin 구성 옵션

Bin 은 히스토그램 가로 축을 나누는 구간의 개수를 의미합니다. 막대 항목의 툴팁을 보면 [Bin 4.80 – 9.46], [개수 13]으로 표시됩니다. 기본 옵션인 자동에서 알아서 구간을 나눈 것입니다. 이 구간은 수동으로 조정할 수 있습니다.

- **Bin 수량별**은 Bin 구간수로 나누게 됩니다. 데이터 범위가 0~100 이고 구간수가 5 개면 각 구간은 20 씩으로 나눠집니다.

- **Bin 크기 기준**으로 하는 경우 Bin 개수는 데이터 범위에서 최소, 최대값을 구간 범위 값으로 나눈 수로 표시됩니다. 데이터 범위 0~100 에서 크기 기준을 10 으로 하면 Bin 개수는 (100-0) / 10 = 10 개가 됩니다.

실제로 옵션을 바꾸며 확인해 보겠습니다.

04. [포맷] -> [축] -> [Bin 구성]의 드롭 다운에서 자동을 [Bin 수량별]로 변경합니다. Bin 수량을 15 로 변경해 봅니다. Bin 개수가 15 개로 바뀌고 각 구간 범위도 그에 맞춰 바뀝니다.

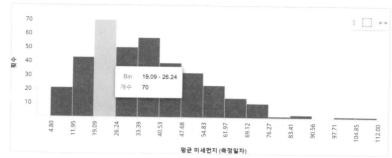

05. Bin 을 개수가 아닌 크기 기준으로 나눌 수도 있습니다. 아래는 미세먼지 구간을 20 으로 나누어 본 예입니다. 최소와 최대 값도 데이터 최대, 최소 범위가 아닌 0, 120 으로 조정하여 각 구간이 정확히 20 씩 나눠지도록 할 수 있습니다.

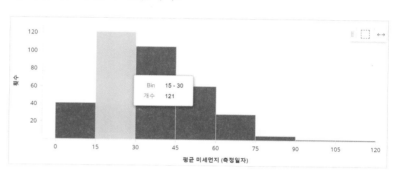

히스토그램은 통계적으로 자주 사용되는 차트입니다. 메트릭을 애트리뷰트로, 애트리뷰트를 메트릭으로 변환하여 막대 차트를 이용하여 만들 수도 있지만 히스토그램 차트는 분포 구성을 위한 다양한 기능을 더 제공하고 사용하기도 편합니다.

생키 다이어그램

생키 (Sankey) 다이어그램은 데이터 흐름을 나타내는데 사용하는 시각화 차트입니다. 다음 예시는 웹 사이트 방문자들이 어느 페이지에 많이 방문했고 그리고 그 다음에는 어느 페이지에 방문했는지에 대한 데이터 흐름을 보여주고 있습니다. 가장 많이 방문한 페이지는 department 이고 그 이후는 상품별로 방문한 페이지가 보입니다.

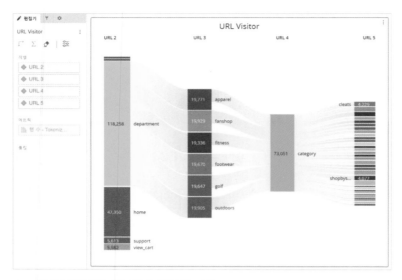

▲ 웹 페이지 방문자 생키 다이어그램

생키 다이어그램은 시각화의 **자세히** 그룹에 있습니다. 2021 Update1 부터 지원하는 차트입니다.

생키 다이어그램은 2 개 이상 레벨의 데이터 흐름을 표현할 수 있습니다. 레벨에는 애트리뷰트를 2 개 이상 사용할 수 있고 메트릭은 1 개만 사용할 수 있습니다. 앞서 사고유형별 법규위반 데이터를 이용해 보겠습니다.

01. [시각화 추가] -> [자세히] -> [Sankey 다이어그램]을 선택하여 시각화를 추가합니다.

02. 레벨에 [법규위반 유형]과 [사고 유형분류] 애트리뷰트를 넣고 메트릭에 [건수]를 넣으면 두 애트리뷰트 간 건수가 흐름으로 표시됩니다.

▲ 2개 레벨의 생키 다이어그램

03. 여기서 레벨에 다른 애트리뷰트를 더 추가하면 추가로 데이터 흐름을 더 보여줄 수 있습니다. 레벨에 사고 유형 분류 상세를 추가하면 사고 유형 분류의 세부 유형을 더 볼 수 있습니다.

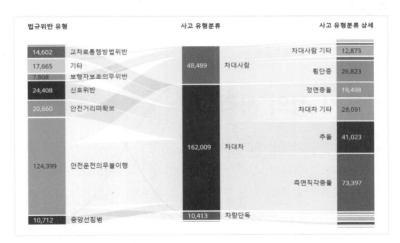

▲ 3개 레벨의 생키 다이어그램

레벨에 사용할 수 있는 애트리뷰트 개수에 제한은 없지만 너무 많이 레벨이 표시되면 보기가 어려워지니 주의합시다.

04. 포맷에서 생키 다이어그램의 여러 표시 방식을 변경할 수 있습니다. 다음은 포맷에서 색상을 레벨별로 설정하고, 합계 데이터를 같이 표시하면서 동시에 데이터 레이블의 정렬을 바꾼 예시입니다.

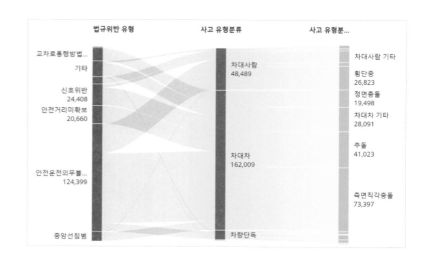

▲ 생키 표시 옵션

이 외에도 스크롤 기능, 노드 표시 옵션 등 여러가지 포맷 옵션이 있습니다. 시각화 옵션 탭에서 다양하게 시도해 보시기 바랍니다.

사용자 정의 시각화

앞서 설명한 시각화들 이외에도 마이크로스트레티지는 버전이 올라갈 때마다 새로운 시각화를 제공하고 있습니다. 그러나 필요한 분석 시각화를 모두 제공하기는 어렵습니다. 그래서 사용자가 원하는 시각화 차트를 개발하고 사용할 수 있는 **사용자 정의 시각화 SDK**를 제공합니다. 시각화 SDK로 개발된 차트들을 **사용자 정의 시각화**, 혹은 **외부 시각화**라고 합니다. 아래 예는 SDK를 이용하여 필요한 사용자 정의 시각화를 개발하여 사용한 샘플입니다.

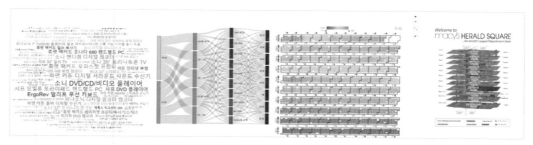

▲ 확장 시각화 예시

외부 시각화는 이미 개발된 라이브러리를 이용하여 만드는 게 보통입니다. 웹 시각화를 지원

하는 다양한 오픈 소스 라이브러리와 상용 라이브러리들을 사용할 수 있습니다. 오픈 소스 시
각화 라이브러리로는 D3 [https://d3js.org/], chartjs [https://www.chartjs.org/], eChart
[https://echarts.apache.org/en/index.html] 등이 많이 사용됩니다. 이런 웹 브라우저 기반
의 시각화 라이브러리는 Javascript 와 Html5 의 Canvas, SVG 기술을 이용합니다.

도씨에 시각화도 같은 웹 기반 기술로 구성되어 있어 시각화 SDK 를 통해 데이터를 연동하는
부분만 개발하면 쉽게 시각화 라이브러리를 사용할 수 있습니다. 개발한 외부 시각화 위젯을
배포하면 도씨에를 만드는 사용자들은 편집기에 애트리뷰트와 메트릭만 배치하면 사용할 수
있습니다. 이 교재에서는 프로그래밍이 필요한 부분에 대해서는 다루지 않기 때문에 시각화
SDK 에 대한 개발에 관심이 있으신 분은 마이크로스트레티지 온라인 문서를 참고하시기 바
랍니다. https://www2.microstrategy.com/producthelp/Current/VisSDK/

마이크로스트레티지 커뮤니티 사이트의 시각화 갤러리에는 다른 사용자들이 개발한 시각화
차트들이 공유됩니다. https://community.microstrategy.com/s/gallery 를 방문하시면 차
트들을 볼 수 있습니다. 무료로 공개된 차트들은 바로 사용하실 수 있습니다.

사용자 시각화를 추가하려면 웹 환경인 경우는 보안상 BI 관리자에게 요청하여 추가해야 합
니다. 워크스테이션인 경우 사용자가 직접 PC 에 추가할 수 있습니다. 시각화의 사용자 정의
시각화 부분의 + 버튼을 클릭하고 시각화 코드를 담고 있는 압축 파일을 선택하면 워크스테
이션 환경에 외부 시각화가 추가됩니다.

▲ 워크 스테이션의 사용자 시각화 추가

사용자 시각화 사용해보기

사용자 정의 시각화 위젯을 사용해 보겠습니다. 사용할 시각화는 메트릭값에 따라 애트리뷰
트 항목 텍스트 사이즈를 동적으로 표시하는 **워드 클라우드** 시각화입니다.

01. 시각화 추가에서 차트 카테고리의 [사용자 정의]를 선택합니다. D3WordCloud 시각화
를 찾아 선택합니다. 아이콘에 DATA CLOUD 라는 텍스트가 있습니다.

▲ 워드 클라우드 시각화

🐱 워드 클라우드, Google Timeline, Sequence Sunburst 차트가 보입니다. 이 세 개 차트는 보통 샘플로 활용할 수 있게 미리 추가되어 있습니다. 환경에 따라 개발자나 관리자가 추가한 차트들이 있다면 그 차트들이 여기에 더 표시됩니다.

02. 추가하면 다른 시각화와 마찬가지로 편집기 항목과 포맷 항목들이 나타납니다. 편집기의 애트리뷰트에는 [측정소]를 추가합니다. 메트릭에 [평균 미세먼지] 메트릭을 추가하면 다음과 같은 차트가 표시됩니다. 각 측정소 텍스트 사이즈는 평균 미세먼지 값에 따라 크면 큰 글꼴 사이즈로, 작으면 작은 글꼴 사이즈로 표시됩니다.

03. 포맷 속성을 지원하는 사용자 시각화라면 차트의 속성을 변경할 수 있습니다. 워드 클라우드 시각화의 포맷 탭으로 이동하면 옵션에 Text, 색상, 원형 배치 설정, 최소 최대 글꼴 사이즈가 있습니다. 원하는 형식으로 조정해 봅니다.

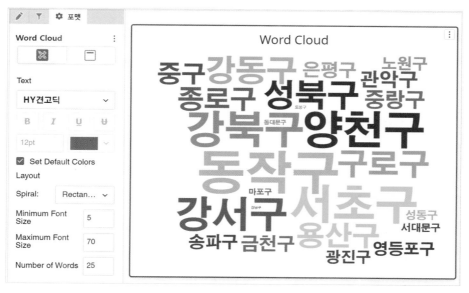

▲ 워드 클라우드 포맷 변경 예

요약

다양한 유형의 시각화를 잘 활용하면 사용자가 쉽게 데이터를 이해하고 인사이트를 얻을 수 있지만 잘못 활용하면 오히려 혼동을 줄 수도 있습니다. 시각화를 사용할 때 항상 이 데이터를 가장 잘 표현하는 시각화인지 생각해야 합니다. 분석 결과를 가장 효율적으로 표현할 수 있는 시각화들을 활용하여 도씨에 대시보드를 구성해 보시기 바랍니다.

이번 챕터에서 다룬 시각화 외에 설명하지 않은 다른 시각화들도 제공하고 있고 버전이 올라감에 따라 새로운 시각화들도 추가되지만 기본적인 사용법이 비슷하여 활용이 어렵지 않을 것입니다.

다음 챕터에서는 지도를 활용한 시각화를 배우겠습니다.

10. 맵 시각화

오래전부터 주변 환경과 지형을 파악하는 것은 생물이라면 생존을 위해 활용하고 있는 기본 능력입니다. 그런 의미에서 지도 시각화는 가장 오래된 유형의 시각화라고 볼 수 있습니다. 이번 챕터에서는 지도를 기반으로 한 맵 시각화를 설명합니다. 먼저 과거 지도 이미지 하나로 시작하겠습니다.

맵 시각화란 ?

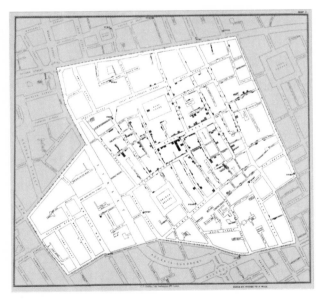

▲ 지도에 표시된 콜레라 환자 발생 수

19 세기 중반 런던에는 콜레라와 같은 수인성 전염병이 자주 창궐하였습니다. 의사들은 병이란 공기로 전염된다고 굳게 믿었기 때문에 이런 전염병이 발생하면 환자 주변의 공기를 환기하고 환자와 접촉하지 않는 게 최선이라고 생각했습니다. 그러나 병이 퍼지는 원인을 정확히

파악할 수 없었던 과거에는 한 번 전염병이 발생하면 속수 무책으로 주변으로 퍼져 나갔습니다.

1856년에 런던의 하층민들이 많이 모여 살고 있던 지역에 콜레라가 발생했을 때 왕립 의사였던 존 스노우(John Snow)는 다른 의사들과는 다른 생각을 했습니다. 병이 퍼지는 원인을 데이터와 지도를 기반으로 분석한 것입니다. 그는 직접 콜레라가 창궐한 지역을 조사하고 지도에 병이 발생한 수치를 표시하고 분석하였습니다. 위 그림의 검은색 막대 부분이 발생한 환자수를 나타냅니다. 어느 지역에서 콜레라가 많이 발생했는지가 보이나요? 아래는 가장 환자가 많이 발생한 중간 부분을 확대한 그림입니다.

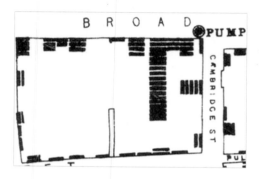

해당 지역에서 콜레라 환자와 사망자가 가장 많이 발생한 곳은 브로드 스트리트였고 그 중에서도 물 펌프 주변이 심각했습니다. 당시는 상하수도관이 제대로 분리되어 있지 않아 하수도에서 흘러나온 물이 상수도로 들어가는 경우가 많았습니다. 콜레라 환자들의 몸에서 나온 병원균이 상수도로 들어가고 오염된 물이 가장 많이 흘러 들어갔던 물 펌프 주변에서 특히 환자들이 많이 발생했던 것입니다.

당시는 세균의 존재를 몰랐던 시대라서 오염된 물이 전염병의 원인이 될 수 있다고 생각하는 사람들이 거의 없었습니다. 그러나 존 스노우는 데이터를 기반으로 이 상수도 펌프가 문제라고 강하게 확신했습니다. 또, 다른 지역의 데이터와 비교 분석한 결과 다른 펌프를 통해 물을 공급받는 지역과 자체 펌프를 갖춘 공장과의 발병률 차이가 있다는 것도 발견했습니다. 그는 이 데이터를 기반으로 반대하는 지역 이사회를 설득하여 펌프를 폐쇄하였고 곧 그 주변 콜레라가 점점 줄어드는 성과를 거둘 수 있었습니다. 이는 전염병의 원인을 기존과는 다른 관점으로 접근해야 할 필요가 대두된 전염병 연구와 대처에 큰 전환점이 된 사건입니다.

이렇듯 지도 기반 시각화는 지리적인 통계 분포를 통해 주변 환경에 대한 파악과 분석, 인사이트를 얻을 수 있게 해줍니다. 여기서는 지도 시각화의 활용법과 지리 정보를 위한 데이터 유형은 어떤 것이 있는지 배우도록 하겠습니다.

맵 시각화 기능

도씨에는 두 종류의 맵 시각화를 제공합니다. **ESRI** 맵을 사용하는 시각화는 무료로 포함되어 있는 기본 맵 시각화입니다. **Mapbox** 맵은 서버 사용자에게는 유료로 제공되지만, 워크스테이션에는 무료로 포함되어 있습니다. 유료 맵인 Mapbox 가 좀 더 빠르고 기능이 많습니다. 지도 시각화는 전 세계 지도 이미지를 서비스하는 글로벌 맵 소프트웨어 회사를 통해서 클라우드 방식으로 제공되므로 사용자의 PC 나 브라우저가 인터넷이 가능해야 사용할 수 있습니다. 이번 챕터에서는 기본 포함되어 있는 ESRI 맵을 기준으로 설명하겠습니다.

▲ 맵 시각화 그룹

맵 시각화의 편집기를 보고 기능을 파악해 보겠습니다. 시각화에서 ESRI 맵을 선택하여 추가한 후 편집기를 보면 먼저 [레이어 영역]이 있습니다. 여기 [레이어 1]이란 개체가 하나 표시되어 있고 아래에 [지리적 애트리뷰트], [위도], [경도]가 있습니다. 앞에서 많이 보았던 [다음으로 색상 지정]도 있습니다.

지도 시각화는 다른 데이터 여러 개를 중첩해서 사용하는 것이 가능합니다. 레이어는 이런 각 데이터가 표시되는 영역을 뜻합니다. 레이어는 영역안에 [추가] 버튼으로 여러 개를 추가할 수 있습니다.

각 레이어는 그 아래의 지리적 애트리뷰트와 메트릭을 이용하여 지도에 데이터를 표시합니다. 지리적 애트리뷰트는 위/경도나 국가 명 같은 위치와 지리 정보를 가집니다. 지리적 애트리뷰트의 항목들은 지도위에 포인트나 영역으로 표시됩니다. 메트릭은 지리적 애트리뷰트 항목의 포인트 색상, 원 색상, 원 사이즈를 표시할 때 사용됩니다.

레이어, **지리적 애트리뷰트**, **메트릭**의 세 개 영역이 기본 맵 시각화의 구성 요소입니다.

▲ 지도 시각화 편집기

지리적 애트리뷰트

지도에 위치를 표시하기 위해서는 위치 정보를 가지고 있는 데이터가 애트리뷰트 형태로 필요합니다. 위치 정보 데이터는 [지리적 애트리뷰트]와 [위도/경도] 두 가지 유형이 있습니다. 지리적 애트리뷰트는 항목 값이 시각화에서 인식될 수 있는 형태의 데이터를 가진 경우에 사용할 수 있습니다. "South Korea", "United States of America" 와 같이 명확한 국가명이나 미국 우편번호과 같이 명시적인 지리 데이터들이 여기에 해당됩니다. 앞서 사용했던 Worldwide CO2 Emission (이산화 탄소 배출) 데이터 세트를 보면 [Country] 애트리뷰트 옆의 애트리뷰트 아이콘이 지리 애트리뷰트 아이콘으로 표시됩니다. 이 아이콘이 있는 애트리뷰트는 위치 정보를 담고 있어 지리적 애트리뷰트에 바로 사용할 수 있다는 뜻입니다.

▲ 지리적 애트리뷰트 예시

또는 애트리뷰트의 폼에 위도/경도를 포함하고 있는 애트리뷰트도 지리적 애트리뷰트가 될 수 있습니다. 폼에 위/경도 유형을 가지고 있는 애트리뷰트를 지리적 애트리뷰트에 추가하면 자동으로 편집기의 위도, 경도에 해당 유형 폼이 배치됩니다. 지리적 애트리뷰트는 데이터 업로드시에 데이터 모델링에서 구성할 수 있습니다. 뒷부분 맵 데이터에서 만드는 법을 설명하겠습니다. 또는 위도와 경도가 별도 애트리뷰트로 데이터 세트에 있다면 각각을 맵 시각화 편집기에 가져와 사용할 수도 있습니다.

맵 시각화를 만들면서 기능과 UI를 살펴보겠습니다. 사용할 데이터는 앞에서 전세계 이산화탄소 배출, World Wide CO2 데이터를 사용합니다.

01. [시각화] -> [맵] -> [ESRI 맵] 시각화를 선택하여 맵 시각화를 추가합니다. Mapbox 시각화인 지리 공간 서비스를 선택하지 않게 주의하세요.

02. 시각화 편집기의 지리적 애트리뷰트에 [Country]를 끌어와 배치합니다. 자동으로 시각화에서 위도와 경도를 계산합니다. 지도에 각 국가의 포인트가 표시됩니다.

▲ 국가별 [Total Co2] 배출

메트릭 사용하기

지도에 위치를 표시했다면 이제 메트릭 데이터를 표시해 보겠습니다. 지도에 데이터를 표시하는 법은 **위치** 방식과 **영역** 방식이 있습니다. 위치 방식은 크기가 고정된 [마커]와 데이터에 따라서 사이즈가 변하는 [버블]이 있습니다.

03. [다음으로 색상 지정]에 [Total CO2] 파생 메트릭을 배치합니다. 포인트의 색상이 메트릭 값에 따라 다르게 표시됩니다.

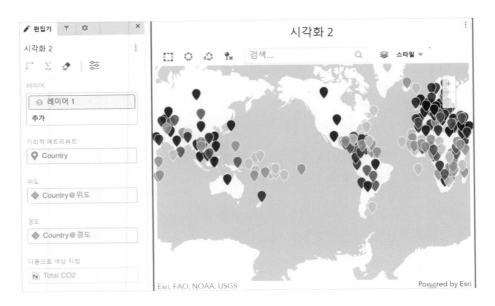

04. 메트릭 임계값 편집기로 포인트 색상을 다른 색상으로 변경할 수 있습니다. 메트릭을 우클릭하여 [임계값 편집…]을 선택합니다. 임계값을 [트로피칼 정글]로 바꿔 봅니다.

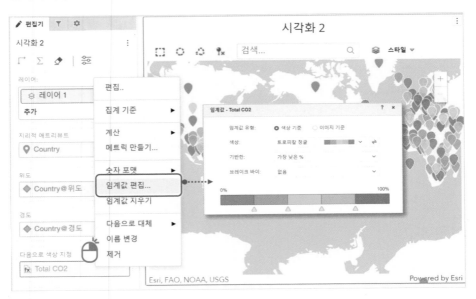

05. 지금은 각 국가별 위치에 색상으로 표시되어 있습니다. 배출량이 많을수록 더 눈에 띄게 하기 위해 메트릭 사이즈에 따라 크기를 바꾸어 표시해 보겠습니다. 표시 방식을 변경하기 위해 포맷 탭으로 이동합니다. [데이터 포인트]에 유형이 있습니다. 맵 유형을 [마커], [버블], [영역], [밀도] 중 선택할 수 있습니다. 버블로 바꿔 봅니다.

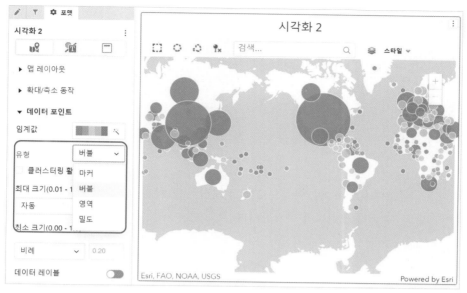

▲ 맵 유형 변경

06. 유형을 버블로 변경하면 포인트에서 원형 거품으로 표시됩니다. 다시 편집기를 보면 [다음으로 크기 조정] 항목이 생겼습니다. 색상과 같은 메트릭이 기본 설정되어 있지만 다른 메트릭으로 변경할 수 있습니다. 맵 시각화는 크기 조정의 메트릭 값에 따라 원의 지름을 다르게 표시합니다.

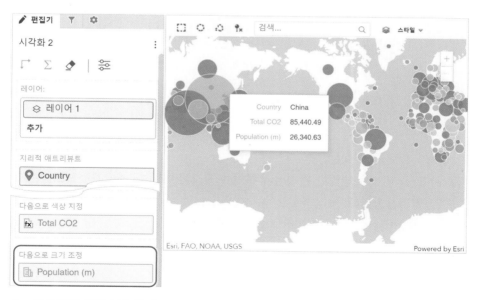

▲ 배출량과 인구수별 국가 분포

맵 레이어

맵 시각화는 독립적인 데이터를 가질 수 있는 레이어를 여러 개 가질 수 있습니다. 레이어들은 편집기의 레이어 영역에서 추가하고 삭제할 수 있습니다. 각 레이어는 다른 데이터와 포맷을 가진 항목들을 맵 시각화에 표합니다.

07. 편집기 레이어 영역에서 [추가] 버튼을 눌러 새 레이어를 추가합니다. [레이어 2]가 추가됩니다.

08. 지리적 애트리뷰트에 [Country], 다음으로 색상 지정에 [Population (m)]을 배치합니다. 지도위에 레이어 2 의 각 국가 포인트가 나타납니다.

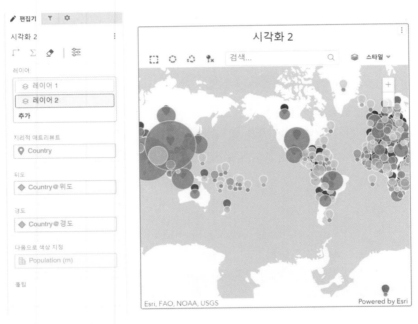

▲ 지역 레이어

09. 앞서 레이어 1 을 버블로 변경한 것처럼 유형을 바꾸도록 하겠습니다. 포맷으로 이동하여 [데이터 포인트]를 확장합니다. 아래의 드롭 다운에 [레이어 2]가 선택된 것을 확인하고 유형을 마커에서 [영역]으로 변경합니다. 영역 아래의 경계가 활성화됩니다. 경계가 [Countries of the World] 로 선택되었는지 확인합니다.

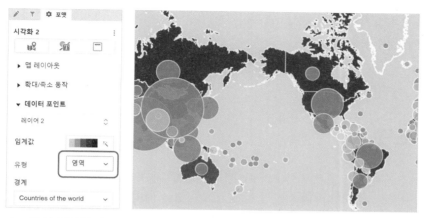

▲ 영역 레이어 추가

10. 레이어 이름을 우 클릭하고 이름 변경을 선택하면 이름을 변경할 수 있습니다. 레이어 1 은 [탄소배출량], 레이어 2 는 [인구 분포]로 변경합니다.

완성된 결과를 보면 시각화에 레이어 두개가 표시됩니다. 새로 추가한 레이어는 인구수가 영역으로 나타나고 임계값으로 영역 색상이 적용되어 있습니다. 기존 레이어는 계속 버블로 탄소 배출량을 표시하고 있습니다. 레이어는 이렇게 하나의 지도위에 동시에 여러 유형으로 데이터를 표현할 수 있습니다.

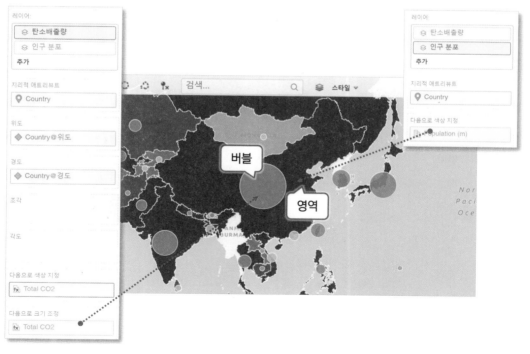

▲ 두개의 레이어로 구성된 맵 시각화 국가별 영역과 위치

레이어는 사용자가 필요에 따라 선택적으로 표시하거나 감출 수 있습니다. 레이어 이름 옆의 눈 모양 ⊙ 아이콘을 클릭하여 표시하거나 감출 수 있습니다. 레이어 이름을 우 클릭하여 이름을 변경하거나 제거할 수 있습니다.

맵 시각화 포맷

포맷 탭의 시각화 옵션에서 기본 맵 레이아웃과 확대/축소 동작, 맵 표현 유형, 데이터 레이블에 대한 속성을 설정할 수 있습니다. 텍스트 및 폼에서는 데이터 레이블 글꼴과 각 레이어별 임계값, 표시 항목의 테두리 경계에 대한 속성이 있습니다. 포맷의 중요한 옵션에 대해 설명하겠습니다.

맵 스타일

여러 유형의 맵 스타일 중에 데이터에 어울리는 유형을 선택할 수 있습니다. 상세한 구역과 길이 나와 있는 번지 형식, 위성 사진, 지형, 밝은 색, 어두운 색등 여러가지가 있습니다. 데이터가 특정 매장 주변의 고객 분포라면 번지 유형이 어울리고, 시도별 인구 분포라면 상세 이미지를 생략한 밝은 회색 유형이 어울립니다. 스타일은 시각화 옵션에서 변경하거나 맵 시각화의 컨트롤 버튼에서 변경할 수 있습니다.

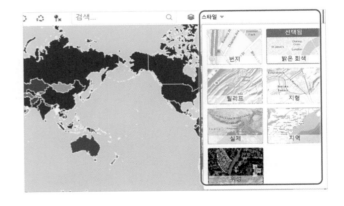

▲ 맵 스타일 선택

확대/축소 동작

데이터가 존재하는 곳으로 자동으로 지도를 확대하거나 축소하는 [동적]과 데이터에 관계없이 현재 확대 축소 레벨을 유지하는 [정적] 두가지가 있습니다. 동작을 확인하기 위해 필터 위젯을 사용해 보겠습니다.

01. 기존 시각화 컨트롤 메뉴를 클릭하고 복제를 클릭합니다.

02. 상단 컨트롤 메뉴에서 필터를 클릭하여 [요소/값] 필터를 선택하여 추가합니다. 여기에 데이터세트에서 [Region]을 배치합니다. 대상 선택으로 두 지도 시각화를 모두 선택합니다.

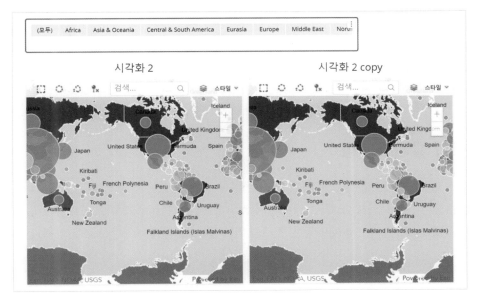

▲ 필터 개체와 두개의 복제된 시각화

시각화 확대/축소 동작의 기본은 동적이기 때문에 두번째 복제한 시각화의 옵션만 [정적]으로 변경합니다.

03. 맵 시각화 옵션에서 [확대/축소 동작]을 정적으로 변경합니다. [확대/축소 레벨 기억]까지 체크하면 현재 확대한 지도 범위까지 기억하게 됩니다.

04. 필터로 아프리카 지역만 남도록 하면, 동적으로 확대 축소가 설정된 왼쪽은 지도가 아프리카 지역으로 확대됩니다. 정적 옵션인 오른쪽 시각화는 확대되지 않고 현재 범위와 확대 수준을 유지합니다.

마커 유형과 클러스터링

데이터 표시 유형이 마커인 경우 마커 모양을 선택할 수 있는 옵션이 변경됩니다. **클러스터링 활성화**로 많은 양의 포인트를 지도에 다 표시하지 않고 현재 위치에 몇 개의 포인트가 있는지를 표시할 수 있습니다. 클러스터 개수들은 지도의 확대 축소에 따라서 자동으로 조정됩니다.

05. 시각화 옵션의 데이터 포인트에서 레이어 [탄소 배출량]을 선택합니다.

06. 유형을 버블에서 다시 마커로 변경합니다. 모양은 스퀘어로 변경합니다. [클러스터링 활성화]를 같이 체크합니다. 링에 세부 사항 표시를 체크하면 메트릭 값에 의한 파이 그래프가 위치에 같이 표시됩니다.

영역 유형

데이터 포인트 유형을 영역으로 바꾸면 어떤 지리 정보인지를 선택할 수 있게 경계 드롭다운이 표시됩니다. 국가, 우편 번호, 세계 국가, 미국 주 등의 경계를 선택할 수 있습니다. 이 영역정보는 ESRI 맵에서 기본 제공하는 영역 정보입니다. 앞서 사용한 예에서는 Country 가이미 국가라고 지역 정보까지 설정되었기 때문에 [Countries of the World]로 자동 매치되었습니다.

ESRI 맵에서 한국 시도와 시군구를 영역으로 나타나게 하려면 이 영역 정보를 담은 파일을 만들고 서버에 플러그인으로 추가해줘야 합니다.

자세한 사항은 다음 웹 도움말 링크를 참고하시기 바랍니다.

[https://www2.microstrategy.com/producthelp/Current/Workstation/WebHelp/Lang_1033/Content/ESRI_RenderCustomShapes.htm]

Mapbox 는 조금 더 간편한 방식으로 영역 정보를 담고 있는 geojson 파일을 사용자가 업로드하여 사용하는 것을 지원합니다.

버블 최대, 최소

모양에서 유형이 버블인 경우에는 최대 크기와 최소 크기를 설정할 수 있습니다. 기본 옵션은 자동으로 90%, 최소 크기는 비례로 설정되어 있습니다. 앞서 지도에 탄소 배출량이 큰 국가는 버블이 너무 크게 표시되니 조정해 보겠습니다.

07. [시각화 옵션] -〉 [데이터 포인트]에서 [탄소배출량] 레이어의 유형을 버블로 변경합니다.

08. 최대 크기를 수동으로 설정하고 0.7 로 입력하고, 작은 값을 가진 국가도 표시될 수 있도록 최소 크기는 [조정된 범위]로 변경한 후 0.2 를 입력하면 원래보다 각 국가들의 위치가 조금 더 눈에 띄게 표시됩니다.

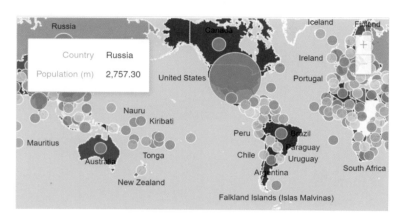

▲ 조정된 버블 사이즈

데이터 레이블과 범례

각 지도 항목위에 애트리뷰트 항목명과 메트릭 값을 레이블로 표시할 수 있습니다.

09. 데이터 포인트에서 가장 아래의 데이터 레이블의 토글 버튼으로 항목 레이블을 표시합니다. 항목명, 메트릭 값을 모두 표시하도록 [abc], [123]을 둘 다 선택합니다. [겹치는 레벨을 숨깁니다]를 체크하면 데이터 레이블이 겹치지 않게 표시됩니다. 상세 레이블 포맷은 텍스트 및 포맷 탭에 있습니다.

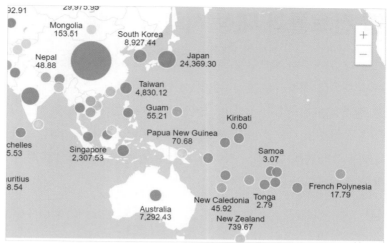

▲ 버블에 국가명과 탄소 배출량 값 표시

텍스트 및 폼

각 레이어별로 텍스트 포맷과 항목 경계를 설정할 수 있고, 임계값에 대한 편집도 가능합니다. 텍스트 및 폼의 사용법은 앞에 다른 시각화에서 많이 설명했기 때문에 자세히 설명하지 않겠습니다. 다음은 버블 항목에 대해서 경계를 점선으로 하고 녹색으로 설정해 본 예시입니다.

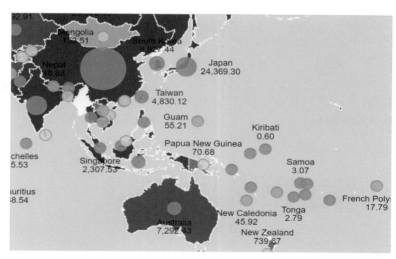

▲ 텍스트 유형 변경 및 모양의 경계 변경

맵 컨트롤과 대상 시각화 선택

맵 시각화도 다른 시각화를 필터링하는 대상 시각화 선택기능을 지원합니다. 예를 들어 지도에는 국가별 데이터를 표시하고 그 아래에는 연도별 트렌드 시각화를 추가하여 시각화 필터로 연결하면 지도에서 선택한 국가들의 트렌드를 분석할 수 있습니다. 클릭이나 시프트키를 누른 상태로 클릭하여 여러 항목을 선택할 수 있고, 특정 범위, 올가미 스타일 등으로 한 번에 선택할 수 있습니다. 맵 시각화 위의 컨트롤을 지도에 표시된 항목을 선택하거나 지울 때 사용할 수 있습니다.

10. 시각화에서 수평 막대 차트를 추가합니다. [Year]와 [Total CO2]를 차트에 추가합니다. 지도 시각화 아래에 배치합니다.

11. 지도 시각화의 컨트롤 메뉴에서 대상 선택을 클릭하여 아래 막대 차트와 연결합니다.

12. 지도에서 국가 항목을 클릭하면 선택한 국가의 연도별 데이터가 막대 차트에 업데이트됩니다.

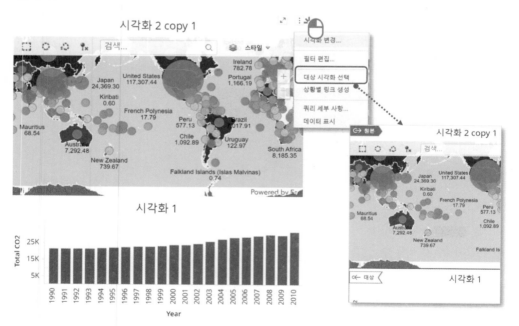

▲ 시각화 추가와 대상 시각화 연결

13. 지도 시각화 위의 컨트롤 부분에 있는 사각형, 원형, 올가미 아이콘 중 하나를 클릭합니다. 아이콘이 파란색으로 활성화됩니다. 지도를 클릭한 상태로 드래그 하면 영역에 있는 항목들이 선택됩니다.

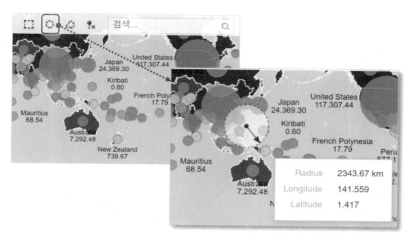

▲ 원형 선택 아이콘 예시

14. 선택이 완료되면 선택 항목들이 막대 차트에 반영됩니다. 컨트롤에서 ![아이콘] 아이콘을 클릭하면 선택된 항목들을 지울 수 있습니다.

맵 데이터 구성

맵 시각화에 위치를 표시하려면 위치 정보를 가진 애트리뷰트가 필요합니다. 위치 정보를 숫자로 표현한 것이 위도와 경도입니다. 위도(Latitude)는 적도를 기준으로 북위와 남위로 나뉩니다. 경도(Longitude)는 본초 자오선(영국 그리니치 천문대)을 0으로 오른쪽이 동경, 왼쪽이 서경이 됩니다. 이 기준에 의하면 대한민국의 경도는 동경 127도, 위도는 북위 37도입니다.

다른 유형으로는 국가, 시도, 주소같이 지역의 특성과 명칭을 가지는 지리 정보 유형이 있습니다. 이런 정보 중에 일부는 맵 시각화에서 지리 정보에 해당하는 영역 데이터나 위/경도 데이터를 조회하여 가져올 수 있습니다.

🐱 지리 정보를 조회하는 것을 GIS 쿼리라고 합니다. 보통 지도 서비스를 하는 업체들이 상용 서비스로 제공합니다.

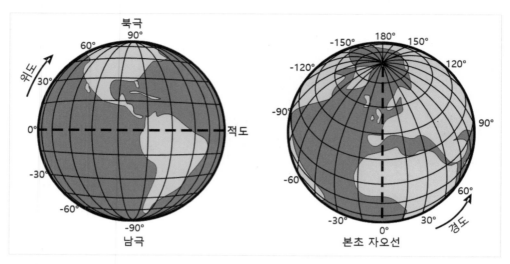

▲ 위도와 경도 출처: 위키미디어(https://commons.wikimedia.org/)

데이터 가져오기에서 지리적 애트리뷰트를 구성하는 법을 보겠습니다.

지리 애트리뷰트 만들기

위치 정보를 가진 데이터를 업로드하면 모델링에서 지리 애트리뷰트 유형을 구성할 수 있습니다. 시도와 시군구의 위도와 경도정보를 가진 [한국행정구역 위경도.xlsx] 데이터를 사용하겠습니다.

01. [데이터 추가] –> [새 데이터]에서 [디스크의 파일] 선택 후 엑셀 파일을 업로드 합니다. 시트 [시도]와 [시군구]를 선택하고 완료를 눌러 미리보기 창으로 넘어갑니다.

02. 데이터 가져오기로 업로드 후에 미리 보기를 보면 데이터 타입이 숫자인 [시도코드], [시군구코드], [시도위도], [시도경도], [시군구위도], [시군구경도] 등이 모두 메트릭으로 되어있습니다. 인구수를 제외하고 모두 애트리뷰트로 이동해서 변경합니다. 애트리뷰트로 개체가 이동되면 [시도코드]로 시도와 시군구 데이터 테이블이 연결됩니다.

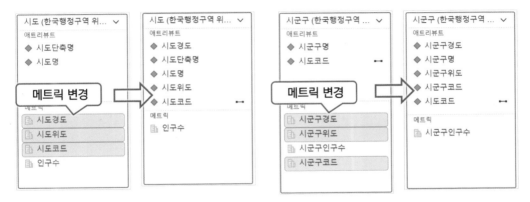

▲ 데이터 업로드와 변경 애트리뷰트로 변경

03. 시도경도와 시도위도는 별도의 애트리뷰트로 사용해도 되지만 데이터에 있는 시도명과 합쳐서 [시도]라는 애트리뷰트로 구성하면 사용하기가 훨씬 간편합니다. 다중 폼 애트리뷰트로 만들기 위해 [시도명], [시도경도], [시도위도], [시도코드]를 컨트롤 키를 누른 상태로 다중 선택하고 우 클릭하여 [다중 폼 속성 만들기]를 선택합니다.

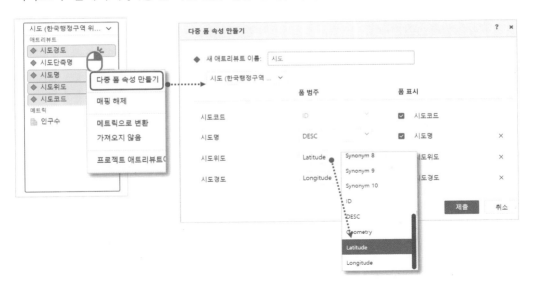

▲ 다중 폼 속성 만들기

04. 위도는 영어로 **Latitude**, 경도는 **Longitude** 입니다. 각각에 맞게 폼 유형을 변경해줍니다. 영어로 표시되기 때문에 주의해 주세요.

05. 같은 방식으로 시군구에서도 다중 폼 애트리뷰트를 만들고 위도와 경도로 유형을 변경합니다. 다음 그림을 참고하세요.

▲ 시군구 지리 애트리뷰트 구성

06. 시도와 시군구 모두 다중 폼 애트리뷰트로 구성하고 각 폼 카테고리도 위도와 경도로 맞게 변경했다면 데이터 미리 보기에서 각 데이터 테이블을 선택했을 때, 아래처럼 지리 애트리뷰트 📍 아이콘이 시도와 시군구 옆에 보이게 됩니다.

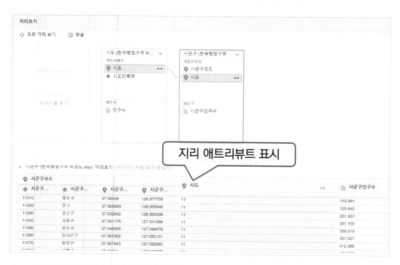

▲ 지리 애트리뷰트 모델링 구성

07. 완료를 눌러 데이터 세트를 저장하고 닫습니다.

08. 새로 ESRI 맵 시각화를 2 개 추가합니다. 하나는 [지리적 애트리뷰트]에 구성한 [시도] 애트리뷰트를, 다른 하나에는 [시군구]를 배치합니다. 지도에 바로 각 시도와 시군구 위치가 표시됩니다. 편집기를 확인해 보면 자동으로 애트리뷰트의 위도와 경도 폼이 각 영역에 사용되었습니다.

09. 시도는 인구수를 버블로 하고 레이블을 표시합니다. 시군구는 [시각화 옵션]에서 [데이터 포인트]의 유형을 [밀도]로 바꿔 보시기 바랍니다. 어느 지역에 인구가 많이 몰려 있는지 보이나요?

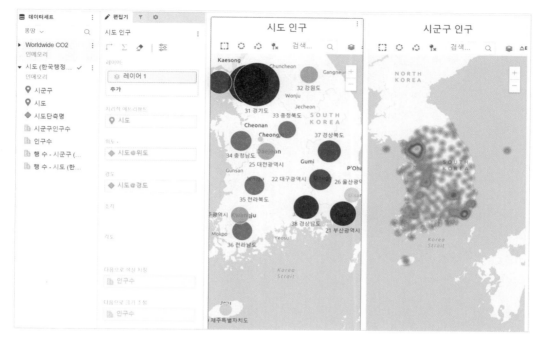

▲ 위경도로 표시한 시도 위치

10. 시도별 인구 시각화에서 대상 시각화를 시군구 인구 맵 시각화로 선택합니다. 선택한 시도에 속하는 시군구가 표시되는지 확인해 봅니다.

요약

지리 정보들을 표현하기 위한 맵 시각화의 다양한 기능을 보았습니다. 레이어를 활용하면 여러 데이터를 지도에 같이 표현할 수 있습니다. 지도상에서 직관적으로 항목을 선택하여 다른 시각화를 필터링 하는 기능도 유용합니다. 마지막으로 맵 시각화에 적합한 유형의 데이터를 구성해 보았습니다.

다음 챕터에서는 대시보드 디자인을 위한 컴포넌트들에 대해서 설명합니다.

11.도씨에 디자인

시각화 대시보드에 디자인을 가미하여 보기 좋게 만들면 데이터 시각화를 조회하는 사용자들이 더 친밀하게 느낄 수 있습니다. 사용자의 이해를 돕기 위한 설명을 넣고 주제에 대한 이미지를 포함하고 많은 시각화 정보를 보기 좋은 형태로 배치한다면 더 효과적인 대시보드가 될 수 있을 것입니다.

도씨에는 사용자가 쉽게 디자인 작업을 할 수 있도록 시각화의 자유로운 레이아웃, 도형, 텍스트, 패널 등의 여러 디자인 개체와 페이지 설정을 제공합니다. 이번 챕터에서는 도씨에 디자인을 위한 여러 기능에 대해 배워 보겠습니다.

자유 레이아웃

기본 도씨에의 시각화 레이아웃은 반응형 방식의 **자동 레이아웃**입니다. 자동 레이아웃에서는 시각화 위젯들이 화면의 사이즈와 비례에 따라서 자동으로 크기가 결정되고, 배치 위치는 서로 시각화를 침범하지 않게 자동으로 조정됩니다.

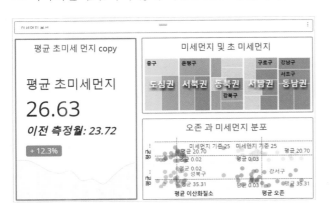 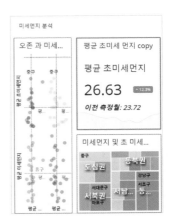

▲ 자동 레이아웃 예시

이에 비해 **자유 레이아웃**은 사용자가 시각화 및 컨트롤 개체들을 원하는 위치에 배치하고 사이즈도 원하는 크기로 조정할 수 있는 레이아웃 옵션입니다. 마치 슬라이드 프로그램처럼 도씨에를 디자인할 수 있습니다. 시각화위에 제목이나 설명 텍스트를 올리거나 시각화끼리 내용을 겹치고, 도형이나 선으로 시각화들을 구분하는 등 다양한 방식의 디자인을 적용할 수 있습니다.

▲ 자유 레이아웃 예시

자유 레이아웃으로 변경하기

자유 레이아웃은 페이지별로 설정할 수 있습니다. 페이지 상단 툴바에서 가장 오른쪽의 자유 레이아웃 변환 🔲 아이콘을 클릭하면 레이아웃 유형이 변경됩니다. 화면이 좁아 아이콘이 표시되지 않으면 도씨에 컨트롤 메뉴를 클릭하고 메뉴에서 자유 레이아웃 아이콘을 선택할 수 있습니다.

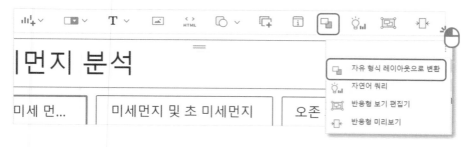

▲ 자유 레이아웃 변경

자유 형식을 선택하면 아이콘은 다시 자동 레이아웃으로 변환할 수 있는 ⊞ 아이콘으로 변경됩니다.

이제 차트를 마우스로 끌어와 다른 개체위에 겹치더라도 다른 개체에 영향을 주지 않고 자유롭게 배치하여 사용할 수 있습니다. 다음 그림을 보면 파이 차트 시각화를 이동하고 사이즈를 줄여도 다른 시각화 차트들이 그대로 있는 것을 볼 수 있습니다. 배치에 도움이 될 수 있도록 해당 시각화가 이동하거나 사이즈가 조절될 때는 다른 시각화의 위치의 중간, 왼쪽, 오른쪽에 대한 가이드 선이 표시됩니다.

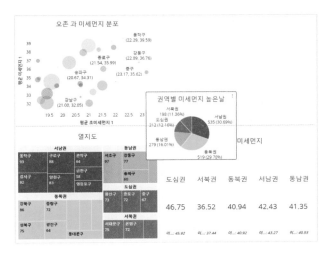

▲ 가이드 선과 위치 정보

자유 레이아웃으로 변경하면 시각화 개체의 포맷 탭에 [위치 및 크기]가 새로 나타나게 됩니다. 자동 레이아웃이지만 배치 자체는 화면 사이즈에 맞추는 반응형이라 픽셀대신에 상대 단위인 퍼센트를 사용하여 X, Y (가로와 세로) 위치, 폭과 길이가 표시됩니다. 정확한 수치로 위치를 조절할 때는 각 위치 항목의 퍼센트 값을 직접 수정할 수 있습니다.

정렬과 분산

자동 레이아웃에서는 여러 개체들의 위치와 정렬이 자동으로 맞춰지지만, 자유 레이아웃에서는 위치들의 정렬을 수동으로 맞춰야 합니다. 개체들이 많을수록 세로나 가로 정렬이 맞지 않으면 지저분해 보이기 쉽습니다. 그런데 정렬 작업을 모두 수작업으로 맞추기가 여간 번거로운 게 아닙니다.

그래서 자유 레이아웃 배치에서는 여러 시각화 개체들의 **배열**, **정렬**, **분포**를 쉽게 할 수 있는 기능을 제공합니다. 먼저 정렬할 개체들을 컨트롤 키를 누른 상태로 선택합니다. 선택된 개체는 파란색으로 주변이 하이라이트 됩니다. 이 상태로 선택한 개체를 우 클릭하면 정렬과 분산 메뉴가 나타납니다.

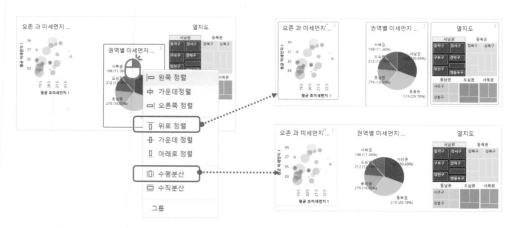

▲ 정렬과 분산 메뉴

수평으로 왼쪽, 가운데, 오른쪽으로 정렬할 수 있으며, 수직으로는 위, 가운데, 아래로 정렬을 사용할 수 있습니다. [위로 정렬]을 선택하면 각 개체들의 상단 위치가 정확히 맞게 됩니다.

메뉴 아래의 [수평 분산]과 [수직 분산]은 개체들의 간격을 동일하게 조절해 줍니다. 여러 개체의 간격이 일정치 않은 경우 분산을 선택하면 개체간 간격이 동일하게 조절되어 편리합니다. 대시보드에서 시각화 개체간 수직, 수평 정렬과 위젯들의 간격이 균일하면 정돈되고 깔끔한 느낌을 주게 됩니다. 자유 레이아웃에서는 대시보드 구성이 끝난 후에 꼭 간격과 정렬을 체크해주시기 바랍니다.

그룹

그룹은 여러 개체들을 하나의 그룹 개체안에 묶어주는 기능입니다. 동일한 주제를 가진 시각화, 도형, 텍스트 항목들을 그룹으로 묶어 놓으면 배치나 이동시에 한 번에 움직일 수 있어 간편합니다. 여러 개체를 컨트롤 + 클릭으로 선택하고 우 클릭하여 메뉴에서 [그룹]을 선택하면 개체들을 그룹으로 묶을 수 있습니다. 그룹으로 설정 후 도씨에 오른쪽 레이어 패널을 보면 이 개체들이 그룹 이름 밑에 같이 표시됩니다. 아래 예를 보면 도형, 텍스트, 시각화 3 개가 모두 하나의 그룹으로 합쳐진 것을 볼 수 있습니다.

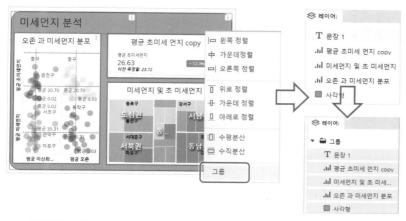

▲ 개체를 그룹으로 묶고, 레이어 페널에 표시된 모습

그룹은 하나의 개체처럼 취급되어 반응형에서도 깨지지 않고 레이아웃을 유지한 상태로 표시
됩니다. 특히 모바일 폰에서 조회시에 유용합니다. 모바일 폰은 주로 세로로 길기 때문에 자
동 레이아웃의 반응형으로 표시하면 구성한 것과 다른 모습으로 시각화가 나타납니다. 아래
왼쪽 그림은 개체들을 그룹으로 묶지 않은 상태로 모바일에서 조회했을 때입니다. 각 위젯들
이 세로로 분리되어 표시되고 있습니다. 오른쪽은 자유 레이아웃을 사용하고 그룹으로 묶은
상태입니다. 그룹 항목안에 시각화와 다른 위젯들의 위치와 레이아웃이 유지된 상태로 표시
됩니다.

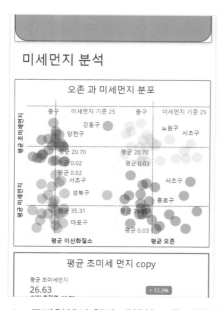

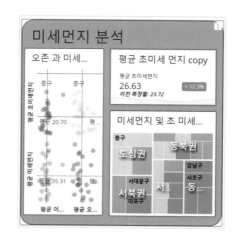

▲ 모바일에서 일반 개체와 그룹 개체 비교

세로 스크롤 사이즈

대시보드에 들어가는 컨텐츠 개수와 구성은 사용자가 보는 화면 크기에도 영향을 받게 됩니다. 보통 Full HD (1920 * 1080)를 가정하여 대시보드를 만들게 되는데, 가독성을 고려한 글꼴 사이즈와 시각화 크기를 고려하면 많은 시각화 차트들이 한 페이지에 들어가기 어렵습니다. 가능하다면 컨텐츠들을 분리하여 다른 페이지에 나누어 구성하는 것도 좋겠지만, 하나의 주제 영역으로 묶여 있는 시각화들은 하나의 페이지에 구성하고 싶습니다. 이럴 때 사용할 수 있는 기능이 **세로 스크롤** 기능입니다. 세로 스크롤을 활성화하면 도씨에 페이지의 길이를 화면 세로보다 더 길게 수 있고 여기에 시각화를 더 배치할 수 있습니다.

목차 패널에서 페이지 항목을 우 클릭하여 표시되는 메뉴에서 [페이지의 형식 지정]을 클릭하면 오른쪽 포맷 패널에서 세로 스크롤 옵션이 나타납니다. 자유 레이아웃 모드에서는 빈 캔버스 공간을 클릭해도 됩니다. 여기서 [최소 높이]에 체크하고 옆에 사이즈를 입력하면 도씨에 화면이 최소 높이보다 작아져도 각 시각화들의 위치가 그대로 유지됩니다. 화면에 표시되지 않는 부분은 세로 스크롤 바를 움직여 볼 수 있습니다.

▲ 세로 스크롤 최소 높이 지정

세로 스크롤 동작 방식을 이해하기 위해 최소 높이를 일반적인 화면보다 작은 500px 로 지정해보겠습니다. 500px 보다 세로 화면이 길면 거기에 맞춰 시각화가 자동으로 늘어납니다. 도씨에 화면이 500px 이하로 줄어들면 스크롤 바가 나타나게 됩니다.

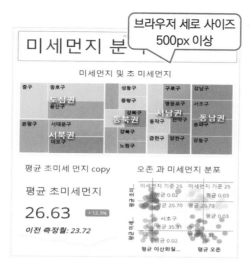
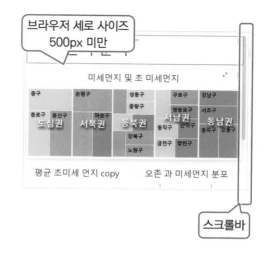

▲ 화면 사이즈에 따른 동작 비교

만약 최소 높이가 지정되지 않은 상태였다면 화면이 줄어들면 다음처럼 각 시각화들이 작게 표시됩니다. 시각화 개체들이 너무 줄어들어 제대로 보기 어렵습니다.

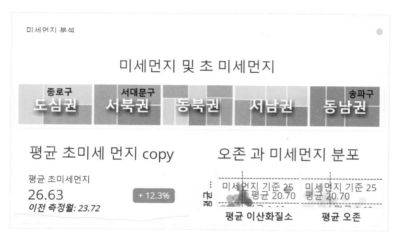

▲ 세로 길이가 작아진 경우 줄어든 위젯들 사이즈

만약 세로 스크롤 길이를 1800px 로 설정했다면 그만큼 남는 공간을 위젯들을 배치하는데 사용할 수 있습니다. 표시하려는 컨텐츠 양이 많은 경우 유용하게 사용할 수 있는 기능입니다.

레이어 패널

반응형에서는 위젯들이 모두 한 화면에 표시되고 가려져 있지 않아 화면에서 직관적으로 찾기가 편합니다. 그런데 자유 레이아웃을 사용하고 세로 스크롤을 사용하면 위젯들을 화면에서 찾기 어려운 경우가 있습니다. 또 개체들이 겹쳐져 있는 경우 어느 개체를 위에 표시해줘야 할지도 정해줘야 합니다. 이럴 때 레이어 패널을 활용할 수 있습니다. 레이어 패널에는 현재 페이지에 있는 위젯들 리스트가 순서대로 표시되어 있습니다. 레이어 패널에서 개체를 선택하면 캔버스에 있는 개체가 하이라이트 되어 표시되어 쉽게 찾을 수 있습니다.

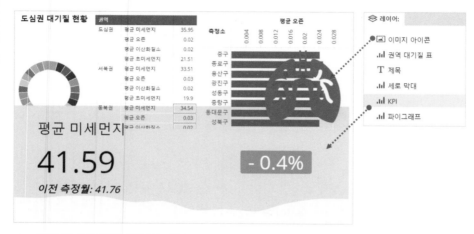

▲ 자유형 시각화와 레이어 패널

레이어 패널에서는 개체 표시 순서도 조절할 수 있습니다. 예를 들어 두 개체가 겹치는 경우 레이어에서 위쪽에 있는 위젯이 페이지에서 위에 표시됩니다. 위 예시는 이미지와 KPI 위젯이 다른 개체보다 순서가 앞이라, 다른 위젯을 가리고 있습니다.

레이어에서 개체를 선택하여 리스트에서 다른 위치로 이동하거나 개체를 우 클릭하여 표시 순서를 변경할 수 있습니다. 아래처럼 레이어에서 메뉴를 이용하여 이미지와 KPI 위젯을 맨 뒤로 보낼 수 있습니다.

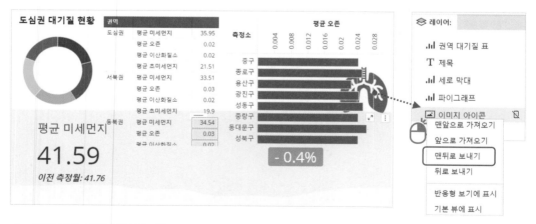

▲ 레이어의 개체 컨트롤 메뉴

레이어에서 호출한 개체 메뉴의 다른 기능으로는 상황에 따라 개체를 감추는 설정이 있습니다. PC에서는 보이지만 모바일에서는 감추거나 그 반대도 가능합니다. 예를 들어 이미지 아이콘을 좁은 모바일 화면에서 굳이 표시하고 싶지 않다면 [반응형 보기에서 숨기기]를 선택해 모바일에서만 감출 수 있습니다. [기본 뷰에서 숨기기]를 선택하면 도씨에 화면에서 감춰지게 됩니다.

텍스트 박스

제목이나 설명으로 사용하기 위해 텍스트박스를 사용할 수 있습니다. 상단의 메뉴의 텍스트 **T** 아이콘을 선택하면 **문장**과 **서식 있는 텍스트** 중에 고를 수 있습니다. 문장은 단일 서식만 가능하고 서식 있는 텍스트는 위젯의 텍스트에 여러 서식을 같이 적용할 수 있는 위젯입니다.

▲ 텍스트 박스 개체 추가

문장 텍스트 박스

문장 위젯은 [텍스트 상자 옵션]의 글꼴, 크기, 색상을 위젯에 있는 모든 텍스트에 공통으로 적용합니다. 글꼴은 여러 다국어를 지원하는 [Open Sans]가 기본 선택되어 있습니다. 글꼴 설정은 앞서 본 형태들과 동일하기 때문에 텍스트 박스에만 적용되는 옵션을 설명하겠습니다.

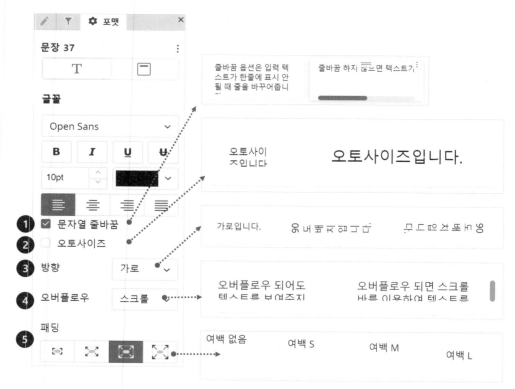

▲ 텍스트 상자 옵션

❶ **문자열 줄바꿈**이 체크가 되면 위젯의 가로 사이즈를 넘어가는 경우 줄 바꿈이 됩니다. 체크가 없는 경우 줄 바꿈 없이 가로 스크롤 바가 표시됩니다.

❷ **오토사이즈**가 체크되어 있는 경우 글꼴의 크기가 비활성화 되며 텍스트 글꼴 크기는 화면 내에서 텍스트 박스가 차지하는 영역에 따라 자동으로 늘어나거나 줄어들게 됩니다.

❸ **방향**은 수평과 혹은 90º , -90º로 텍스트의 배치를 변경합니다.

❹ **오버플로우**는 텍스트가 박스 영역을 넘어가는 경우에 스크롤 바를 보여주는 [스크롤] 옵션과 박스를 넘어가는 텍스트를 자르고 안 보여 주는 [클립] 옵션 중에서 선택할 수 있습니다. 일반적으로 텍스트가 짧은 제목이나 소제목의 경우 [오토 사이즈]로 하는게 보기에 좋습니다. 텍스트가 긴 설명의 경우는 자동 맞춤 하지 않고 내용도 스크롤 바가 표시되게 하여 사용하는게 좋습니다.

❺ **패딩**은 텍스트 박스내의 여백의 넓이입니다. 가장 왼쪽은 여백이 거의 없고 가장 오른쪽 L의 여백이 가장 넓습니다.

서식 있는 텍스트

위젯 내의 텍스트에 대해 여러 서식을 사용할 수 있는 텍스트 박스입니다. 텍스트를 입력 후에 서식을 변경하고 싶은 텍스트를 마우스로 드래그하여 선택하면 포맷 옵션에서 선택한 텍스트의 글꼴 서식을 변경할 수 있습니다.

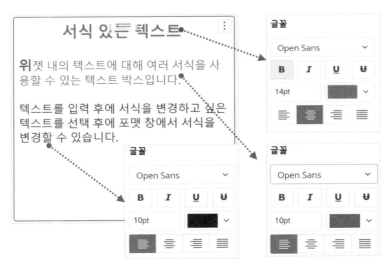

▲ 서식 있는 텍스트의 각 부분 텍스트 포맷 설정

텍스트 박스에 분석 개체 사용하기

텍스트 박스안에 메트릭과 애트리뷰트값을 표시할 수 있습니다. 데이터 세트에서 표시하고 싶은 개체를 텍스트 박스안으로 드래그 하여 가져오면 자동으로 개체 표시 텍스트가 입력됩니다. 예를 들어 [측정소] 애트리뷰트와 [평균 미세먼지] 메트릭을 텍스트 박스로 드래그하면 텍스트 박스가 활성화되고 개체가 추가된 후에 개체의 데이터 값이 표시됩니다. 텍스트 박스를 더블 클릭하여 편집 모드로 들어가면 입력된 개체 이름이 표시되고 변경이나 삭제도 가능합니다.

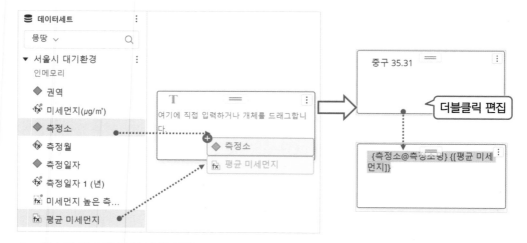

▲ 텍스트 박스에 분석 개체 사용

텍스트 박스는 중괄호 {} 안에 개체 이름이 있으면 자동으로 개체를 찾아 그 값을 표시합니다. 개체 이름에 공백이 있는 경우는 대괄호 []로 개체 이름을 감싸주면 됩니다. 여러 개의 폼이 있는 애트리뷰트는 자동으로 모든 표시 폼이 텍스트 박스에 표시됩니다. 앞선 예에서도 측정소의 코드와 측정소의 이름이 [-] 로 분리되어 같이 표시되었습니다. 폼 중에 특정 폼만 표시하려고 하면 [애트리뷰트명@애트리뷰트폼] 형식으로 폼을 명시적으로 지정하면 됩니다.

텍스트 박스의 시각화 컨트롤 메뉴를 클릭하면 분석 개체의 표시 포맷을 바꾸어 줄 수 있습니다. 위 예의 경우 표시 포맷을 백분율로 바꾸면 숫자로 되어 있는 항목들이 %로 바뀌어 표시됩니다.

▲ 텍스트 포맷 변경

텍스트 박스에 입력한 문자열들은 이 숫자 포맷에 영향을 받지 않습니다.

링크생성

텍스트 박스는 다른 URL 이나 도씨에를 탐색할 수 있는 링크 기능을 제공합니다. 텍스트 박스의 컨트롤 메뉴 ⋮ 아이콘을 클릭하고 [링크 생성]을 클릭하면 URL 입력과 도씨에 선택 대화창이 나타납니다. 링크를 입력 후 저장을 누르면 텍스트 박스에 링크가 생성됩니다.

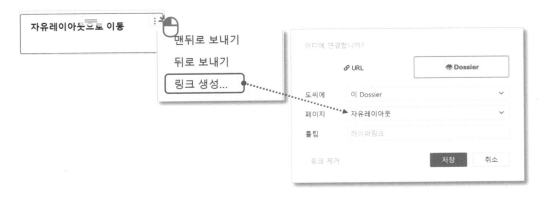

▲ 링크생성

시각화 페이지에서 해당 텍스트를 클릭하면 링크 대상으로 이동할 수 있습니다. 서버에 연결
된 환경에서는 다른 도씨에를 선택하는 것도 가능합니다.

▲ 링크로 이동

이미지

적절히 사용한 이미지는 사람들의 시선을 집중시키고 대시보드의 주제를 인지시키는데 효과
적입니다. 자유 레이아웃과 같이 사용하면 이미지는 배경으로 활용할 수도 있고 제목 앞의 아
이콘 표시, 차트의 배경으로 사용하는 등 여러 방식으로 대시보드를 꾸밀 수 있습니다. 이미
지는 상단의 이미지 모양 🖾 아이콘 버튼을 클릭하여 추가할 수 있습니다. 이미지 위젯을 선
택 후에는 이미지 URL 을 입력하는 대화창이 나타납니다.

이미지는 사용할 이미지의 URL 을 대화창에 입력하는 방식과 도씨에 내부에 이미지 파일을

업로드하는 방식 두 가지를 지원합니다. URL 방식은 입력창에 입력한 이미지 URL 을 html 태그로 호출하여 사용하고, 내장 방식은 [찾아보기]를 클릭해서 이미지 파일을 업로드하여 도씨에 대시보드 내부에 이미지 데이터를 저장하고 사용하는 방식입니다.

URL 은 사용자 환경에서 접근 가능하지 않은 위치에 있는 경우 표시되지 않습니다. 이에 비해 업로드한 이미지는 메타데이터나 마이크로스트레티지 파일 내에 포함되어 있어 언제나 이미지가 표시됩니다. 로컬 PC 에 있는 이미지를 사용하고 싶은 경우는 업로드하기 바랍니다.

이미지 위젯 편집기에서 이미지 변경과 사이즈 및 여백에 대한 옵션을 지정할 수 있습니다.

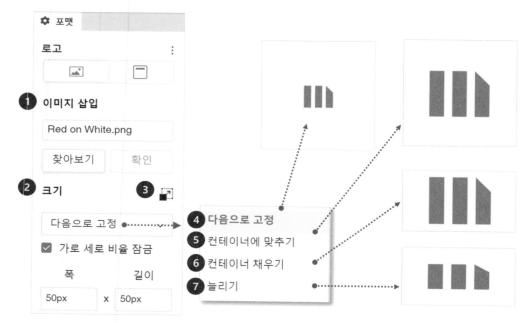

▲ 동일한 이미지가 각 옵션에 따라서 표시된 예시

❶ **이미지 삽입** – 이미지 URL 이나 업로드를 할 수 있습니다.

❷ **크기** – 이미지 사이즈 옵션을 선택할 수 있습니다.

❸ **원래 크기로 복원** – 이미지 사이즈를 원래 사이즈로 되돌립니다.

❹ **다음으로 고정** – 픽셀 단위로 이미지의 가로와 세로 길이를 지정합니다. 이 옵션에서는 왼쪽의 폭과 길이로 픽셀 사이즈가 표시됩니다. 이미지 사이즈를 캔버스에서 조정하면 폭과 길이 값에 자동 반영됩니다. [가로 세로 비율 잠금]이 체크되어 있으면 이미지 사이즈를 캔버스에서 조정해도 이미지 비율을 유지합니다.

❺ **컨테이너에 맞추기** – 비례는 고정한 채로 가로 혹은 세로의 최소값으로 이미지 왜곡 없이 컨테이너에 맞춰 표시됩니다.

❻ **컨테이너 채우기** – 비례를 고정한 채로 가로 혹은 세로의 최대 값을 사용하여 표시됩니다.

❼ **늘리기** – 이미지를 왜곡시키더라도 컨테이너를 꽉 채우게 이미지가 표시됩니다.

이미지를 페이지의 배경이나 시각화 배경으로 사용하는 경우는 늘리기나 컨테이너 채우기로 빈 공간이 없도록 구성하고, 아이콘으로 사용하는 경우는 원본 이미지 사이즈를 고정하여 사용하는 게 보통입니다.

이미지도 텍스트 위젯처럼 링크를 생성해서 다른 URL 이나 도씨에 페이지를 탐색하는데 사용할 수 있습니다.

도형

선, 사각형, 원형, 다각형 등의 도형 개체들을 도씨에 디자인에 사용할 수 있습니다. 상단 툴바의 도형 ⬡ 아이콘을 클릭하면 여러 유형을 선택하여 추가할 수 있습니다.

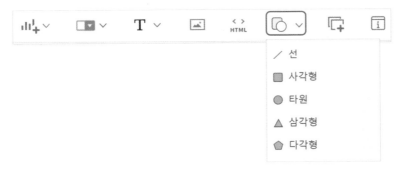

▲ 도형 삽입 예

도형 개체들은 자유 레이아웃에서 시각화를 배치할 때 유용하게 사용할 수 있습니다. 자유 레이아웃에서 배경에 사각형을 두고 그 위에 시각화 개체들을 배치하여 하나의 그룹처럼 표시하거나 데이터 종류별로 시각화들을 선이나 도형으로 구분하여 디자인할 수 있습니다.

도형 개체의 편집기는 도형에서 공통으로 사용하는 속성과 도형별 특성에 따른 속성이 있습니다. 공통 속성은 채우기 색, 선 유형, 선 색상, 굵기가 있습니다. 선 굵기는 1px 이 최소이며 100px 이 최대입니다.

▦ **선** – 세로, 가로, 대각선 방향을 선택할 수 있습니다. 시작점과 종료 지점의 화살표 표시 유형을 선택할 수 있습니다.

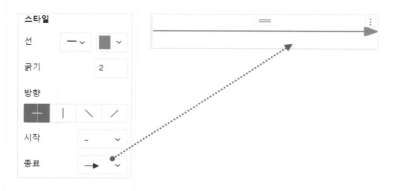

■ **사각형 –** 반지름 옵션으로 라운드 사각형을 만들 수 있습니다. 가장 왼쪽은 둥근 모서리가 없고 오른쪽으로 갈수록 둥근 모서리가 표시됩니다.

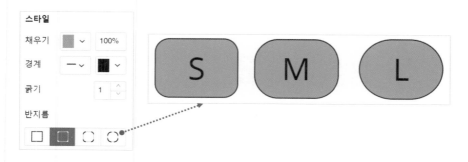

■ **원 –** 포맷의 원 그리기 옵션이 체크되어 있으면 원형이고 아니면 타원입니다.

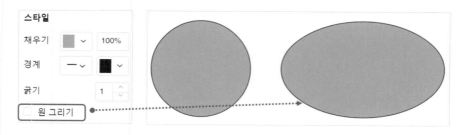

■ **삼각형 –** 삼각형의 방향과 직각 여부를 선택할 수 있습니다.

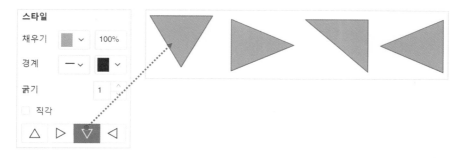

다각형 옵션 – 각 개수를 지정하여 5 각형 이상의 도형을 만들 수 있습니다. 각 개수는 최소 3 에서 10 까지 가능합니다.

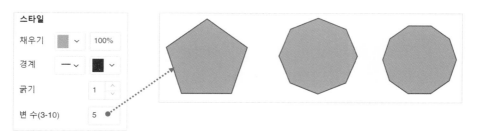

도형과 선을 활용해서 여러 형태로 디자인도 가능합니다. 다음은 도형으로 배경을 만든 도씨에 페이지 예시입니다.

▲ 도형과 선 활용 예시

패널 스택

대시보드를 만들다 보면 담고 싶은 데이터와 시각화들은 많은데 어쩔 수 없는 공간의 제약이 있습니다. 그래서 도씨에는 분석 주제와 내용에 따라 배치할 수 있도록 챕터와 페이지를 사용합니다. 한 페이지에도 많은 시각화를 보여주기 위해 수직 스크롤 사이즈를 지정하여 페이지를 세로로 확장할 수 있었습니다. **패널 스택(Panel Stack)**은 앞서 소개한 기능에 더해 추가로 페이지 내의 공간을 탭으로 구분한 영역으로 확장하는 방식입니다.

패널 스택은 여러 개의 **패널(Panel)** 들로 구성되어 있습니다. 각 패널에는 시각화 위젯을 배치하여 사용할 수 있습니다. 패널 스택을 도씨에 챕터라고 한다면 패널은 도씨에 페이지에 해당합니다.

패널 스택은 한 번에 하나의 패널을 표시하고 사용자는 **패널 선택기**를 이용하여 보고 싶은 패널을 선택하여 볼 수 있습니다. 도식으로 표현하면 다음과 같습니다.

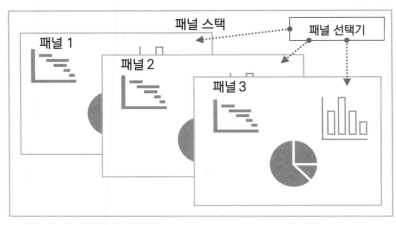

▲ 패널 스택 개념도

패널 스택

상단의 패널 스택 추가 ⌸ 아이콘을 클릭하면 패널이 캔버스에 추가됩니다. 추가된 패널 스택은 기본적으로 하나의 패널을 가지고 그 패널안에는 그리드 시각화가 있습니다. 현재 선택된 패널은 파란색으로 강조되어 표시됩니다.

패널 스택의 각 기능과 메뉴는 다음과 같습니다.

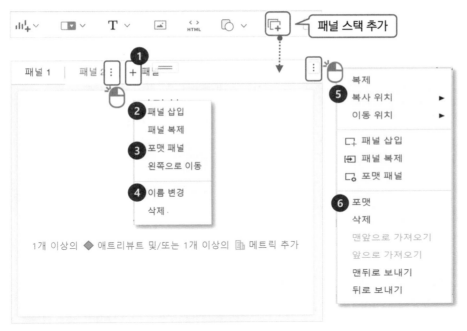

❶ **패널 추가** – 새로운 패널을 추가할 때 패널 이름들이 표시된 상단의 + 버튼을 클릭하면 새로운 패널이 추가됩니다.

❷ **패널 삽입/복제** – 선택한 패널이름 옆의 컨트롤 메뉴 아이콘을 클릭한 메뉴에서 새로운 패널을 추가하거나, 현재 패널을 복제하고 포맷을 수정할 수 있습니다. 패널의 순서 조정도 [왼쪽으로 이동], [오른쪽으로 이동]이 가능합니다.

❸ **포맷 패널** – 패널의 포맷을 수정할 수 있습니다. 선택하면 포맷 영역에 [패널의 포맷]이 표시됩니다.

❹ **이름 변경** – 패널 스택의 패널에서 이름을 더블 클릭하거나 메뉴에서 [이름 변경]으로 패널 이름을 변경할 수 있습니다.

❺ **패널 스택 컨트롤** – 패널 스택 가장 오른쪽 컨트롤 메뉴에서 수행합니다. 패널 스택의 복제, 복사와 이동이 가능합니다.

❻ **패널 스택 포맷** – 패널 스택의 포맷을 조정할 수 있습니다. 선택하면 포맷 패널 영역에 패널 스택 포맷이 표시됩니다.

포맷에서는 패널 스택의 포맷과 패널의 포맷이 다른 것을 잘 구분해야 합니다. 패널 스택을 선택하면 패널 스택 옵션과 패널 스택 위젯의 테두리와 채움 속성을 변경할 수 있습니다. 패널 포맷은 각 패널 페이지를 선택했을 때 그 패널의 포맷과 속성을 지정할 수 있습니다. 헷갈리기 쉬우니 주의하시기 바랍니다.

패널 스택 상단의 빈 공간이나 이동 아이콘을 클릭하면 포맷에 패널 스택 포맷이 표시됩니다. 다음은 패널 스택의 포맷입니다. 패널 탭의 위치를 [상단], [하단], [없음] 중에 선택할 수 있고 배경 색, 테두리 색을 변경할 수 있습니다.

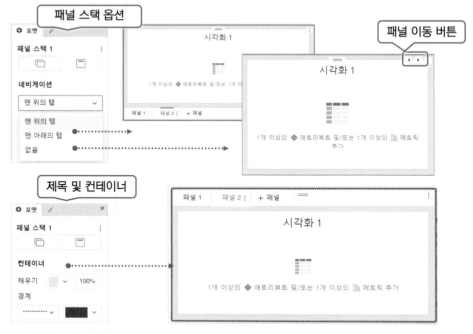

▲ 패널 스택 포맷

패널이 많아 패널 탭이 스택 사이즈보다 큰 경우는 이동 아이콘이 표시되어 패널을 선택할 수 있습니다. 패널 선택기를 따로 사용하는 경우 네비게이션을 [없음]으로 선택합니다. 이 때 패널 스택에 탭은 표시되지 않지만 상단에 마우스를 올리면 화살표 아이콘이 표시되어 패널을 선택할 수 있습니다.

패널 선택기

패널 스택의 탭 네비게이션은 텍스트 포맷을 변경하거나 다른 유형으로 바꿀 수 없습니다. 선택기의 포맷을 바꾸고 싶다면 필터 위젯과 비슷하게 디자인을 변경할 수 있는 [패널 선택기]를 사용하면 됩니다. 패널 선택기는 상단의 필터 추가 ▣▾ 아이콘에서 [패널 선택기]로 추가합니다. 선택하면 패널 선택기가 추가되지만 아무 내용도 표시되지 않습니다. 먼저 [대상 선택]으로 선택기가 사용할 대상 패널을 선택해야 합니다.

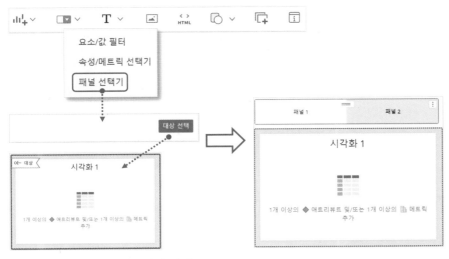

▲ 패널 선택기 추가 및 대상 선택

대상을 선택 후 상단의 적용을 클릭하여 선택을 완료하면 패널 선택기에 패널 이름 리스트가
링크 막대로 표시됩니다. 이제 패널선택기에서 패널명을 선택하면 패널 스택의 패널이 바뀌
어 표시됩니다. 패널의 이름을 바꾸면 패널 선택기에도 바뀐 이름이 자동 반영됩니다.

패널 선택기는 포맷의 [선택기 옵션]에서 유형을 [링크 막대]와 [풀다운] 중에 선택할 수 있습니
다. 링크 막대는 수직이나 수평으로 리스트 표시를 바꿀 수 있습니다. [텍스트 및 폼] 탭에서 패
널 이름의 글꼴을 변경하고 선택된 상태를 나타내는 색상도 변경할 수 있습니다.

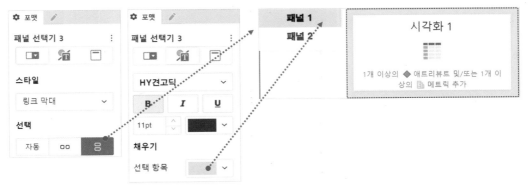

▲ 패널 선택기 포맷, 세로로 정렬 하고 글꼴과 선택 색상을 변경

패널에 위젯 사용

패널에 위젯을 배치하여 사용하는 것은 캔버스와 동일한 방식입니다. 패널을 선택하여 그 안
에 시각화 위젯을 추가하고 시각화에 데이터 세트 개체들을 드래그하여 배치할 수 있습니다.
또한 시각화를 선택하면 해당 시각화의 편집기와 포맷 탭이 표시되어 편집할 수 있습니다.

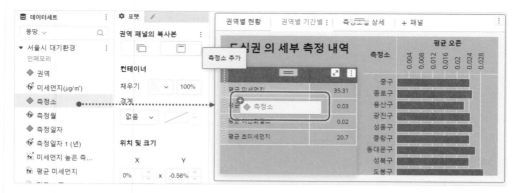

▲ 패널 내의 개체 추가와 포맷 패널에 표시된 시각화 속성

패널에는 캔버스에 배치가능한 모든 개체를 사용할 수 있습니다. 텍스트 개체, 이미지, 그리고 패널 스택도 추가하여 사용할 수 있습니다. 다음은 패널 안에 다른 패널 스택을 추가한 예시입니다.

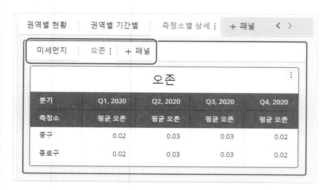

▲ 패널 안에 패널 스택 사용

패널 포맷

패널 스택의 각 패널별로 다른 옵션을 지정할 수 있습니다. 배치 레이아웃 모드를 자동과 자유 형식 중에 선택할 수 있고 패널 배경색도 변경할 수 있습니다. 패널 포맷은 패널 이름을 클릭하거나 컨트롤 메뉴에서 [패널 포맷]을 선택하면 포맷 탭에 표시됩니다.

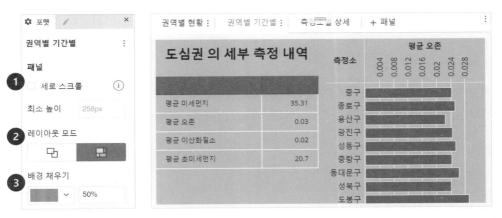

❶ 세로 스크롤 - 캔버스의 페이지 수직 스크롤처럼 패널별로 세로 스크롤을 사용할 수 있습니다. 화면이 지정한 최소 높이보다 작으면 감춰진 내용들을 스크롤바로 조회할 수 있습니다.

❷ 레이아웃 모드 – 패널 내에서도 배치 레이아웃을 자동과 자유 형식 중에 선택할 수 있습니다. 자유 레이아웃인 경우 캔버스의 자유 레이아웃처럼 시각화와 디자인 개체들의 위치를 자유롭게 배치할 수 있습니다.

❸ 배경 채우기 - 패널 마다 다른 배경색과 투명도 옵션을 설정할 수 있습니다.

아래는 패널 안에 스크롤과 자유 레이아웃으로 시각화를 배치해 본 예입니다.

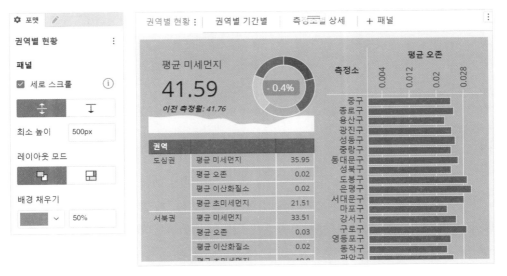

▲ 자유 레이아웃과 배경색 변경, 스크롤 바 사용

필터 대상으로 패널 스택 사용

요소/값 선택기와 시각화에서 필터 대상으로 시각화를 선택할 수 있었습니다. 패널 스택도 필터 선택기의 대상이 될 수 있습니다. 패널 스택이 선택기의 대상이 되면 패널내에 있는 시각화들과 텍스트 개체까지 모두 한 번에 필터 조건이 적용됩니다. 필터 지정은 대상 선택에서 패널 스택을 선택하면 됩니다.

아래 패널에 권역이름을 표시하는 "{권역@권역명}"을 가진 텍스트 위젯 과 그리드 시각화, 세로 막대 차트가 있습니다. 위 [권역 필터] 위젯의 대상으로 패널 스택을 지정할 수 있습니다.

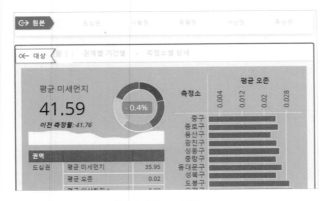

▲ 필터에서 패널을 대상으로 선택

필터 지정이 완료되면 필터에서 권역 항목을 선택할 때마다 패널의 텍스트와 시각화의 항목들이 바뀌게 됩니다.

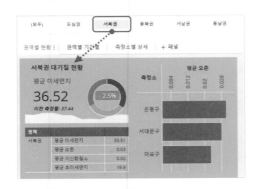 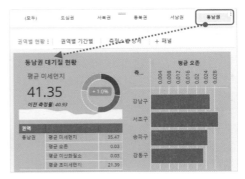

▲ 필터에서 권역 선택시 패널에 적용된 결과

만약 필터를 지정하고 싶은 시각화 개체가 많은데 일일이 선택하는 게 번거롭다면 패널에 시각화들을 넣고 패널 스택을 대상으로 삼는 것도 좋은 방법입니다.

패널 스택 복제와 패널 복제

챕터와 페이지를 복사해서 사용할 수 있는 것처럼 패널 스택과 패널도 복사가 가능합니다. 패널 스택을 복사하면 새로운 패널 스택 복사본이 생겨나고, 패널을 복사하면 복사된 패널이 패널 스택에 만들어집니다. 이걸 활용하여 새로운 패널 스택이나 패널을 만들 때 기존에 있던 패널이나 패널 스택을 템플릿처럼 활용할 수 있습니다. 다음 패널 복제 예를 보면 모든 개체가 그대로 복사된 패널이 생긴 것을 알 수 있습니다.

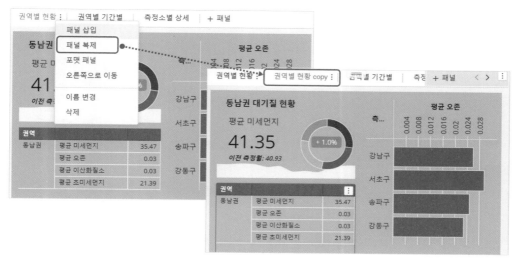

▲ 패널 복제

패널 스택은 복제하거나 다른 페이지나 챕터로 복사 이동도 가능합니다. 패널 스택의 컨트롤 메뉴를 이용하여 복사하면 똑같은 복사본이 만들어집니다.

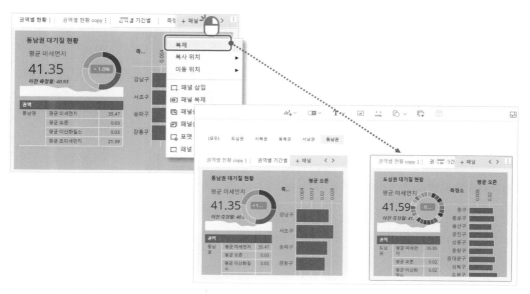

▲ 패널 스택 복제

이렇게 복제한 후에 시각화의 분석 개체를 교체하거나 시각화의 필터 조건을 다르게 주는 방식을 사용하면 디자인을 유지하면서 새로운 시각화들을 쉽게 만들 수 있습니다.

레이어의 패널 표시

시각화 위젯들이 표시되는 레이어 패널을 보면 패널 스택 안에 패널들과 패널안에 있는 시각화 위젯들이 트리 형태로 표시되어 있습니다.

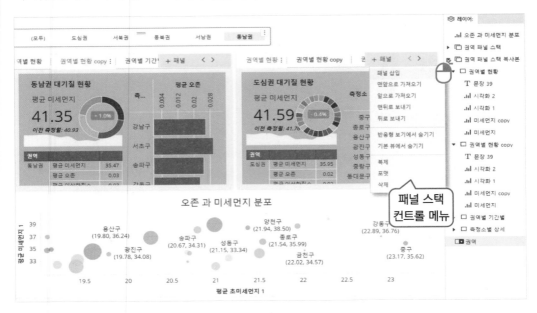

레이어에서 패널 스택 안에 있는 항목들을 조정하여 표시 순서를 변경하거나 또 패널에서 캔버스로 시각화를 드래그하여 패널 밖으로 이동하거나, 혹은 캔버스에 있는 개체를 패널안으로 이동하는 것도 가능합니다. 패널 스택과 패널을 레이어에서 우 클릭하면 컨트롤 메뉴도 사용할 수 있습니다. 패널 스택에 많은 개체를 사용하고 있다면 유용하게 사용할 수 있습니다.

정보 창

정보 창은 평소에는 감춰져 있지만 시각화에서 항목을 클릭했을 때 팝업으로 나타나는 패널 스택 유형입니다. 2021 버전의 Update 4 버전부터 지원하고 있습니다. 시각화 배치와 포맷 구성은 패널 스택과 동일하므로 간단하게 사용법을 확인해 보도록 하겠습니다.

정보 창 만들기

01. 정보 창은 상단 툴바의 패널 스택 옆의 정보 창 ⓘ 아이콘을 클릭하여 추가할 수 있습니다. 추가하면 캔버스의 다른 부분은 흐려지고 정보 창이 하이라이트 된 편집 상태가 됩니다.

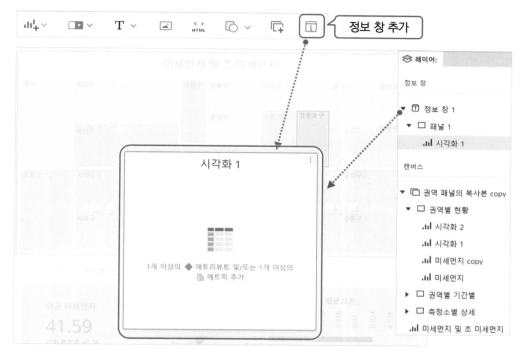

▲ 정보 창 추가 후 편집 상태와 레이어에 표시된 정보 창 구성

편집 상태에서는 정보 창 패널을 추가하고, 패널에 시각화 개체를 배치하고, 패널의 레이아웃을 자동에서 자유형으로 변경할 수 있습니다. 또한 정보 창의 포맷, 정보 창 내의 패널 포맷들을 설정할 수 있습니다. 왼쪽 레이어에는 정보 창이 별도로 위에 표시됩니다.

02. 정보 창의 그리드에 [측정소]와 [측정일] 애트리뷰트와, [평균 미세 먼지] 메트릭을 추가합니다. 그리드의 이름은 [상세 데이터]로 변경합니다.

상세 데이터		
측정소	**측정일자**	**평균 미세먼지**
중구	20200101	34
	20200102	58
	20200103	65
	20200104	53
	20200105	52

▲ 정보창의 그리드 구성

03. 정보 창 밖의 영역을 클릭하면 정보 창이 화면에서 사라집니다. 다시 편집 모드로 하

고 싶을 때는 왼쪽 레이어 패널에서 정보 창을 클릭하면 편집 화면으로 변경됩니다.

04. 캔버스의 기존 시각화의 컨트롤 메뉴에서 [정보 창 선택]을 클릭합니다. 현재 페이지에 있는 정보 창 리스트가 보입니다. 방금 만든 정보 창을 리스트에서 선택합니다.

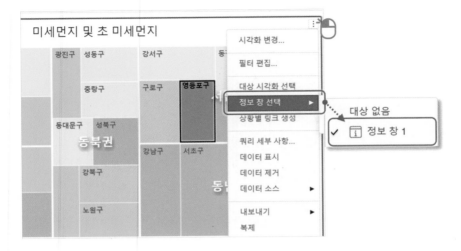

05. 이제 기존 시각화의 항목을 클릭하면 해당 항목을 필터로 적용한 정보 창 패널이 팝업으로 나타납니다.

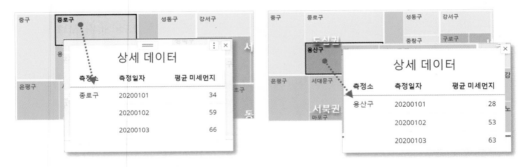

▲ 중구 선택시의 팝업과 동작구 선택시의 상세 데이터 정보 창 팝업

정보 창 포맷 과 옵션

정보 창의 편집 모드가 활성화된 상태로 정보 창을 클릭하면 포맷 패널에 해당 정보 창 포맷 옵션이 표시됩니다. 정보 창 옵션에서는 정보 창 내에 패널이 여러 개 있을 때 패널 스택에서 표시한 것처럼 네비게이션 위치를 설정할 수 있습니다. 그 외에 닫기 버튼 표시 옵션을 표시할지를 지정할 수 있습니다. 정보 창 밖의 도씨에 캔버스를 클릭하기 어렵거나 사용자가 직관적으로 인식하기 어려울 때 유용합니다.

제목 및 컨테이너에서는 정보 창 컨테이너 포맷을 설정할 수 있습니다. 채우기 옵션을 투명으로 하면 더 팝업 같은 느낌을 줄 수 있습니다. **위치 및 크기**에서 정보 창이 나타날 위치를 지정할 수 있습니다. 자동은 클릭 위치에 따라 자동으로 표시되지만 고정 위치, 클릭한 항목의 위나 아래로 표시 위치를 지정할 수 있습니다.

▲ 정보 창 옵션과 컨테이너 포맷에서 위치 지정

레이어 패널에서 정보 창의 패널을 선택하면 해당 패널의 포맷과 레이아웃 옵션이 나타납니다. 앞서 패널과 마찬가지로 배경을 변경하고 레이아웃 모드를 선택할 수 있습니다.

▲ 패널의 포맷과 레이아웃 모드

정보 창의 컨트롤 메뉴 역시 패널 스택과 마찬가지로 정보 창 컨트롤 기능과 함께 패널 복제와 이동, 삭제를 할 수 있는 기능이 나타납니다. 메뉴 중에 아래의 **추가 필터 조건 적용**은 정보 창을 대상으로 하는 시각화에 적용된 필터 개체의 조건을 같이 적용할지 정할 수 있는 옵션입니다.

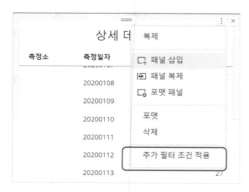

▲ 추가 필터 조건 적용 옵션

예를 들어 [측정월] 필터가 시각화를 대상으로 하고 있을 때 그 시각화의 항목을 클릭하면 정보 창에도 동일하게 선택된 측정월 조건을 같이 적용할 수 있습니다. 다음 예는 정보 창에 [추가 필터 조건을 적용]이 체크된 상태입니다. 필터에 3월이 선택된 상태에서 시각화에서 측정소를 눌러 정보 창을 표시하면 측정일자가 3월만 나타난 것을 알 수 있습니다. 저 옵션이 체크되어 있지 않으면 정보 창은 단순히 권역만 필터로 해서 모든 데이터를 표시하게 됩니다.

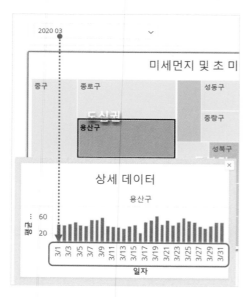

▲ 왼쪽 : 추가 필터 적용시, 오른 쪽 : 비적용시 전체 기간 표시

정보 창은 시각화 위젯 외에 텍스트나 이미지에서도 호출할 수 있습니다. 다음 예시는 도씨에에서 물음표 이미지를 클릭했을 때 도움말을 담은 정보 창을 팝업으로 표시해 본 경우입니다.

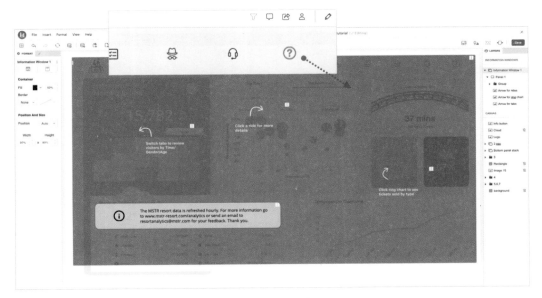

▲ 정보 창을 도씨에 화면에 대한 도움말로 이용한 예시

도씨에 디자인 실습

지금까지 배운 디자인 기능들을 적용한 페이지를 만들어 보겠습니다. 앞에서 계속 사용한 [서울시 대기환경] 데이터를 사용하겠습니다. [평균 미세먼지]과 같은 파생 메트릭을 이용할 것이니 앞서 실습에 사용한 도씨에를 이용해서 만들겠습니다.

01. 앞서 [다양한 시각화 활용하기]에서 사용했던 도씨에를 열고, 새로운 챕터를 추가합니다. 새로운 페이지의 그리드에 [권역], [측정소], [측정일자], [평균 미세먼지], [평균 오존], [평균 이산화 질소], [평균 초미세먼지]를 추가합니다. 그리드 템플릿에서 [녹색]을 선택합니다. 시각화 이름은 [상세 데이터]로 변경합니다.

▲ 상세 데이터 그리드

02. 파생 메트릭이 없다면 각 지표 값들을 우 클릭하고 [집계 기준] -> [평균]을 선택하여 만들어 주기 바랍니다.

▲ 평균 메트릭 만들기

03. KPI 시각화를 추가하고 [메트릭]에 [평균 미세먼지], [브레이크 바이]에 [권역], [추세]에 [측정월]을 넣습니다. 앞서 만든 KPI 시각화가 있다면 복제하여 가져와서 사용해도 됩니다. 포맷의 배치에서 열 개수를 5로 변경하여 한 줄에 권역이 다 나오도록 합니다. KPI 시각화를 그리드 시각화 상단에 배치합니다.

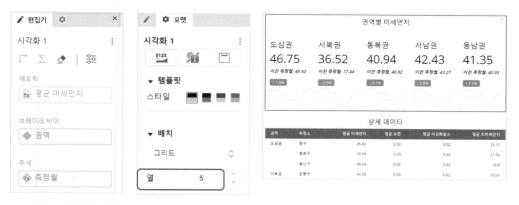

▲ KPI 시각화 배치

04. 거품 차트 시각화를 추가합니다. 시각화 추가에서 [자세히]-> [거품 차트]를 선택하여 KPI 시각화 옆으로 배치하고 편집기에 다음처럼 [측정소], [평균 미세먼지], [평균 초 미세먼지]를 추

가합니다.

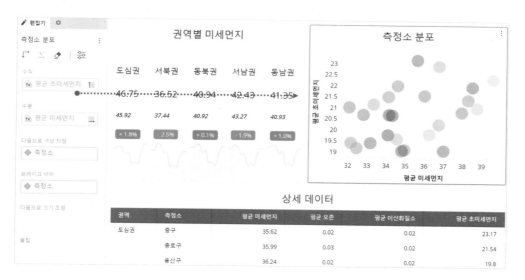

05. 대시보드 타이틀을 추가하겠습니다. 상단 툴바에서 [T] -> [문장]을 선택합니다. 텍스트 박스에 [서울시 대기환경 대시보드]를 입력 후 페이지 가장 상단에 배치합니다. 포맷 옵션에서 오토 사이즈를 체크하여 가변적으로 사이즈가 변하게 설정하고 글꼴 색상을 조정합니다.

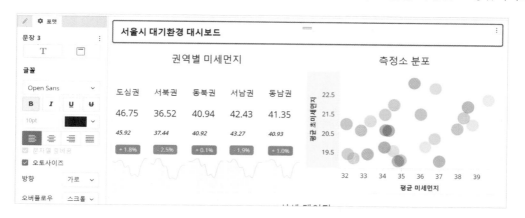

06. 상단 툴바에서 자유 형식 레이아웃으로 변환 아이콘을 클릭하여 자유 레이아웃으로 변경합니다. 처음에는 아무 변화가 없지만 시각화 차트와 텍스트 위젯 경계에서 사이즈를 조절할 수 있고 위젯을 클릭하고 드래그하면 배치도 자유롭게 할 수 있습니다.

07. [도형] -> [사각형]을 새로 페이지에 추가합니다.

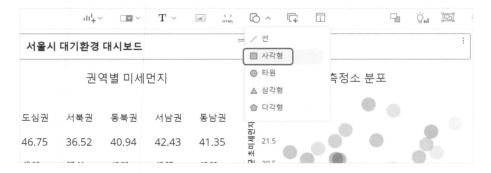

08. 사각형이 가운데 추가됩니다. 이 사각형은 배경으로 사용하려고 합니다. 사이즈를 화면을 덮을 정도로 키워서 배치후에, 레이어에서 가장 하단으로 이동시켜 시각화들 아래에 표시되게 합니다.

▲ 사각형 배치

09. 사각형과 시각화 사이즈가 동일해서 여백이 보이지 않습니다. 타이틀과 시각화 사이즈를 조정하여 사각형이 나오도록 설정하고 사각형 포맷 옵션에서 채우기 색상, 테두리를 녹색 계열로 설정합니다.

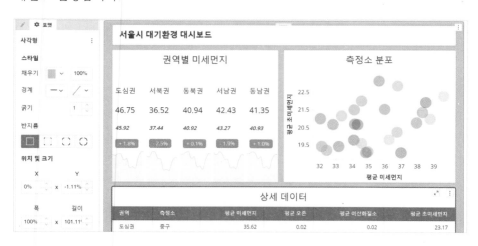

10. 배경색이 보이도록 각 시각화의 제목과 컨테이너 채우기 속성을 흰색에서 [비움]으로 변경합니다. 텍스트도 컨테이너 채우기를 비움으로 변경합니다. KPI 시각화의 경우 카드 영역

에도 채움 속성이 있습니다. 여기 색상도 비움으로 변경합니다.

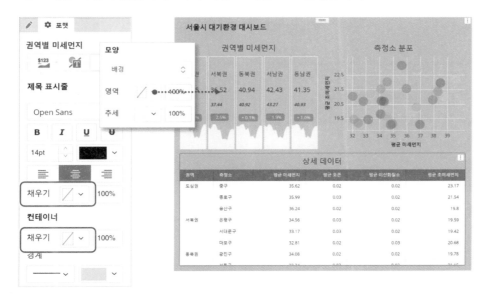

▲ 시각화 채우기 속성 비움

11. 이제 이미지를 넣어 상단에 포인트를 주려고 합니다. 툴바에서 이미지 🖾 아이콘을 클릭하여 이미지 위젯을 추가합니다. 찾아보기를 클릭하여 Plant.png 를 선택하여 업로드 합니다. 업로드한 이미지 파일은 원래 사이즈로 표시되어 크게 나타납니다. 텍스트 타이틀 사이즈와 비슷하게 줄이고 상단에 배치해 줍니다. 이미지 위젯의 컨테이너 배경이 흰색이므로 포맷 속성에서 채우기를 [비움]으로 변경하여 배경색 사각형 도형이 나오도록 합니다.

▲ 이미지 업로드

매번 추가할 때마다 컨테이너와 배경의 채우기를 변경하기 번거롭다면 도씨에 툴바에서 [포맷] -> [도씨에 포맷…]에서 전체 컨테이너의 포맷을 한 번에 설정할 수 있습니다.

12. 툴바에서 패널 스택을 클릭하여 추가합니다. 대시보드 가운데로 패널 스택이 추가되고 오른쪽 레이어에도 표시됩니다. 레이어에서 상세 데이터 그리드를 클릭한 상태로 패널 안으로 드래그 합니다.

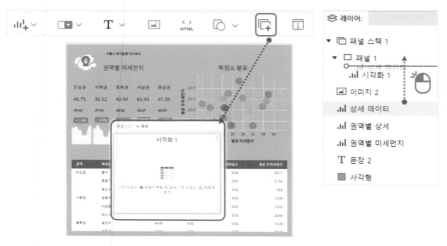

▲ 패널 스택 추가와 기존 시각화를 패널안으로 이동

13. 그리드 개체가 패널 스택 안으로 들어가게 됩니다. 패널 안에 기존 그리드 시각화는 삭제합니다.

▲ 패널 스택으로 상세 데이터 그리드 이동

14. 패널 스택 이름 옆의 [+패널]을 클릭하여 새로운 패널을 추가합니다. 패널 이름은 [트렌드]로 변경합니다. 그리드 시각화를 선 차트로 변경합니다. 변경 후에 각 지표 메트릭을 수직축에, 수평에는 측정일 애트리뷰트를 배치합니다. 축 라벨 포맷을 위해 일자 유형의 [측정일]을 사용합니다. 트렌드 패널의 컨트롤 메뉴를 클릭하여 왼쪽으로 이동합니다.

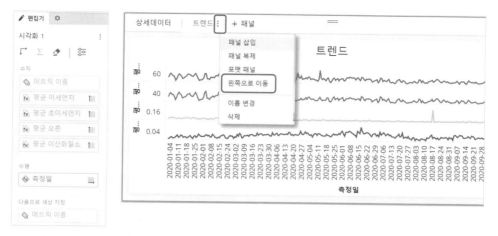

▲ 선 그래프에 메트릭과 측정일 추가

15. 트렌드 패널에 세로 막대 차트를 추가합니다. 편집기에서 측정소별로 [평균 미세먼지]로 정렬하여 어느 측정소의 미세먼지가 높은 지 확인하겠습니다.

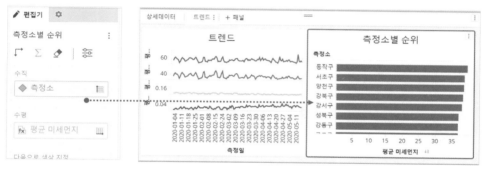

▲ 측정소별 미세먼지 순위

16. 패널 스택의 네비게이션을 없음으로 선택합니다. 패널 선택기를 추가하여 패널을 대상으로 지정합니다.

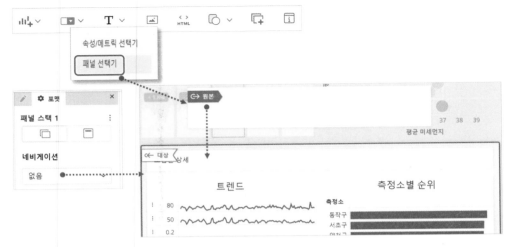

▲ 네이게이션 제거 후 패널 선택기 추가

17. 이제 패널 선택기로 패널을 바꾸면서 조회할 수 있습니다. 패널 선택기 포맷에서 [선택 항목] 색상을 다른 색으로 변경합니다.

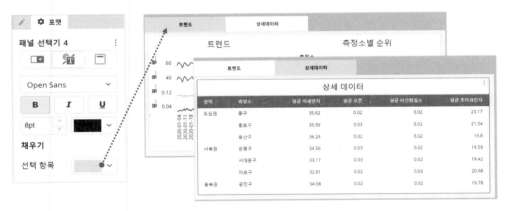

▲ 패널 선택기 포맷 변경

18. 패널 스택 포맷에서 채우기를 선택기 선택 항목과 같은 색상으로 변경합니다.

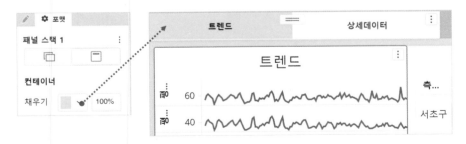

19. 상단 KPI 시각화로 다른 시각화와 패널을 선택하겠습니다. 컨트롤 메뉴 ⋮ 를 클릭하

고 메뉴에서 [대상으로 시각화 선택]을 클릭합니다. 다른 시각화를 대상으로 하고 상단 툴바에서 적용을 눌러 완료합니다.

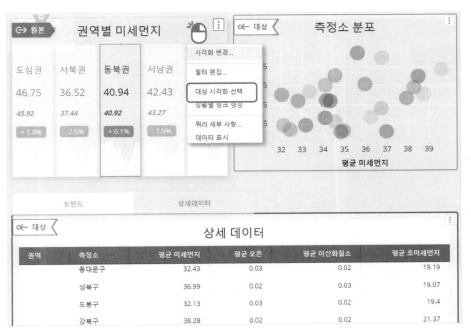

▲ 대상 시각화와 대상 패널 선택

20. 이제 KPI 시각화에서 권역을 선택하면 패널에 있는 모든 시각화도 변경됩니다. 패널에 현재 어떤 권역이 선택되었는지 확인하기 위해 텍스트를 추가하겠습니다. 패널을 선택하고 문장을 추가합니다. 입력창에 {권역@권역명} 상세를 입력합니다.

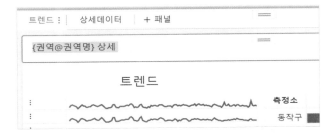

21. 패널과 패널내 위젯의 [컨테이너 채움]을 모두 투명하게 설정해 페이지 배경이 보이게 합니다.

22. 패널에 컨텐츠를 더 잘 보여주기 위해서 레이아웃을 자유 형식 레이아웃으로 변경하고 세로 스크롤도 500px 로 지정합니다. 텍스트 사이즈는 [오토사이즈]로 영역에 맞게 표시되도록 하고, 시각화 차트의 세로 높이는 패널 수직사이즈에 맞게 조절합니다. 이제 패널에 스크롤바가 표시되고 상하로 이동하며 컨텐츠를 조회할 수 있습니다.

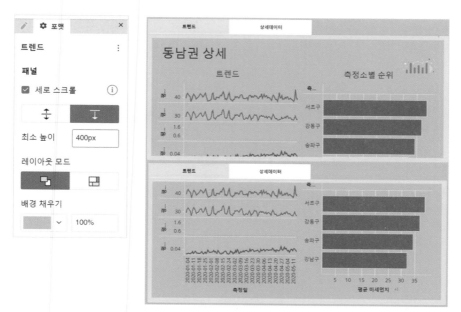

▲ 자유레이아웃과 스크롤 설정

23. 각 카드를 선택하면 아래 패널 스택의 텍스트가 같이 변경되는 것을 볼 수 있습니다.

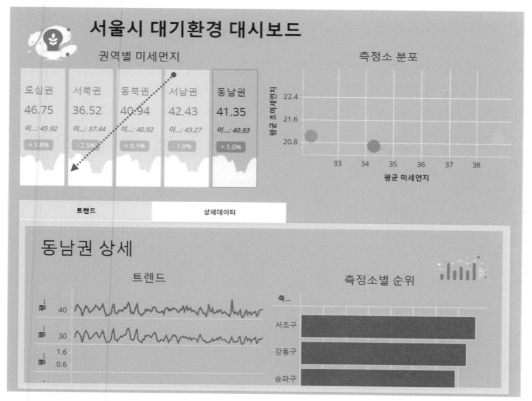

▲ 각 권역 선택시 필터 패널에 텍스트가 같이 변경

요약

대시보드에 여러가지 디자인 요소들을 적용하는 법을 배워보았습니다. 시각화와 디자인 개체들을 위치 제한 없이 자유롭게 배치할 수 있는 자유형 레이아웃은 도씨에 디자인을 위한 핵심 기능입니다. 설명을 위한 텍스트, 여러 유형의 도형, 아이콘이나 배경을 위한 이미지를 활용하면 다채로운 대시보드 모양을 꾸밀 수 있습니다. 페이지 세로 스크롤 기능과 패널 스택을 활용하면 많은 컨텐츠를 효과적으로 보여줄 수 있습니다. 여러 가지 도씨에 디자인 개체들을 이용하여 시각화 대시보드를 꾸며 보시기 바랍니다.

마치며

지금까지 마이크로스트레티지 도씨에를 활용한 시각화 기반의 데이터 분석과 대시보드 작성법을 배웠습니다. 이 책에서 설명하는 데이터 시각화를 익힌 후에는 마이크로스트레티지가 제공하는 전사 BI 의 기능들을 공부해 볼 것을 추천합니다. 마이크로스트레티지는 시각화 기능 외에도 OLAP 리포트 작성과 활용, 시맨틱 레이어의 분석 개체 구성 아키텍처 기능, 모바일 BI, 하이퍼 인텔리젼스와 같은 다양한 BI 기능을 제공합니다. 또한 관리자를 위한 서버 관리, 프로그램 개발자를 위한 다양한 종류의 SDK 도 제공하고 있습니다.

마이크로스트레티지 홈페이지를 방문하면 이 책에서 다루지 않은 다른 상세한 기능들과 분기별로 업데이트되는 BI 기능을 확인해 볼 수 있고 활용 사례들도 소개되고 있으니 주기적으로 확인해 보시기 바랍니다.

방대한 마이크로스트레티지의 기능들을 모두 다루기에는 부족함이 있었지만 이 책이 사용자들에게 데이터 시각화 기능에 대해 배우고 익히는데 도움이 되었다면 기쁘겠습니다.

마이크로스트래티지 **데이터**
시각화 안내서

초판 1쇄 발행   2022. 11. 14.

지은이   이동협
펴낸이   김병호
펴낸곳   주식회사 바른북스

편집진행   이동협
디자인   이동협

등록   2019년 4월 3일 제2019-000040호
주소   서울시 성동구 연무장5길 9-16, 301호 (성수동2가, 블루스톤타워)
대표전화   070-7857-9719 | **경영지원**   02-3409-9719 | **팩스**   070-7610-9820

•바른북스는 여러분의 다양한 아이디어와 원고 투고를 설레는 마음으로 기다리고 있습니다.

이메일   barunbooks21@naver.com | **원고투고**   barunbooks21@naver.com
홈페이지   www.barunbooks.com | **공식 블로그**   blog.naver.com/barunbooks7
공식 포스트   post.naver.com/barunbooks7 | **페이스북**   facebook.com/barunbooks7

ⓒ 이동협, 2022
ISBN 979-11-6545-926-0 93530